KB041457

Lim Kyung Keun

Hair Style Design-Woman Short Hair 270

임경근 헤어스타일 디자인-우먼 숏 헤어 270

Written by Lim, Kyung Keun

Written by Lim, Kyung Keun

임경근은 국내 및 일본 헤어숍 8년 근무, 세계적인 두발 화장품 회사 근무, 헤어숍 운영 28년의 경험을 쌓고 있으며, 90년대 중반부터 얼굴형, 신체의 인체 치수를 연구하고 관상 심리를 연구했으며, 헤어스타일 디자인을 위해 미술을 시작하여 미용 이론과 현장 경험을 토대로 디자인적 가치관을 정립하여 독창적 헤어스타일 디자인을 창출하는 데 노력하고 있습니다.

15년 전부터 AI 시대를 대응하여 얼굴형을 분석하여 헤어스타일을 상담하고 정보를 공유하는 시스템에 대한 연구를 통해 관련 기술과 콘텐츠를 축적하고 있으며, 차별화되고 혁신적인 헤어숍 시스템 서비스를 준비하고 있습니다.

임경근은 헤어 메이크업뿐만 아니라 미술, 포토그래피, 디자인(웹, 앱디자인, 편집디자인, 인테리어 디자인 등), 디지털 일러스트레이션을 토대로 헤어스타일 디자인과 트렌드를 제시하고 퀄리티 높은 콘텐츠를 제작하고 있습니다.

저서

- Hair Mode 2000(헤어스타일 일러스트레이션 & 헤어 커트 이론)
- Hair Mode 2001(헤어스타일 일러스트레이션 & 헤어 커트 이론)
- Hair Design & Illustration
- Interactive Hair Mode(헤어스타일 일러스트레이션)
- Interactive Hair Mode(기술 매뉴얼)
- Lim Kyung Keun Creative Hair Style Design
- Lim Kyung Keun Hair Style Design-Woman Short Hair 270
- Lim Kyung Keun Hair Style Design-Woman Medium Hair 297
- Lim Kyung Keun Hair Style Design-Woman Long Hair 233
- Lim Kyung Keun Hair Style Design-Man Hair 114
- Lim Kyung Keun Hair Style Design-Technology Manual

들어가기 전에 • • •

자연과 사람을 사랑하면 아름다운 헤어스타일을 디자인할 수 있습니다

이제는 개성 있는 다양한 헤어스타일을 디자인해야 합니다!

사람들은 자신의 얼굴형에 잘 어울리면서 건강한 머릿결과 손질하기 편한 개성 있는 헤어스타일을 하고 싶어 합니다.

저자인 임경근은 1990년대 초부터 예술과 과학을 통한 아름다움 창조라는 가치를 추구해 왔습니다.
얼굴형과 신체의 인체 치수 연구를 하고 헤어스타일 디자인을 위해 미술을 시작했습니다.
건강한 머릿결을 유지하면서 손질하기 편한 헤어스타일을 조형하기 위한 과학적이고 체계적인 헤어 커트 기법을 연구하던 중 1990년대 후반 역학적인 원리를 이용한 헤어스타일 조형 기법을 개발했습니다.
인공지능 시대가 빠르게 다가오고 사람들의 가치관, 미의식도 변화하여 자신만의 아름다운 개성을 표현하고 싶어 합니다.
단순한 몇 가지의 헤어스타일을 반복해서는 좋은 헤어스타일을 할 수가 없습니다.
사람들을 분석하고 사람들에게 어울리고 사람들이 좋아하는 다양한 고급스러운 헤어스타일의 개성을 디자인하여야 합니다.
자신에게 어울리고 자신의 개성을 자유롭게 표현할 수 있는 자신만의 헤어스타일을 해야 다양한 개성이 표출되고 뷰티 문화가 발전합니다.

한류, K뷰티가 세계 사람들에게 전해지고 좋아한다고 합니다.
우리의 뷰티 문화가 세계의 사람들과 공유되고 진정으로 소통되려면 모방되거나 획일적 헤어스타일이 아닌 창조적이고 개성화되고 독창적인 헤어스타일을 디자인하여야 합니다.
문화는 다양성을 추구하고 소비되었을 때 발전합니다.

저자인 임경근의 헤어스타일 디자인의 토대는 자연과 사람입니다.
자연과 사람을 사랑하고 좋아하면 좋은 디자인을 할 수 있습니다.

2022년 8월 15일
임 경 근

Innovation by Design

예술과 과학을 통한 아름다움 창조

CONTENTS

Woman Short Hair Style Design

B(Blue) frog Lim Hair Style Design

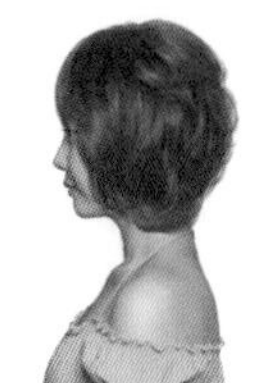
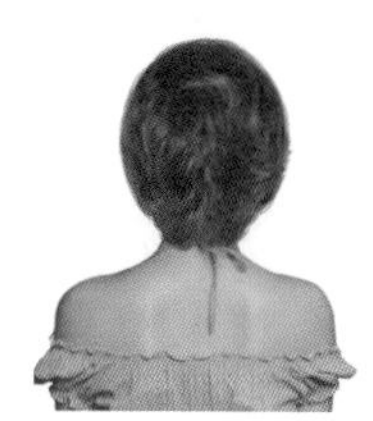

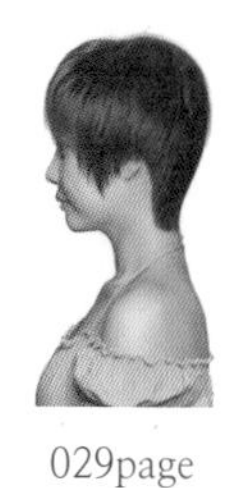
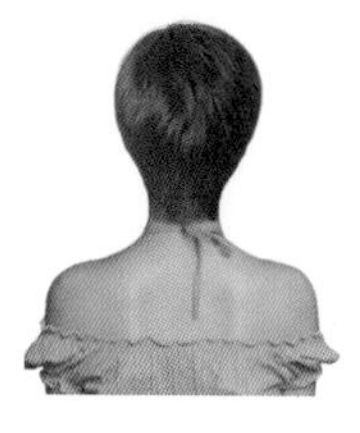

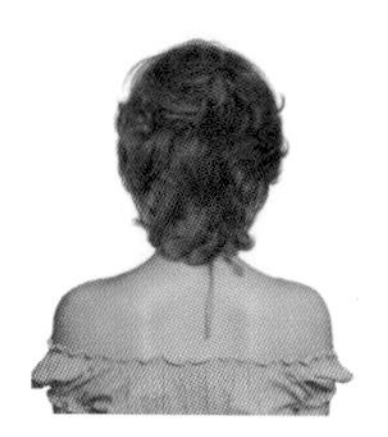

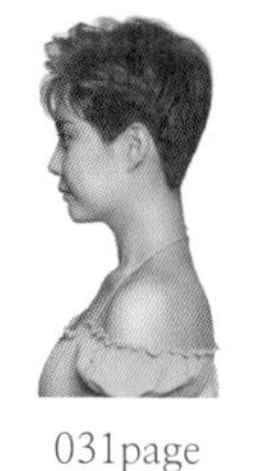
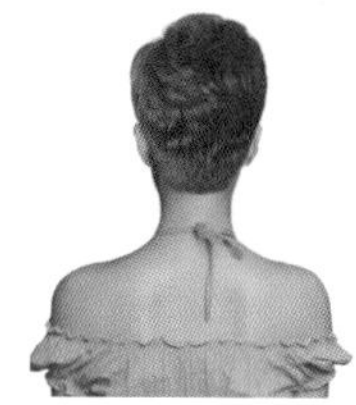

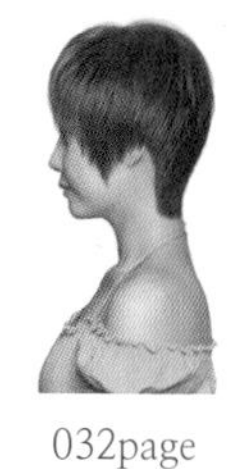
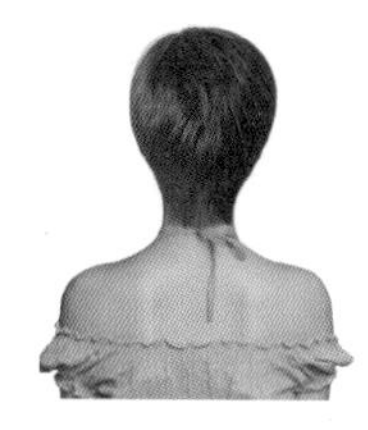

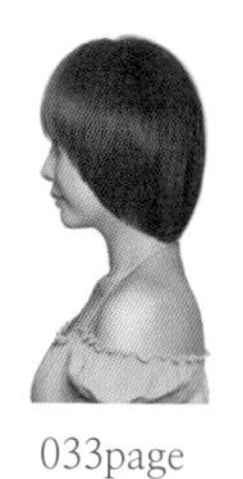
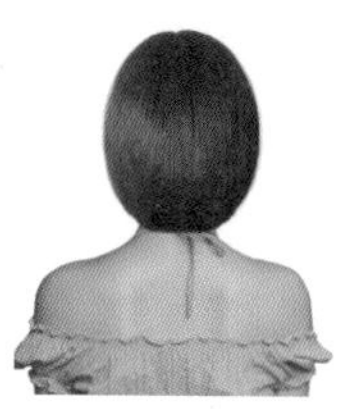

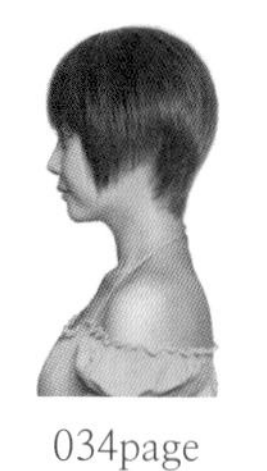
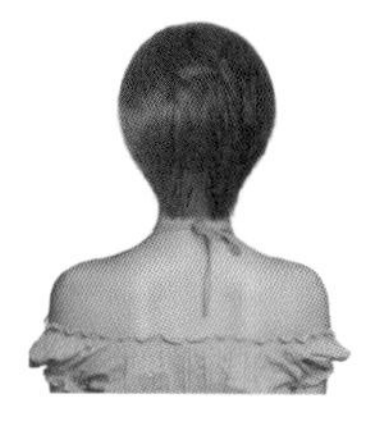

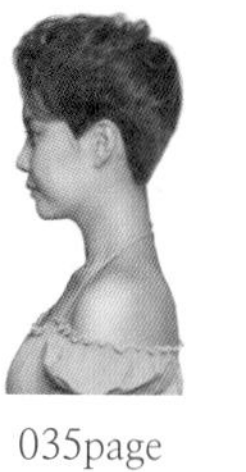
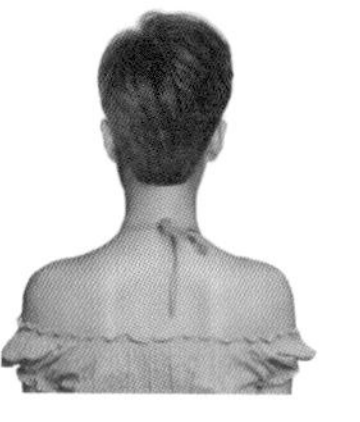

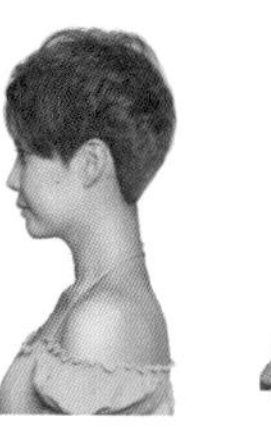
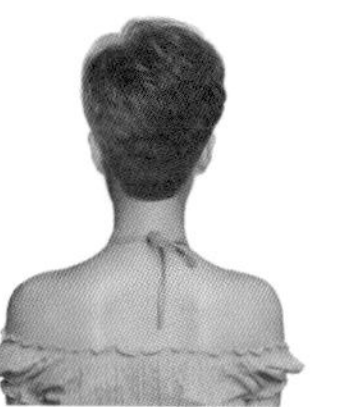

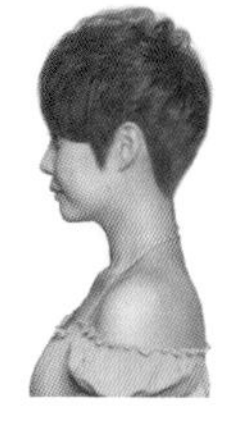
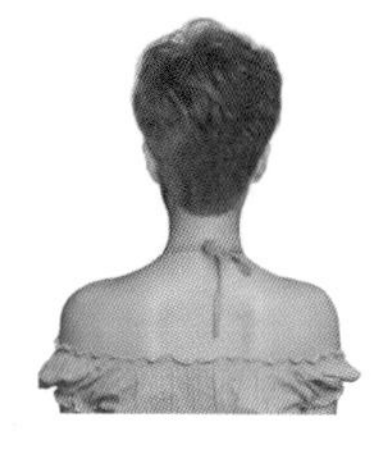

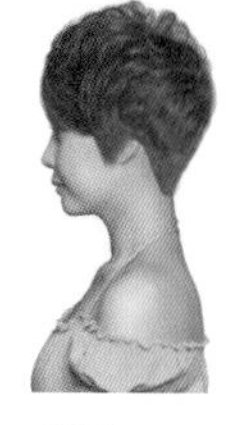
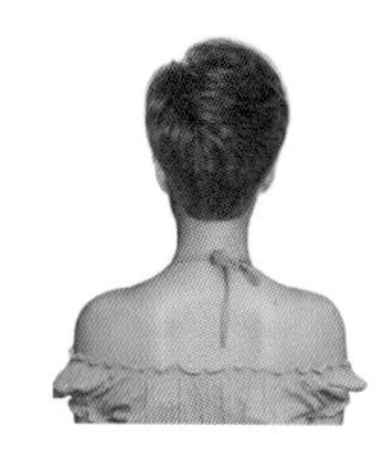

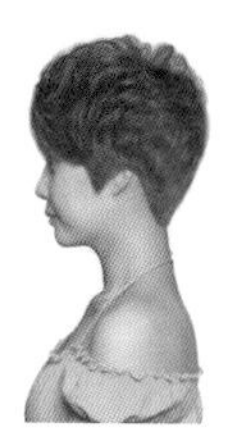
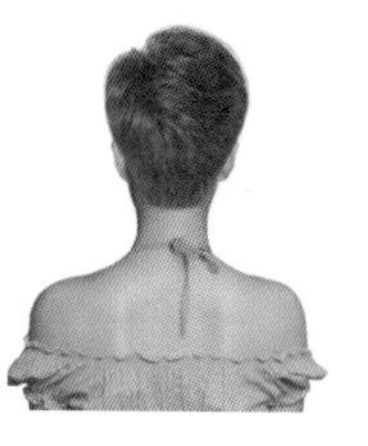

CONTENTS

Woman Short Hair Style Design

 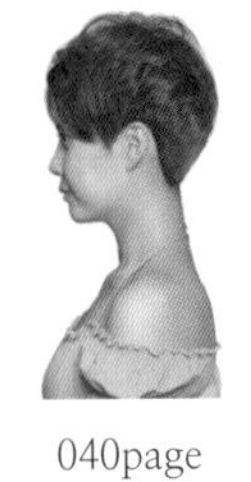 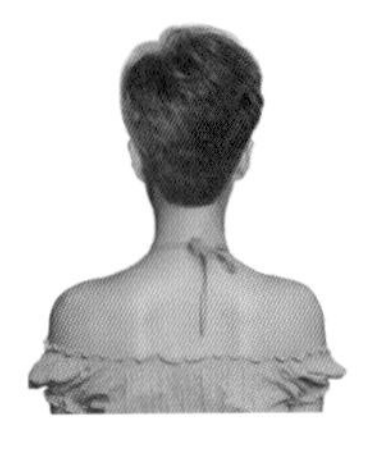

 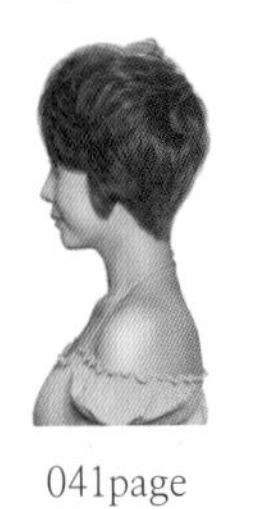 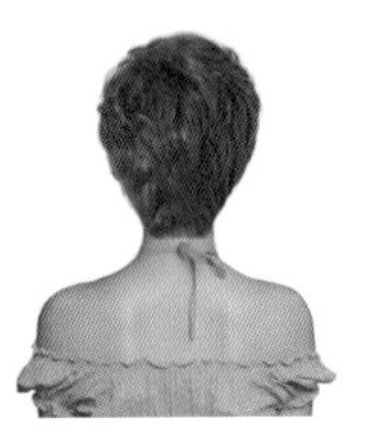

 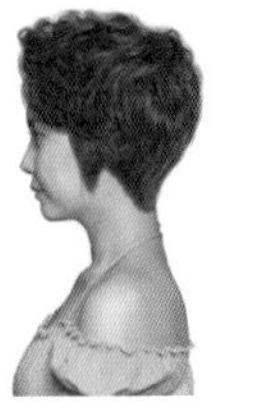 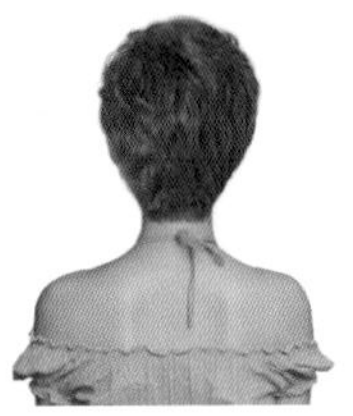

 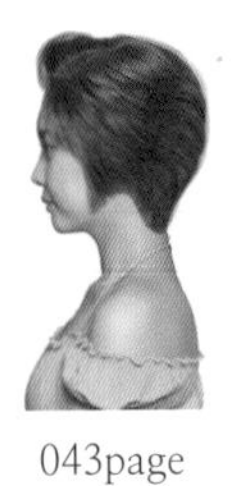 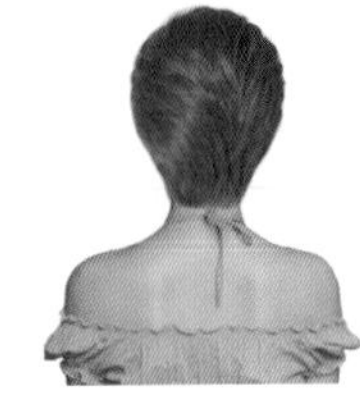

 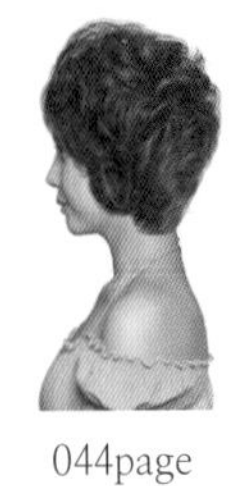 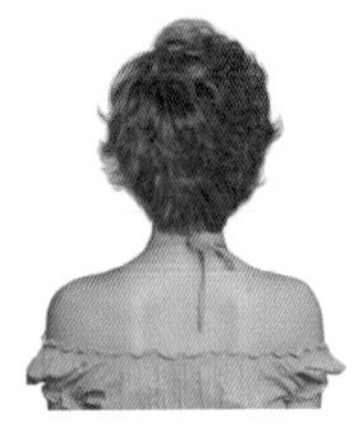

  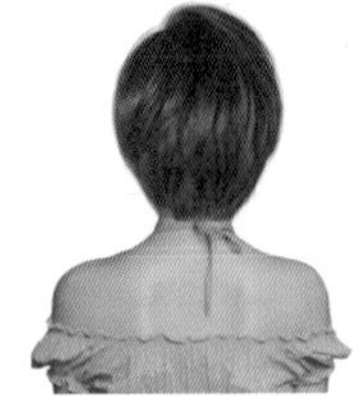

 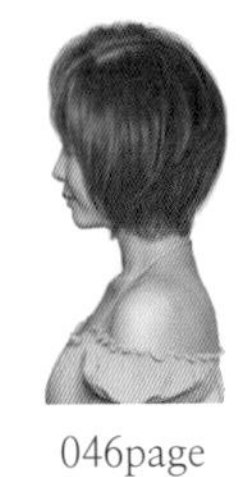 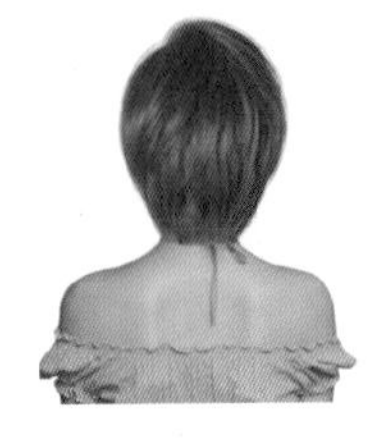

 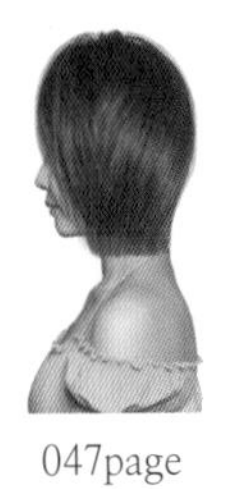 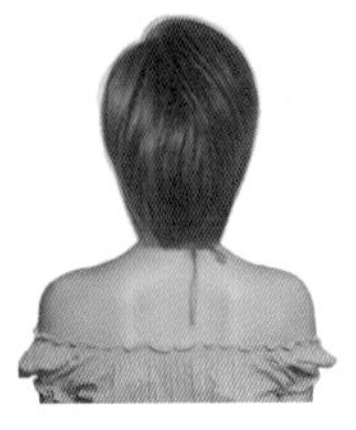

 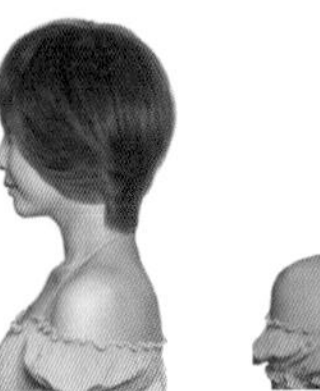 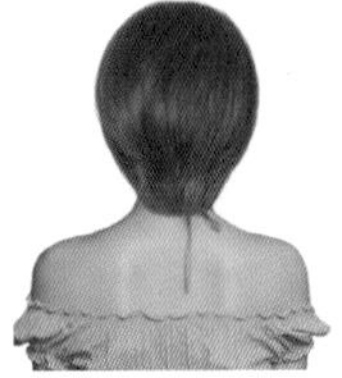

 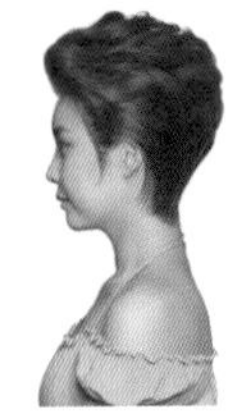 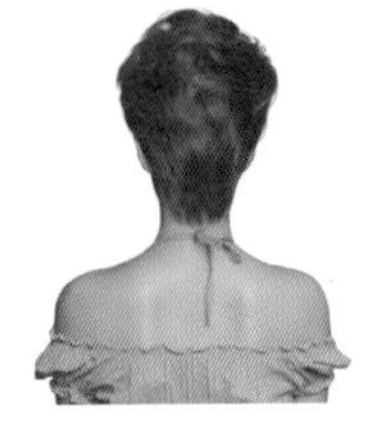

 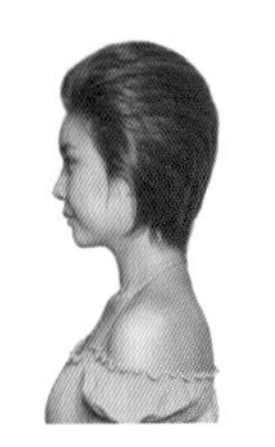 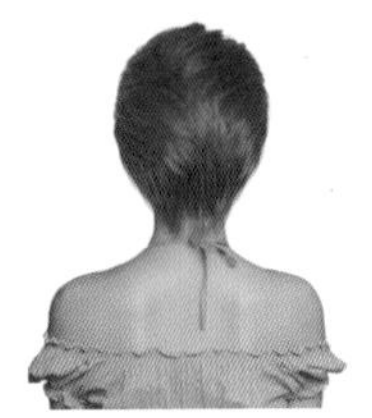

 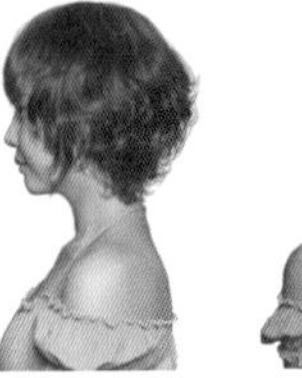 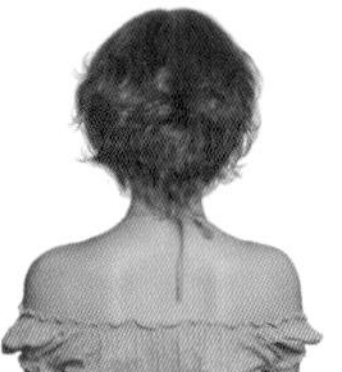

CONTENTS

Woman Short Hair Style Design

B(Blue) frog Lim Hair Style Design

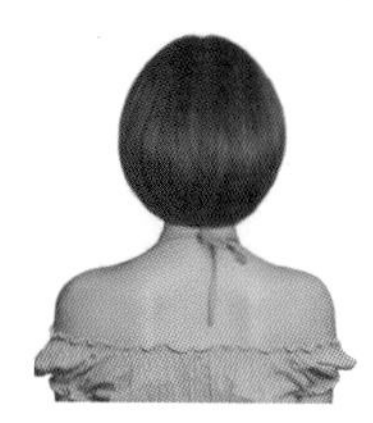

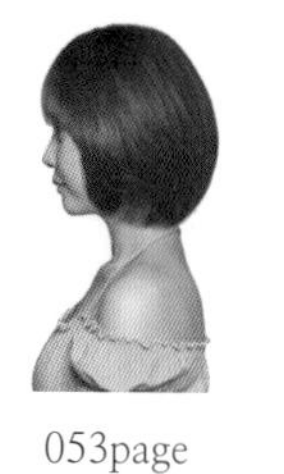
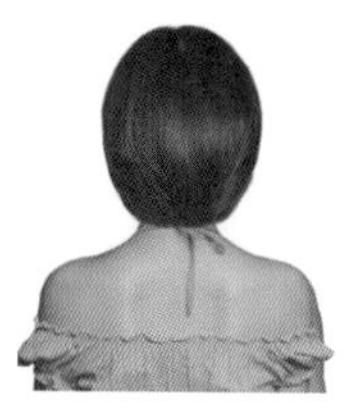

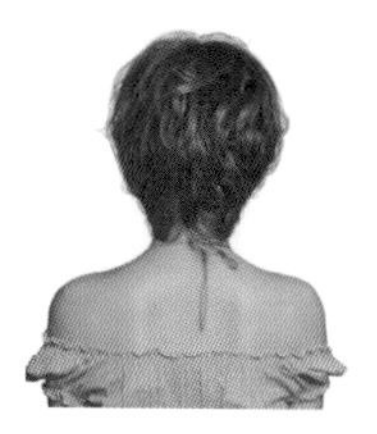

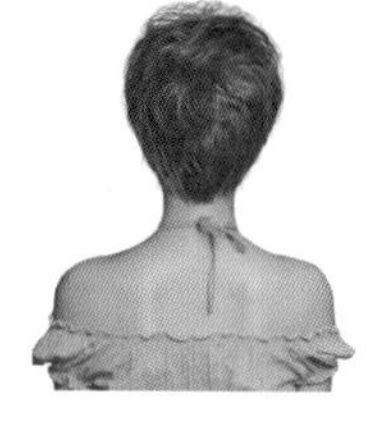

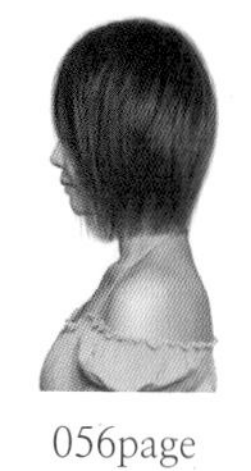

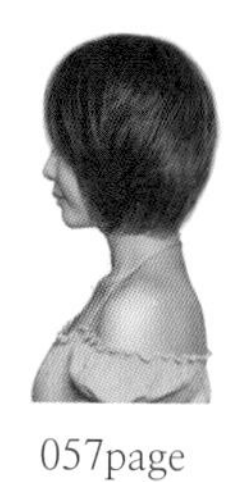
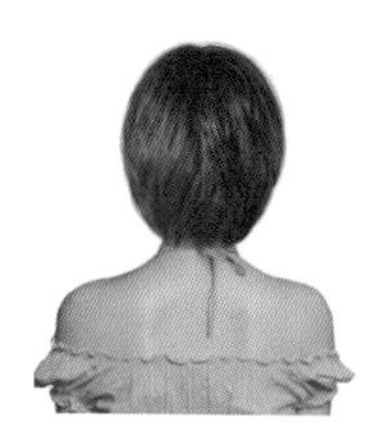

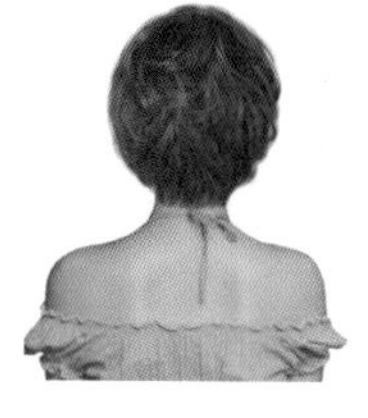

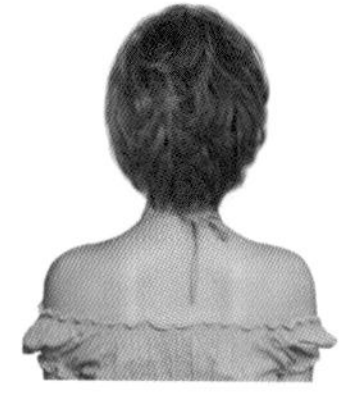

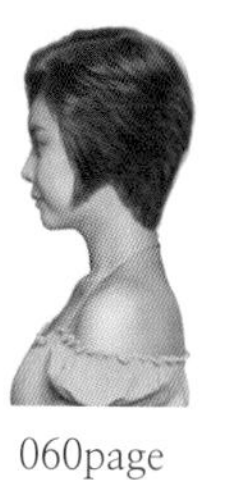
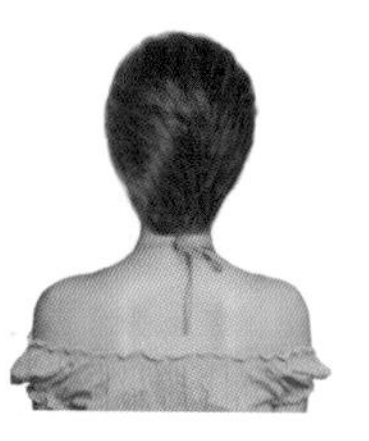

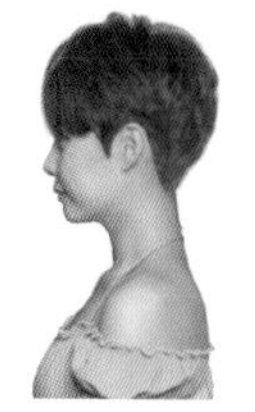
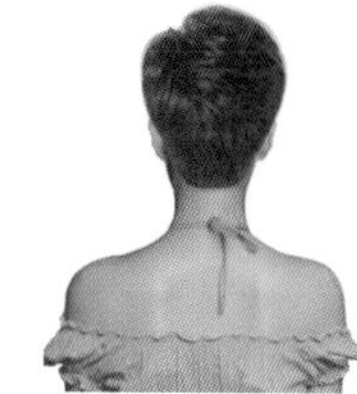

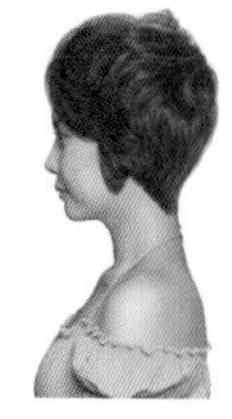
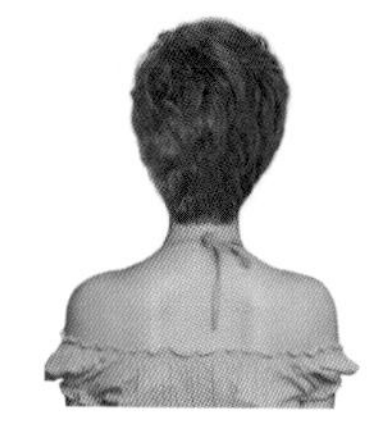

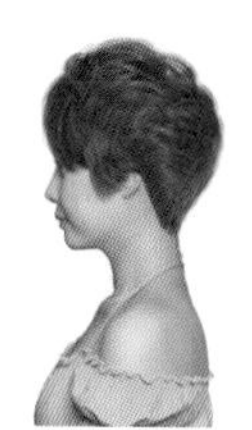
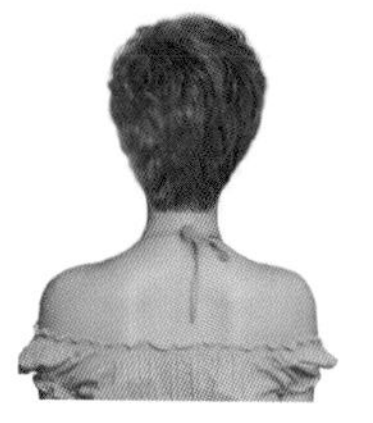

CONTENTS

Woman Short Hair Style Design

B(Blue) frog Lim Hair Style Design

 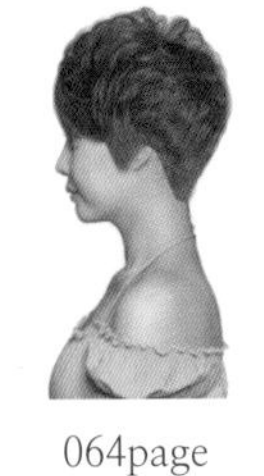 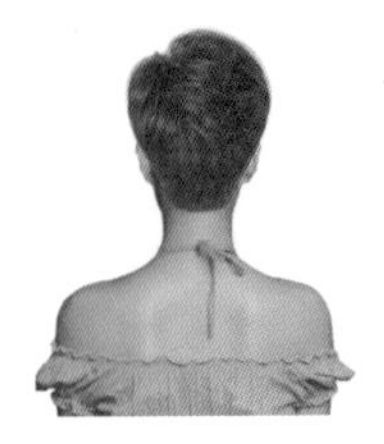

 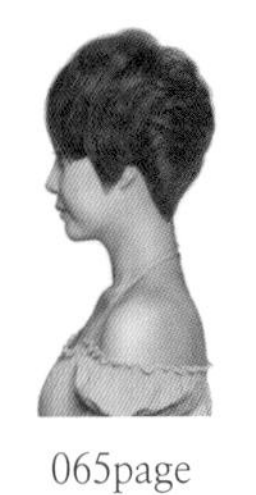 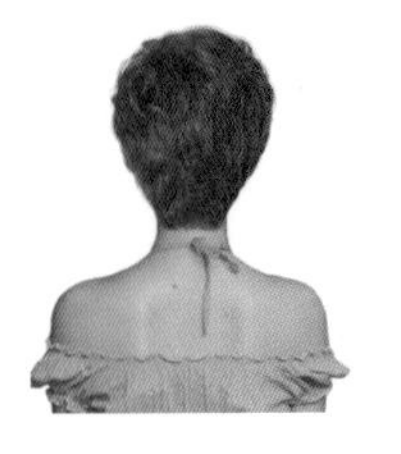

 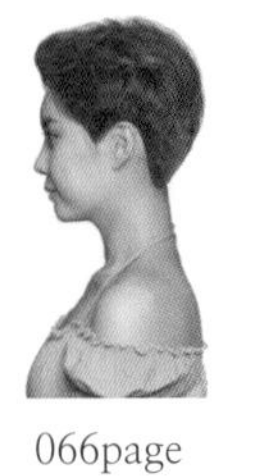 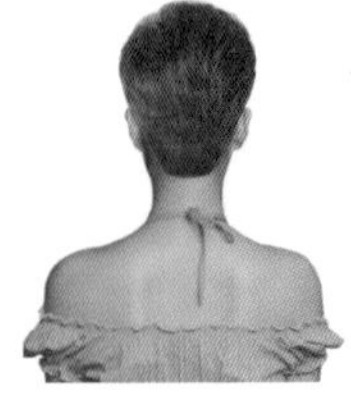

 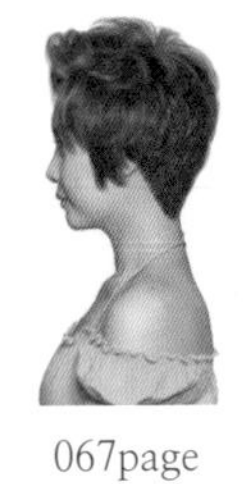 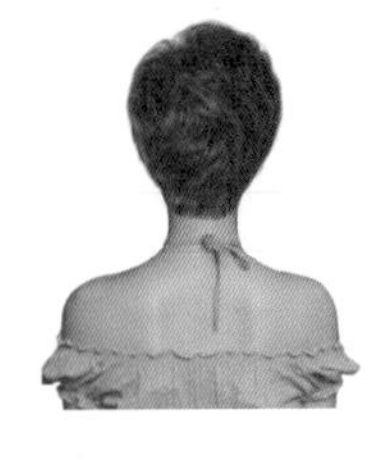

 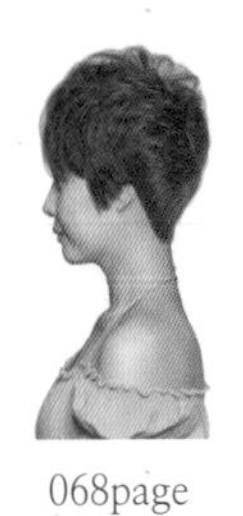 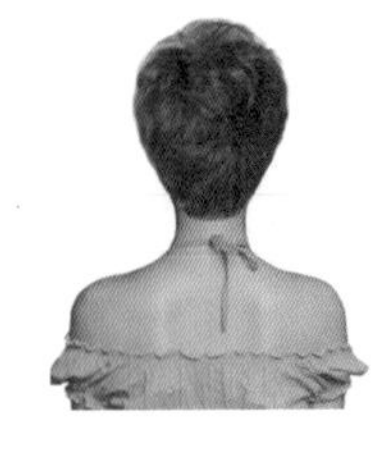

  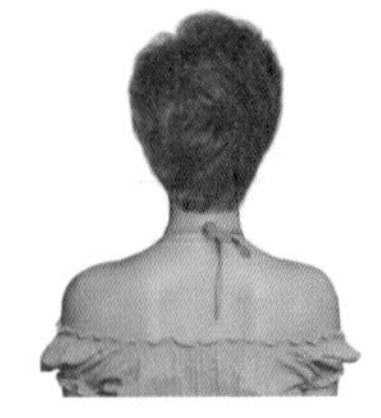

 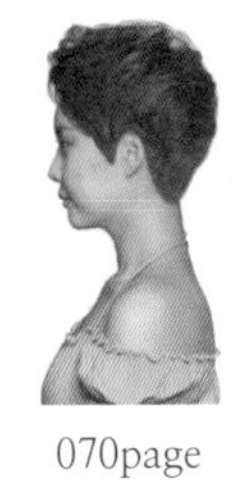 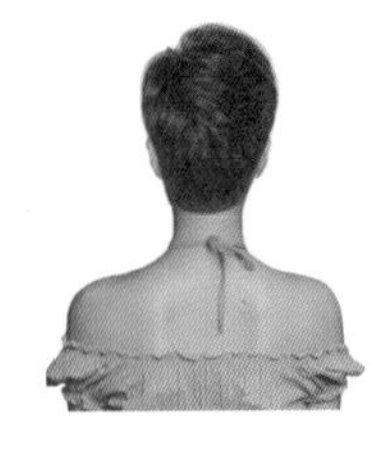

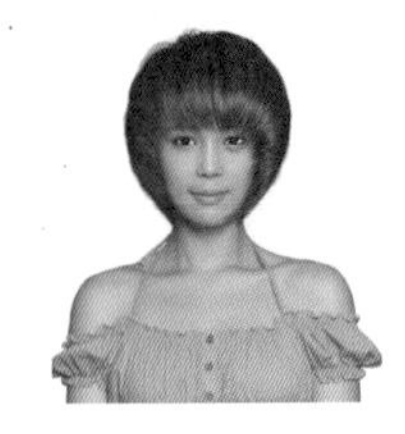 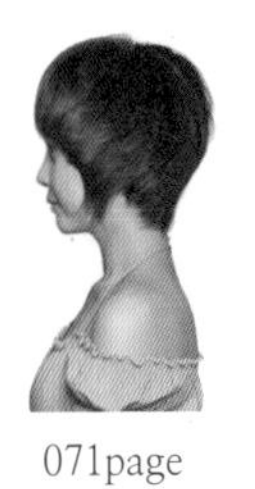 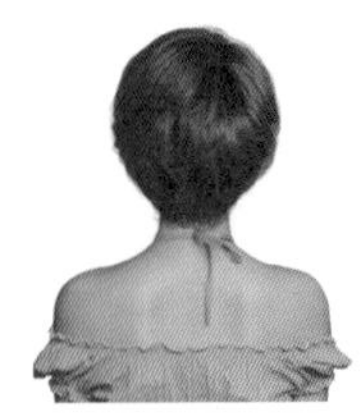

 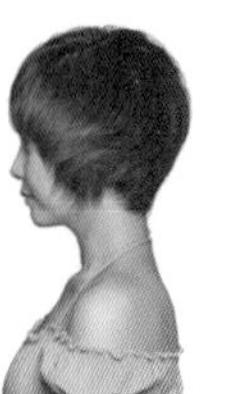 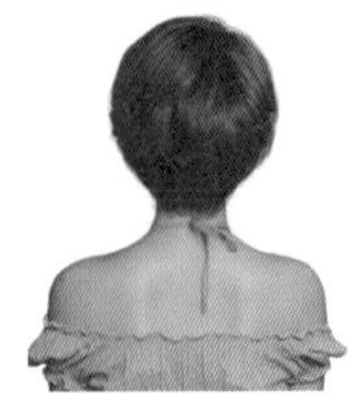

 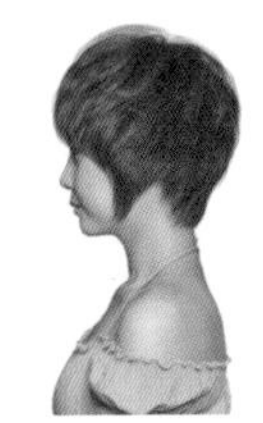 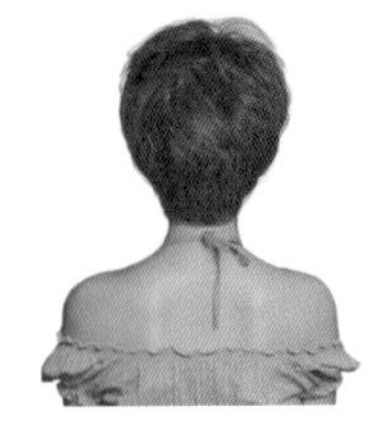

 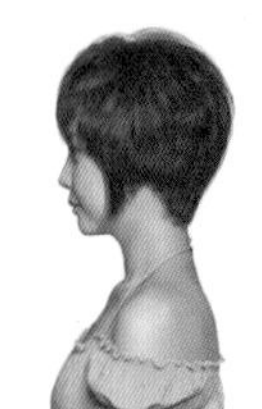 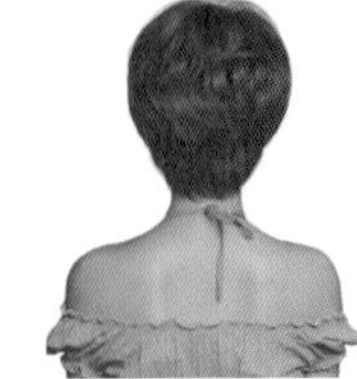

 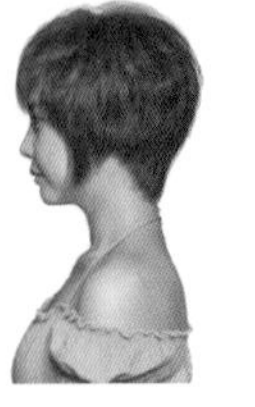 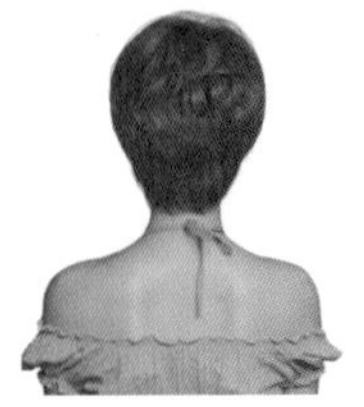

CONTENTS

Woman Short Hair Style Design

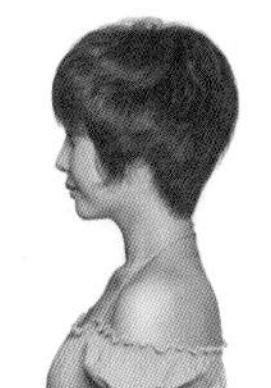
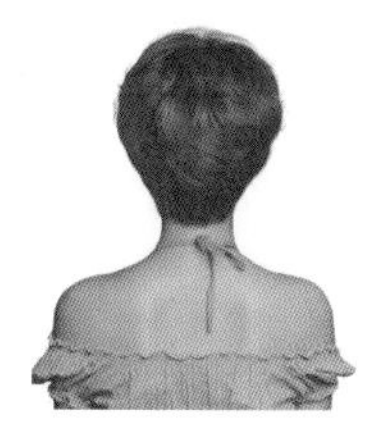

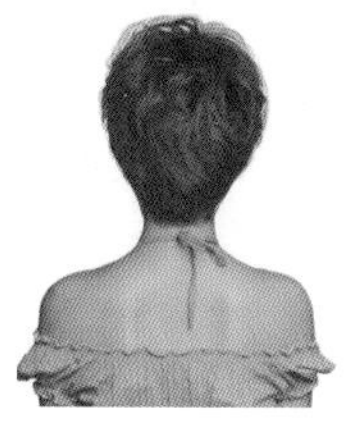

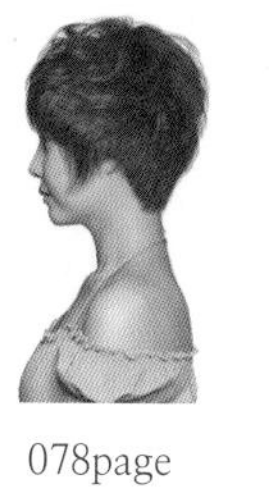
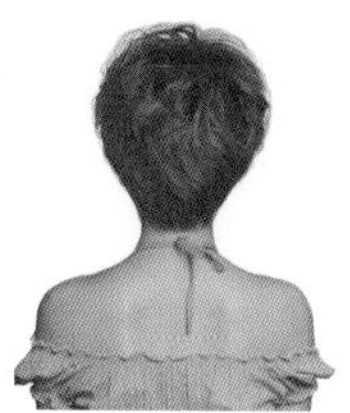

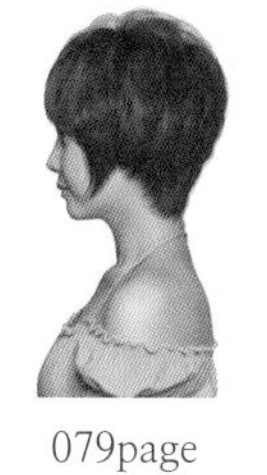
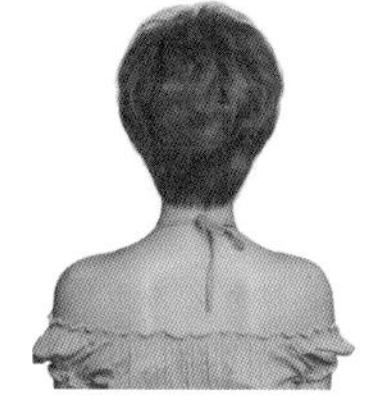

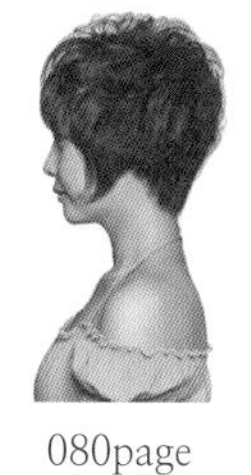
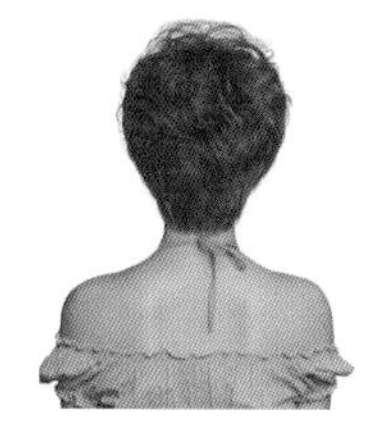

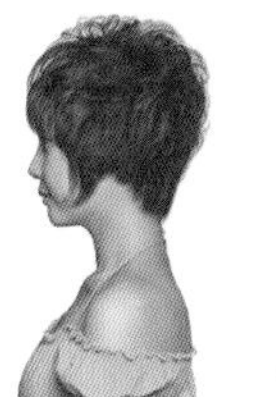
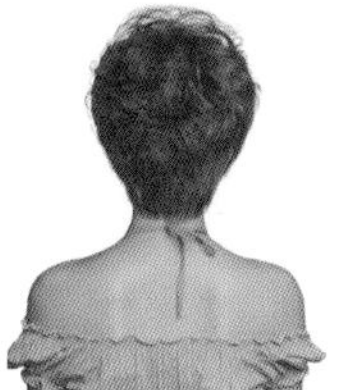

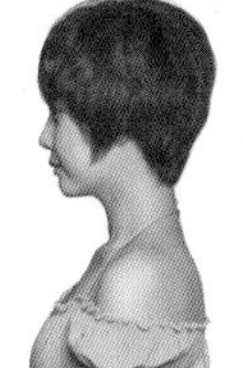
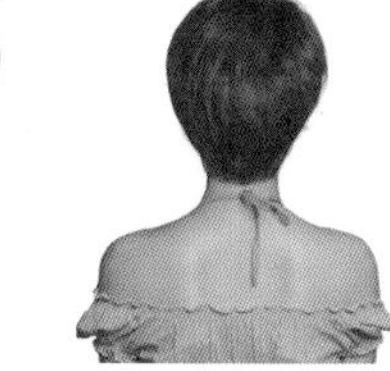

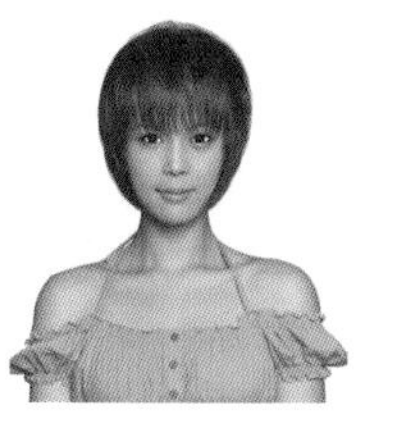
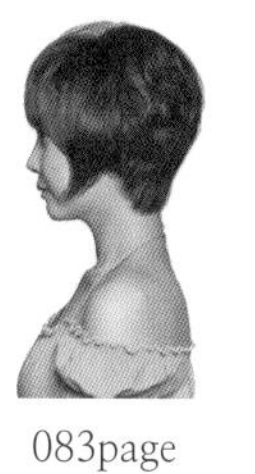
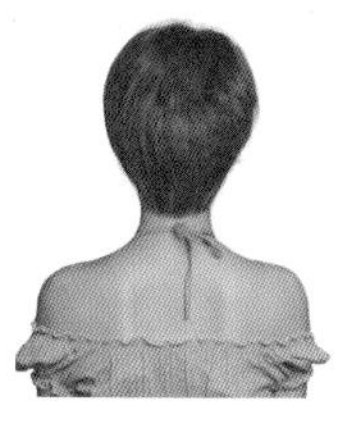

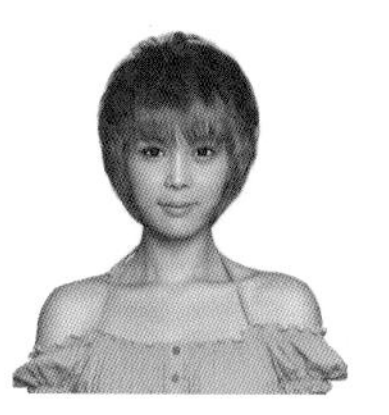
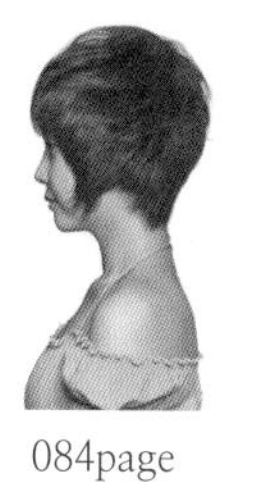
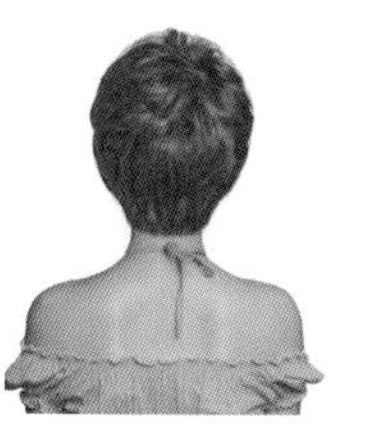

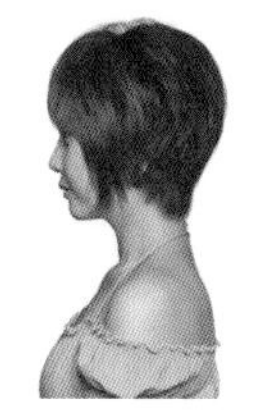
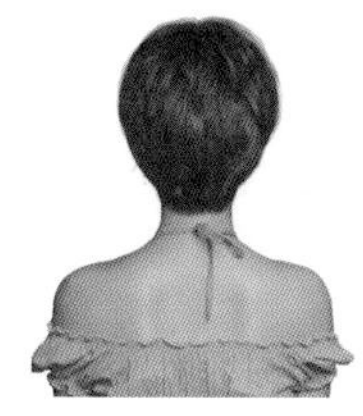

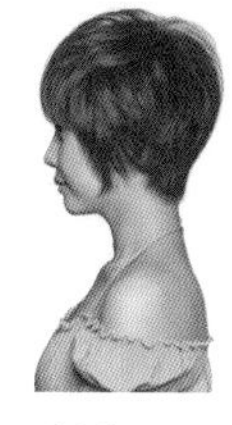
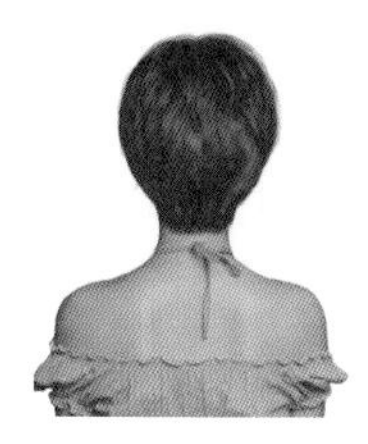

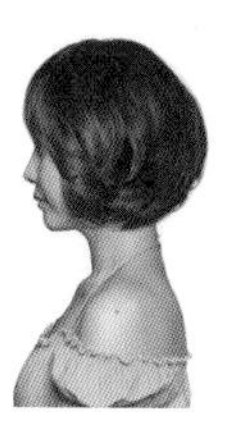
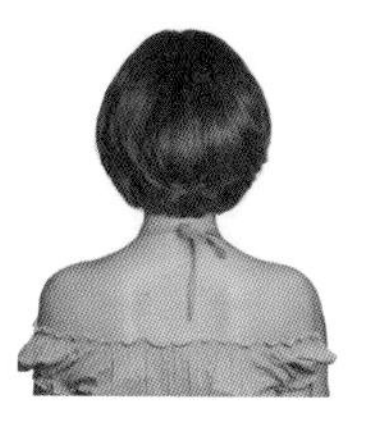

CONTENTS Woman Short Hair Style Design

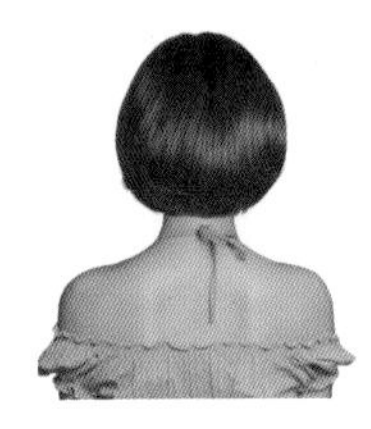

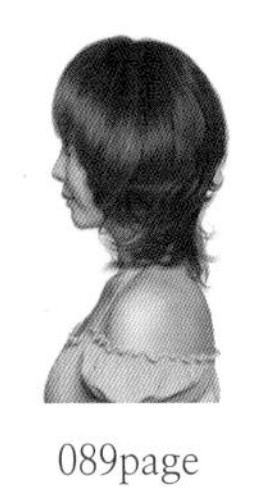
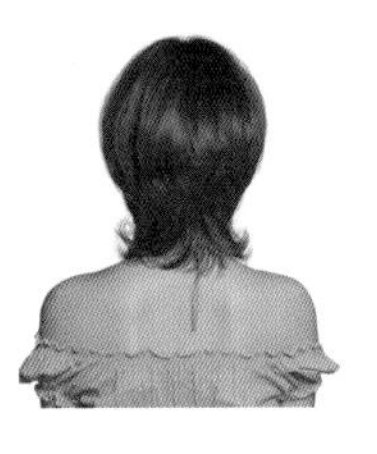

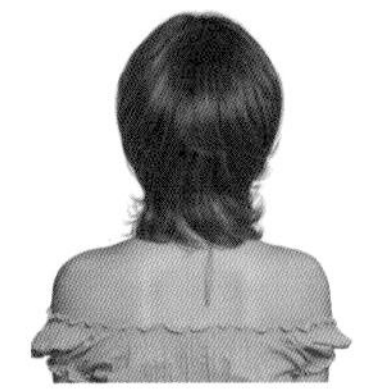

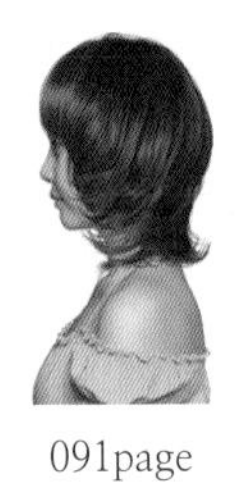
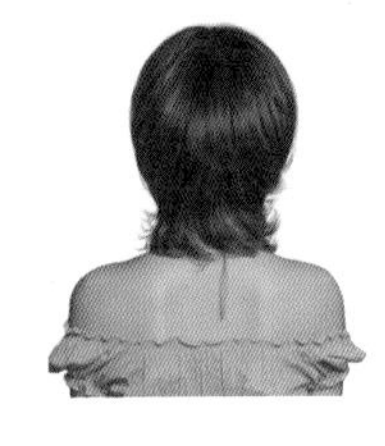

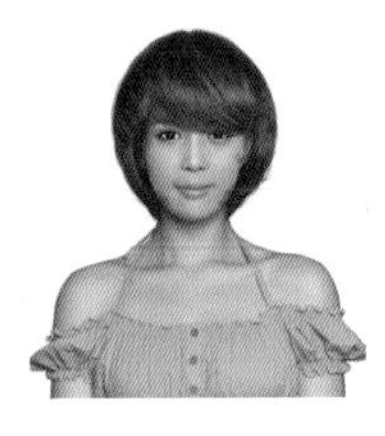
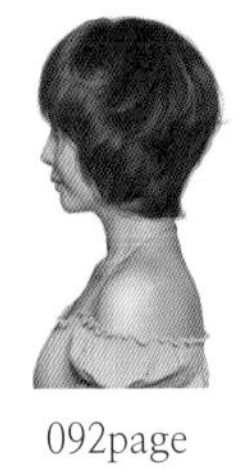
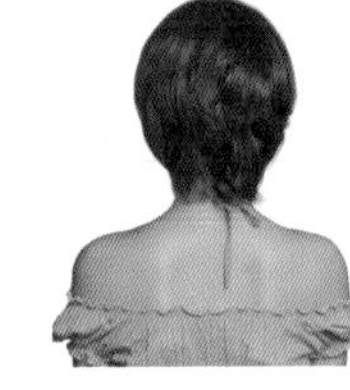

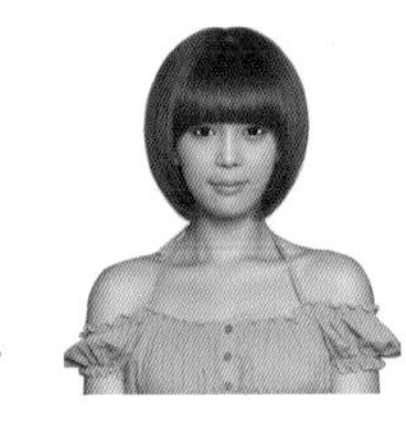
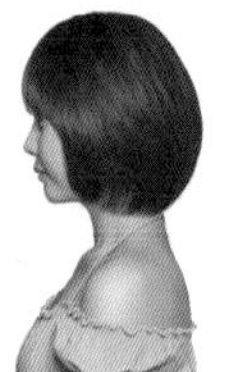
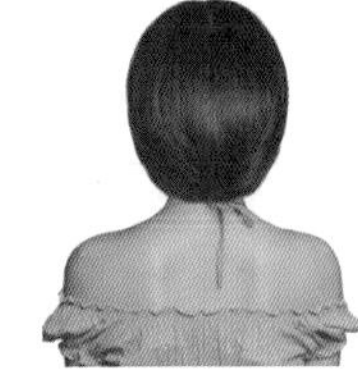

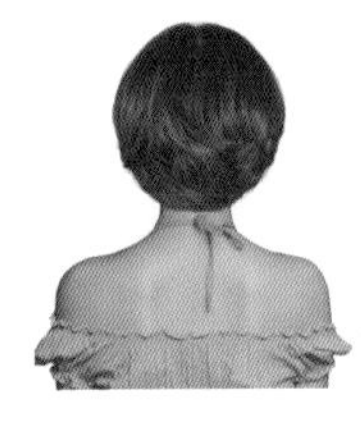

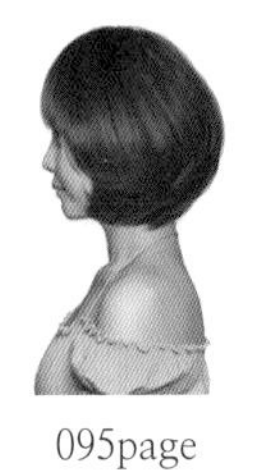
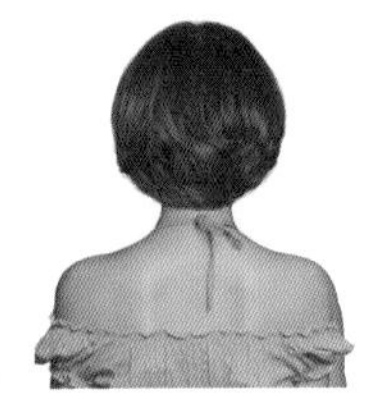

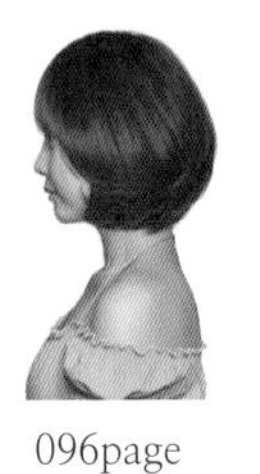
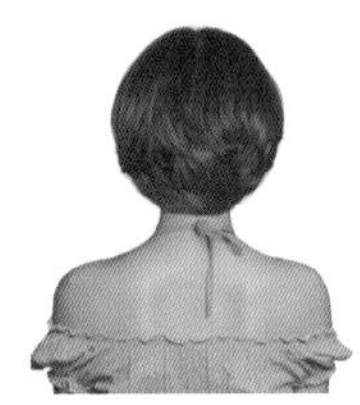

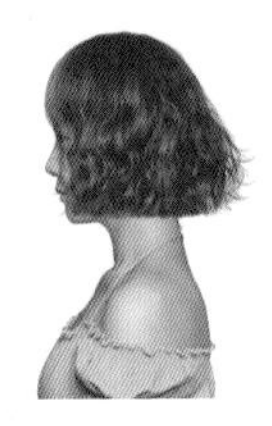
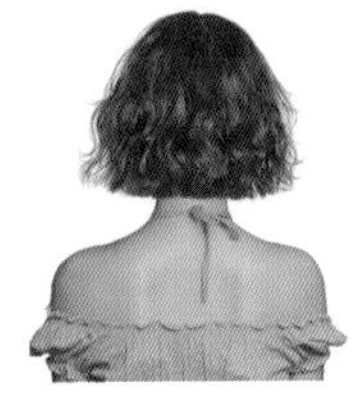

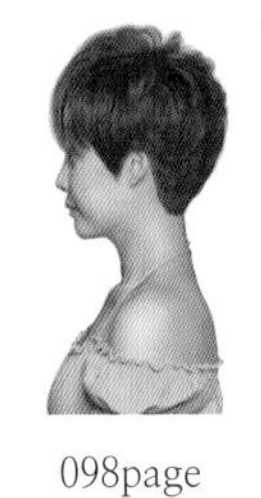
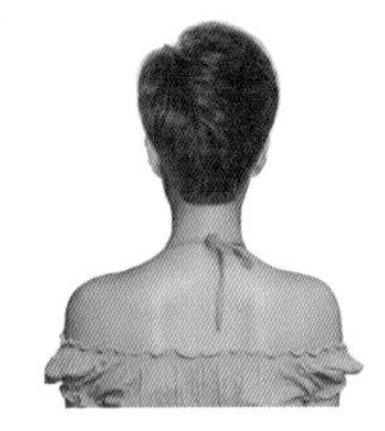

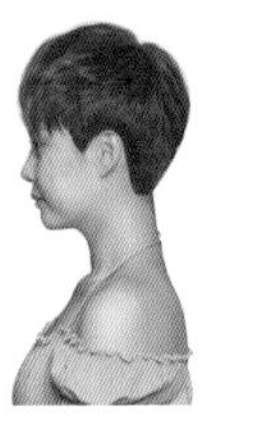
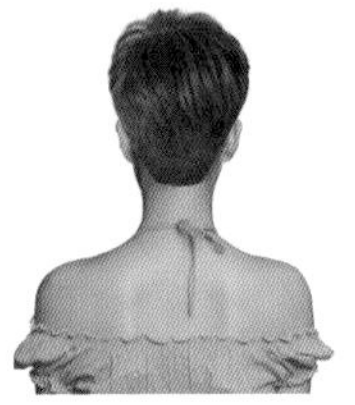

CONTENTS

Woman Short Hair Style Design

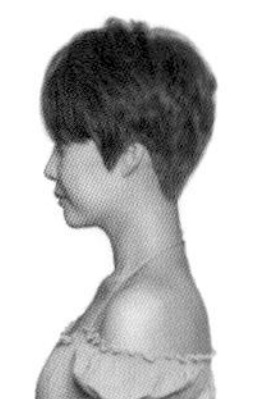
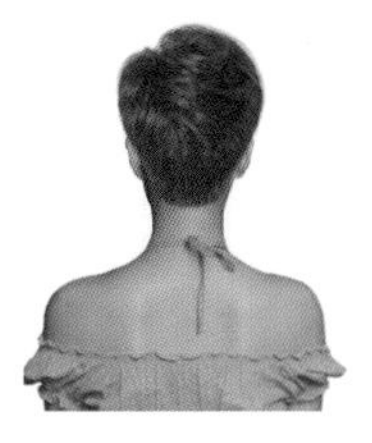

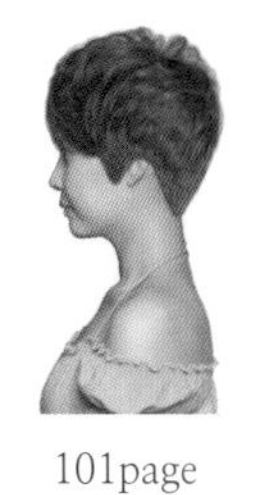
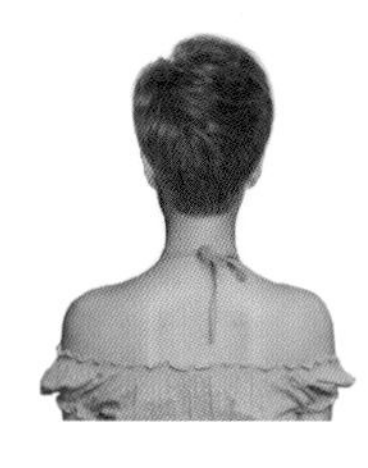

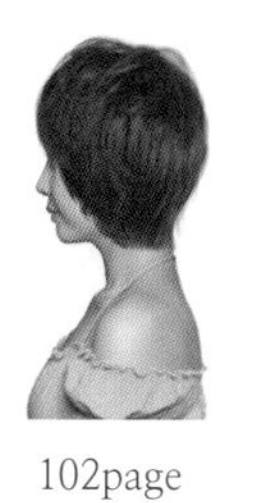
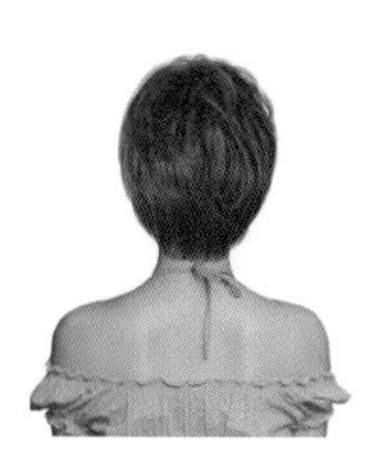

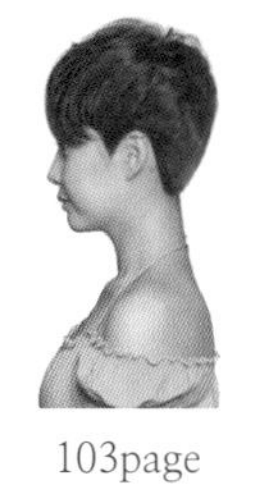
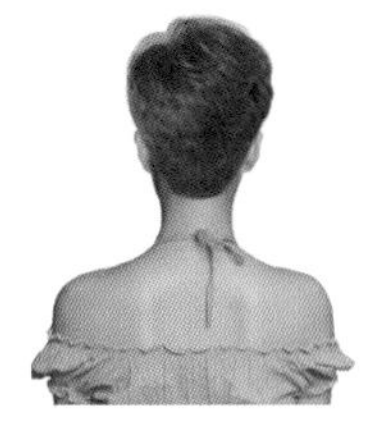

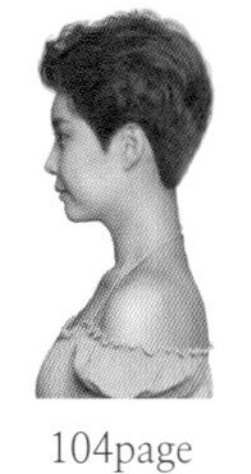
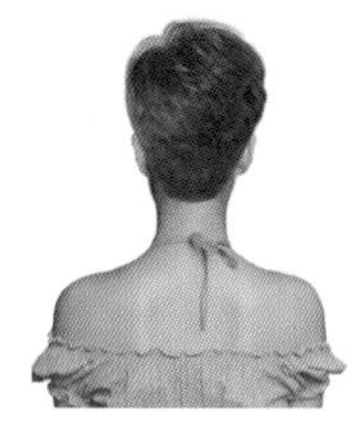

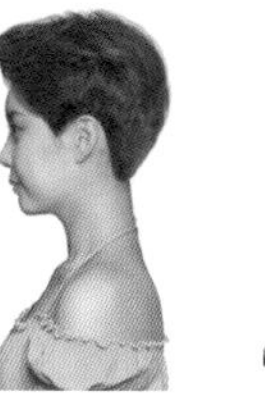
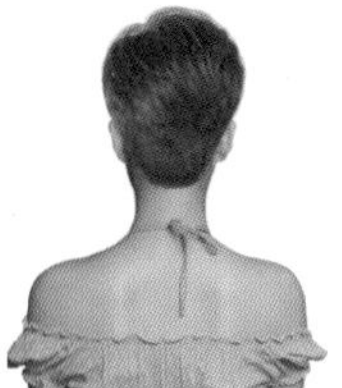

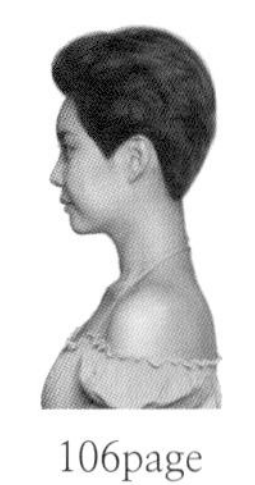
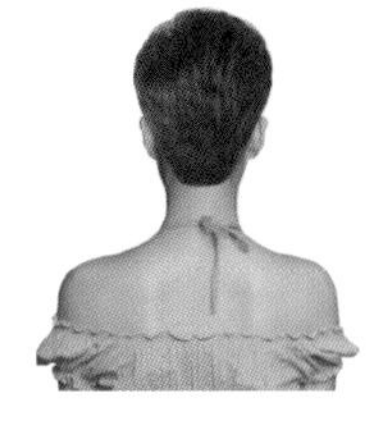

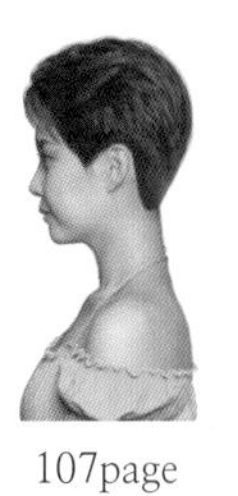
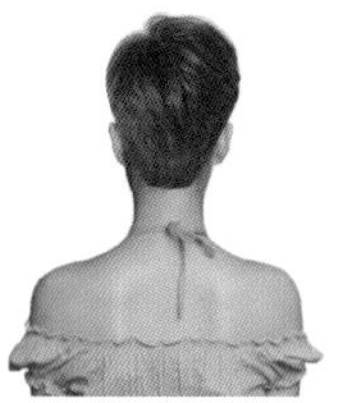
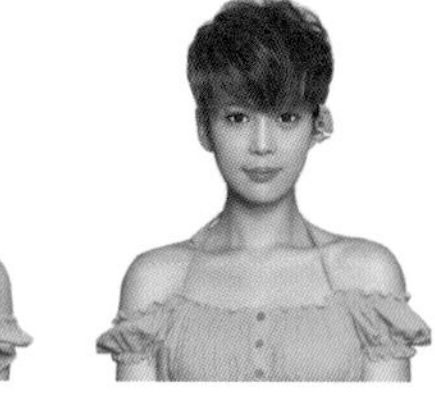
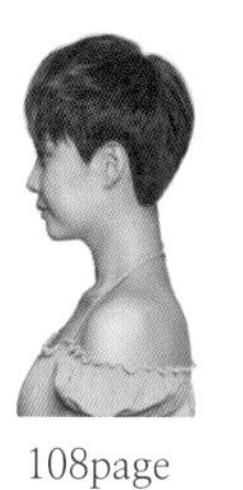
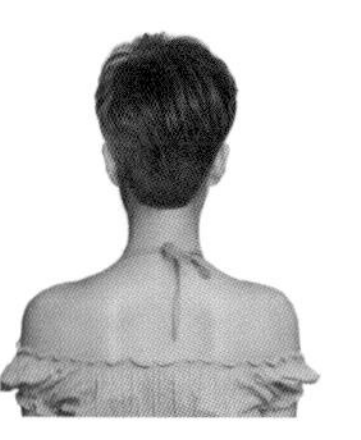

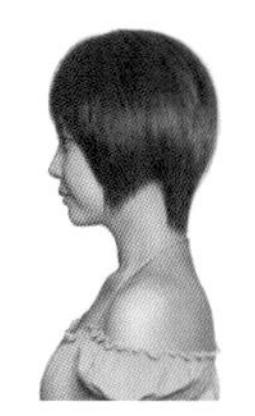
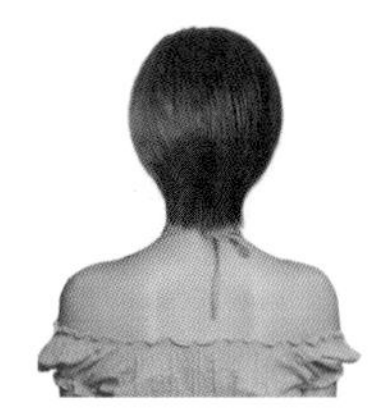

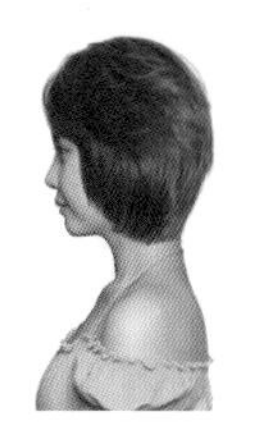
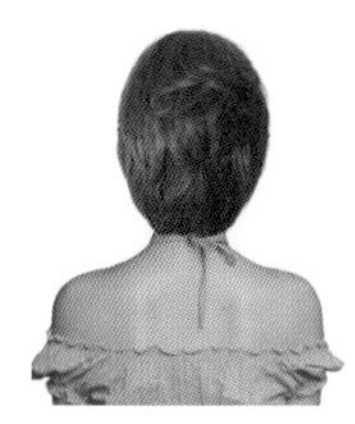

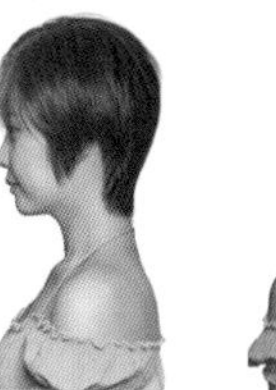
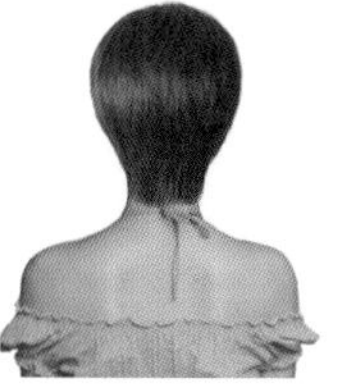

CONTENTS

Woman Short Hair Style Design

B(Blue) frog Lim Hair Style Design

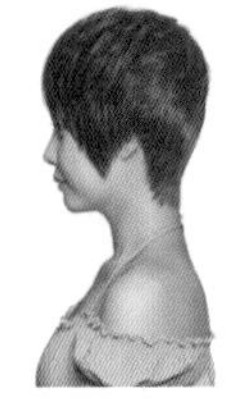
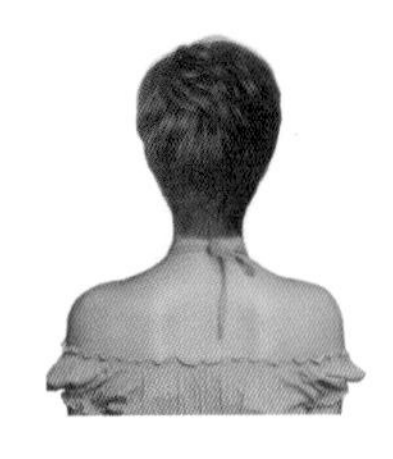

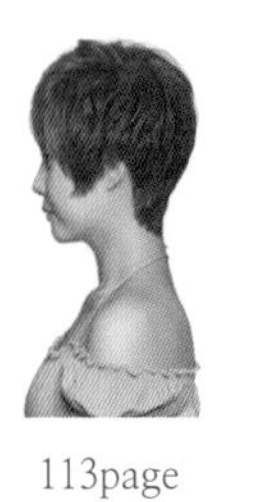
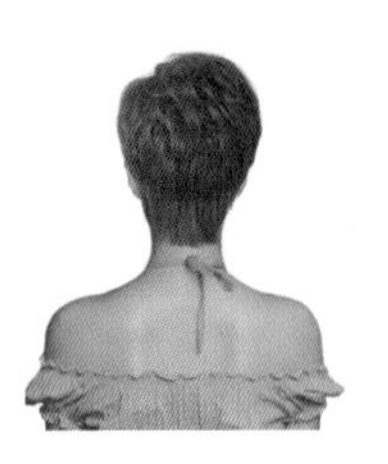

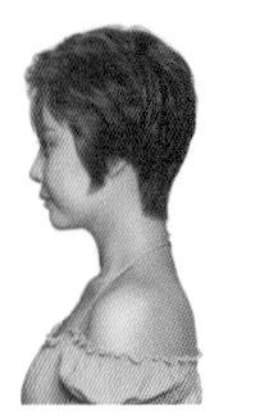
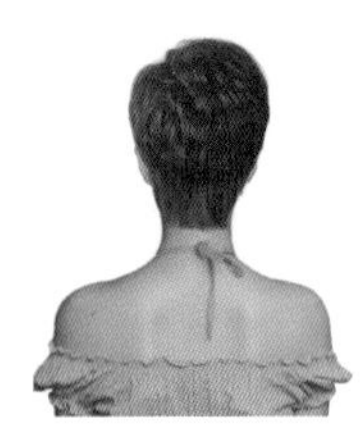

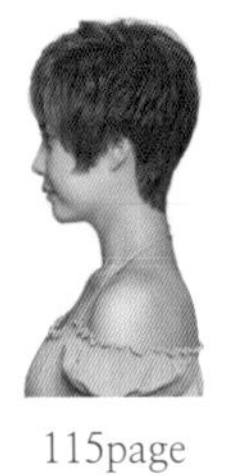
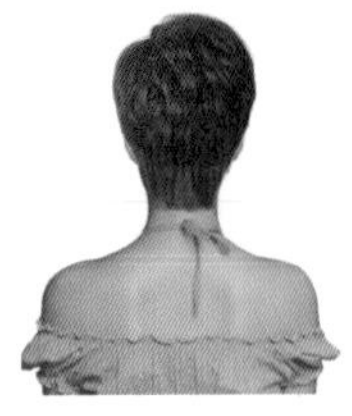

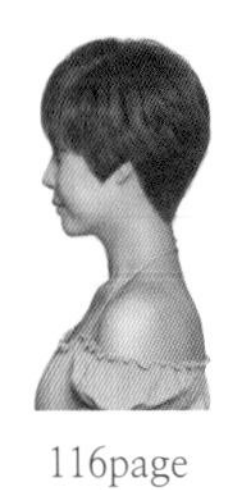
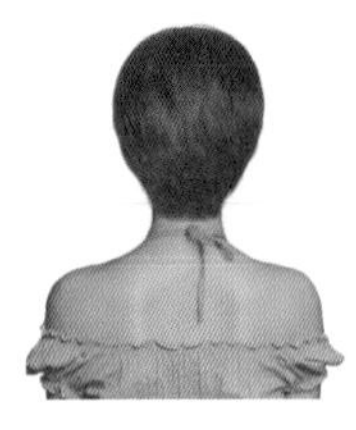

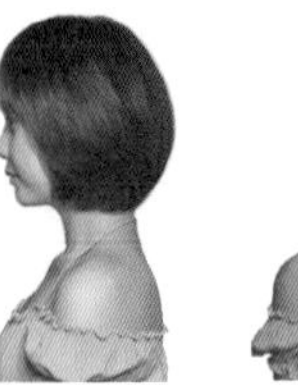
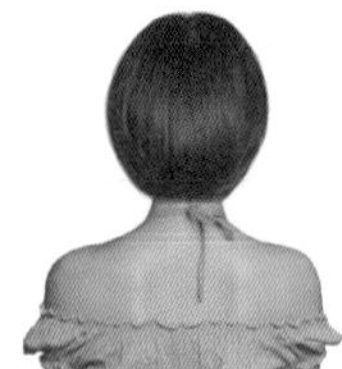

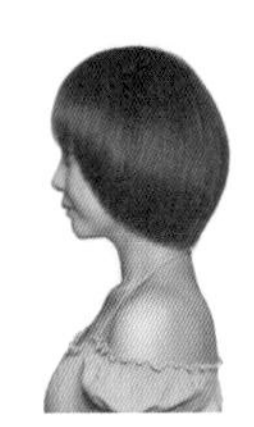
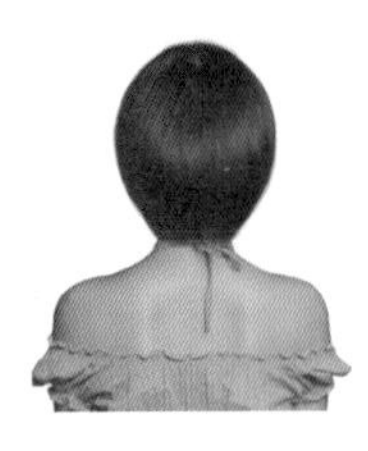

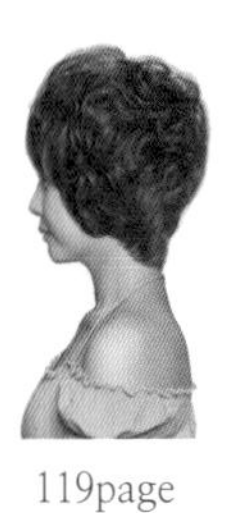
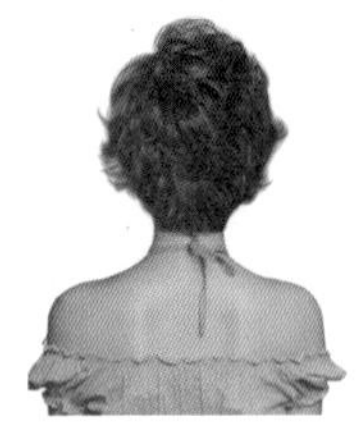

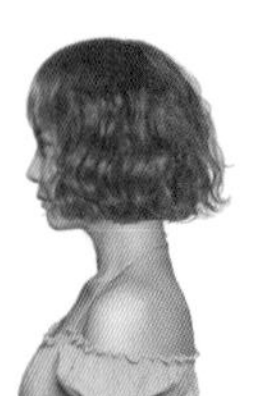
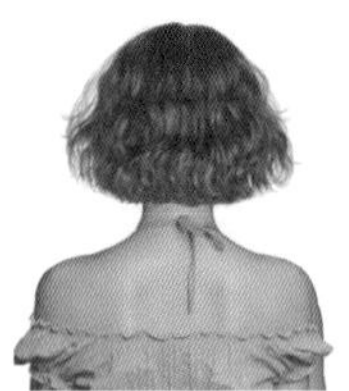

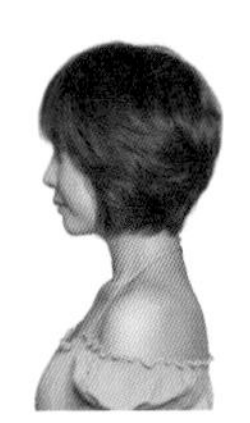
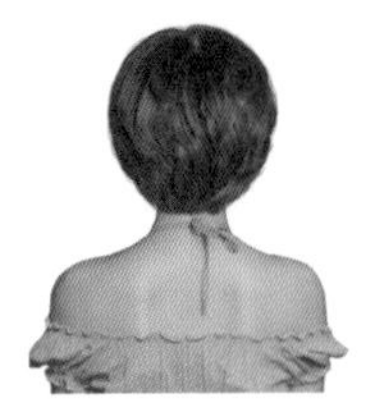

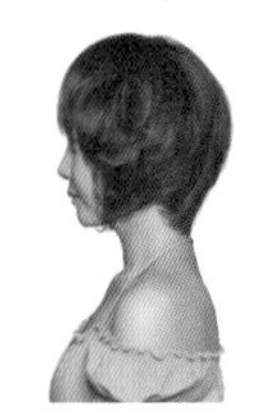
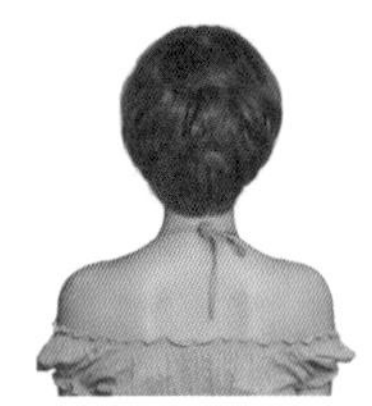

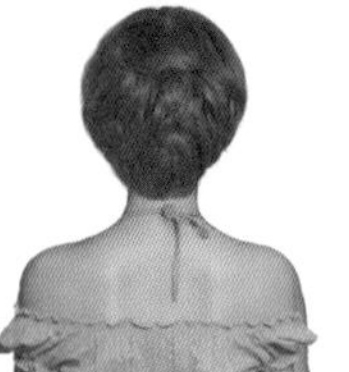

CONTENTS

Woman Short Hair Style Design

B(Blue) frog Lim Hair Style Design

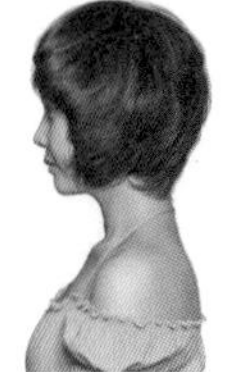
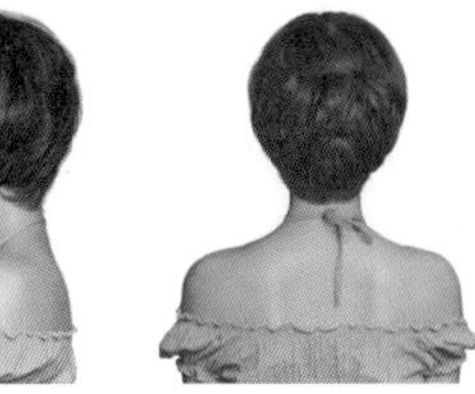

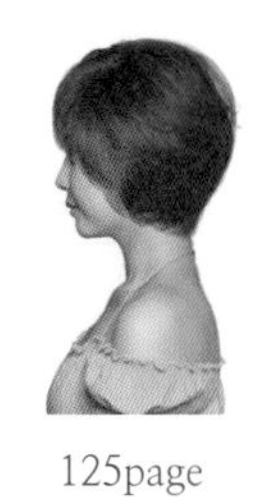
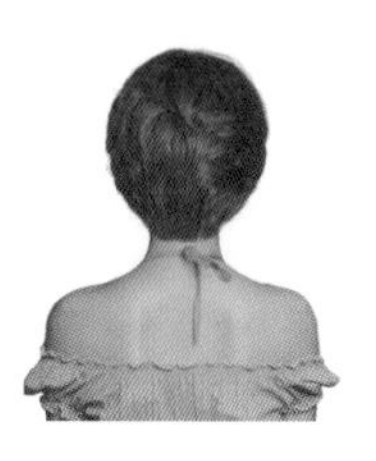

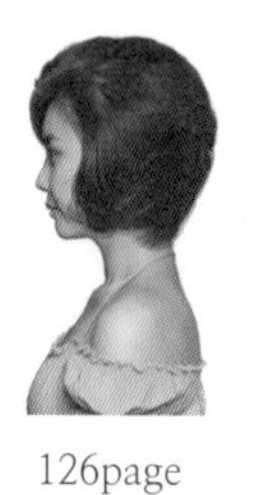
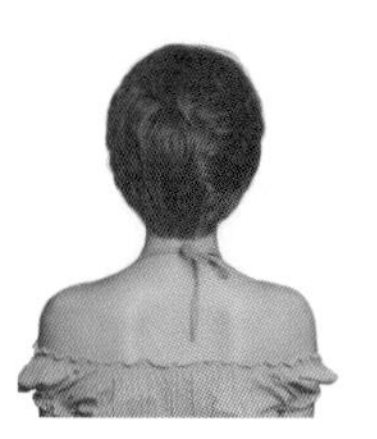

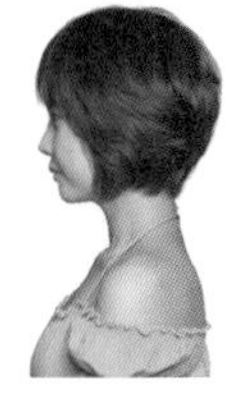
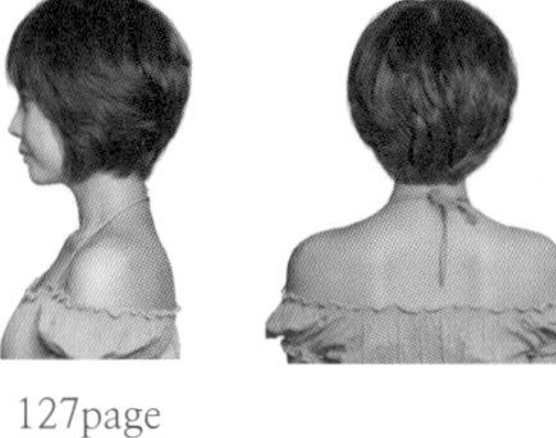

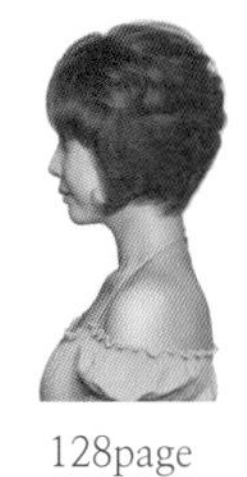
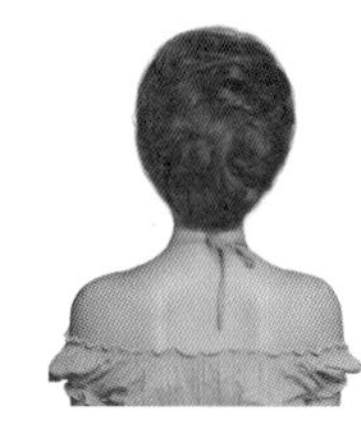

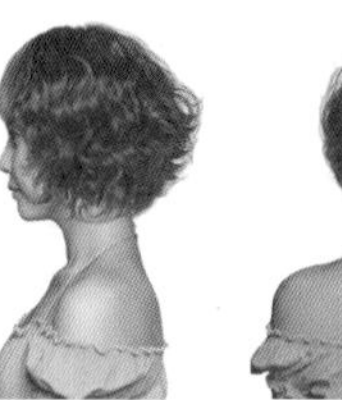
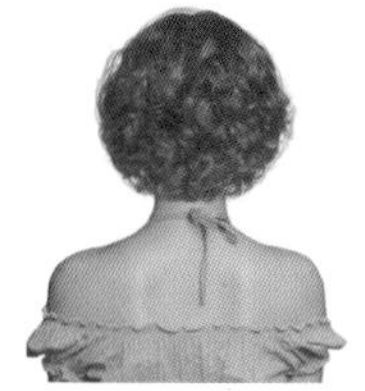

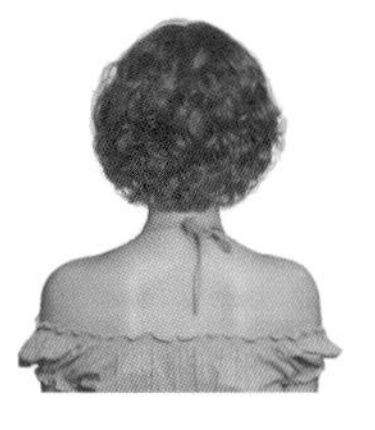

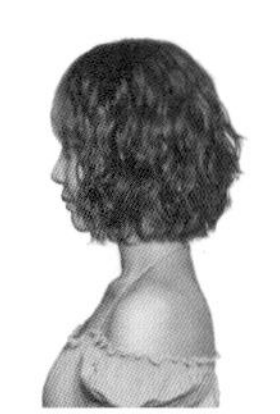
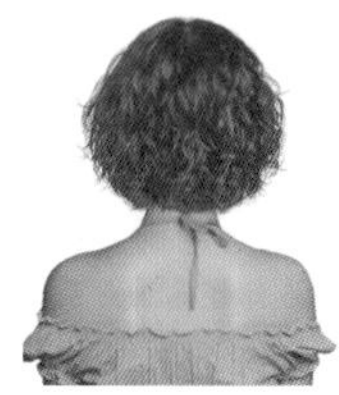

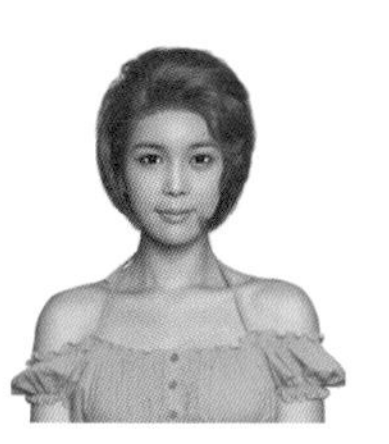
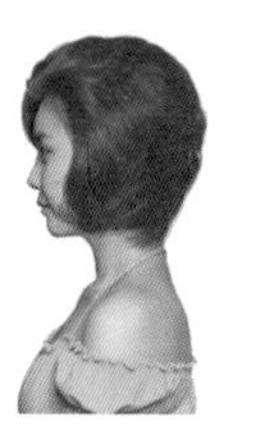
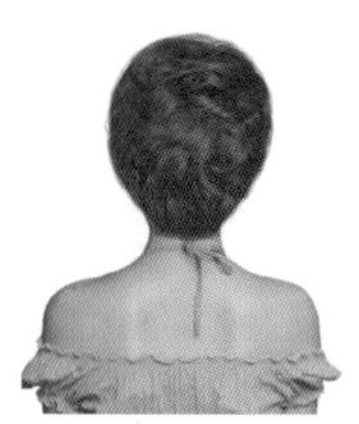

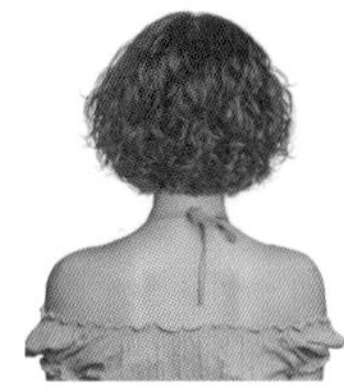

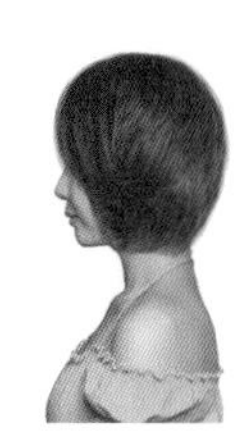

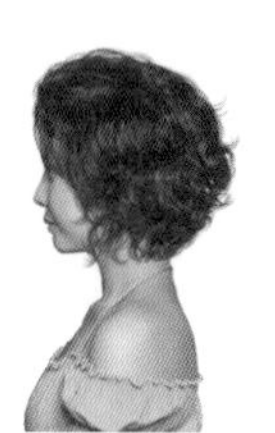

CONTENTS

Woman Short Hair Style Design

B(Blue) frog Lim Hair Style Design

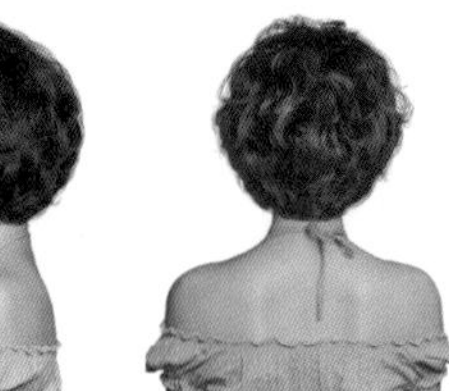

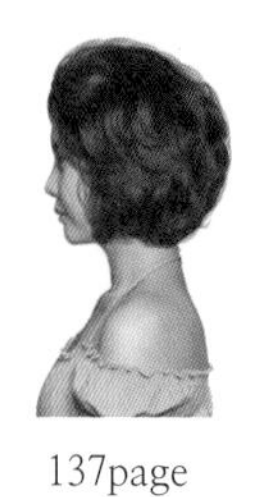
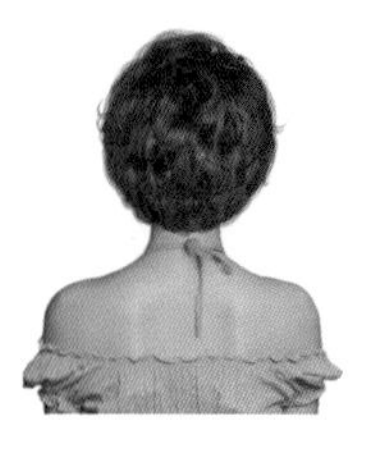

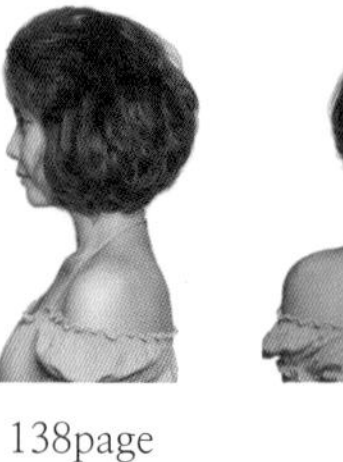
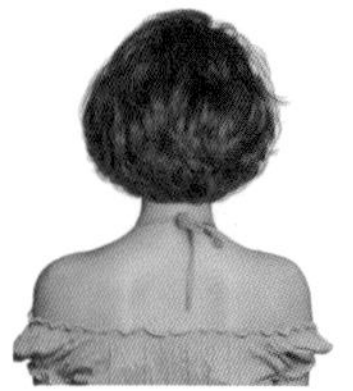

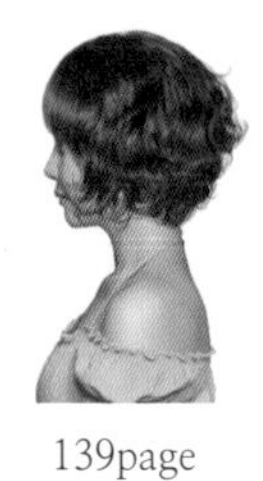
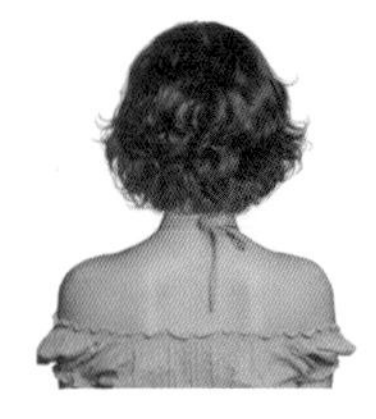

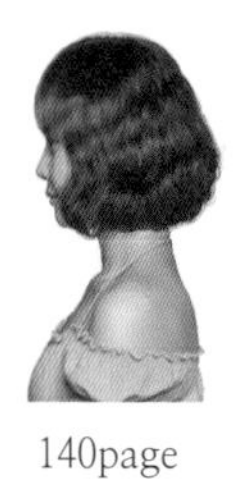
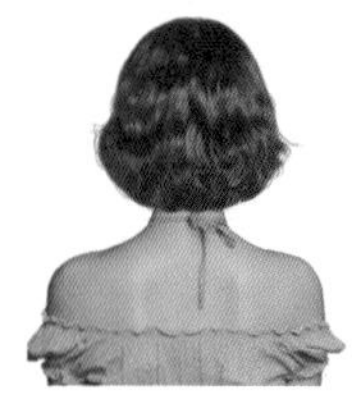

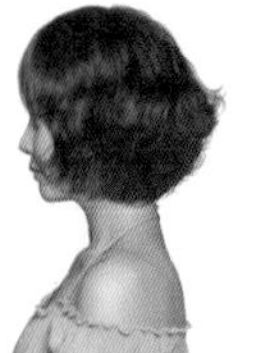
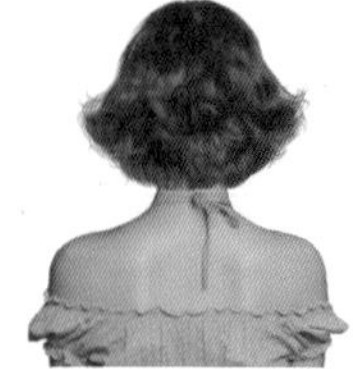

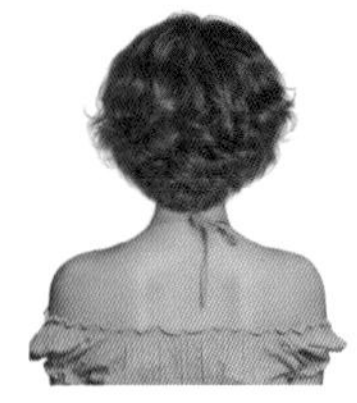

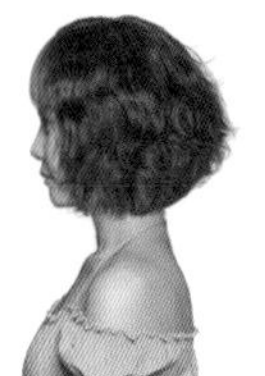

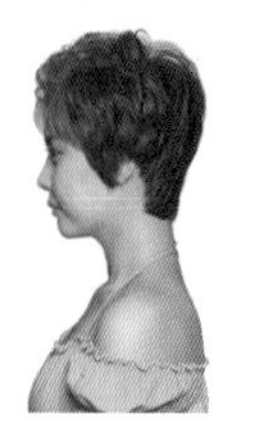
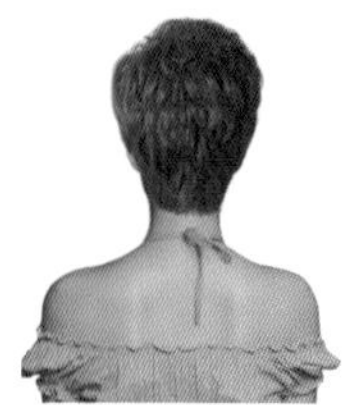

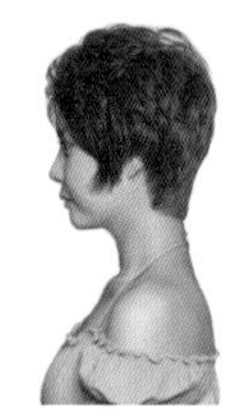
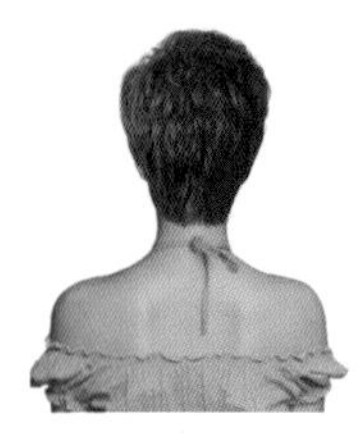

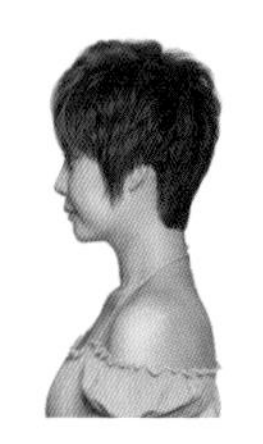
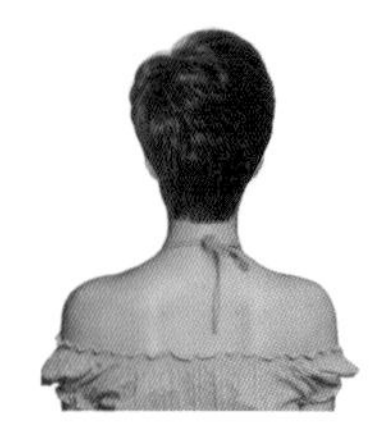

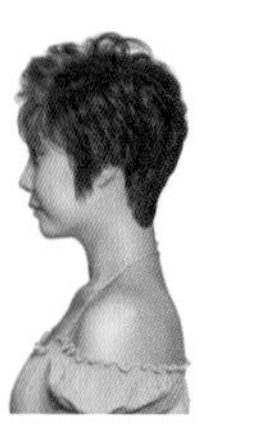
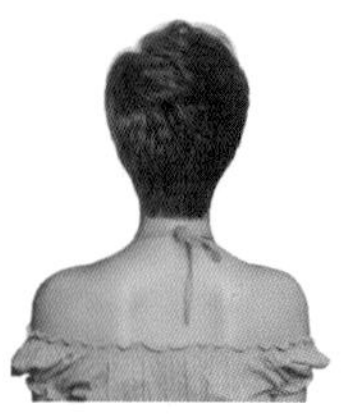

CONTENTS

Woman Short Hair Style Design

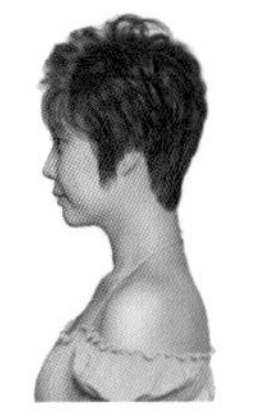
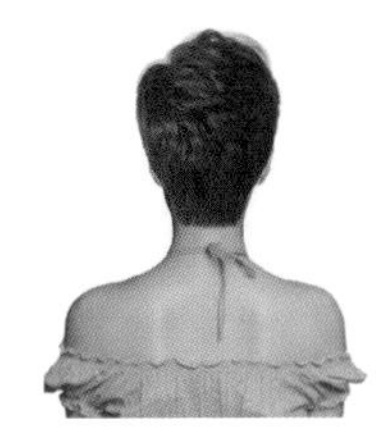

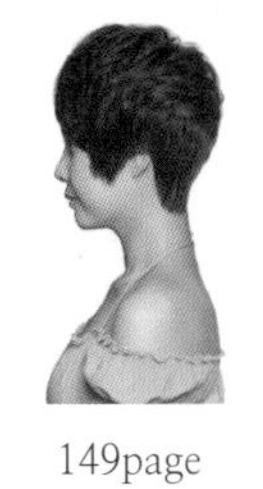
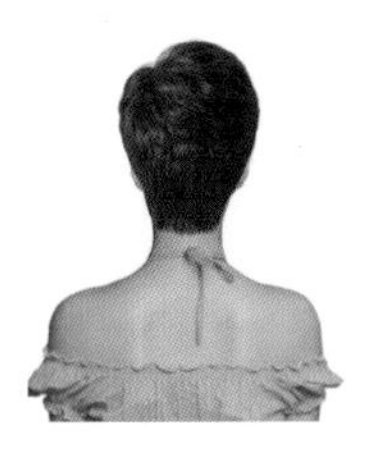

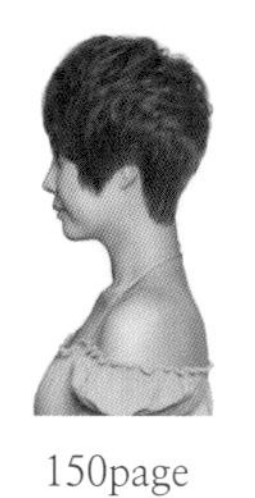
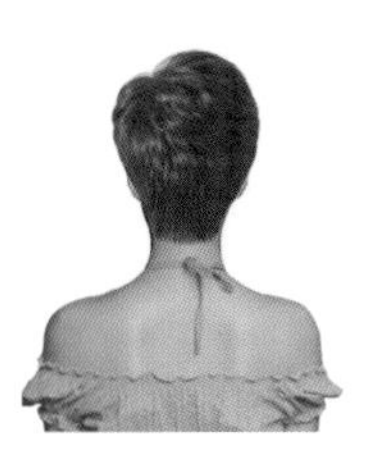

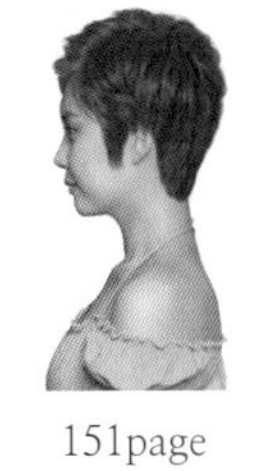
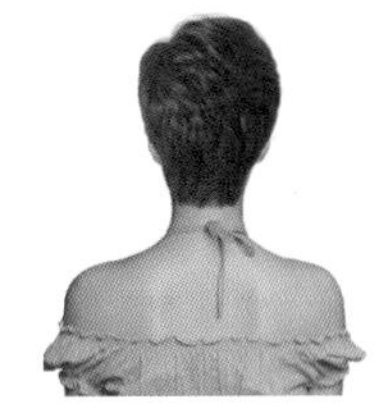

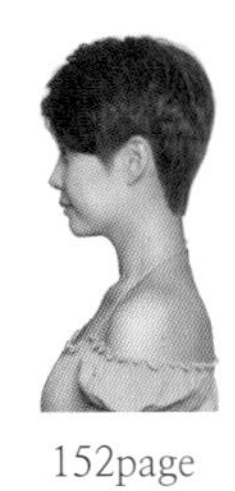
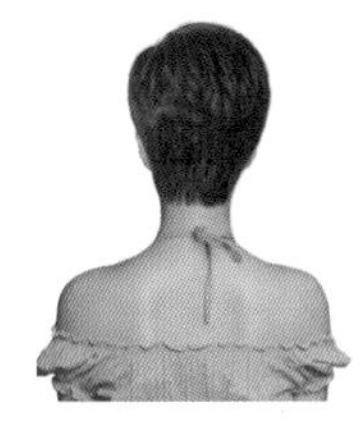

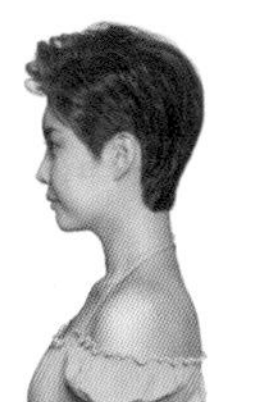
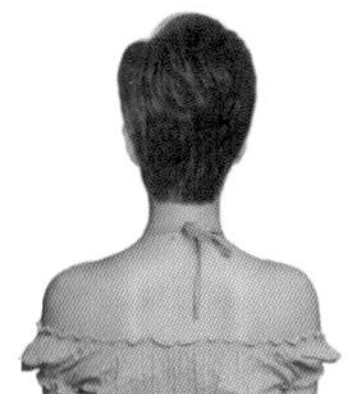

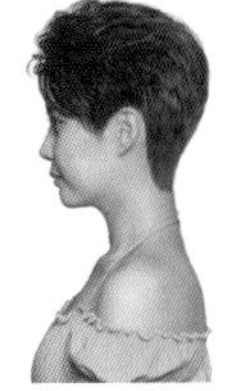
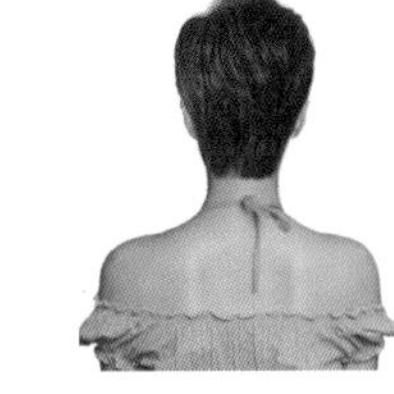

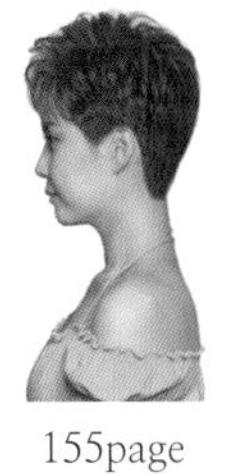
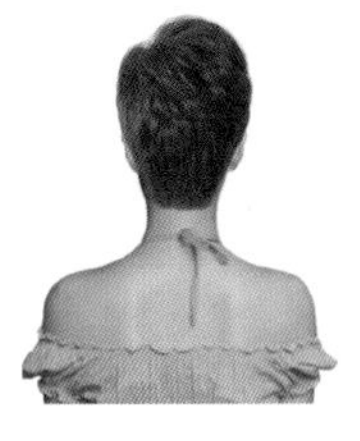

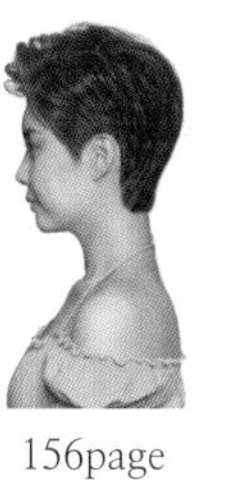
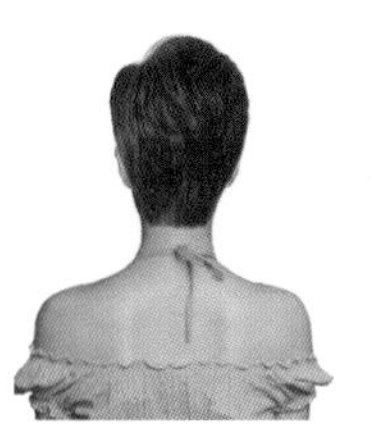

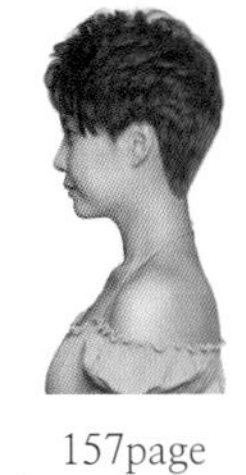
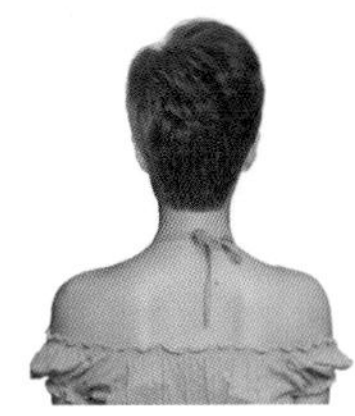

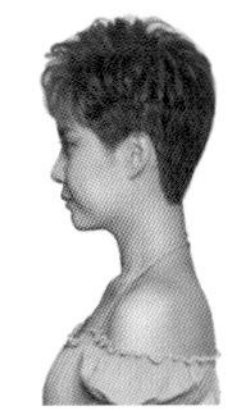
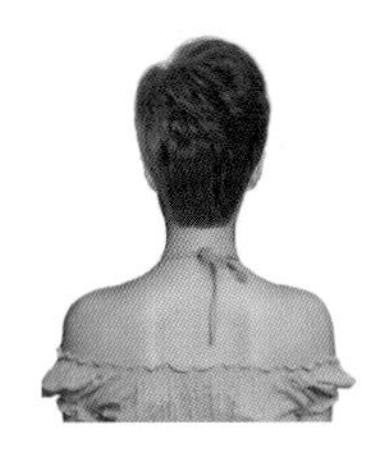

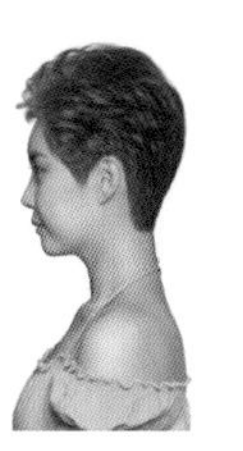
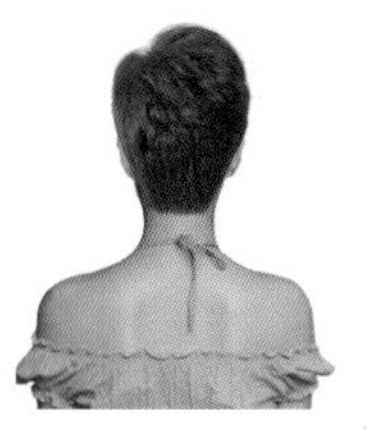

CONTENTS

Woman Short Hair Style Design

B(Blue) frog Lim Hair Style Design

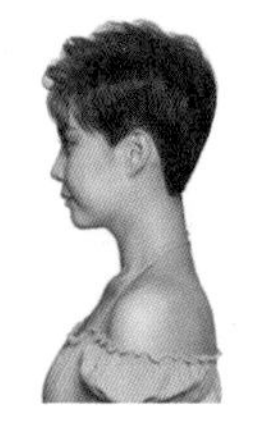
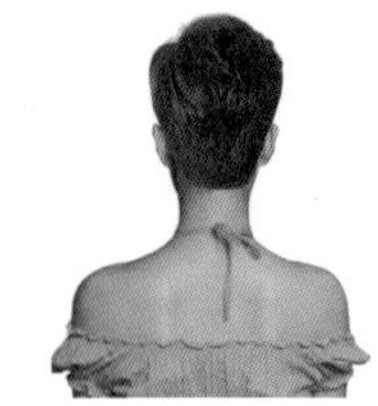

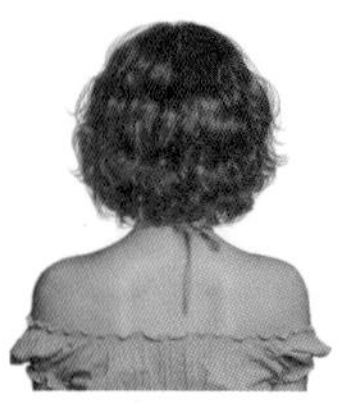

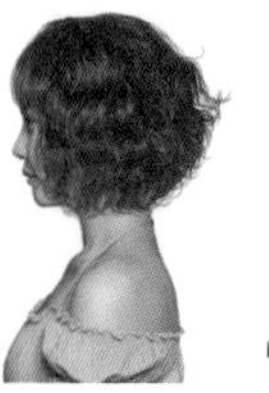
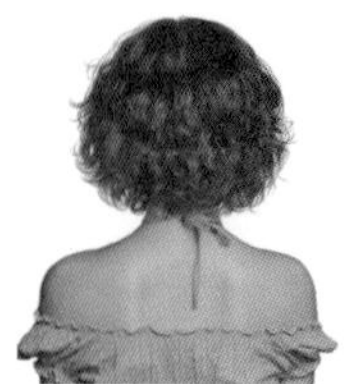

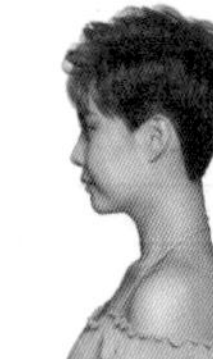
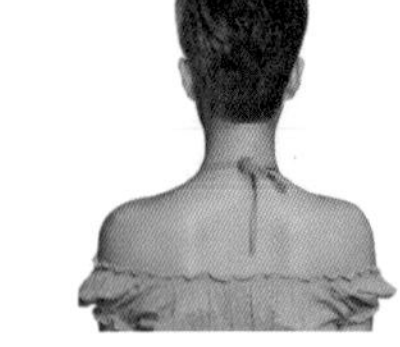

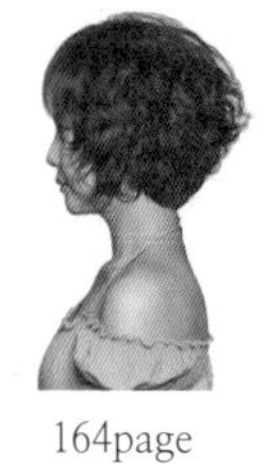
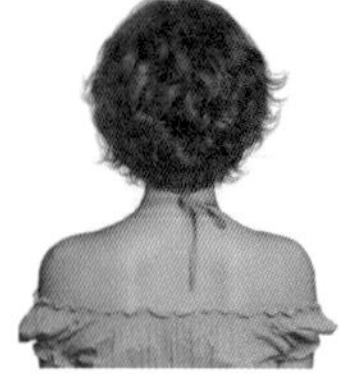

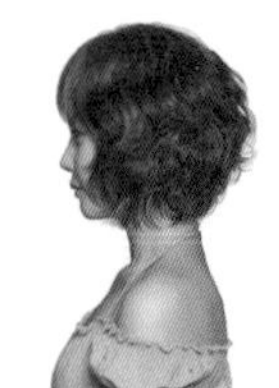

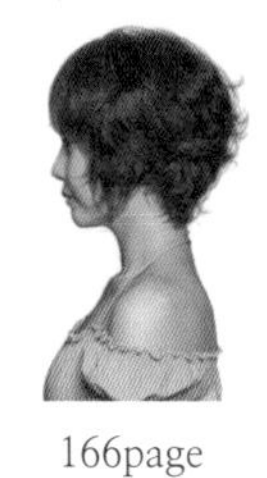
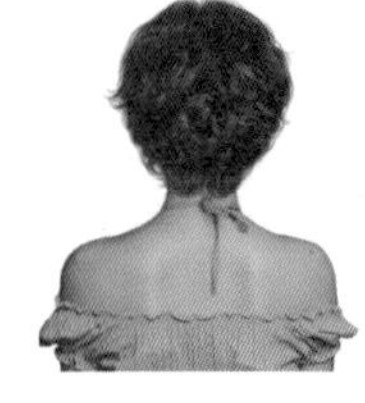

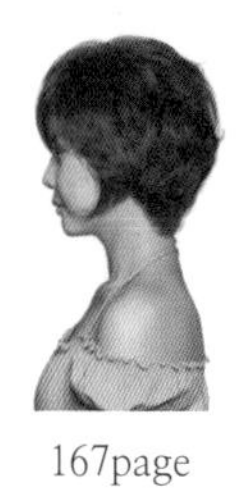
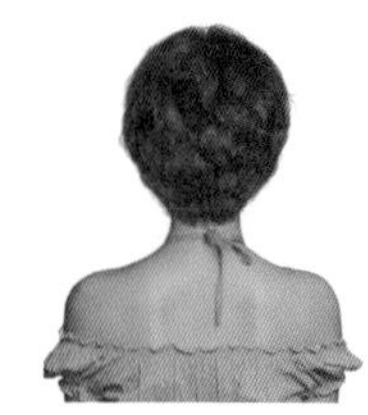

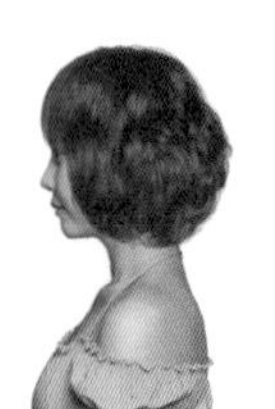
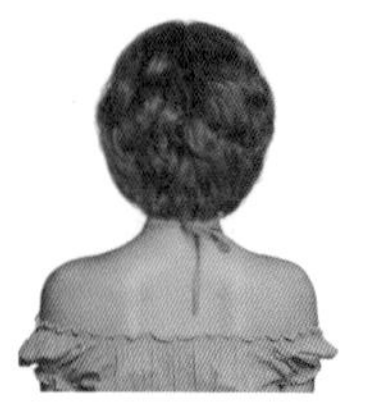

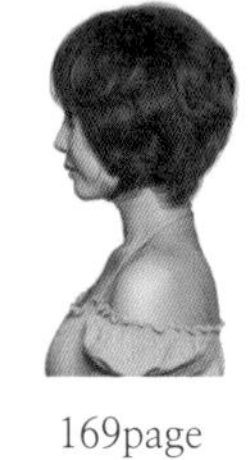
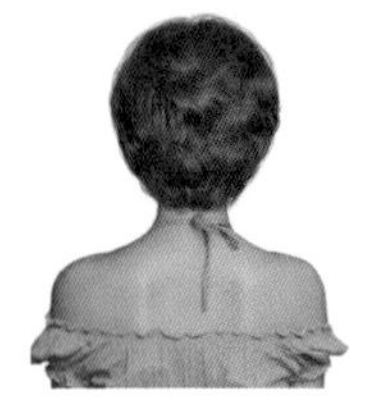

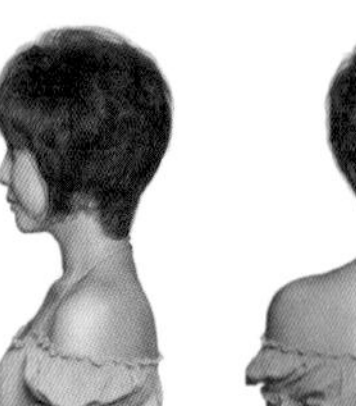
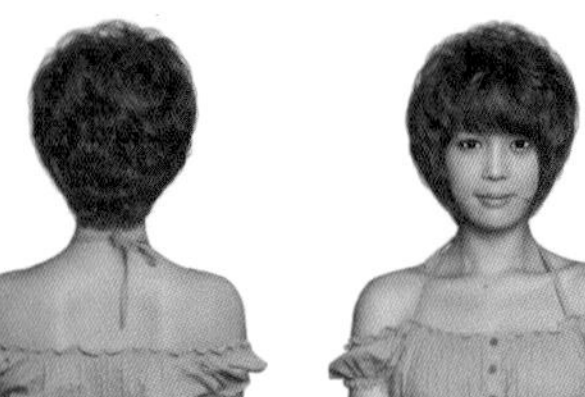
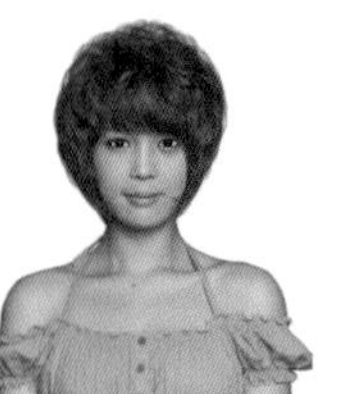
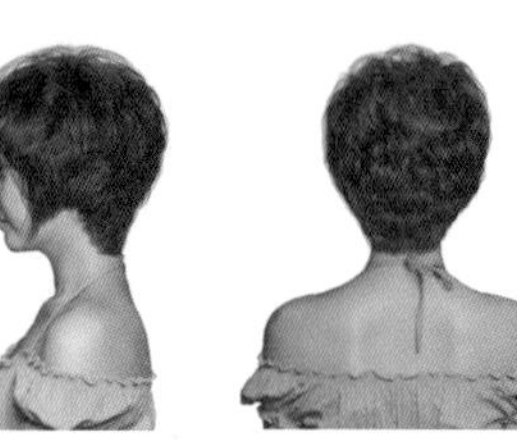

CONTENTS

Woman Short Hair Style Design

B(Blue) frog Lim Hair Style Design

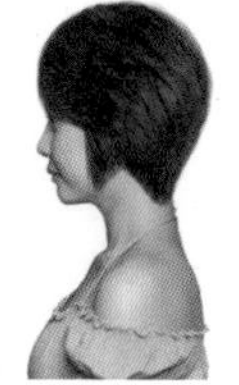
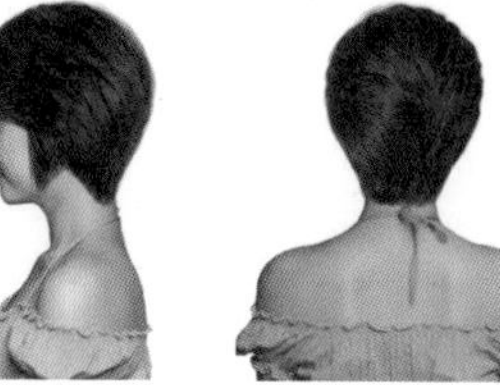

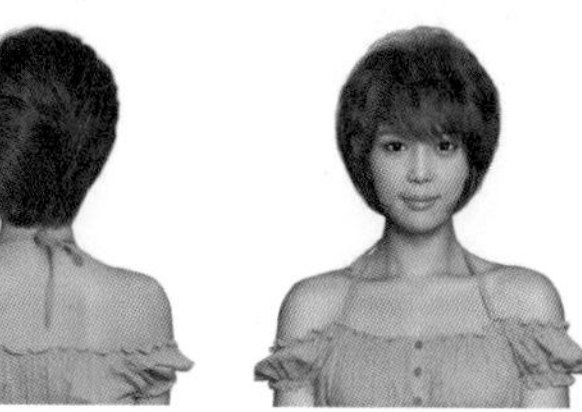

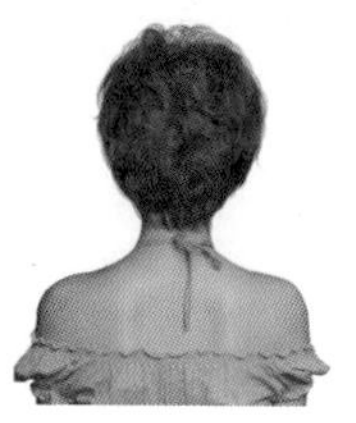

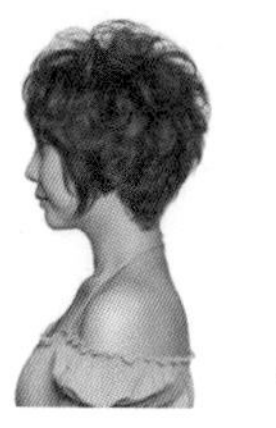
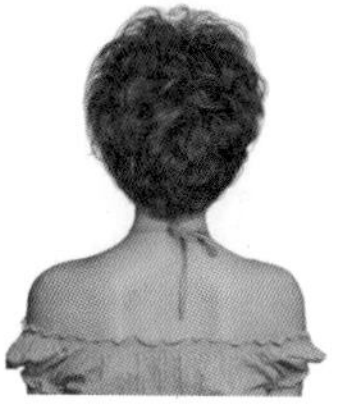

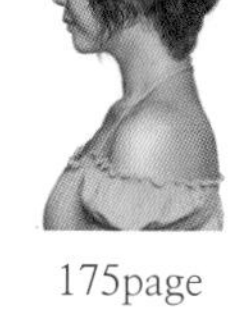
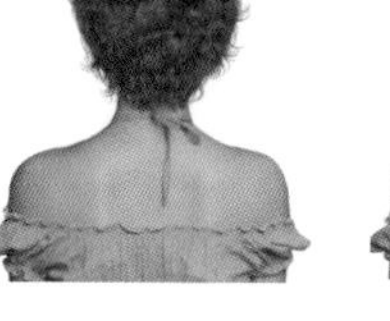

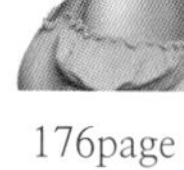
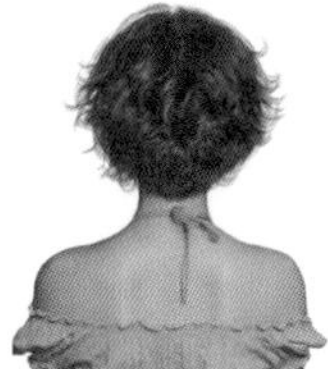
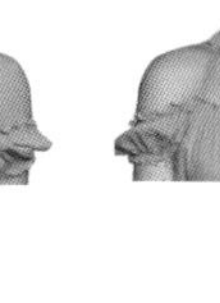

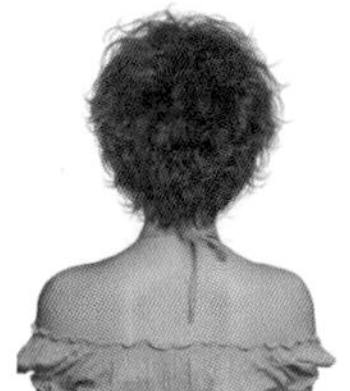

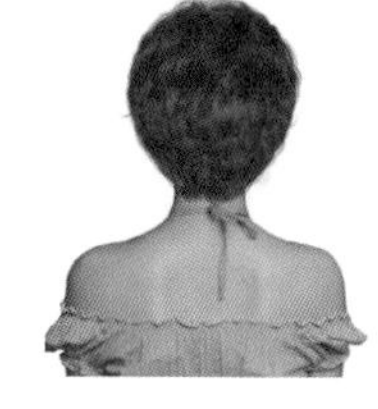

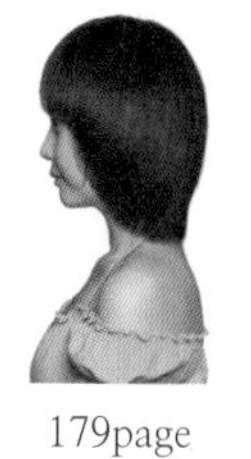
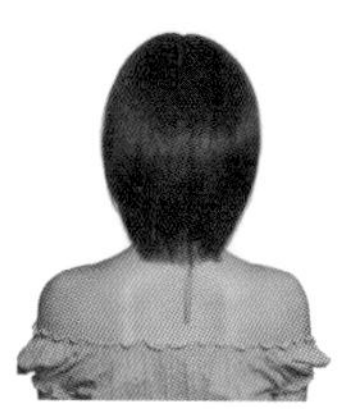

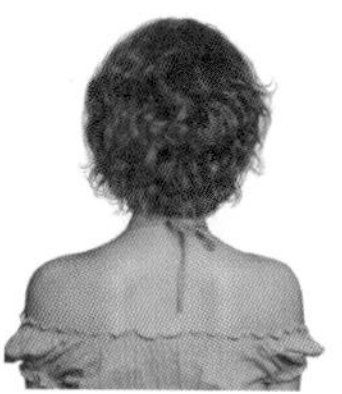

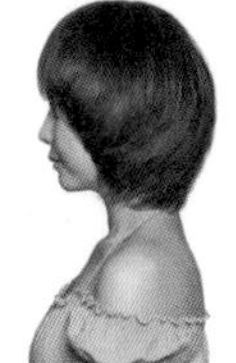
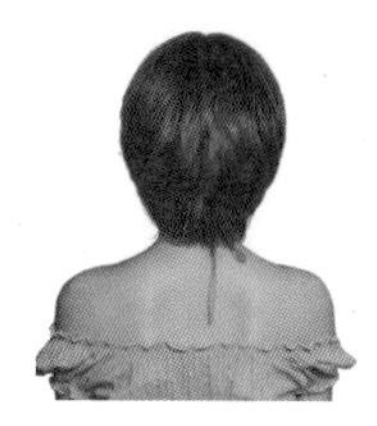

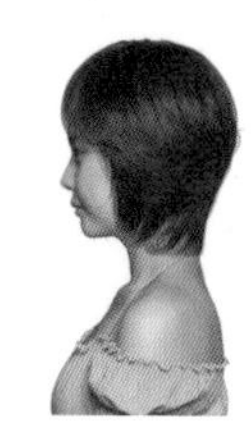
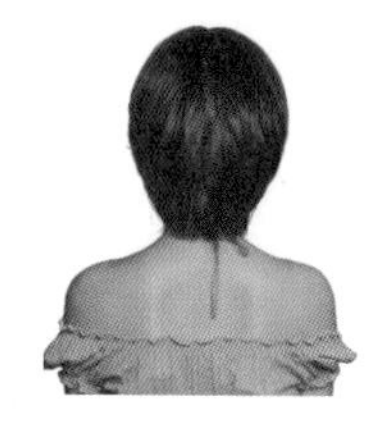

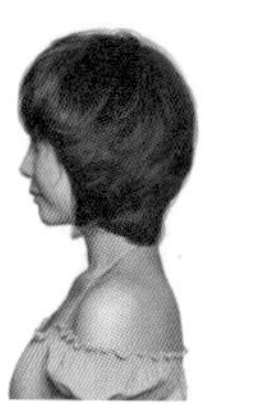
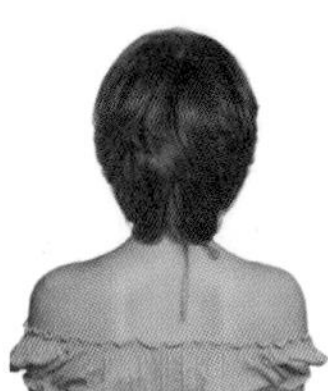

CONTENTS

Woman Short Hair Style Design

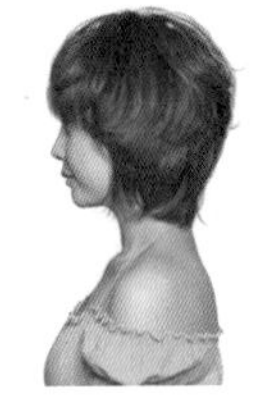
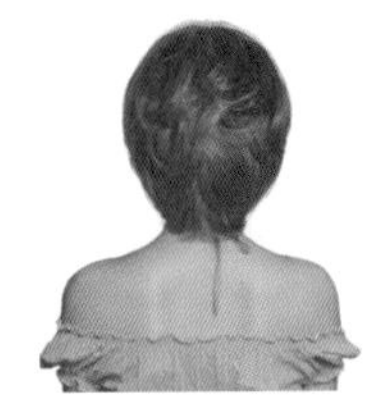

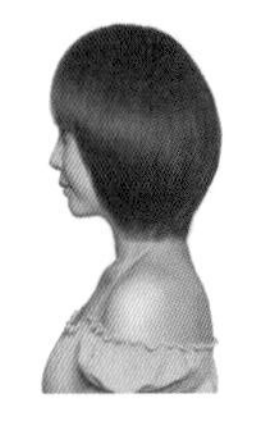
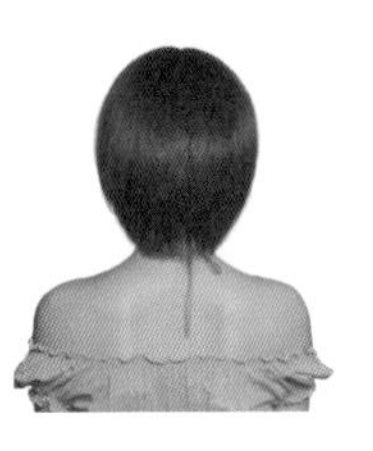

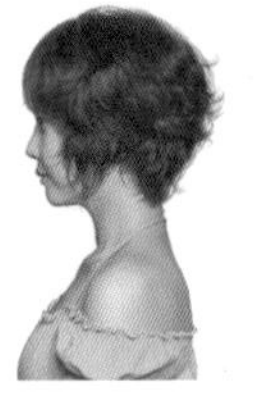
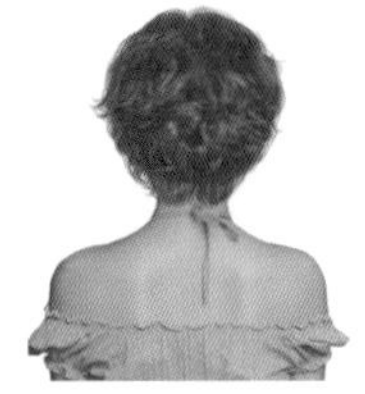

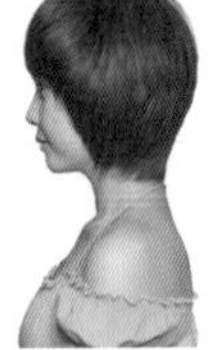
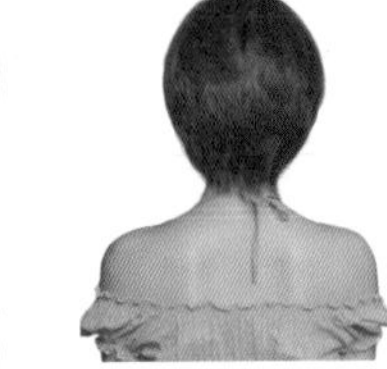

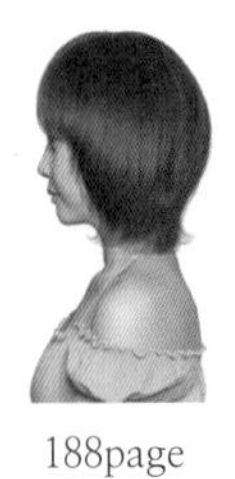
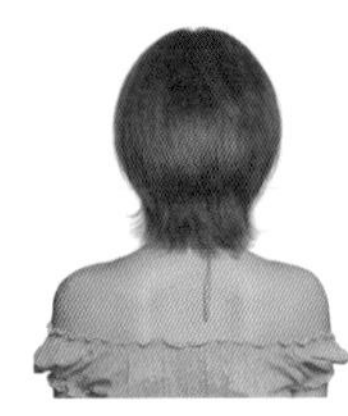

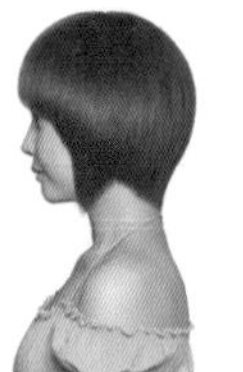
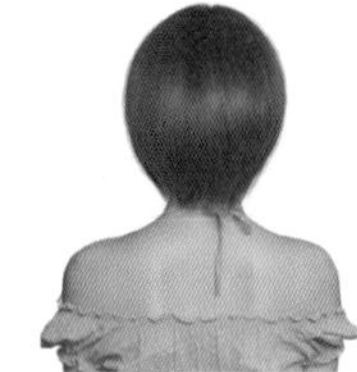

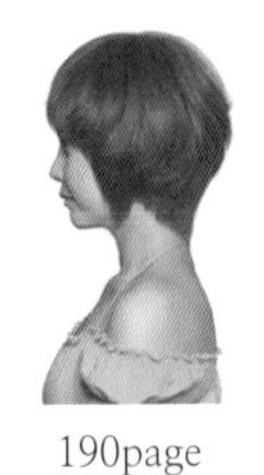
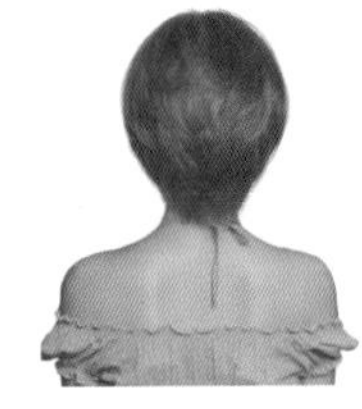
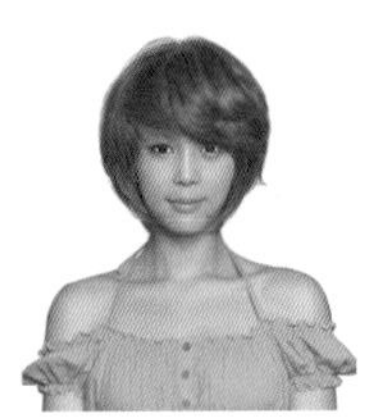
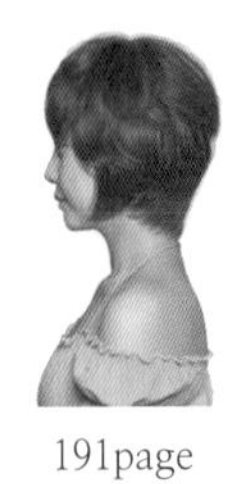
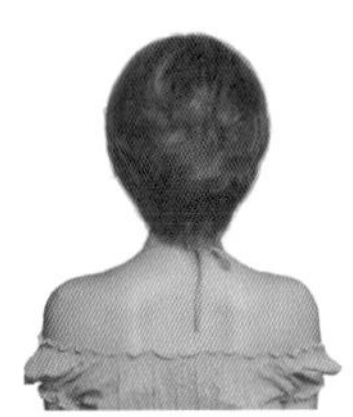
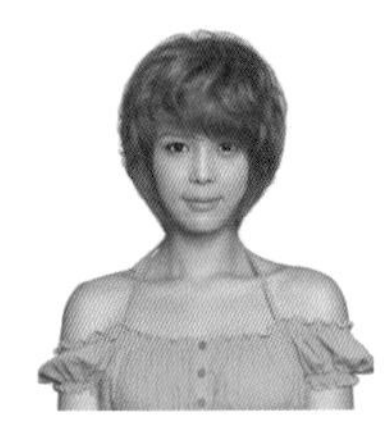
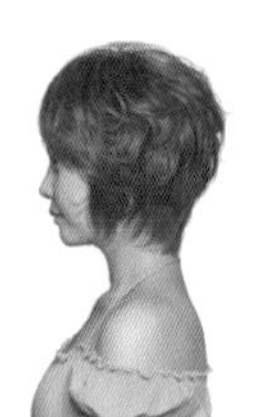
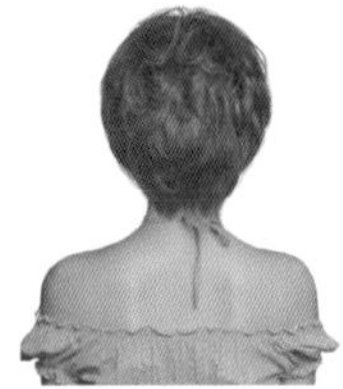

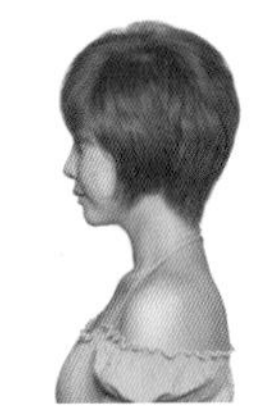
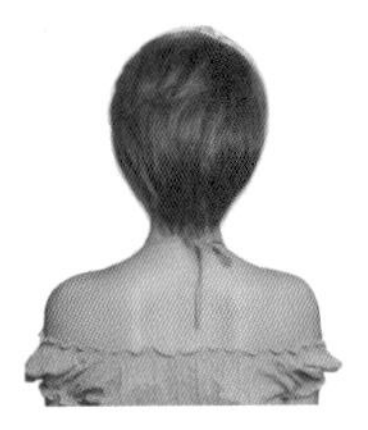

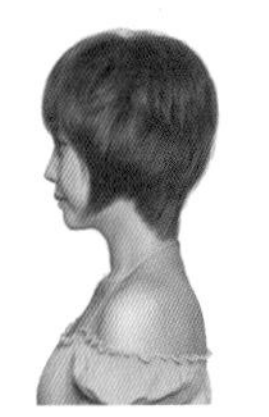
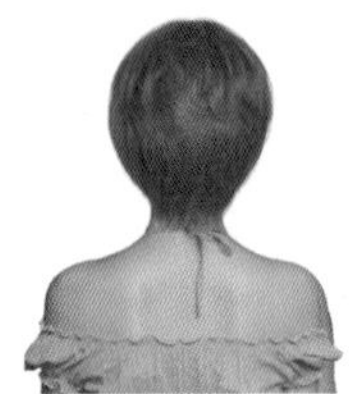
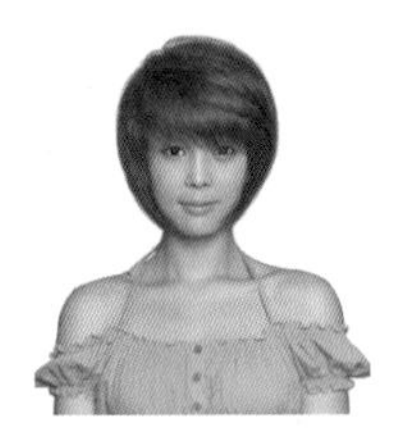
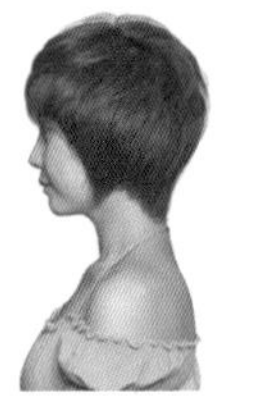
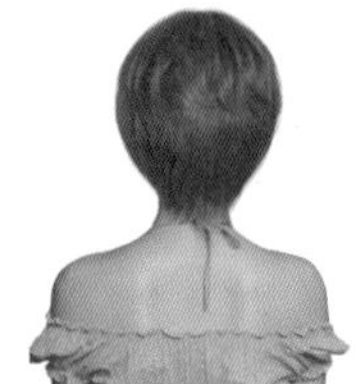

CONTENTS

Woman Short Hair Style Design

B(Blue) frog Lim Hair Style Design

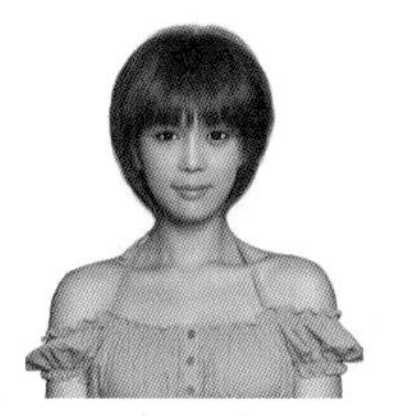 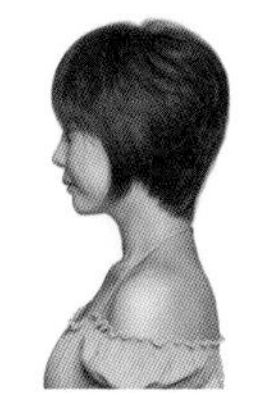 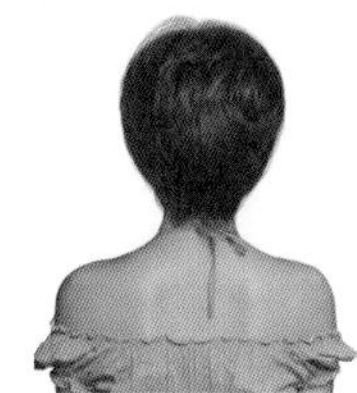  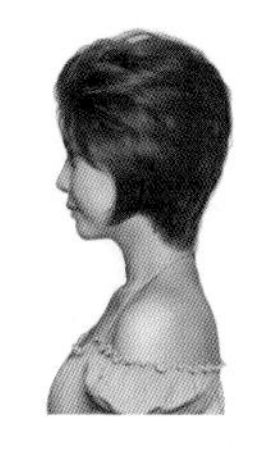 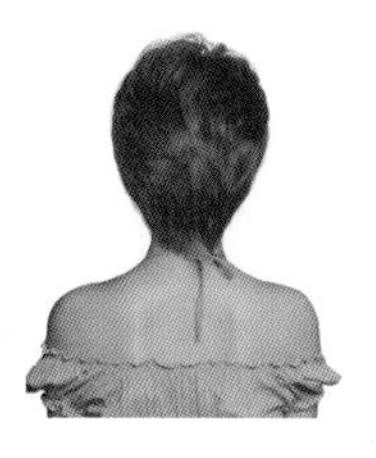  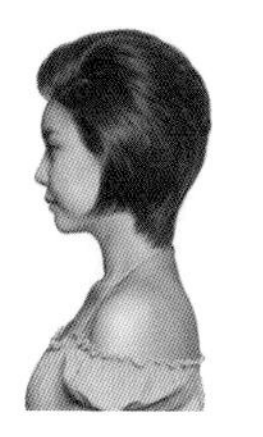 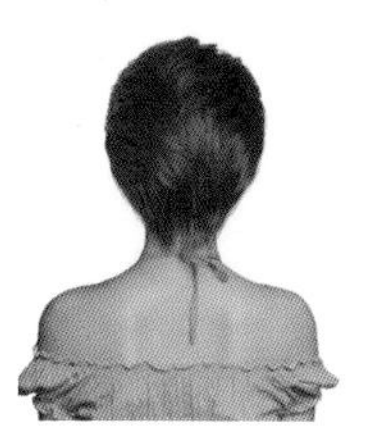

 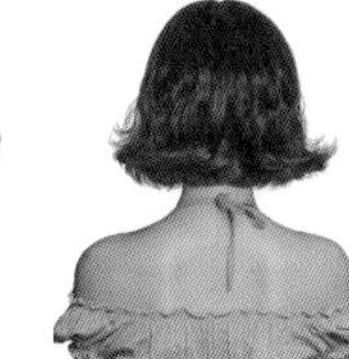  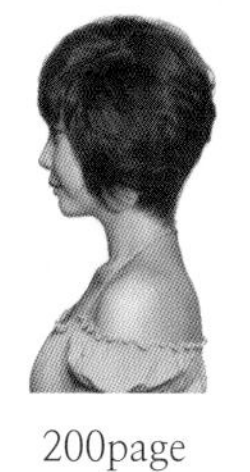 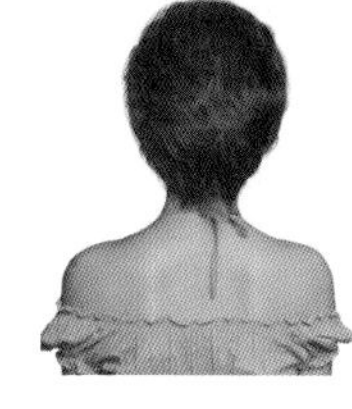 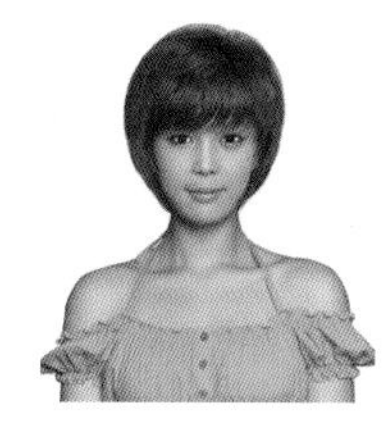 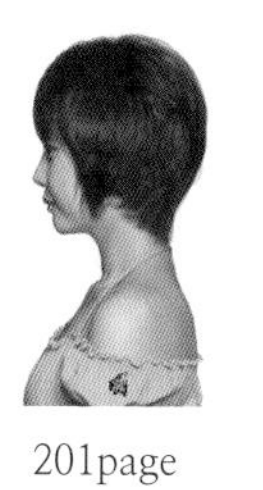 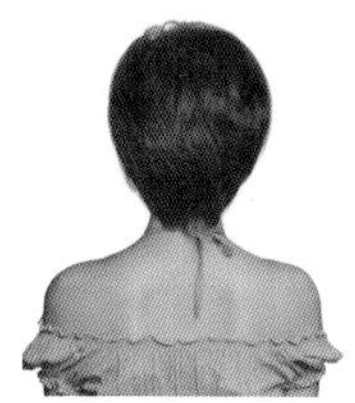

 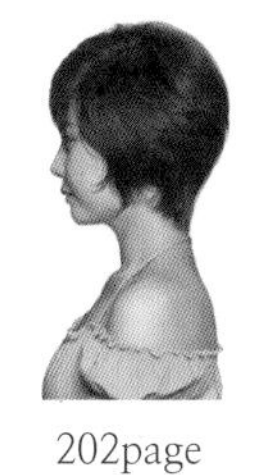 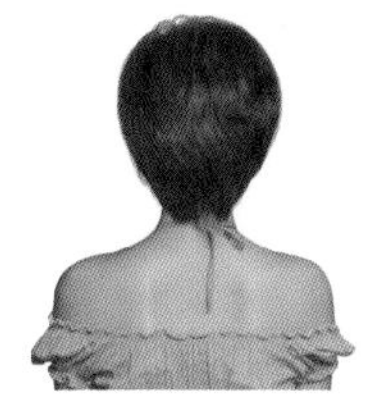 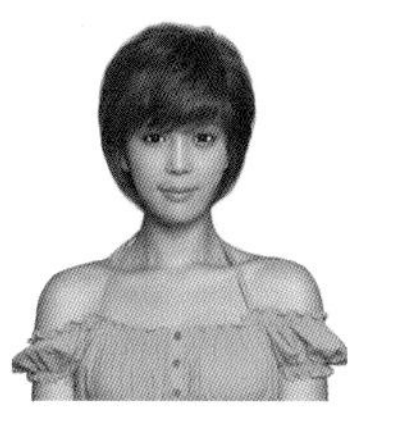 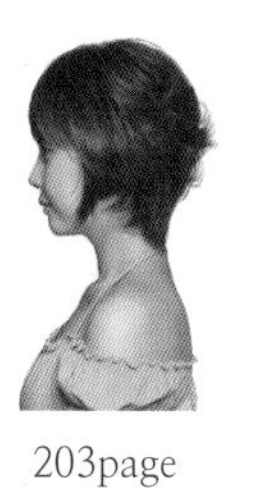 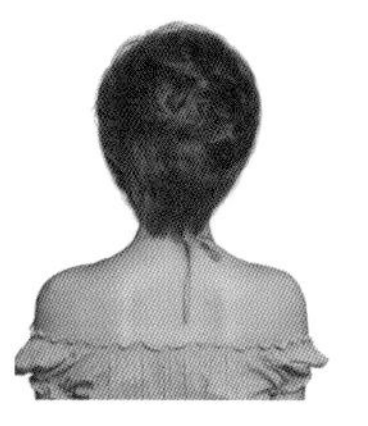 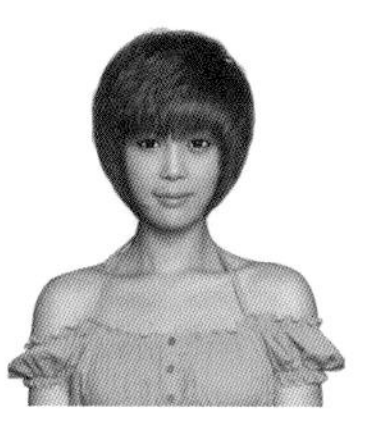 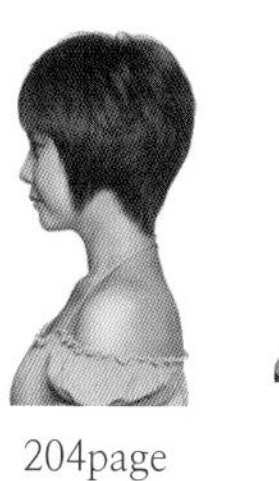 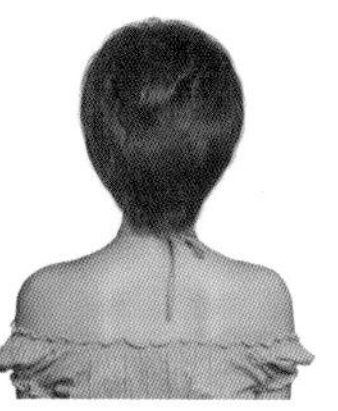

 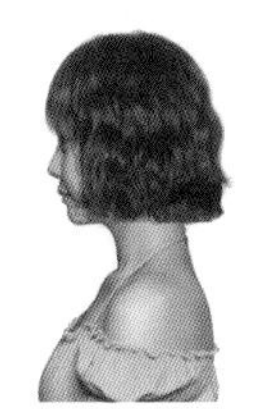 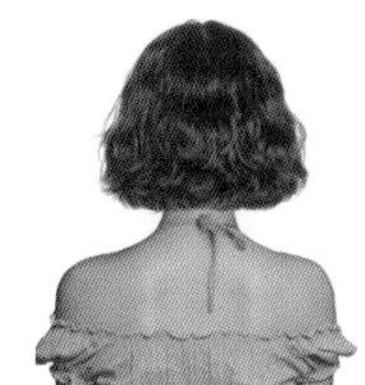  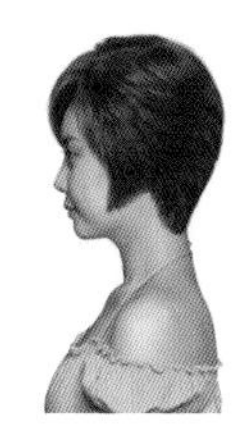 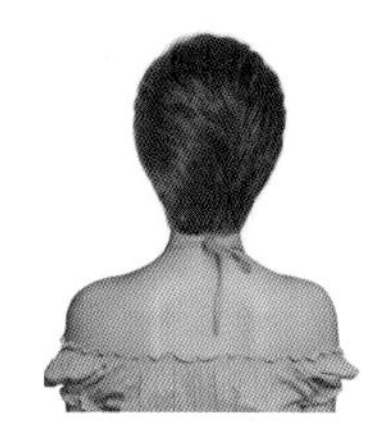  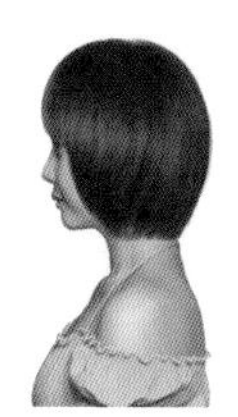 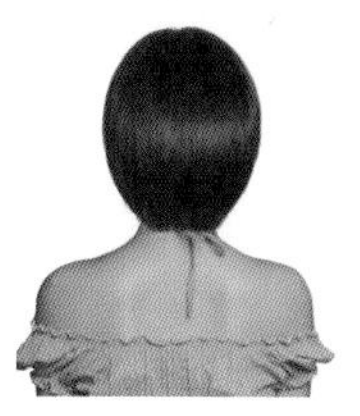

CONTENTS

Woman Short Hair Style Design

B(Blue) frog Lim Hair Style Design

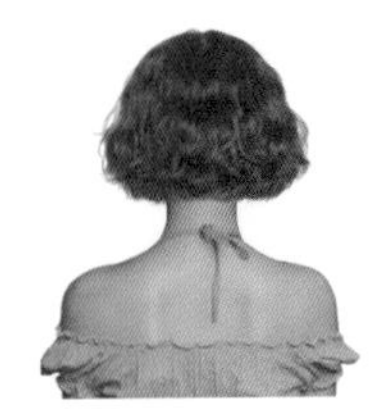

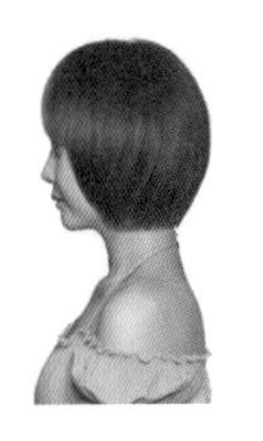
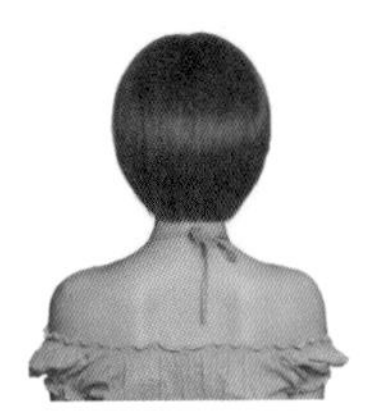

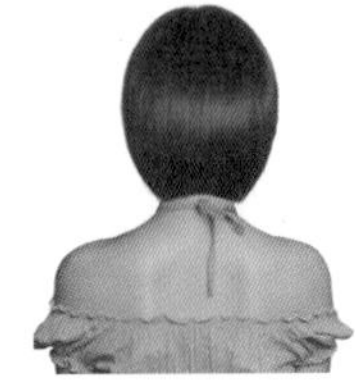

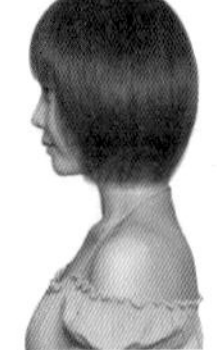
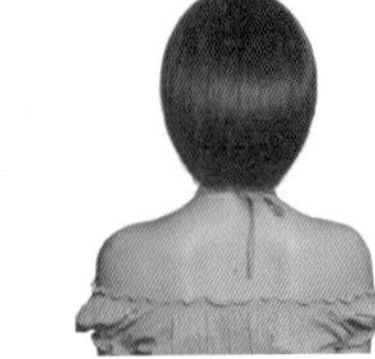

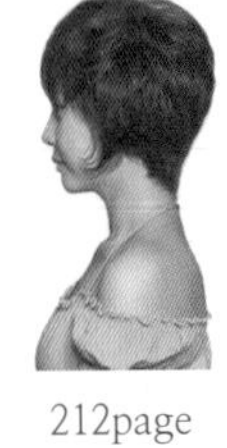
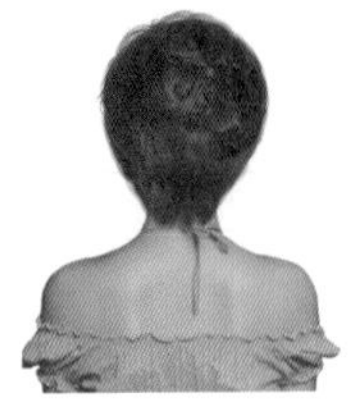

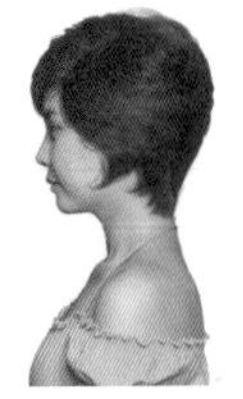
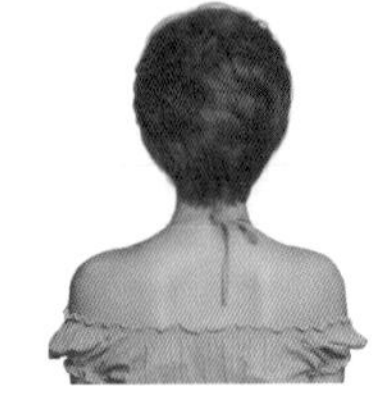

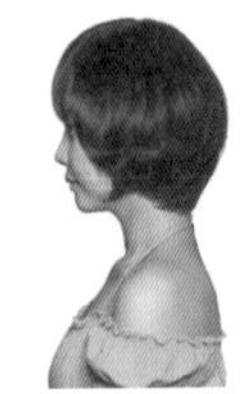
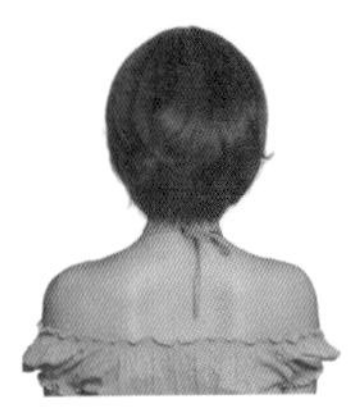

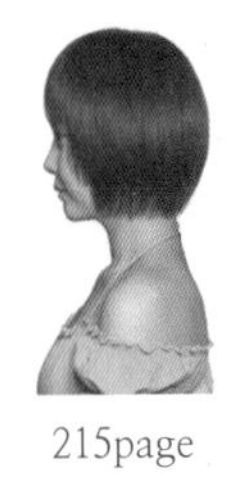
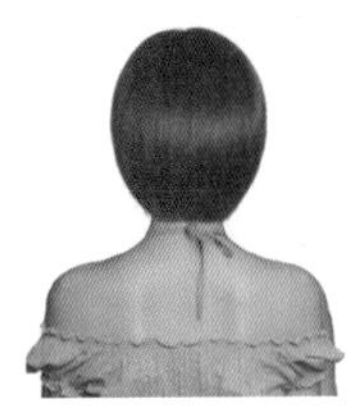

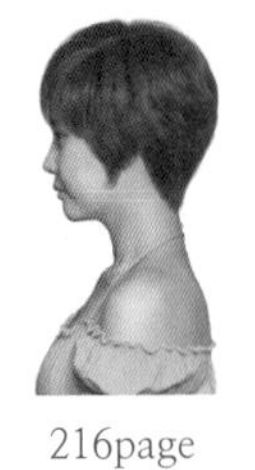
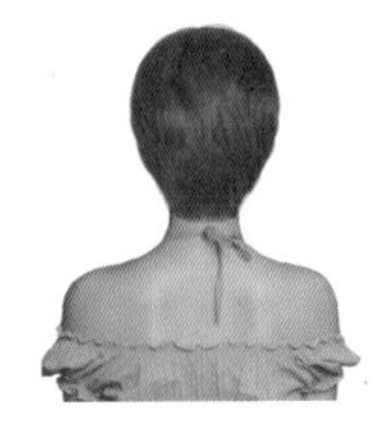

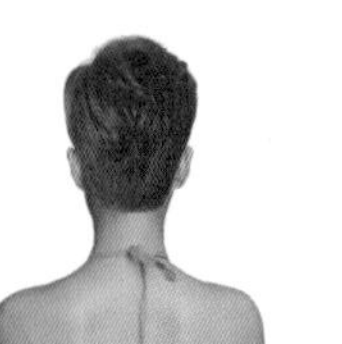

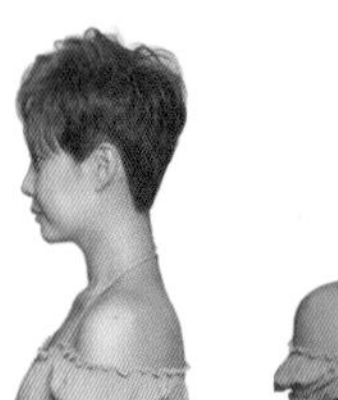
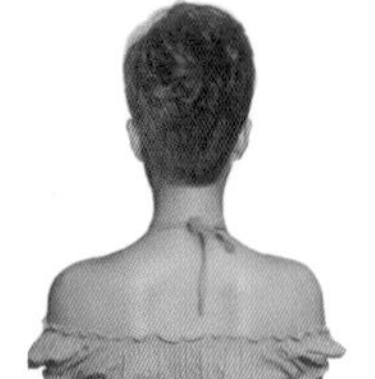

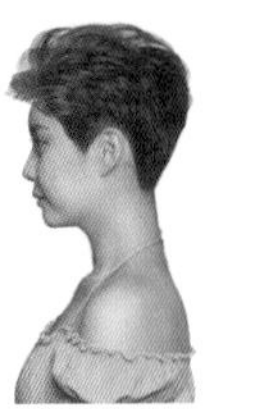
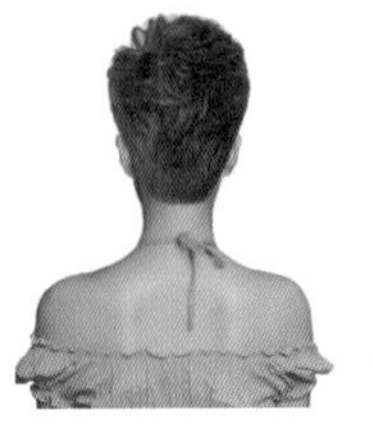

CONTENTS

Woman Short Hair Style Design

B(Blue) frog Lim Hair Style Design

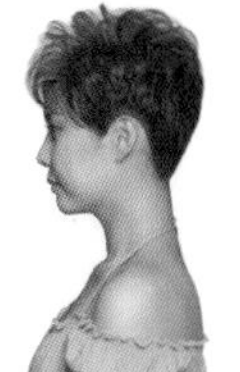
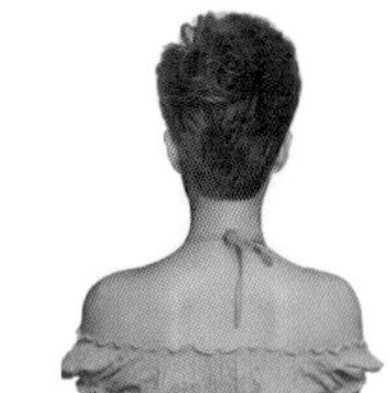

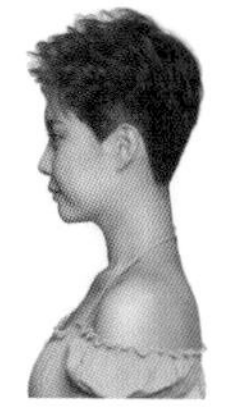
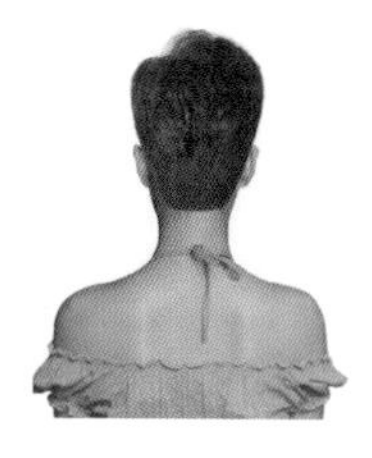

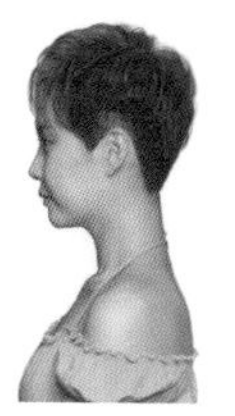
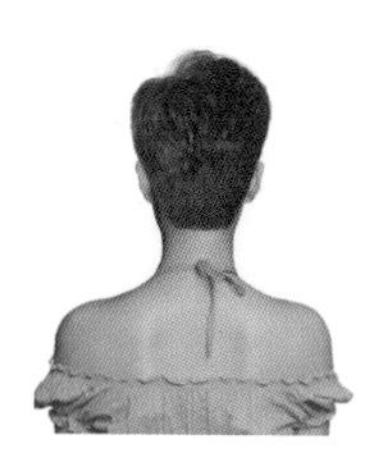

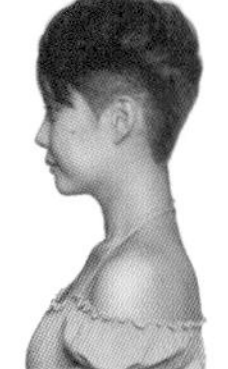
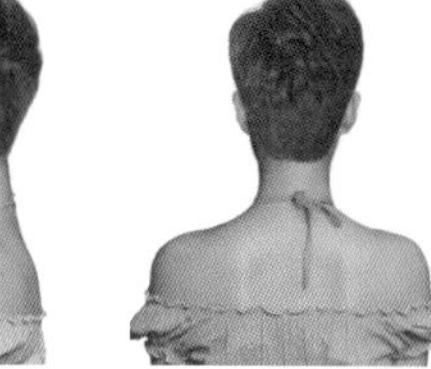

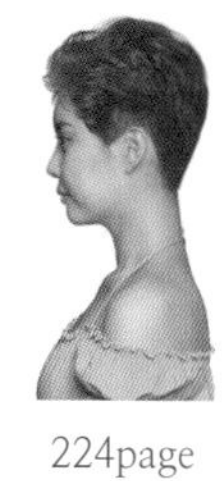
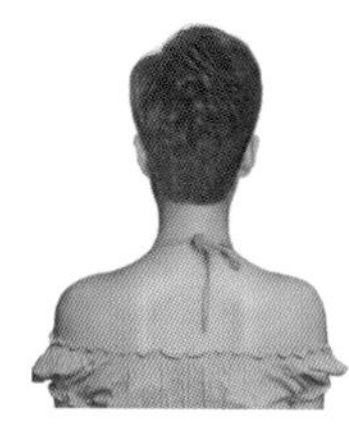

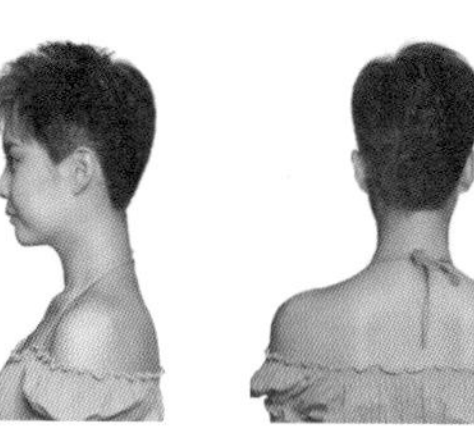

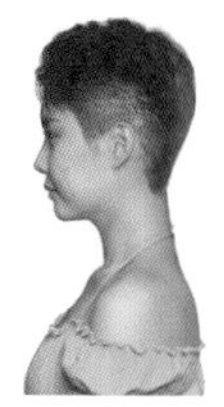
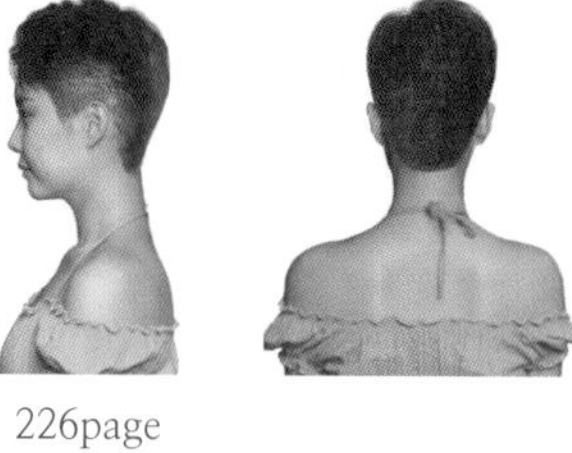

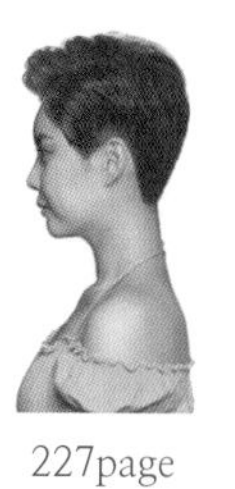
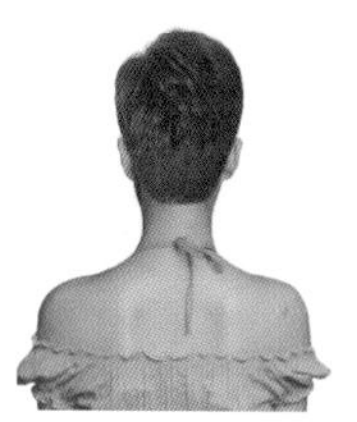

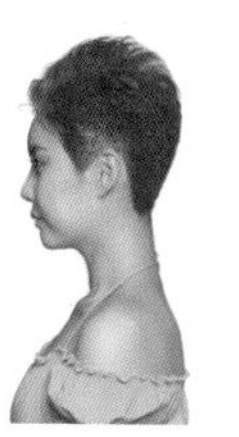
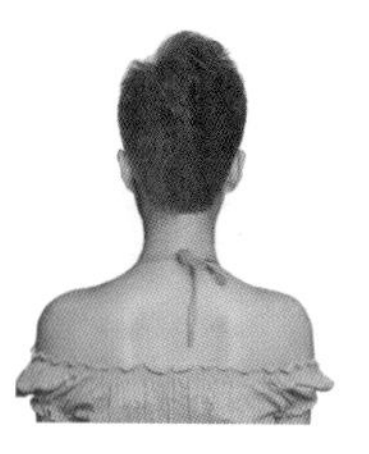

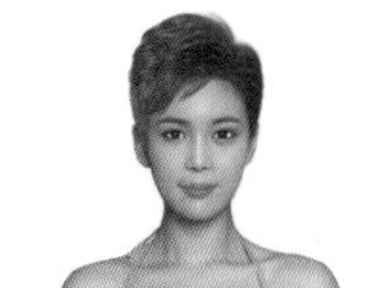
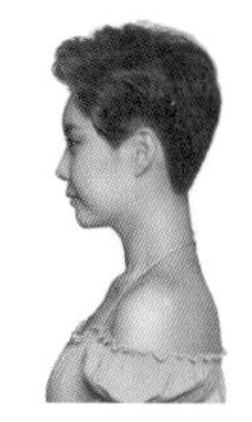
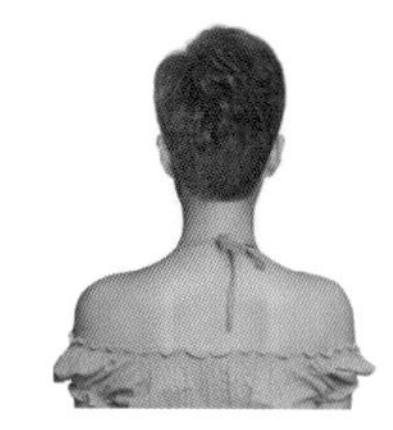

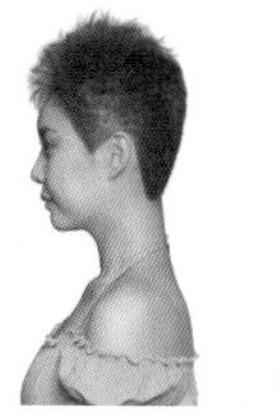
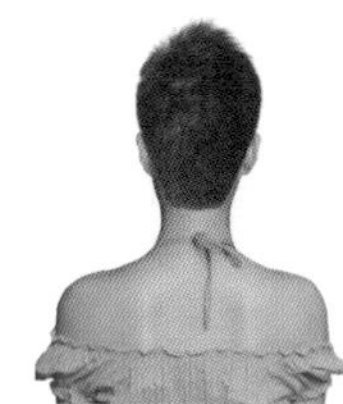

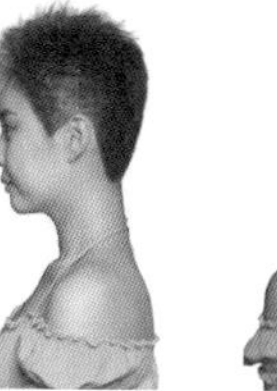
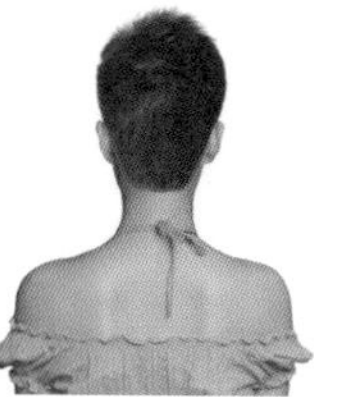

CONTENTS Woman Short Hair Style Design

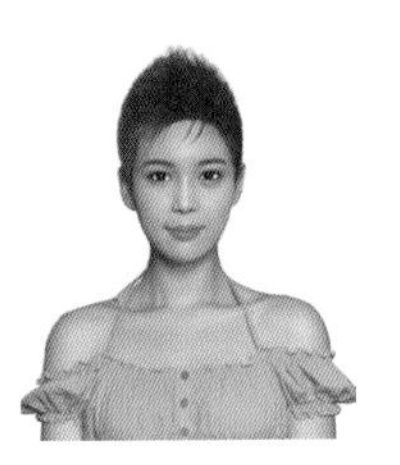
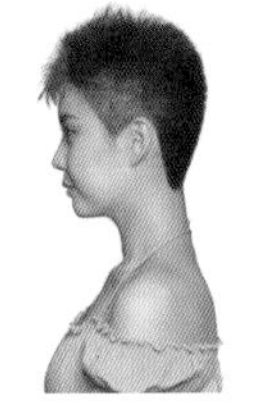

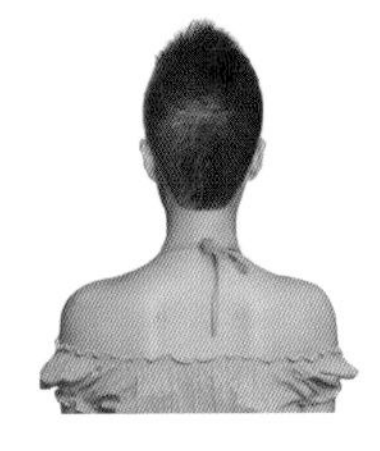

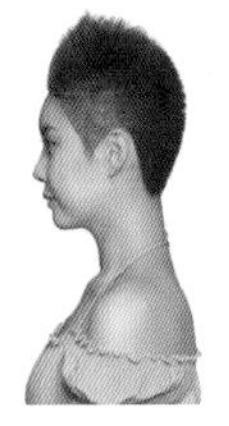
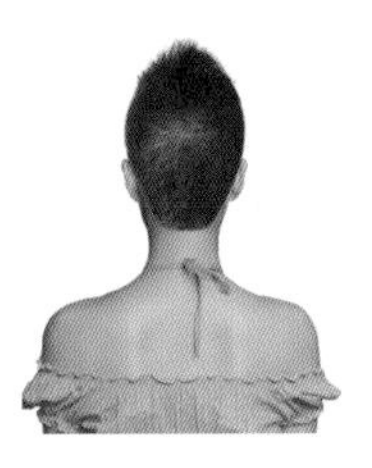

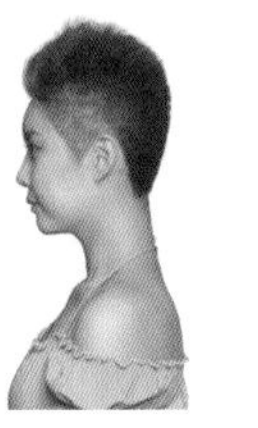
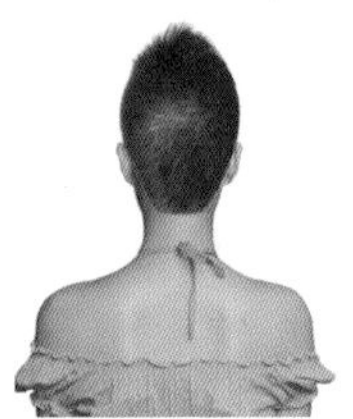

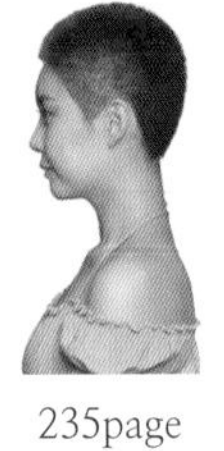
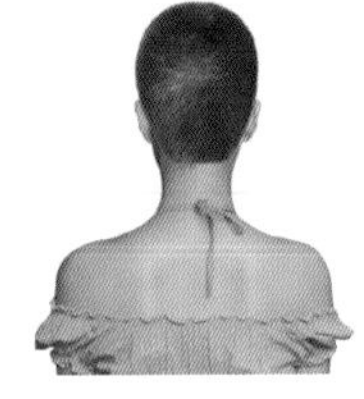

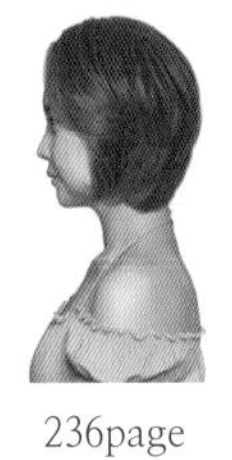
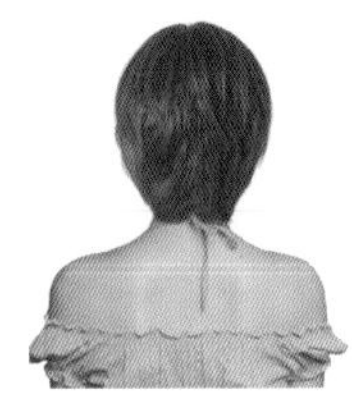

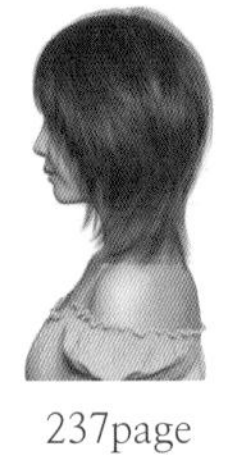
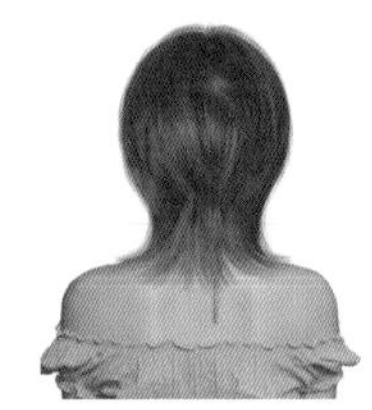

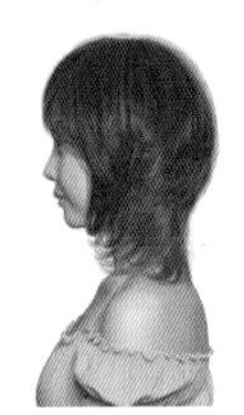
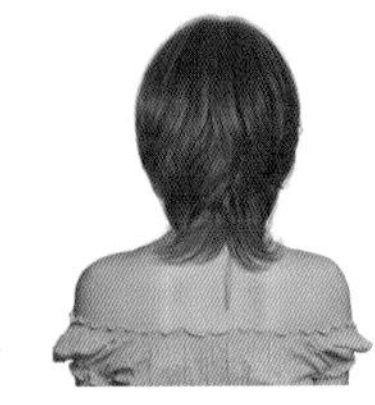

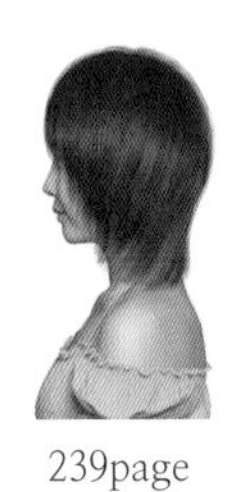
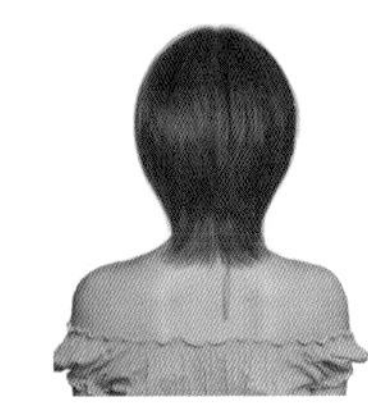

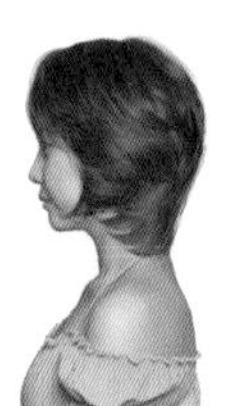
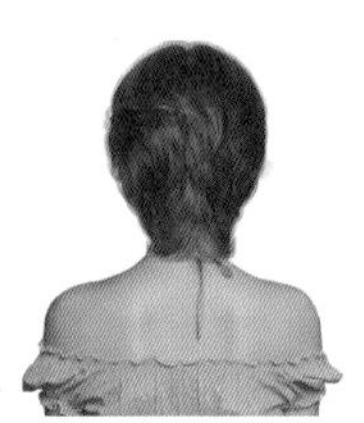

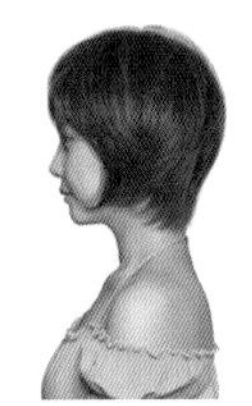
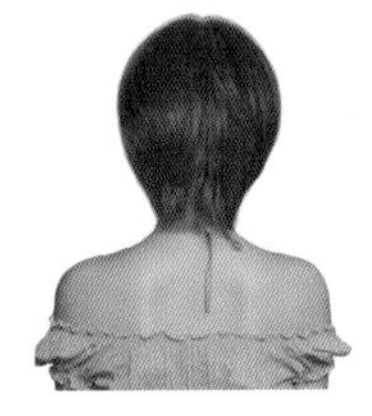

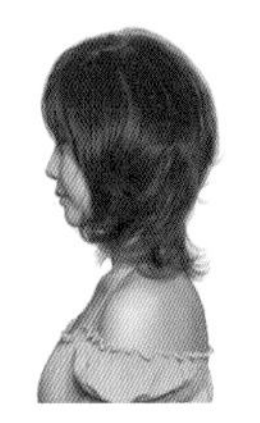
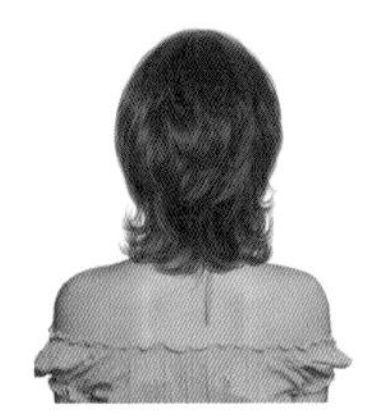

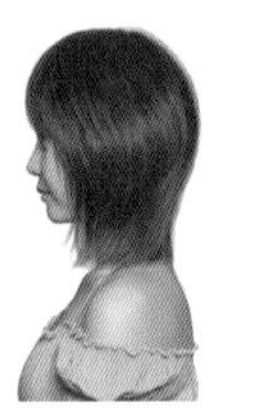
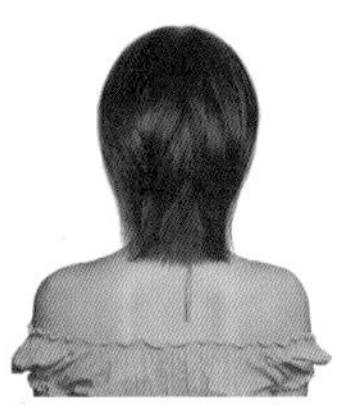

CONTENTS

Woman Short Hair Style Design

 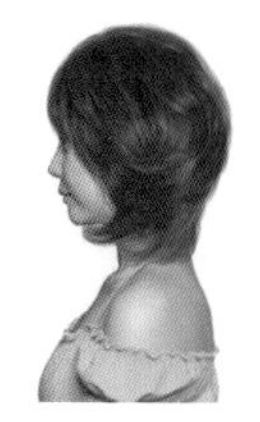 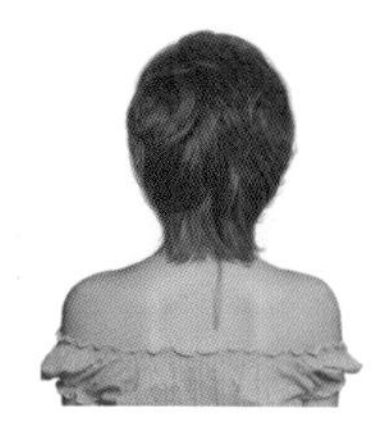

 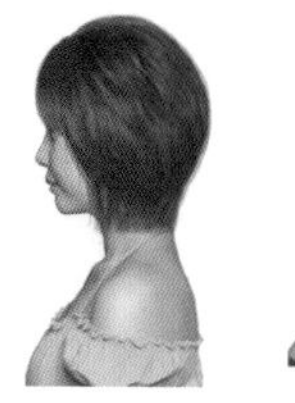 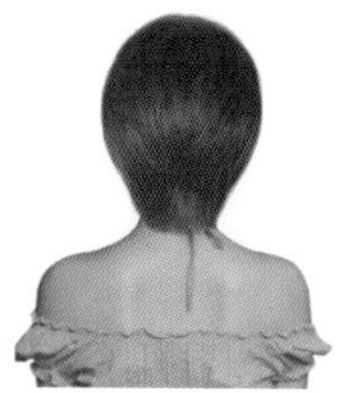

 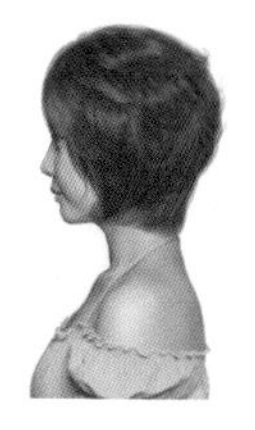 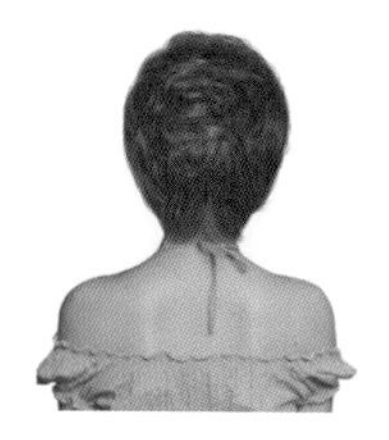

 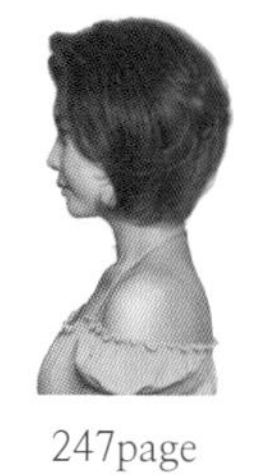 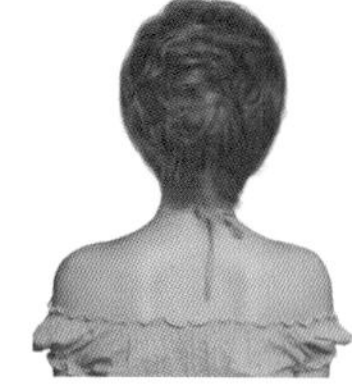

 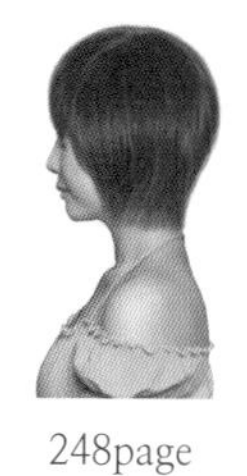 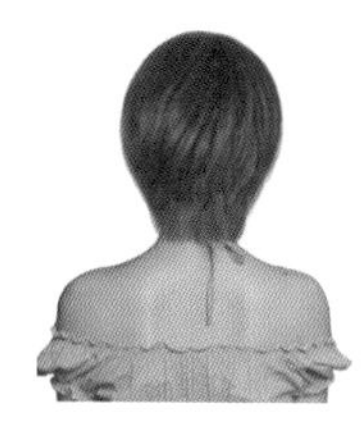

 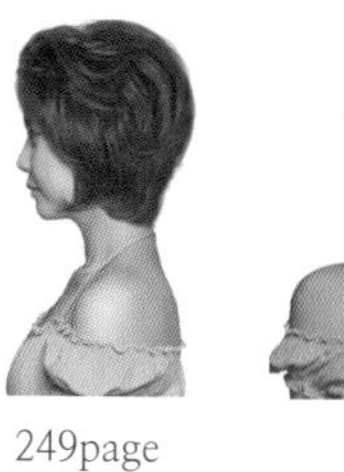 

 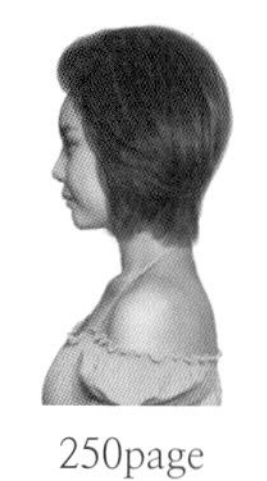 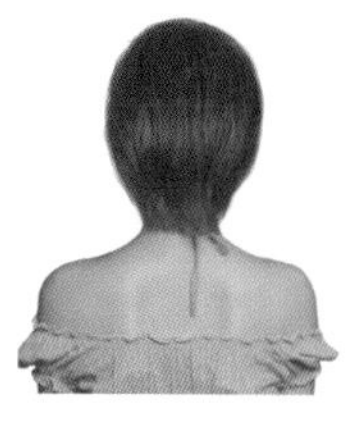

  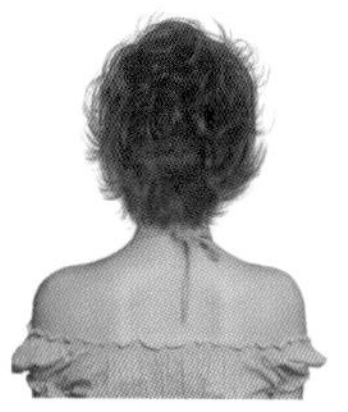

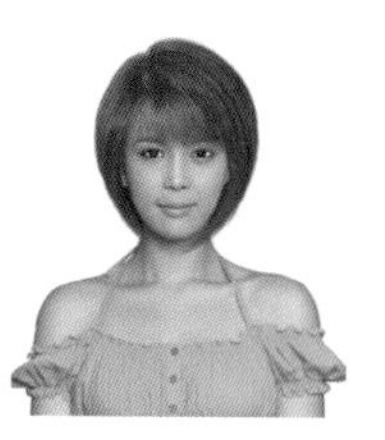 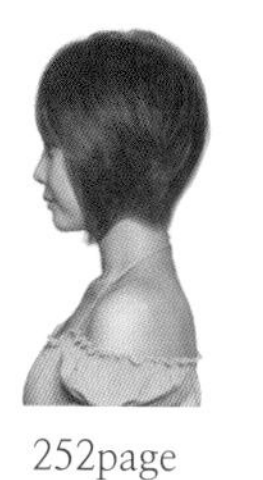 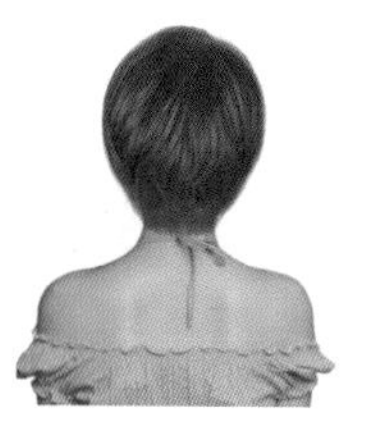

 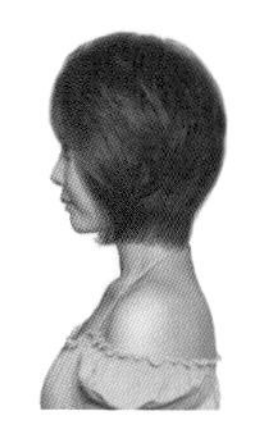 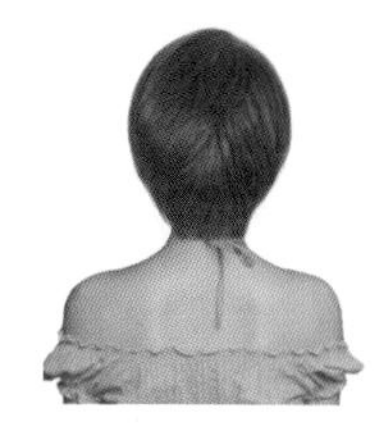

 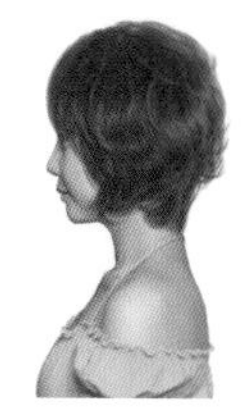 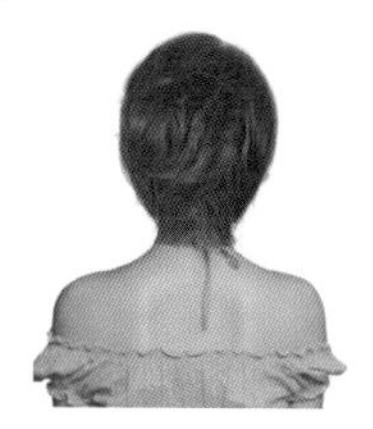

 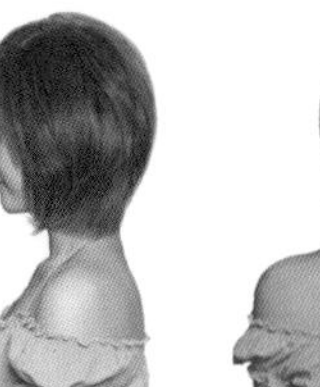 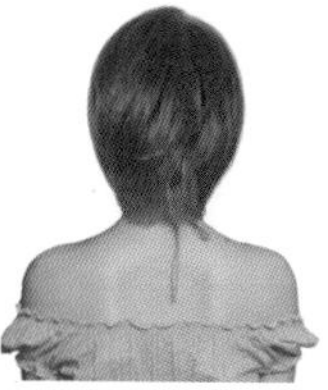

CONTENTS

Woman Short Hair Style Design

B(Blue) frog Lim Hair Style Design

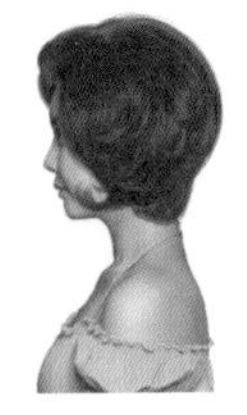
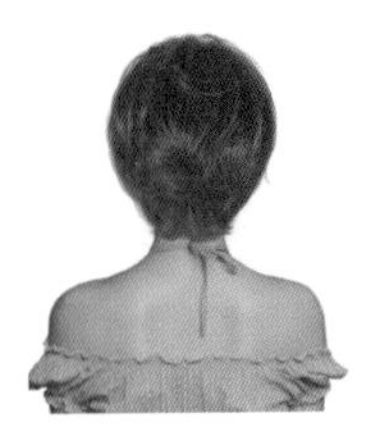

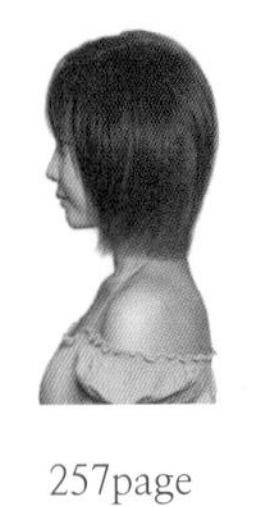
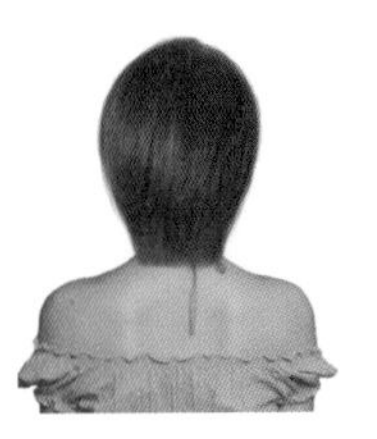

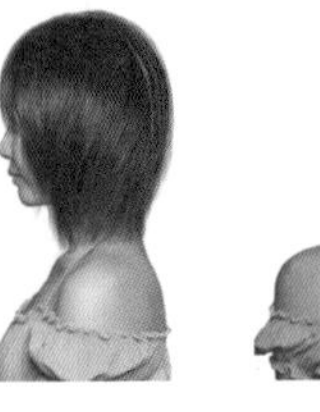
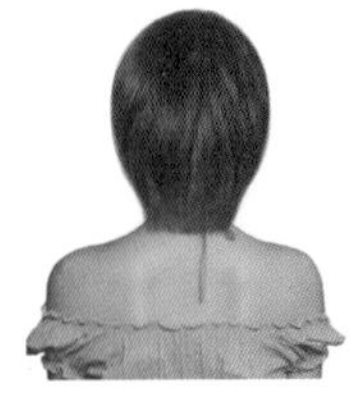

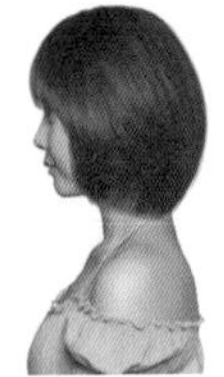
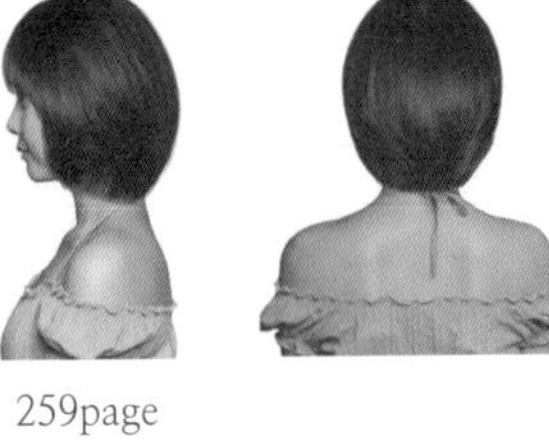

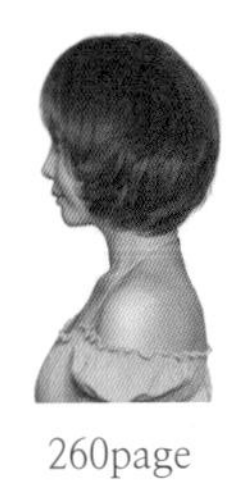
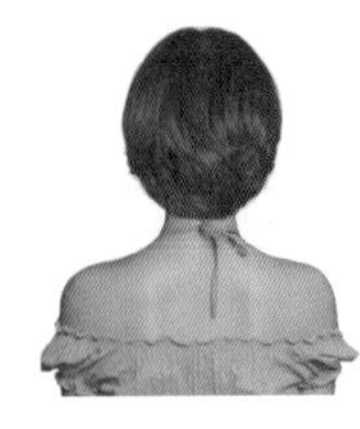

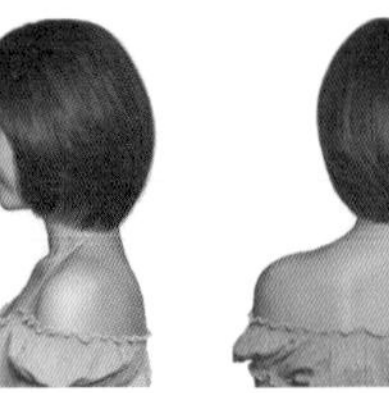
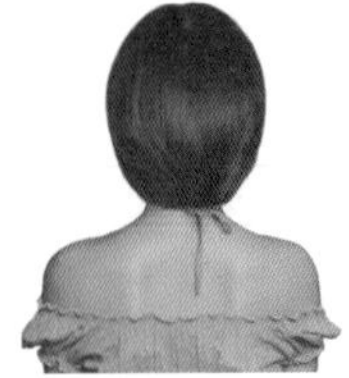

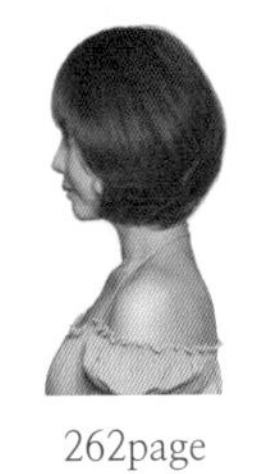
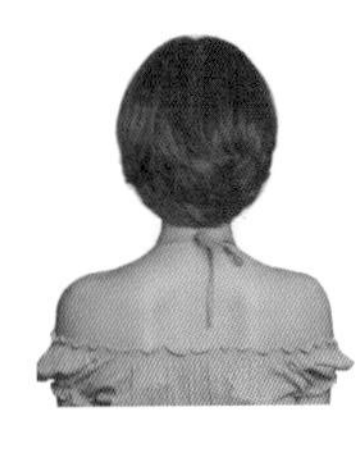

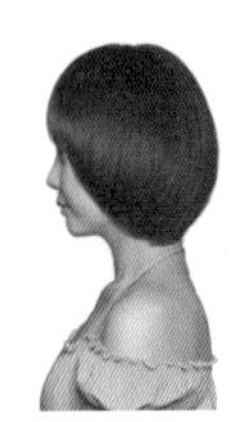
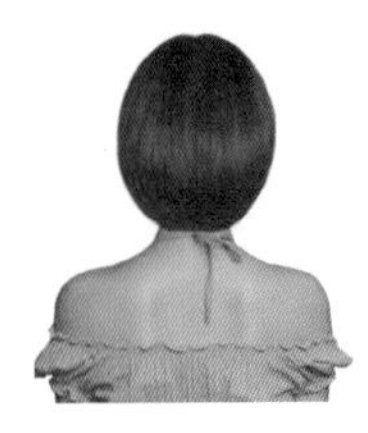

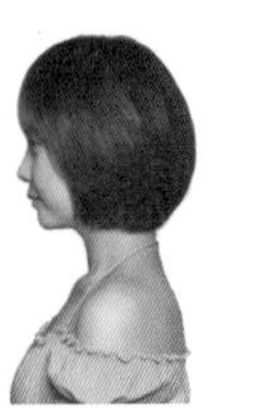
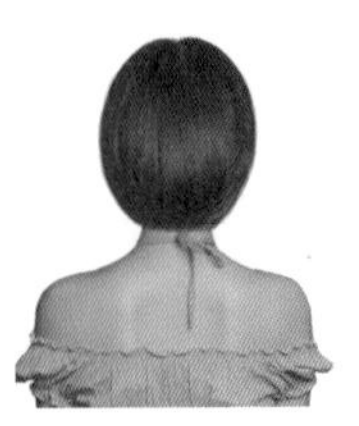

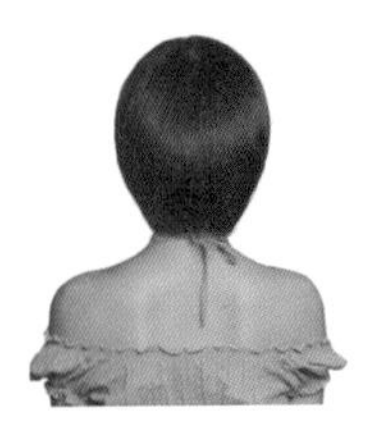

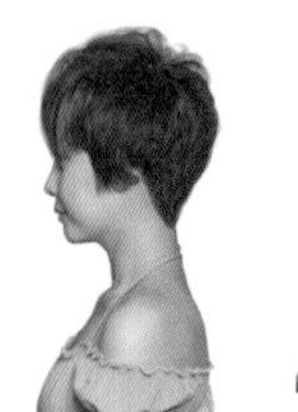
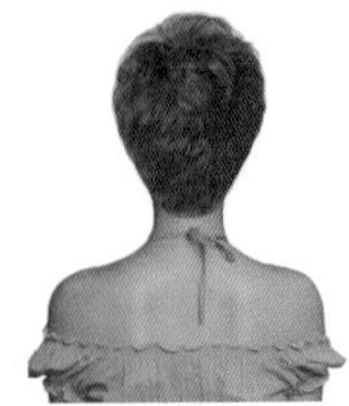

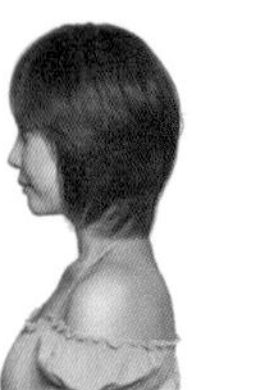
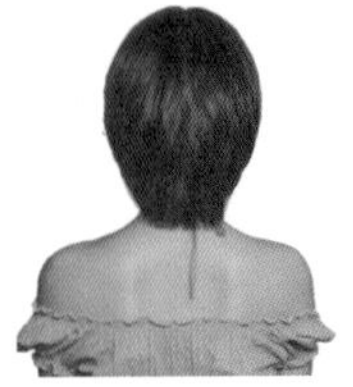

CONTENTS

Woman Short Hair Style Design

B(Blue) frog Lim Hair Style Design

CONTENTS

Woman Short Hair Style Design

B(Blue) frog Lim Hair Style Design

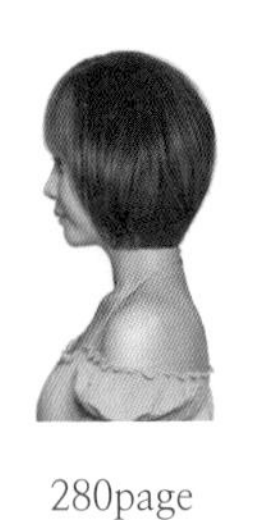
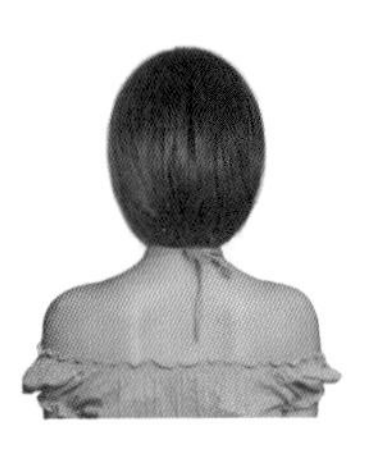

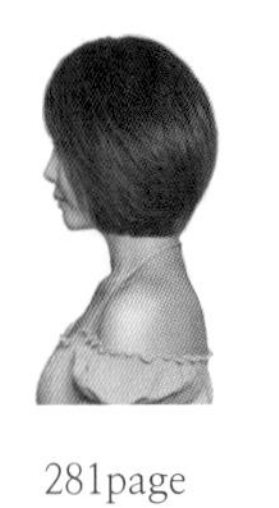
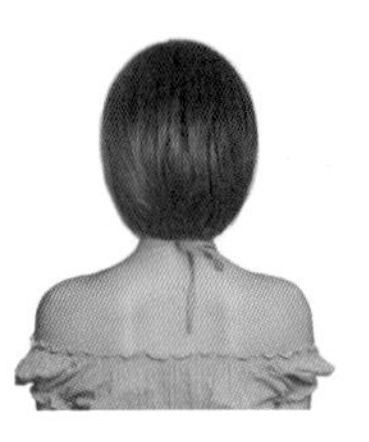

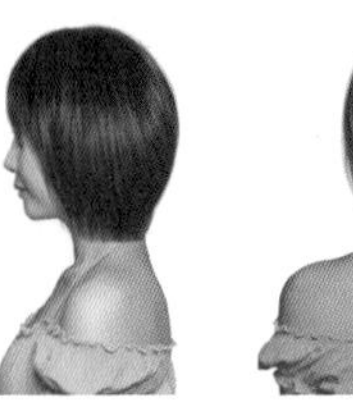
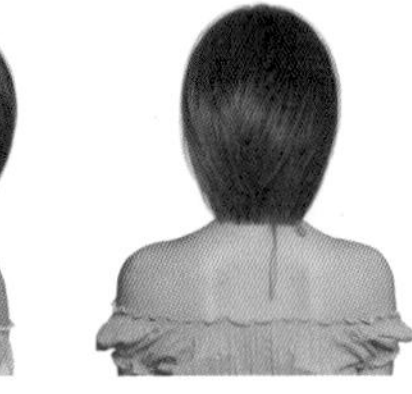

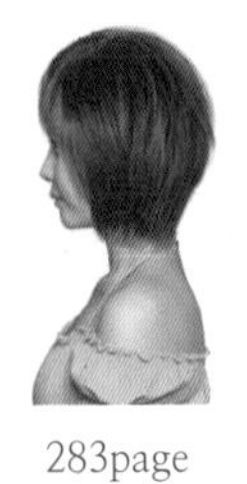
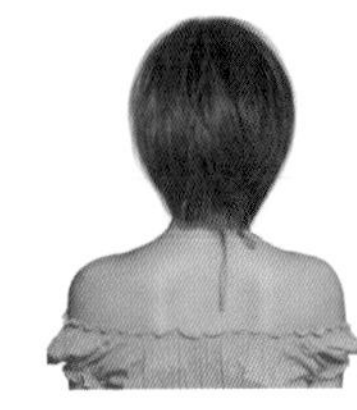

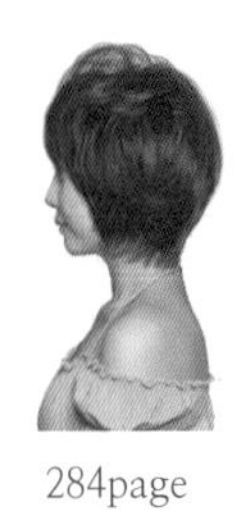
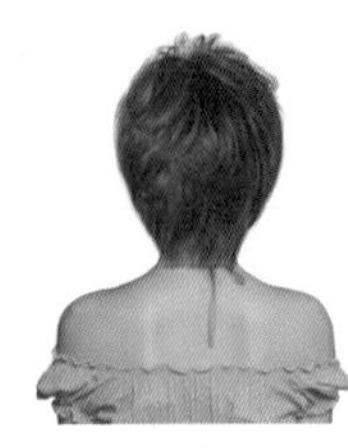

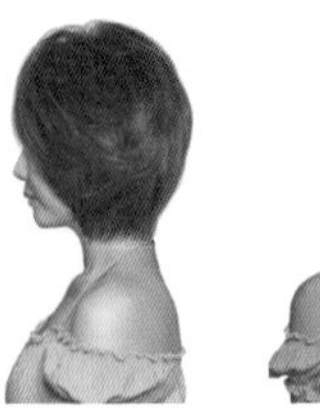
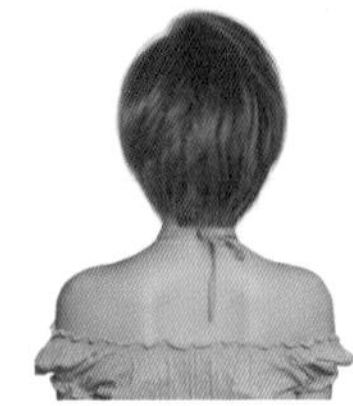

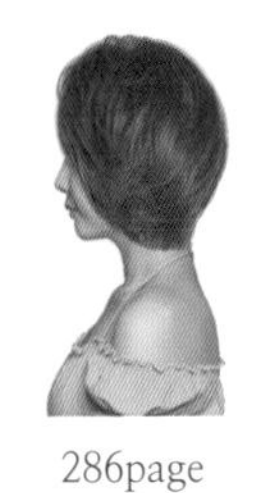
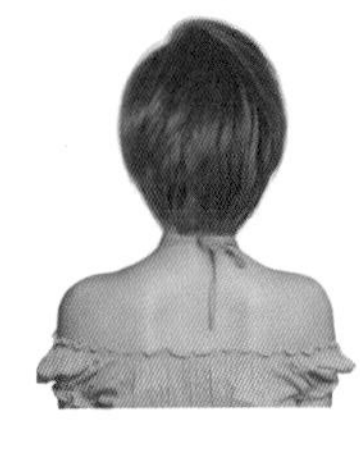

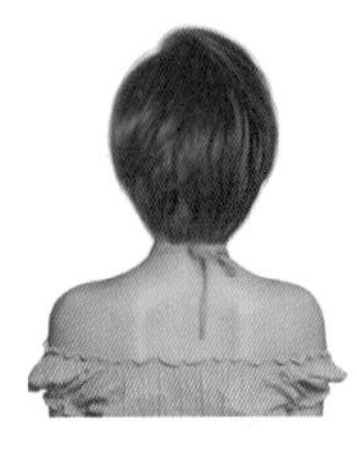

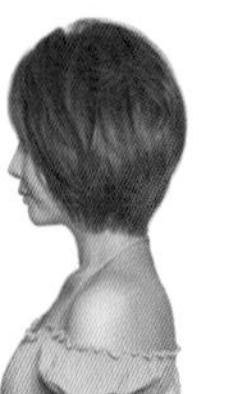
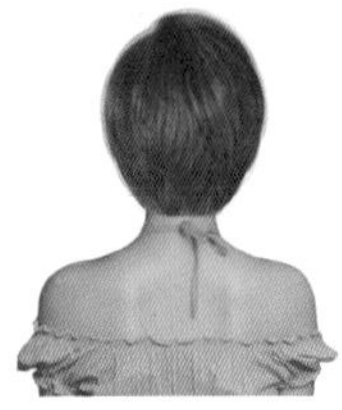

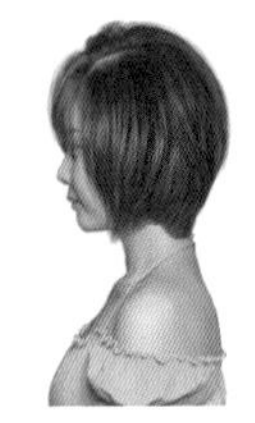
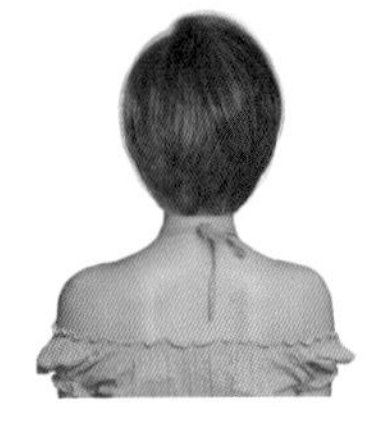

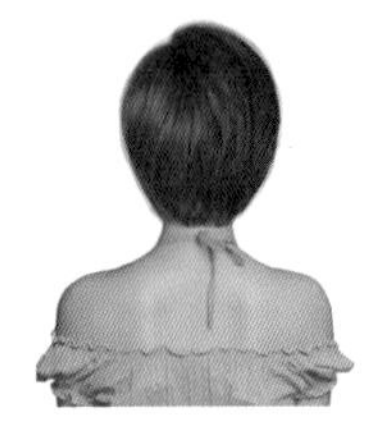

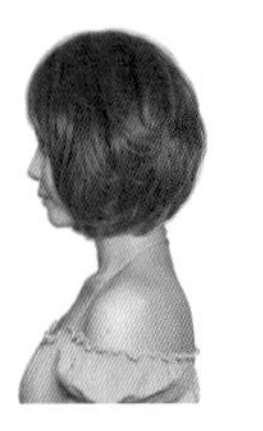
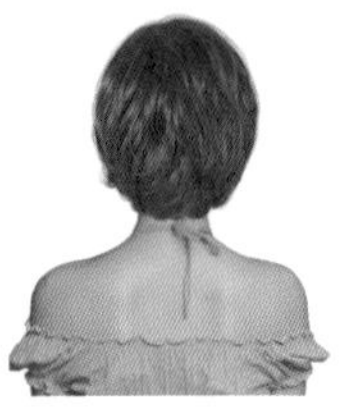

CONTENTS

Woman Short Hair Style Design

B(Blue) frog Lim Hair Style Design

 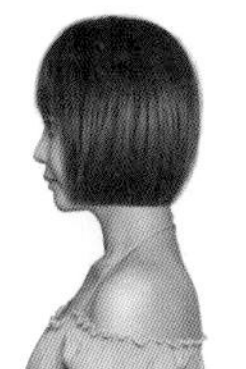 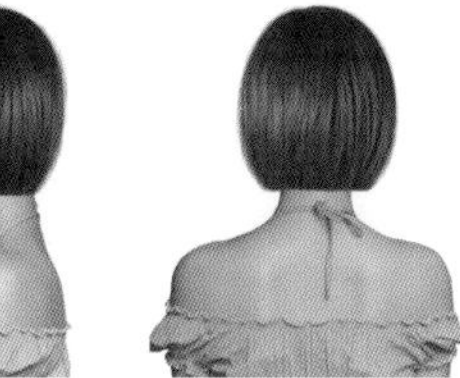

 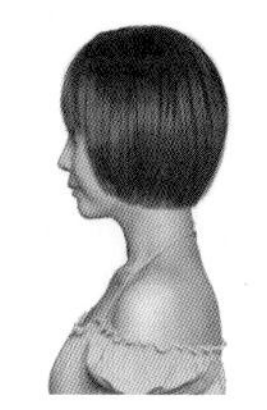 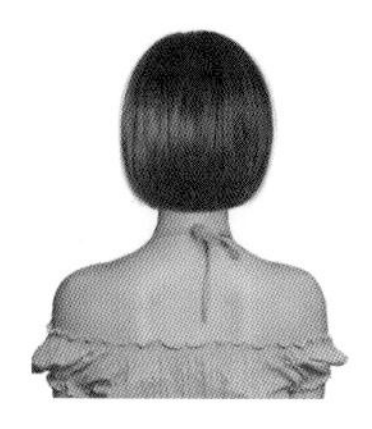

 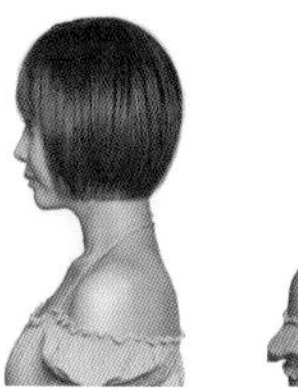 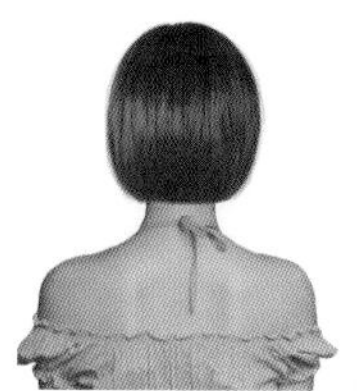

 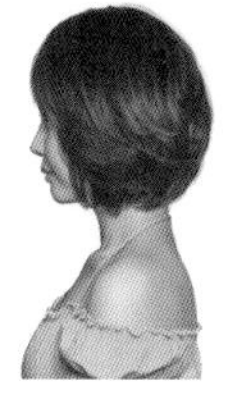 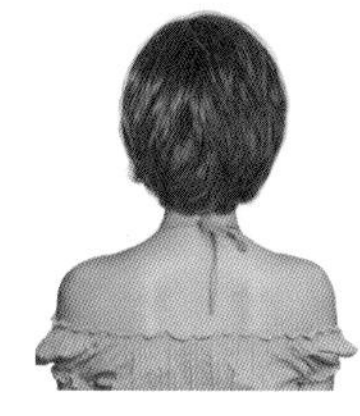

 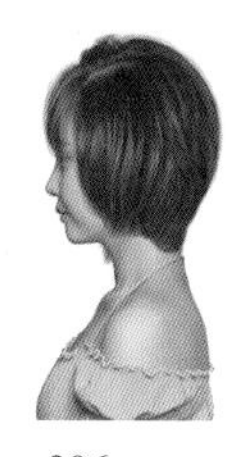 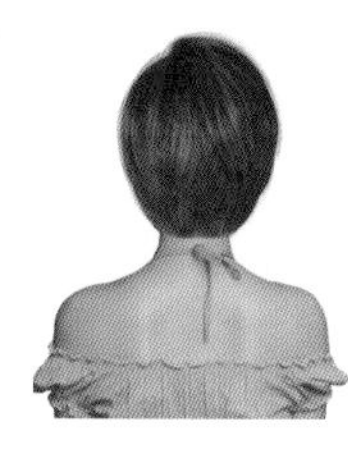

 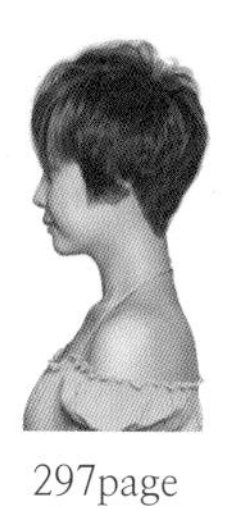 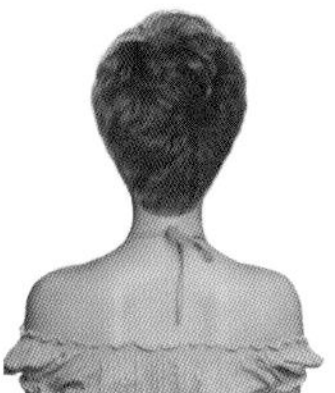

Woman Short Hair Style Design

S-2021-001-1

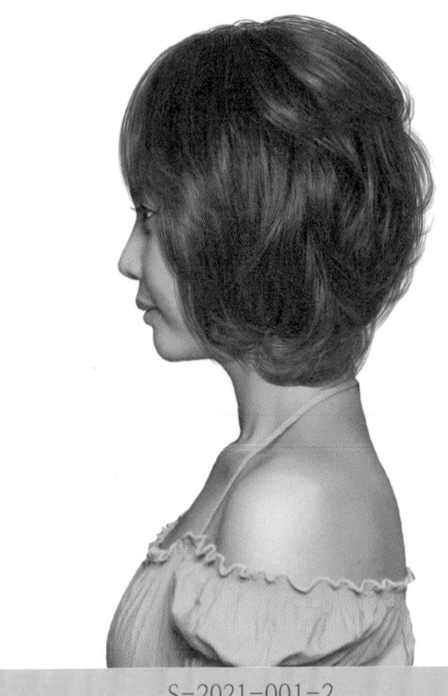

S-2021-001-2

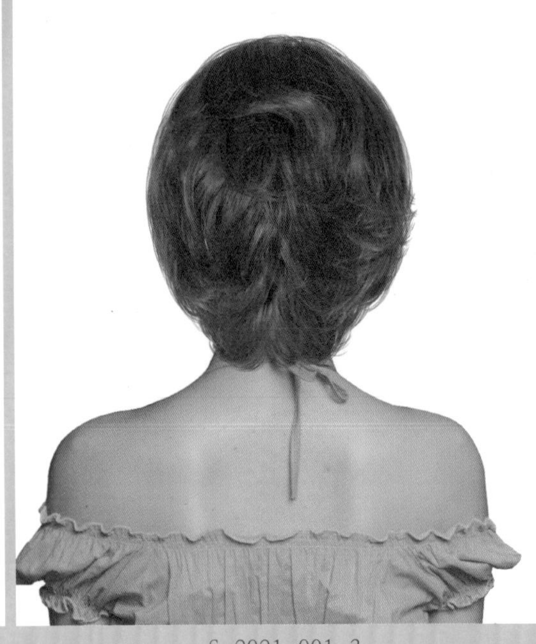

S-2021-001-3

Face Type			
계란형	긴계란형	둥근형	역삼각형
육각형	삼각형	네모난형	직사각형

Hair Cut-
Technology Manual 093Page 참고

부드러운 웨이브 컬의 율동과 곡선의 실루엣이 어우러지는 페미닌 감성의 러블리 헤어스타일!

- 풍성하면서 춤을 추듯 율동하는 웨이브 컬이 사랑스럽고 우아하면서 지적이고 여성스러운 이미지를 연출하는 아름다운 헤어스타일입니다.
- 턱선을 감싸는 듯 흐름은 턱선을 부드럽게 하고 얼굴 크기를 작아 보이게 합니다.
- 언더에서 미디엄 그러데이션을 커트하여 목선을 부드럽고 가벼운 느낌을 연출하고 톱 쪽으로 레이어드를 넣어서 풍성하고 가벼운 율동감 있는 질감을 연출합니다.
- 앞머리는 가볍게 내려주고 사이드에서 길이를 조절하여 가늘어지고 가벼운 층을 만들고, 틴닝과 슬라이딩 커트로 가늘어지는 가벼운 움직임을 연출합니다.
- 굵은 롤로 1.5~1.8컬의 파마를 해 줍니다.
- 헤어 드라이기로 뿌리부터 말리면서 70%를 말린 후 글로스 왁스를 고르게 바르고 손가락 빗질하면서 드라이하여 자연스러운 웨이브 컬의 움직임을 연출합니다.

Woman Short Hair Style Design

S-2021-002-31

S-2021-002-2

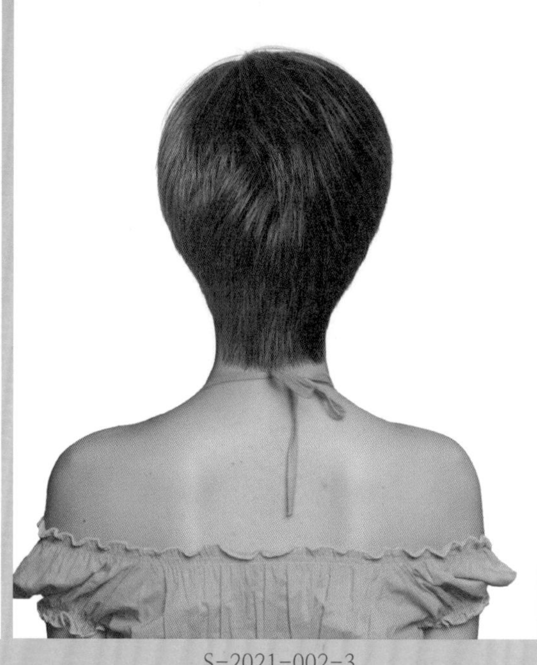

S-2021-002-3

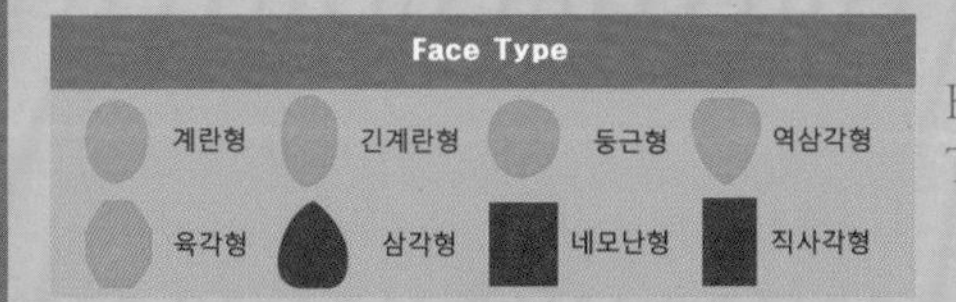

Hair Cut Method-
Technology Manual 093 Page 참고

맑고 청순한 아름다움과 말괄량이 뉘앙스가 살아 있는 깜직한 감성의 이노센트 헤어스타일!

- 귀를 보이게 하는 헤어스타일은 단순하고 무거운 질감으로 커트하면 딱딱한 이미지를 주므로 끝부분을 가늘어지고 가볍게 커트하여 발랄하고 귀여운 여성미를 강조하는 것이 포인트입니다.
- 언더에서 하이 그러데이션으로 커트하고 톱 쪽으로 레이어드를 넣어서 부드러운 실루엣을 연출합니다.
- 틴닝을 중간, 끝부분에 넣어서 가벼운 흐름을 연출하고 슬라이딩 커트 기법으로 얼굴선의 표정을 연출합니다.
- 헤어 드라이기로 뿌리부터 말리면서 80%를 말린 후 글로스 왁스를 고르게 바르고 손가락 빗질하면서 드라이하여 자연스러운 움직임을 연출합니다.

Woman Short Hair Style Design

S-2021-003-1

S-2021-003-2

S-2021-003-3

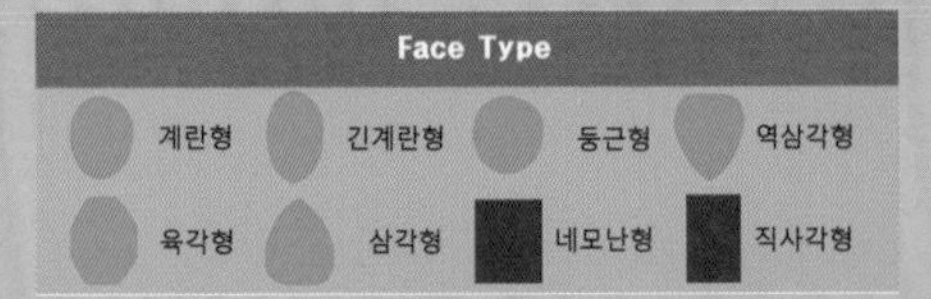

Hair Cut Method-
Technology Manual 100 Page 참고

부드럽게 율동하는 웨이브 컬이 사랑스러운 로맨틱 감성의 헤어스타일!

- 부드러운 곡선의 실루엣과 춤을 추듯 율동하는 웨이브 컬이 사랑스럽고 화려한 분위기를 연출하는 아름다운 헤어스타일입니다.
- 언더에서 하이 그러데이션을 커트하여 목선을 부드럽게 연출하고 톱 쪽으로 레이어드를 넣어서 자연스러운 풍성한 실루엣을 연출합니다.
- 전체를 틴닝과 슬라이딩 커트로 가벼운 흐름을 연출합니다.
- 굵은 롤로 1.5~2컬의 파마를 합합니다.
- 헤어 드라이기로 뿌리부터 말리면서 70%를 말린 후 글로스 왁스를 고르게 바르고 손가락 빗질하면서 자연스러운 웨이브 컬을 연출합니다.

Woman Short Hair Style Design

S-2021-004-1

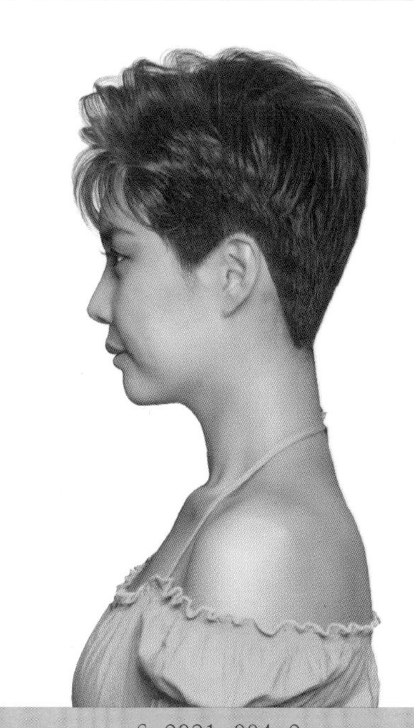

S-2021-004-2

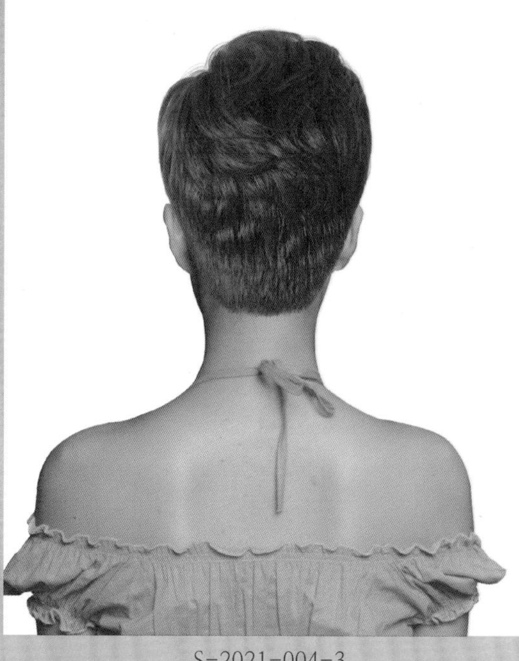

S-2021-004-3

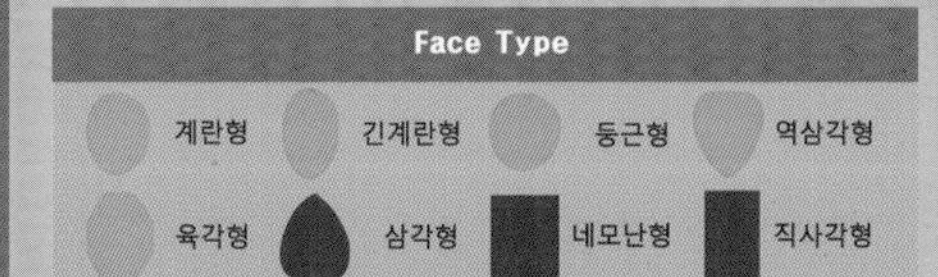

Hair CutMethod-
Technology Manual 035, 093Page 참고

높은 볼륨과 사랑스러운 웨이브 컬의 율동이 멋스럽게 느껴지는 댄디 헤어스타일!

- 이마, 귀선, 목선이 시원하게 보이게 하는 매니시 감성의 헤어스타일입니다.
- 남성적인 느낌을 주지 않기 위해 앞머리를 길게 하고 톱에서 풍성한 볼륨으로 율동하는 웨이브 컬을 연출하여 러블리한 감성을 표현한 아름다운 헤어스타일입니다.
- 퍼머를 하면서 뿌리 부분이 눌리거나 꺾이지 않도록 주의하여 파마를 하여야 손질하기 편한 헤어스타일이 연출됩니다.
- 굵은 롯드로 1~1.5컬의 웨이브 파마를 합니다.
- 헤어 드라이기로 뿌리부터 말리면서 70%를 말린 후 글로스 왁스를 고르게 바르고 손가락 빗질하면서 드라이하여 자연스러운 웨이브 컬의 움직임을 연출합니다.

Woman Short Hair Style Design

S-2021-005-1

S-2021-005-2

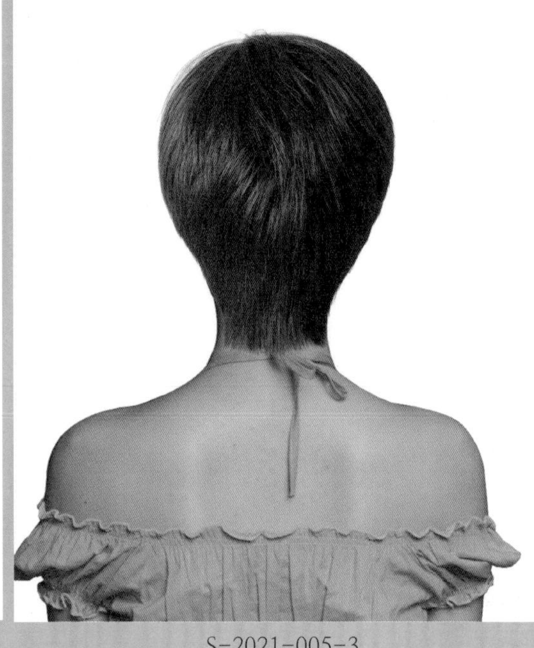

S-2021-005-3

Face Type			
계란형	긴계란형	둥근형	역삼각형
육각형	삼각형	네모난형	직사각형

Hair Cut Method-
Technology Manual 093 Page 참고

바람에 흩날리 듯 자연스러움과 신비롭고 달콤한 느낌을 주는 로맨틱 헤어스타일!

- 전체적으로 깃털처럼 부드럽고 가볍게 커트하여 얼굴을 감싸는 흐름을 연출하여 자유롭고 발랄한 이미지를 연출합니다.
- 목선을 가볍고 부드러운 흐름을 연출하고 앞머리 사이드는 슬라이딩 커트 기법으로 가늘어지고 가벼운 질감을 표현하여 여성스러움을 강조합니다.
- 헤어 드라이기로 뿌리부터 말리면서 80%를 말린 후 글로스 왁스를 고르게 바르고 손가락 빗질하면서 드라이하여 자연스러운 움직임을 연출합니다.

Woman Short Hair Style Design

S-2021-006-1

S-2021-006-2

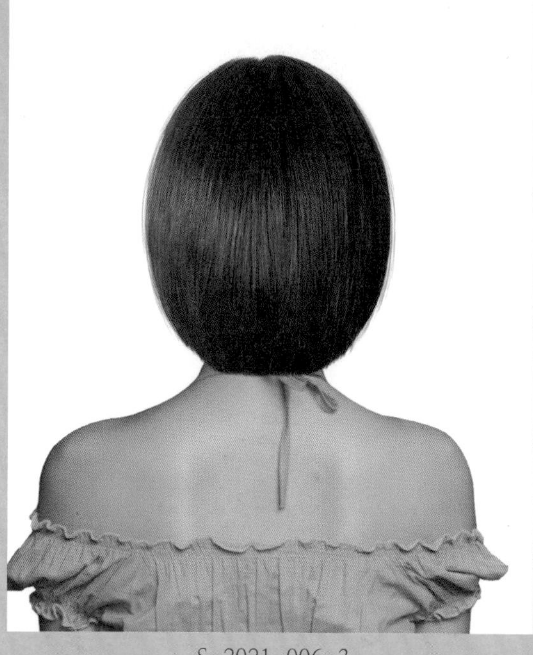

S-2021-006-3

Face Type

계란형 긴계란형 둥근형 역삼각형

육각형 삼각형 네모난형 직사각형

Hair Cut Method-
Technology Manual 154 Page 참고

찰랑찰랑하고 윤기 나는 생머리의 흐름이 발랄하고 독특한 개성의 머시룸 헤어스타일!

- 머시룸 헤어스타일은 오래전부터 사랑받아온 스타일로 앞머리 흐름, 언더라인의 변화를 주면 독특한 개성의 이미지와 트렌디한 감각을 주는 큐티 헤어스타일입니다.
- 언더에서 얼굴 방향으로 급격하게 짧아지는 라운드 라인을 만들면 그러데이션 커트를 시작하여 톱 쪽에서 레이어드 커트를 하여 부드럽고 풍성한 볼륨의 실루엣을 연출합니다.
- 틴닝과 슬라이드 커트를 하여 가벼운 흐름을 연출합니다.
- 헤어 드라이기로 뿌리부터 말리면서 80%를 말린 후 브러시로 안말음 흐름을 만들고 글로스 왁스를 고르게 바르고 빗질하면서 드라이하여 자연스러운 움직임을 연출합니다.

Woman Short Hair Style Design

S-2021-007-1

S-2021-007-2

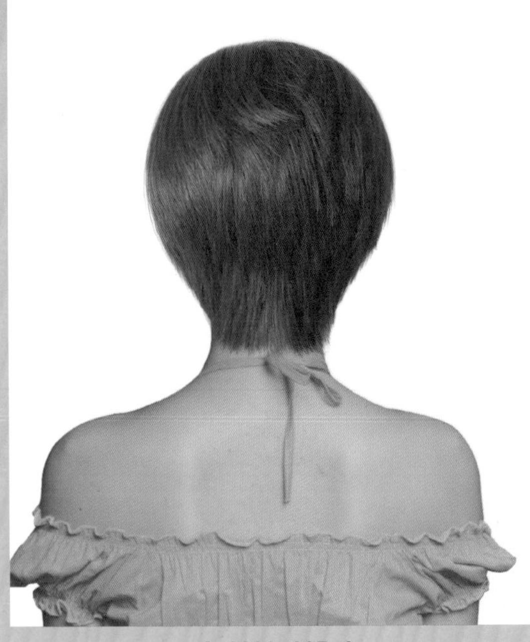

S-2021-007-3

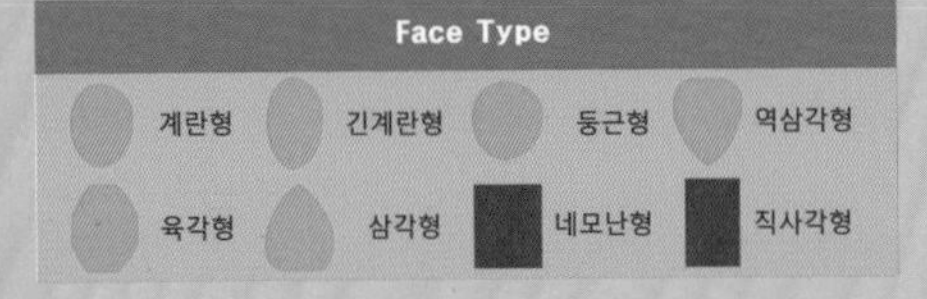

Hair Cut Method–
Technology Manual 093 Page 참고

깨끗하고 청순한 이미지와 스포티한 느낌을 주는 댄디 헤어스타일!

- 윤기감이 느껴지는 차분한 생머리의 흐름은 깨끗하고 맑은 소녀 감성이 느껴지는 댄디 헤어스타일입니다.
- 언더에서 그러데이션으로 커트하면서 목덜미의 부드러움을 연출하고 톱 쪽에서 레이어드 커트로 후두부의 부드러움과 볼륨 있는 실루엣을 연출합니다.
- 측면은 얼굴을 감싸는 사선 라인으로 가볍게 커트합니다.
- 헤어 드라이기로 뿌리부터 말리면서 80%를 말린 후 글로스 왁스를 고르게 바르고 손가락 빗질하면서 드라이하여 자연스러운 움직임을 연출합니다.

Woman Short Hair Style Design

S-2021-008-1

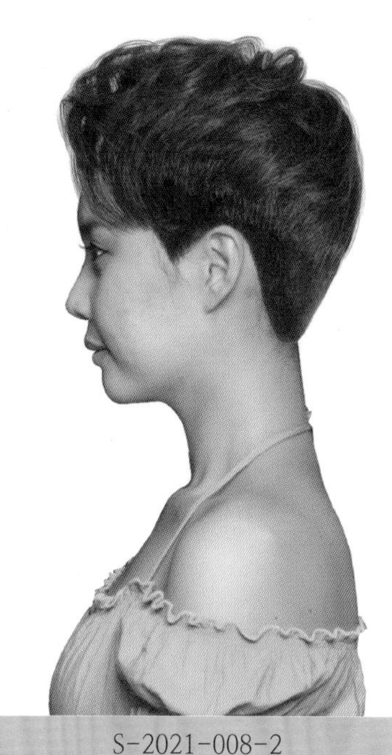

S-2021-008-2

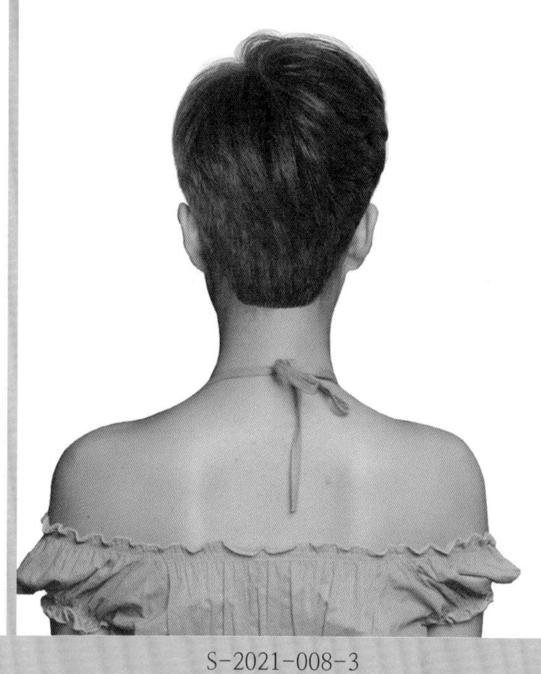

S-2021-008-3

Face Type			
계란형	긴계란형	둥근형	역삼각형
육각형	삼각형	네모난형	직사각형

Hair Cut Method-
Technology Manual 035, 093 Page 참고

활동적이고 지적이면서 멋스러운 이미지가 느껴지는 댄디 헤어스타일!

- 신사복 스타일과 잘 어울릴 것 같은 멋쟁이 여성 헤어스타일로 단정하면서 지적인 이미지가 느껴지는 스포티 감성의 헤어스타일입니다.
- 언더에서 짧은 언더 커트를 하여 목선을 깨끗하게 연출하고 톱 쪽으로 레이어드를 넣어서 자연스러운 실루엣을 연출합니다.
- 전체를 틴닝과 슬라이딩 커트로 가벼운 흐름을 연출합니다.
- 굵은 롤로 1.2~1.5컬의 파마를 해 줍니다.
- 헤어 드라이기로 뿌리부터 말리면서 70%를 말린 후 글로스 왁스를 고르게 바르고 손가락 빗질하면서 드라이하여 자연스러운 연출을 합니다.

Woman Short Hair Style Design

S-2021-009-1

S-2021-009-2

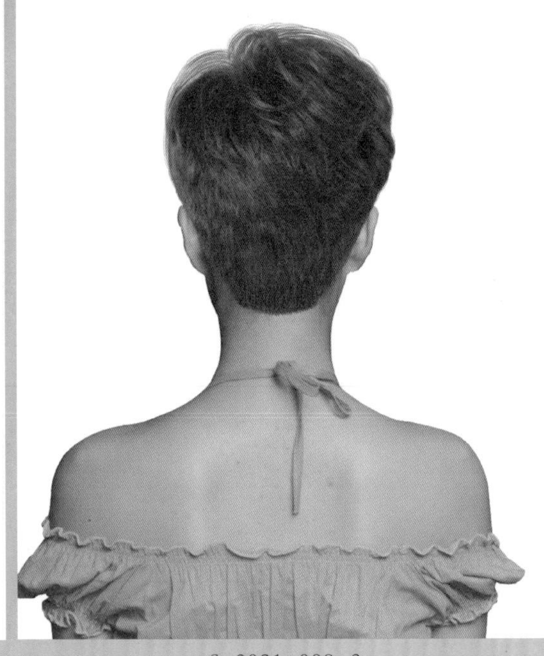

S-2021-009-3

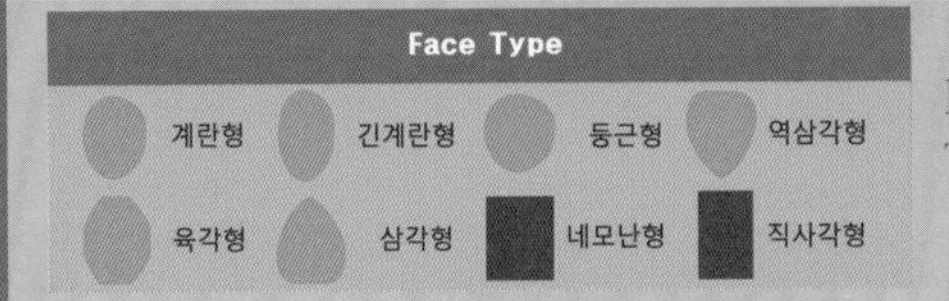

Hair Cut Method-
Technology Manual 035, 093 Page 참고

단정하면서 청순하고 큐트한 이미지를 느끼게 하는 러블리 헤어스타일!

- 짧은 헤어스타일이지만 깨끗한 라인과 부드러운 웨이브 컬이 어우러져 달콤하고 신비로운 이미지가 느껴지는 러블리 헤어스타일입니다.
- 언더에서 하이 그러데이션을 커트하여 목선을 깨끗하게 연출하고 톱 쪽으로 레이어드를 넣어서 자연스러운 실루엣을 연출합니다.
- 전체를 틴닝과 슬라이딩 커트로 가벼운 흐름을 연출합니다.
- 굵은 롤로 1.2~1.5컬의 파마를 해 줍니다.
- 헤어 드라이기로 뿌리부터 말리면서 70%를 말린 후 글로스 왁스를 고르게 바르고 손가락 빗질하면서 드라이하여 자연스러운 연출을 합니다.

Woman Short Hair Style Design

S-2021-010-1

S-2021-010-2

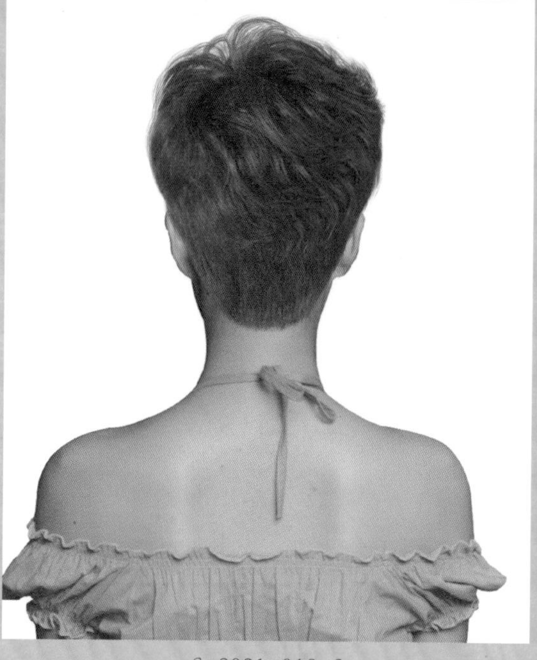

S-2021-010-3

Face Type

계란형 긴계란형 둥근형 역삼각형
육각형 삼각형 네모난형 직사각형

Hair Cut Method-
Technology Manual 035, 093 Page 참고

깜직하고 발랄하면서 청초한 패션 감각이 느껴지는 이노센트 감성의 헤어스타일!

- 부드러운 웨이브 컬의 흐름, 윤기 나는 질감이 어우러져 달콤하고 신비로운 감성이 느껴지는 트렌디한 감각의 아름다운 헤어스타일입니다.
- 언더에서 하이 그러데이션을 커트하여 목선을 깨끗하게 연출하고 톱 쪽으로 레이어드를 넣어서 자연스러운 실루엣을 연출합니다.
- 전체를 틴닝과 커트로 가벼운 흐름을 연출합니다.
- 굵은 롤로 1.2~1.5컬의 파마를 해 줍니다.
- 헤어 드라이기로 뿌리부터 말리면서 70%를 말린 후 글로스 왁스를 고르게 바르고 손가락 빗질하면서 드라이하여 자연스러운 연출을 합니다.

Woman Short Hair Style Design

S-2021-011-1

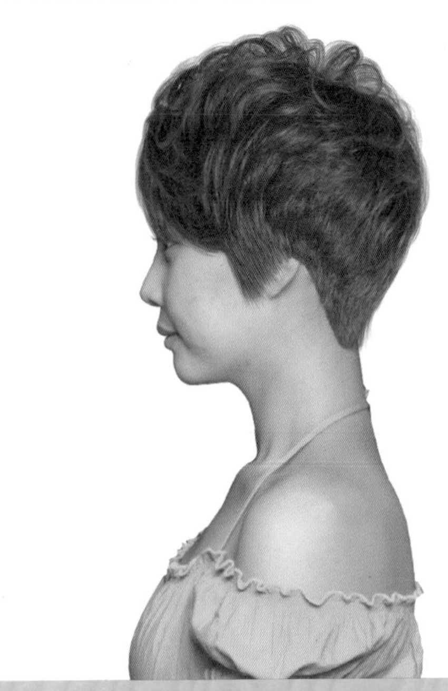

S-2021-011-2

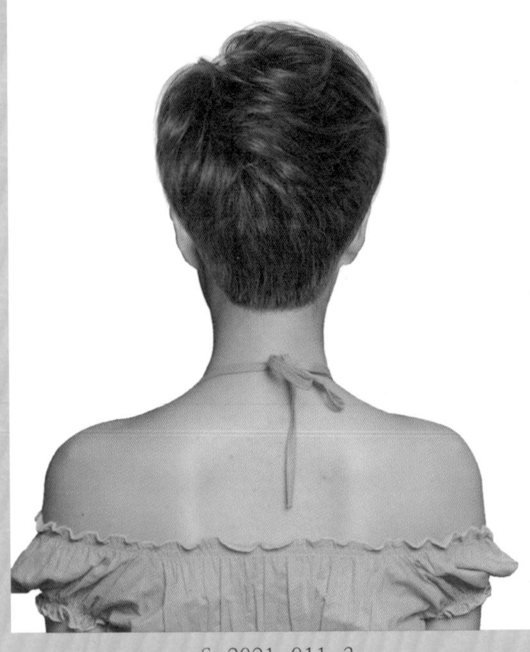

S-2021-011-3

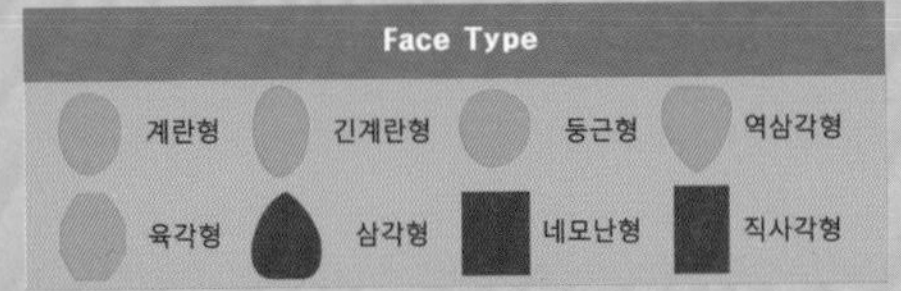

Hair Cut Method-
Technology Manual 035, 093 Page 참고

살아 움직이는 듯 두둥실 꿈틀거리는 웨이브 컬이 성숙한 아름다움을 주는 페미니 헤어스타일!

- 짧은 헤어스타일이지만 두정부에서 풍성한 웨이브 컬의 율동감이 달콤하고 러블리하면서 스포티한 큐트 감각의 헤어스타일입니다.
- 언더에서 하이 그러데이션을 커트하여 목선을 깨끗하게 연출하고 톱 쪽으로 레이어드를 넣어서 자연스러운 실루엣을 연출합니다.
- 전체를 틴닝과 커트로 가벼운 흐름을 연출합니다.
- 굵은 롤로 1.2~1.8컬의 파마를 해 줍니다.
- 헤어 드라이기로 뿌리부터 말리면서 70%를 말린 후 글로스 왁스를 고르게 바르고 손가락 빗질하면서 드라이하여 자연스러운 연출을 합니다.

Woman Short Hair Style Design

S-2021-012-1

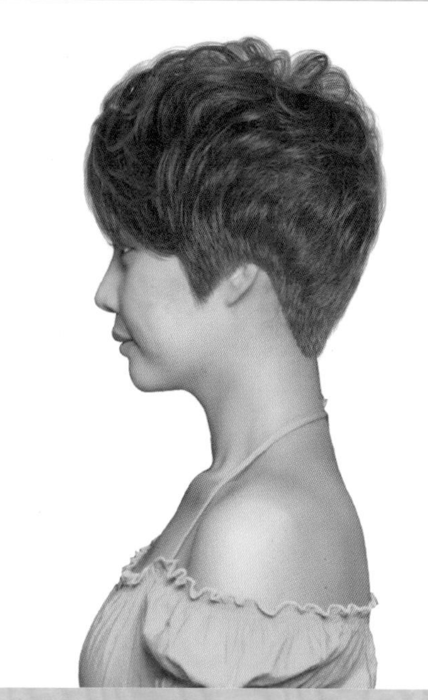

S-2021-012-2

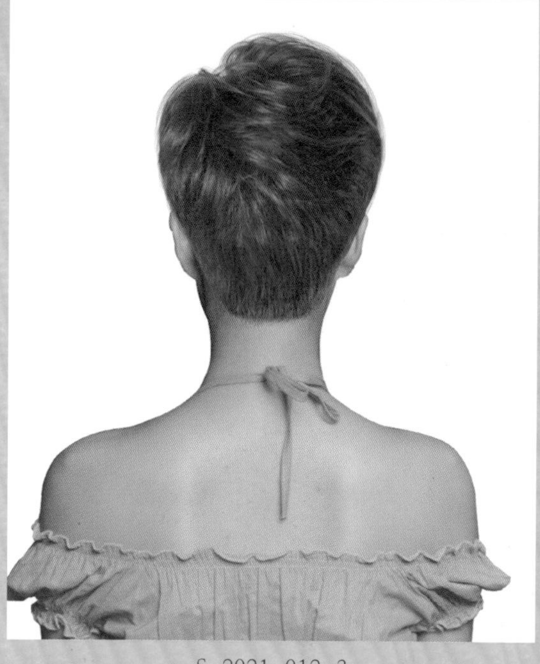

S-2021-012-3

Face Type			
계란형	긴계란형	둥근형	역삼각형
육각형	삼각형	네모난형	직사각형

Hair Cut Method-
Technology Manual 035, 093 Page 참고

바람결에 춤을 추듯 풍성한 볼륨으로 율동하는 웨이브 컬이 달콤한 러블리 헤어스타일!

- 윤기를 머금은 듯 부드럽고 풍성한 볼륨의 웨이브 컬이 두둥실 춤을 추듯 율동하는 자연스러움이 섬세하고 부드러운 여성미를 느끼게 합니다.
- 언더에서 하이 그러데이션을 커트하여 목선을 깨끗하게 연출하고 톱 쪽으로 레이어드를 넣어서 자연스러운 실루엣을 연출합니다.
- 전체를 틴닝과 커트로 가벼운 흐름을 연출합니다.
- 굵은 롤로 1.2~1.6컬의 파마를 해 줍니다.
- 헤어 드라이기로 뿌리부터 말리면서 70%를 말린 후 글로스 왁스를 고르게 바르고 손가락 빗질하면서 드라이하여 자연스러운 연출을 합니다.

Woman Short Hair Style Design

S-2021-013-1

S-2021-013-2

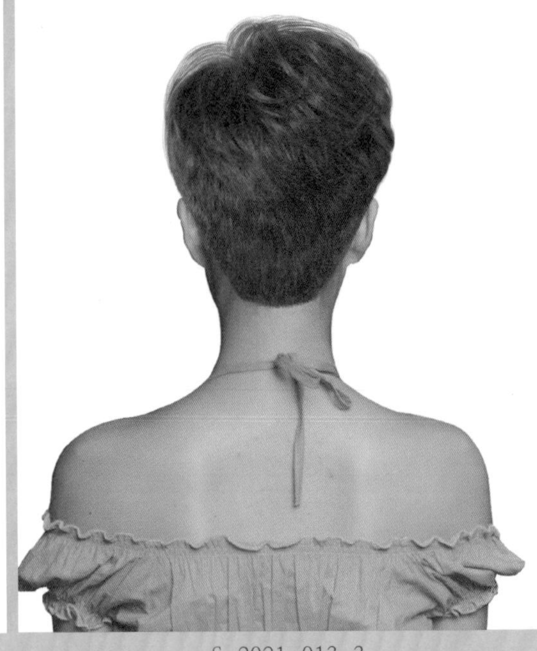

S-2021-013-3

Face Type			
계란형	긴계란형	둥근형	역삼각형
육각형	삼각형	네모난형	직사각형

Hair Cut Method-
Technology Manual 035, 093 Page 참고

댄디 스타일의 이미지를 주면서 발랄하고 소녀 감성이 느껴지는 큐트 감각의 헤어스타일!

- 짧은 숏 헤어스타일이지만 발랄하고 댄디스러움이 느껴지고 사랑스럽고 깜직한 감성이 느껴지는 아름다운 헤어스타일입니다.
- 언더에서 하이 그러데이션을 커트하여 목선을 깨끗하게 연출하고 톱 쪽으로 레이어드를 넣어서 자연스러운 실루엣을 연출합니다.
- 전체를 틴닝과 슬라이딩 커트로 가늘어지고 가벼운 흐름을 연출합니다.
- 굵은 롤로 1.2~1.8컬의 파마를 해 줍니다.
- 헤어 드라이기로 뿌리부터 말리면서 70%를 말린 후 글로스 왁스를 고르게 바르고 손가락 빗질하면서 드라이하여 자연스러운 연출을 합니다.

Woman Short Hair Style Design

S-2021-014-1

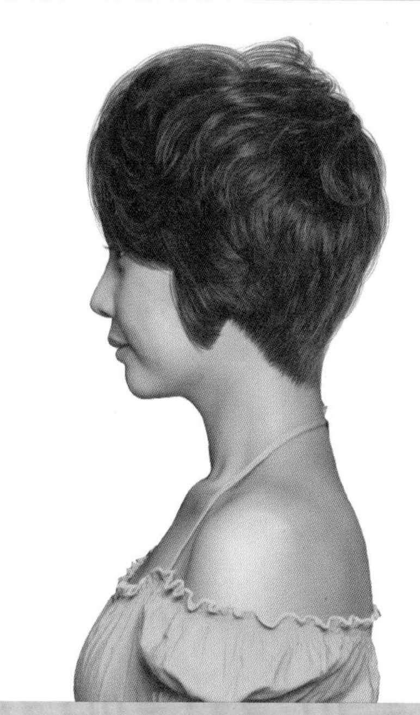

S-2021-014-2

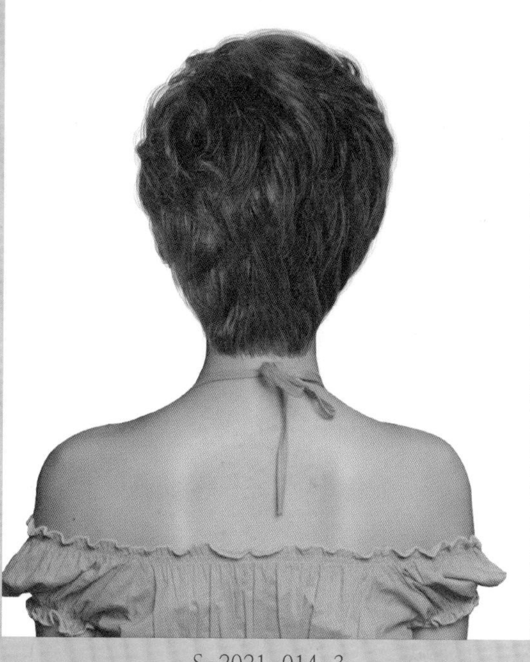

S-2021-014-3

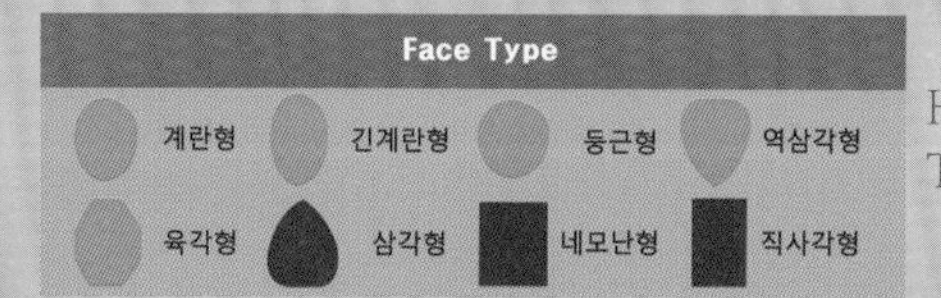

Hair Cut Method-
Technology Manual 093 Page 참고

헤어스타일 작품을 보는 듯 풍성한 웨이브 컬의 율동이 여성스럽고 우아한 헤어스타일!

- 부드럽고 풍성한 볼륨의 웨이브 컬이 부드러운 실루엣으로 연출되는 느낌이 영화처럼 작품을 보는 듯 우아하고 품격이 느껴지는 지적인 아름다움을 주는 헤어스타일입니다.
- 언더에서 미디엄 그러데이션을 커트하여 목선을 깨끗하게 연출하고 톱 쪽으로 레이어드를 넣어서 자연스러운 실루엣을 연출합니다.
- 전체를 틴닝 커트로 가벼운 흐름을 연출합니다.
- 굵은 롤로 1.2~1.8컬의 파마를 해 줍니다.
- 헤어 드라이기로 뿌리부터 말리면서 70%를 말린 후 글로스 왁스를 고르게 바르고 손가락 빗질하면서 드라이하여 자연스러운 연출을 합니다.

Woman Short Hair Style Design

S-2021-015-1

S-2021-015-2

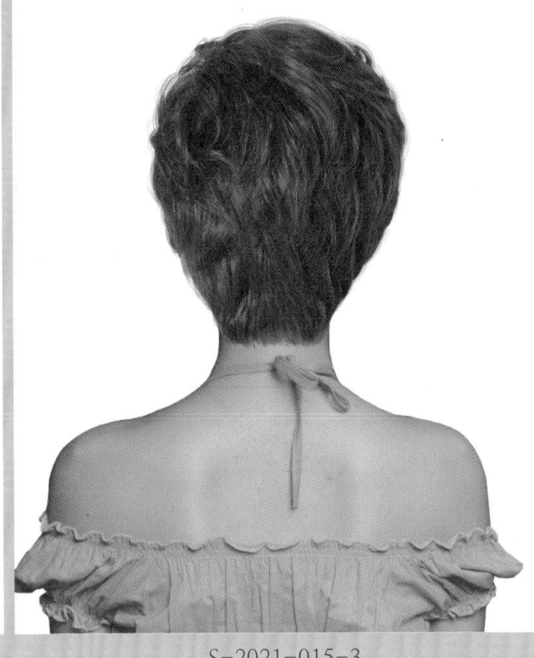

S-2021-015-3

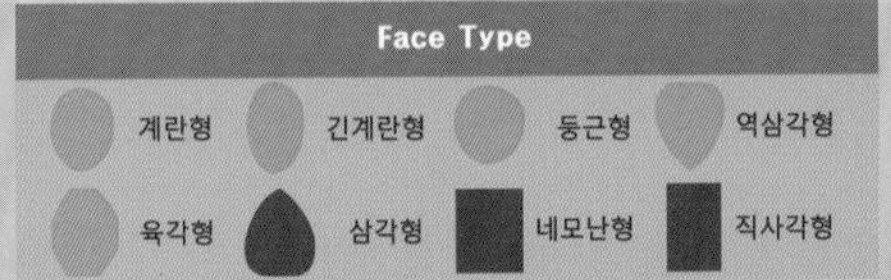

Hair Cut Method-
Technology Manual 093 Page 참고

풍성한 볼륨의 웨이브 컬이 지적이고 우아한 품격을 주는 트래디셔널 감각의 헤어스타일!

- 이마를 시원스럽게 드러내고 높은 볼륨으로 빗어 올린 실루엣과 부드러운 움직임으로 율동하는 웨이브 컬이 지적이면서 우아한 아름다움을 주는 클래식 헤어스타일입니다.
- 언더에서 미디엄 그러데이션을 커트하여 목선을 깨끗하게 연출하고 톱 쪽으로 레이어드를 넣어서 풍성한 실루엣을 연출합니다.
- 전체를 틴닝과 커트로 가벼운 흐름을 연출합니다.
- 굵은 롤로 1.2~1.8컬의 파마를 해 줍니다.
- 헤어 드라이기로 뿌리부터 말리면서 70%를 말린 후 글로스 왁스를 고르게 바르고 손가락 빗질하면서 드라이하여 자연스러운 연출을 합니다.

Woman Short Hair Style Design

S-2021-016-1

S-2021-016-2

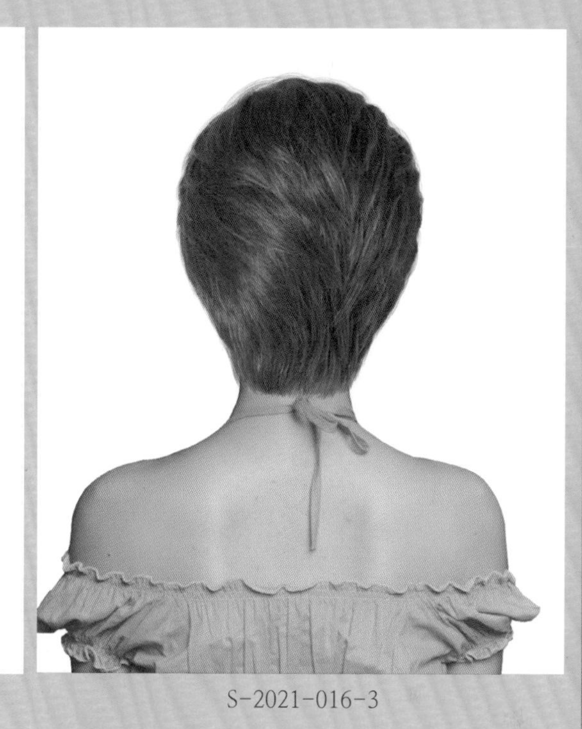

S-2021-016-3

Face Type

계란형 · 긴계란형 · 둥근형 · 역삼각형

육각형 · 삼각형 · 네모난형 · 직사각형

Hair Cut Method-
Technology Manual 093 Page 참고

차분하고 단정하면서 지적인 이미지를 주는 트래디셔널 감각의 헤어스타일!

- 이마를 시원하게 드러내어 높은 볼륨으로 빗어 넘기는 부드러운 흐름의 실루엣을 연출하여 격조와 품격을 주는 매니시 감성의 지적인 여성스러움을 주는 헤어스타일입니다.
- 언더에서 미디엄 그러데이션을 커트하여 목선을 깨끗하게 연출하고 톱 쪽으로 레이어드를 차분한 실루엣을 연출합니다.
- 전체를 틴닝 커트로 가벼운 흐름을 연출합니다.
- 굵은 롤로 1~1.2컬의 파마를 해 줍니다.
- 헤어 드라이기로 뿌리부터 말리면서 80%를 말린 후 글로스 왁스를 고르게 바르고 손가락 빗질하면서 드라이하여 자연스러운 연출을 합니다.

Woman Short Hair Style Design

S-2021-017-1

S-2021-017-2

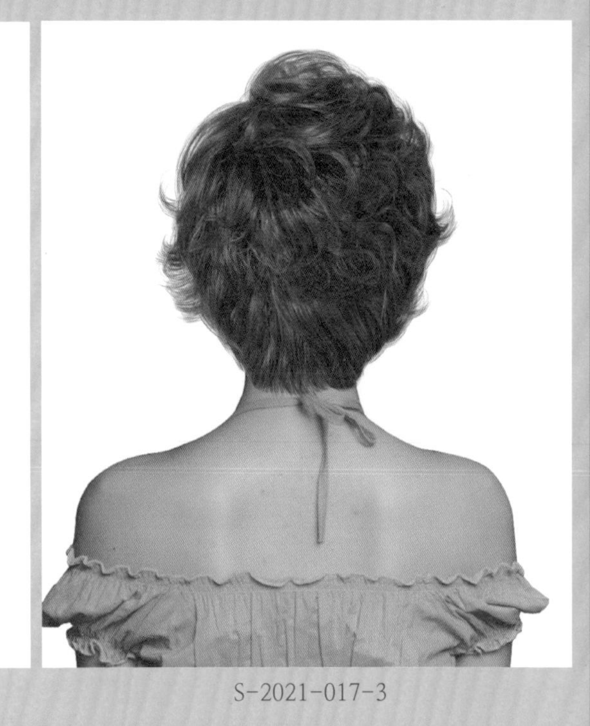

S-2021-017-3

Face Type			
계란형	긴계란형	둥근형	역삼각형
육각형	삼각형	네모난형	직사각형

Hair Cut Method-
Technology Manual 093 Page 참고

작품을 보는 듯 강렬한 캐릭터가 반영된 어드벤스드 감성의 헤어스타일!

- 헤어 쇼에서 작품을 보는 듯 독특하고 강렬한 이미지를 주는 헤어스타일로 러블리하고 섹시한 여성미를 느끼게 합니다.
- 언더에서 미디엄 그러데이션을 커트하여 목선을 부드럽고 연출하고 톱 쪽으로 레이어드를 넣어서 풍성하고 율동감 있는 실루엣을 연출합니다.
- 앞머리는 가볍고 움직임 있게 양 사이드로 내려주고 사이드에서 길이를 조절하여 가벼운 층을 만들고, 틴닝과 슬라이딩 커트로 가늘어지는 가벼운 움직임을 연출합니다.
- 굵은 롤로 1.5~1.8컬의 파마를 해 줍니다.
- 헤어 드라이기로 뿌리부터 말리면서 70%를 말린 후 글로스 왁스를 고르게 바르고 손가락 빗질하면서 드라이하여 자연스러운 웨이브 컬의 움직임을 연출합니다.

Woman Short Hair Style Design

S-2021-018-1

S-2021-018-2

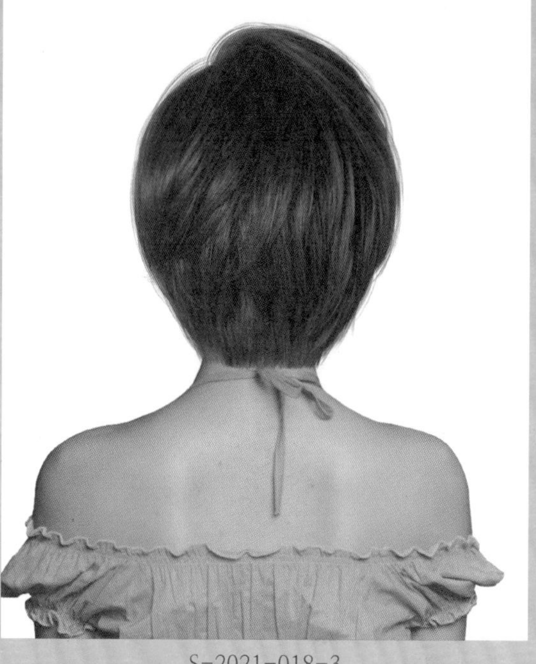

S-2021-018-3

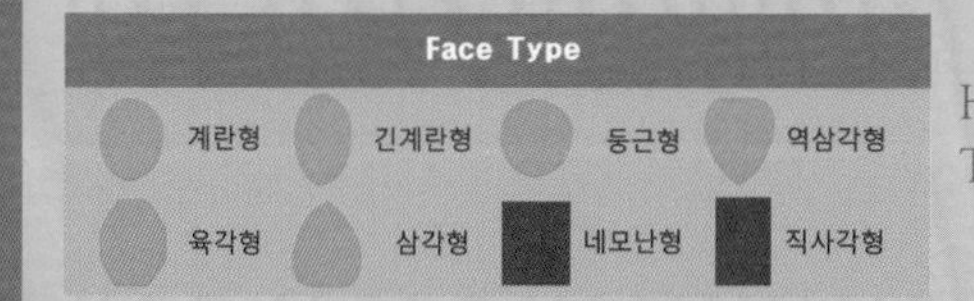

Hair Cut Method-
Technology Manual 100 Page 참고

단정하면서 청순하고 지적인 아름다움을 주는 트레디셔널 감각의 헤어스타일!

- 바람에 흩날리 듯 부드럽게 빗어 스타일링한 헤어스타일로 차분하고 청순한 지적인 아름다움을 느끼게 하는 헤어스타일입니다.
- 언더에서 미디엄 그러데이션을 커트하여 목선을 부드럽고 가벼운 느낌을 표현하고 톱 쪽으로 레이어드를 넣어서 가볍고 풍성한 볼륨 있는 질감을 연출합니다.
- 앞머리는 두정부에서 풍성한 볼륨을 만들면서 사이드로 넘겨주고 틴닝과 슬라이딩 커트로 가늘어지고 가벼운 질감을 연출합니다.
- 굵은 롤로 원컬 파마를 해 줍니다.
- 헤어 드라이기로 뿌리부터 말리면서 80%를 말린 후 글로스 왁스를 고르게 바르고 손가락 빗질하면서 드라이하여 자연스러운 텍스처의 움직임을 연출합니다.

Woman Short Hair Style Design

S-2021-019-1

S-2021-019-2

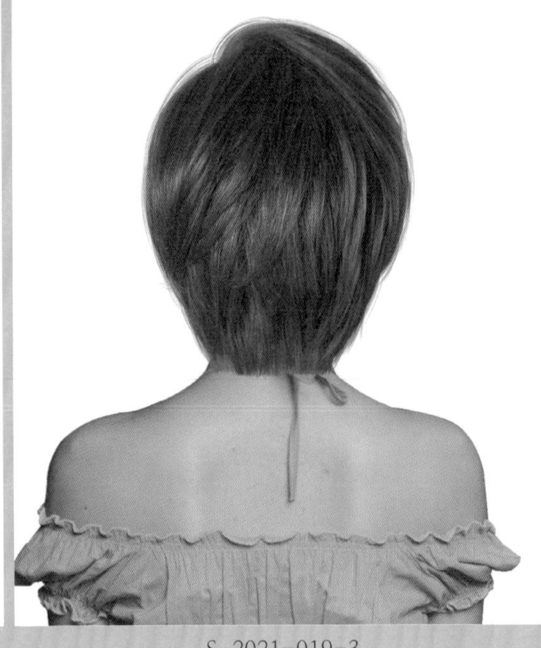

S-2021-019-3

Face Type			
계란형	긴계란형	둥근형	역삼각형
육각형	삼각형	네모난형	직사각형

Hair Cut Method-
Technology Manual 100 Page 참고

가볍고 부드러운 웨이브 컬의 율동감이 성숙하고 섹시한 여성스러움이 강조된 러블리 헤어스타일!

- 풍성한 볼륨의 웨이브 컬의 율동감과 부드러운 실루엣이 조화되어 사랑스럽고 섹시한 여성스러움을 강조한 아름다운 헤어스타일입니다.
- 언더에서 하이 그러데이션을 커트하여 목선을 감싸는 부드럽고 가벼운 느낌을 연출하고 톱 쪽으로 레이어드를 넣어서 풍성하고 가벼운 율동감 있는 질감을 연출합니다.
- 앞머리는 가볍게 내려주고 사이드에서 길이를 조절하여 가늘어지고 가벼운 층을 만들고, 틴닝과 슬라이딩 커트로 대담하고 가늘어지는 움직임 있는 질감을 표현합니다.
- 굵은 롤로 1.5~1.8컬의 파마를 해 줍니다.
- 헤어 드라이기로 뿌리부터 말리면서 70%를 말린 후 글로스 왁스를 고르게 바르고 손가락 빗질하면서 드라이하여 자연스러운 웨이브컬의 움직임을 연출합니다.

Woman Short Hair Style Design

S-2021-020-1

S-2021-020-2

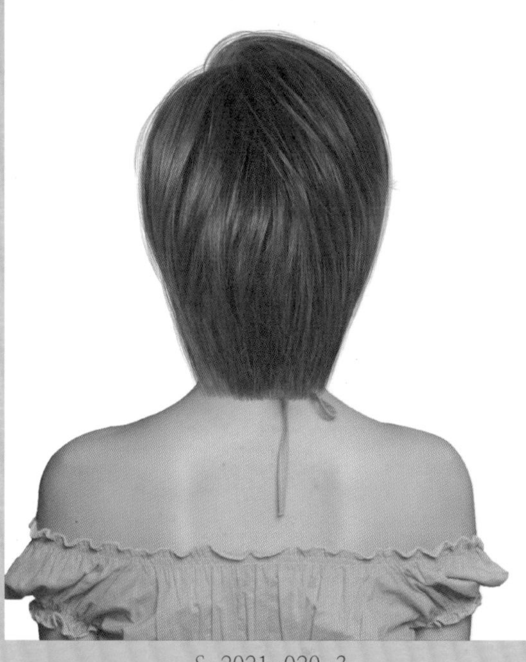

S-2021-020-3

Face Type			
계란형	긴계란형	둥근형	역삼각형
육각형	삼각형	네모난형	직사각형

Hair Cut Method-
Technology Manual 100 Page 참고

개성을 표출하고 싶은 패션 리더들의 생각, 내가 선택한 나만의 헤어스타일!

- 시대를 앞서가고 개성을 표출하고 싶은 개성파 여성들의 감성을 자극하는 창조적이고, 유행을 앞서가는 독창적인 아방가르드 헤어스타일입니다.
- 언더에서 하이 그러데이션을 커트하여 목선을 감싸는 부드럽고 가벼운 느낌을 표현하고 톱 쪽으로 레이어드를 넣어서 부드럽고 가벼운 율동감 있는 질감을 연출합니다.
- 앞머리는 가볍게 내려주고 사이드에서 길이를 조절하여 가늘어지고 가벼운 층을 만들고 틴닝과 슬라이딩 커트로 대담하고 가늘어지는 질감을 표현합니다.
- 곱슬머리는 파마를 해 줍니다.
- 헤어 드라이기로 뿌리부터 말리면서 톱에서 풍성하고 높은 볼륨을 만들고 80%를 말린 후 글로스 왁스를 고르게 바르고 손가락 빗질하면서 드라이하여 자연스러운 텍스처의 움직임을 연출합니다.

Woman Short Hair Style Design

S-2021-021-1

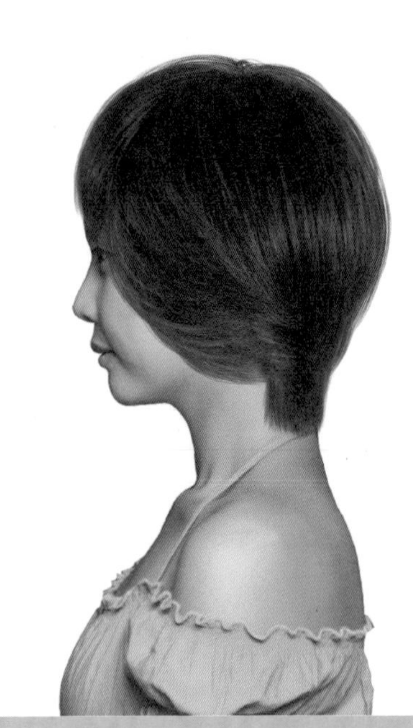

S-2021-021-2

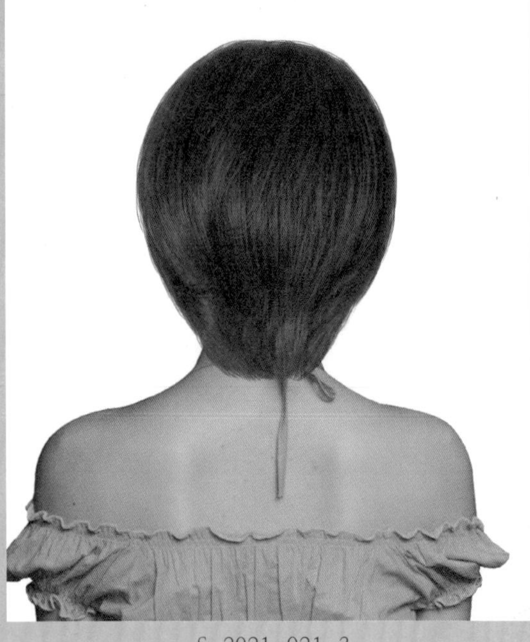

S-2021-021-3

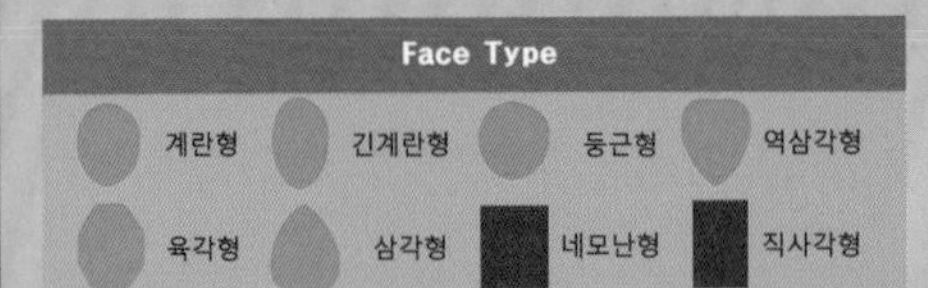

Hair Cut Method-
Technology Manual 093 Page 참고

청초한 패션 감각과 발랄하고 깜찍한 감성이 느껴지는 러블리한 시크 헤어스타일!

- 부드러운 생머리 컬이 사이드에서 빗어 넘긴 흐름과 곡선의 실루엣으로 디자인된 형태가 잘 어울어져서 생기 있고 발랄한 큐트 감각의 헤어스타일입니다.
- 언더에서 미디엄 그러데이션을 커트하여 가벼운 느낌을 표현하고 톱 쪽으로 레이어드를 넣어서 풍성하고 부드러운 실루엣을 연출합니다.
- 앞머리와 사이드에서 길이를 조절하여 층지게 커트하고, 틴닝과 슬라이딩 커트로 가볍고 가늘어지는 질감을 표현합니다.
- 굵은 롤로 1.2~1.5컬의 웨이브 파마를 합니다.
- 헤어 드라이기로 뿌리부터 말리면서 70%를 말린 후 글로스 왁스를 고르게 바르고 손가락 빗질하면서 드라이하여 자연스러운 컬의 움직임을 연출합니다.

Woman Short Hair Style Design

S-2021-022-1

S-2021-022-2

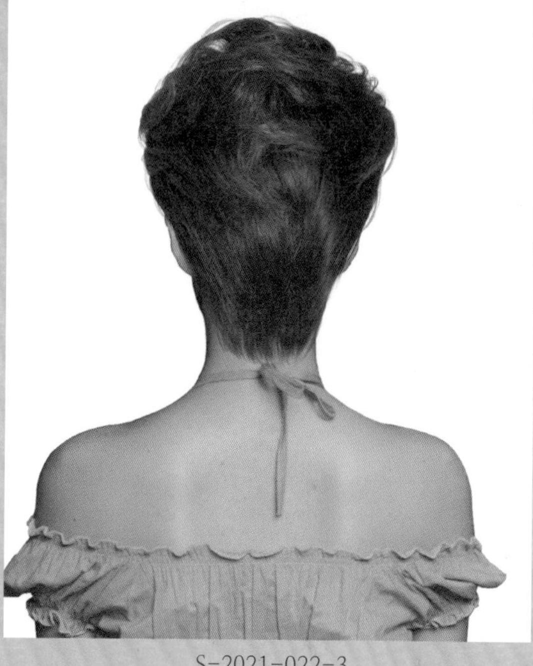

S-2021-022-3

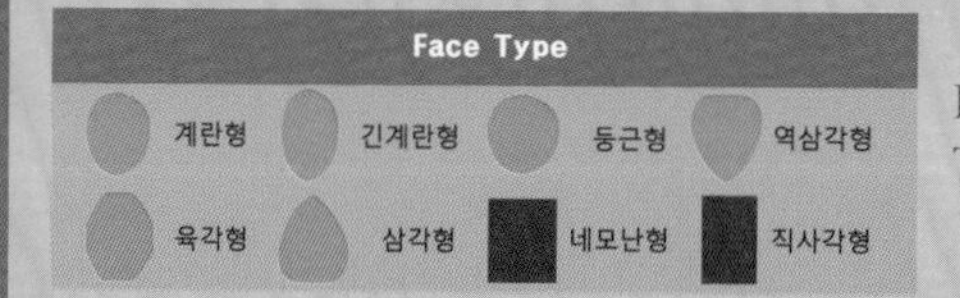

Hair Cut Method-
Technology Manual 093 Page 참고

풍성한 볼륨으로 넘겨 빗은 흐름이 지적이고 엄격한 심지가 느껴지는 헤어스타일!

- 시원스럽게 이마를 드러내어 높은 볼륨으로 빗어 넘긴 컬의 흐름이 화려하고 지적인 여성스러움과 댄디 감성의 뉘앙스가 살아나는 헤어스타일입니다.
- 언더에서 하이 그러데이션을 커트하여 목선의 부드럽고 깨끗한 느낌을 표현하고 톱 쪽으로 레이어드를 넣어서 부드러운 실루엣을 연출하고, 틴닝과 슬라이딩 커트로 가볍고 가늘어지는 질감을 표현합니다.
- 굵은 롤로 1~1.5컬의 웨이브 파마를 합니다.
- 헤어 드라이기로 뿌리부터 말리면서 70%를 말린 후 글로스 왁스를 고르게 바르고 손가락 빗질하면서 드라이하여 자연스러운 컬의 움직임을 연출합니다.

Woman Short Hair Style Design

S-2021-023-1

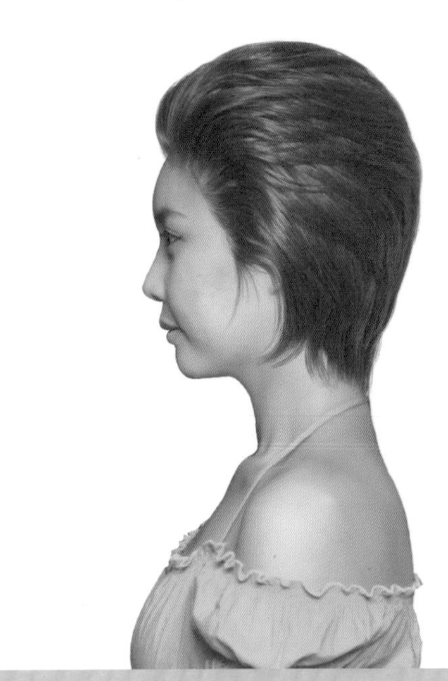

S-2021-023-2

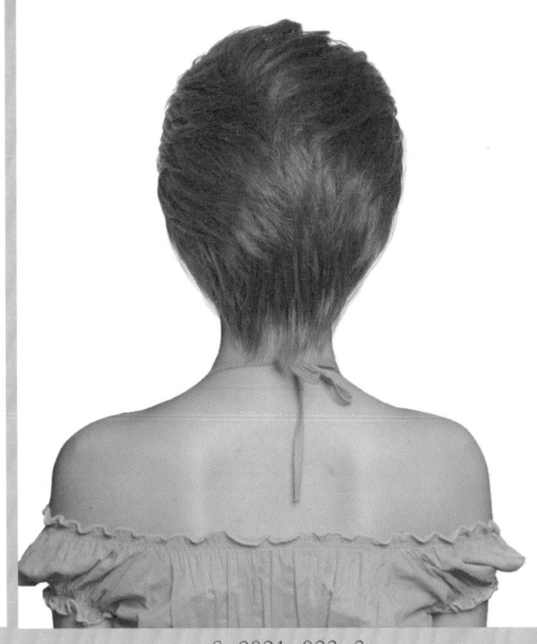

S-2021-023-3

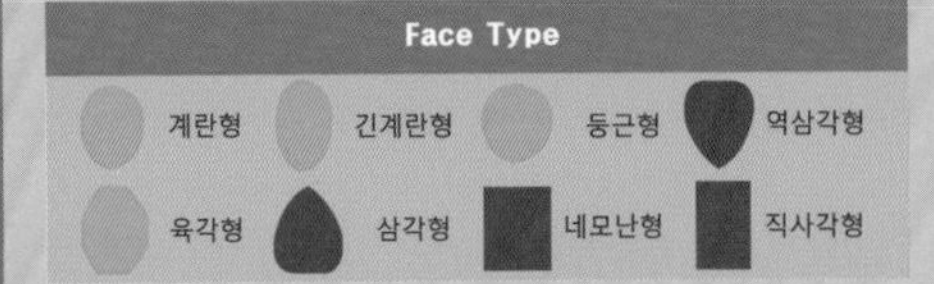

Hair Cut,Permament Wave Method-
Technology Manual 093Page 참고

자신감과 자립심이 강한 여성의 감성이 느껴지는 댄디 감각의 헤어스타일!

- 얼굴을 드러내어 전체를 올백으로 빗어 넘긴 헤어스타일로 격조와 품위를 유지하기 위해 세팅력이 있는 글로스 왁스로 고르게 바르고 손가락 빗질로 빗어 넘긴 헤어스타일로, 지적이고 활동적이면서 파티처럼 화려함도 살아나는 아름다운 헤어스타일입니다.
- 언더에서 하이 그러데이션을 커트하여 목선의 여성스러움을 강조하고 톱 쪽으로 하이 레이어드를 넣어서 부드러운 실루엣을 연출하고 프런트와 사이드에서 앞머리를 사이드로 내려주고 페이스 라인의 가늘어지고 가벼운 표정을 연출합니다.
- 틴닝과 슬라이딩 커트로 가볍고 가늘어지는 질감을 표현합니다.
- 굵은 롤로 1~1.5컬의 웨이브 파마를 합니다.

Woman Short Hair Style Design

S-2021-024-1

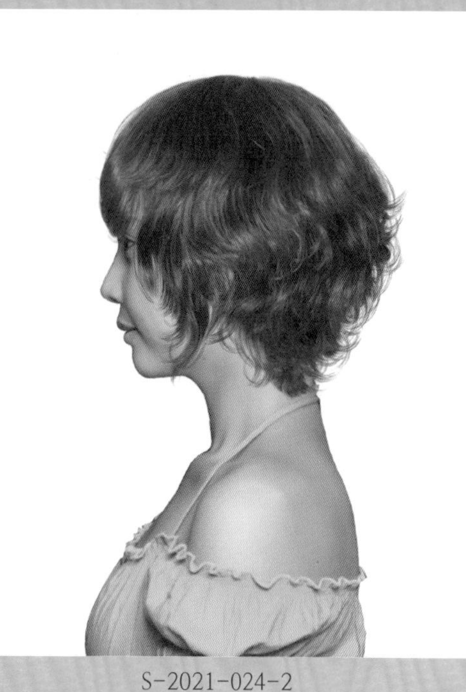

S-2021-024-2

S-2021-024-3

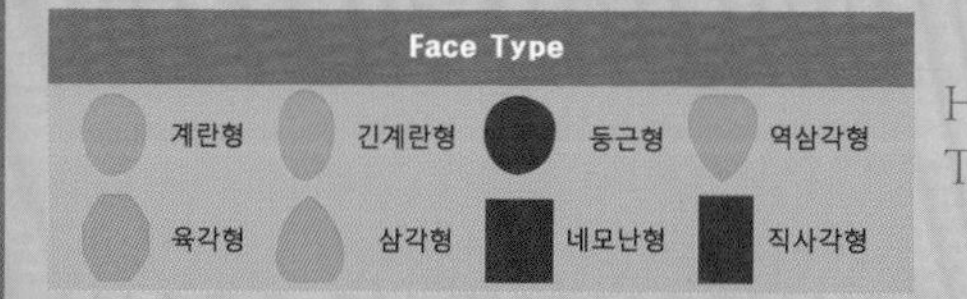

Hair Cut Method-
Technology Manual 100 Page 참고

자유롭고 청순한 소녀 감성이 느껴지는 러블리 헤어스타일!

- 자유롭게 율동하는 웨이브 컬의 숏 헤어스타일이 발랄하고 깜직한 느낌을 주는 이노센트 감성의 헤어스타일입니다.
- 네이프에서 미디엄 그러데이션을 커트하여 목덜미의 여성스러움을 강조하고 톱 쪽으로 레이어드를 넣어서 부드러운 실루엣을 연출합니다.
- 모발 길이 끝부분에서 틴닝과 슬라이딩 커트로 숱을 가늘어지고 가벼운 흐름의 부드러운 질감을 표현합니다.
- 굵은 롤로 전체 웨이브 파마를 합니다.
- 헤어 드라이기로 뿌리부터 말리면서 70%를 말린 후 글로스 왁스를 고르게 바르고 스크런치 드라이 풍성한 볼륨을 만들고 손가락 빗질하고 털어서 자연스러운 컬의 움직임을 연출합니다.

Woman Short Hair Style Design

S-2021-025-1

S-2021-025-2

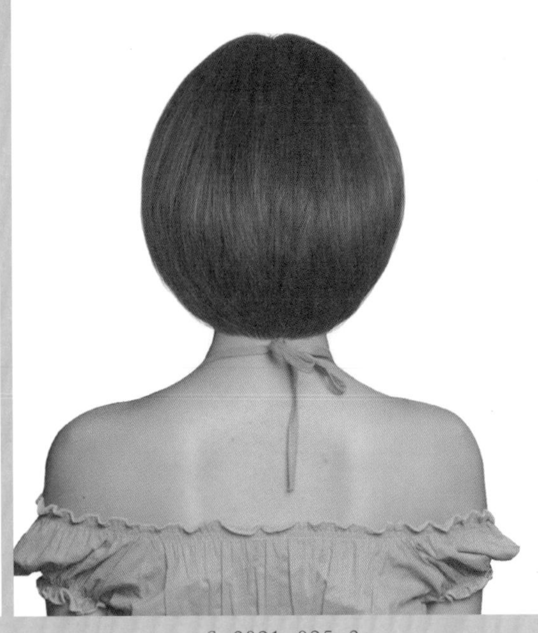

S-2021-025-3

Face Type			
계란형	긴계란형	둥근형	역삼각형
육각형	삼각형	네모난형	직사각형

Hair Cut Method-
Technology Manual 154 Page 참고

부드러운 안말음으로 얼굴을 감싸는 흐름이 독특한 개성을 표출해 주는 머시룸 헤어스타일!

- 둥근 형태와 곡선의 헤어라인이 밸런스를 이루는 머시룸 헤어스타일은 클래식한 아름다움을 주는 독특한 디자인의 헤어스타일로 맑고 청순한 소녀 감성이 느껴지는 아름다운 헤어스타일입니다.
- 언더에서 둥근 라인을 만들며 그러데이션을 커트하고 톱 쪽으로 레이어드를 넣어서 풍성하고 둥근 형태의 실루엣을 연출합니다.
- 모발 길이 끝부분에서 틴닝으로 숱을 가볍게 하고 슬라이딩 커트로 가늘어지고 가벼운 흐름의 부드러운 스타일의 표정을 연출합니다.
- 굵은 롤로 곱슬머리는 원컬 스트레이트 파마를 합니다.
- 헤어 드라이기로 뿌리부터 말리면서 80%를 말린 후 롤 브러시나 아이롱으로 연출한 후 글로스 왁스를 고르게 바르고 빗질하여 스타일링을 합니다.

Woman Short Hair Style Design

S-2021-026-1

S-2021-026-2

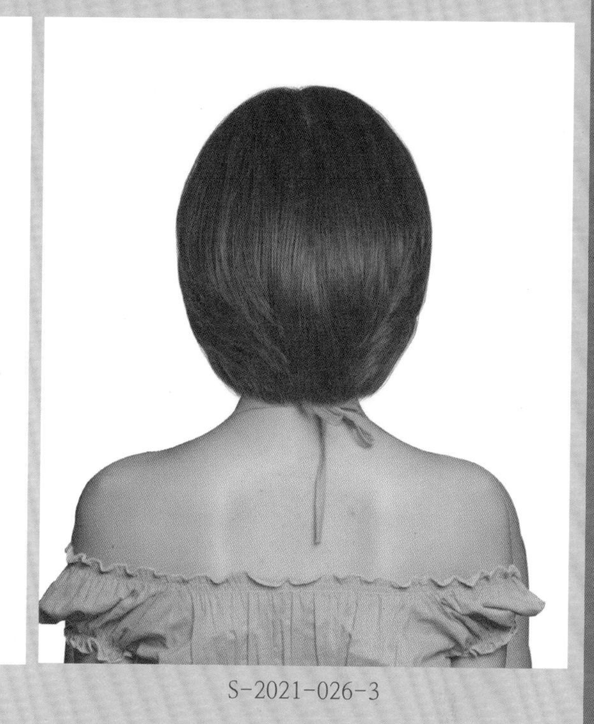

S-2021-026-3

Face Type

계란형	긴계란형	둥근형	역삼각형
육각형	삼각형	네모난형	직사각형

Hair Cut Method-
Technology Manual 100 Page 참고

윤기를 머금은 듯 부드러운 생머리 흐름이 맑고 청순한 이노센트 감각의 헤어스타일!

- 찰랑찰랑하고 빛나는 생머리의 흐름을 즐기고 싶다면 스트레이트 헤어스타일로 변신을 추천합니다.
- 부드러운 실루엣과 생머리의 모류가 깨끗하고 청초한 아름다움이 느껴지는 소녀 감성이 느껴지는 헤어스타일입니다.
- 언더에서 미디엄 그러데이션을 커트하여 가벼운 흐름을 연출하고 톱 쪽으로 레이어드를 넣어서 부드러운 실루엣을 연출합니다.
- 모발 길이 끝부분에서 틴닝으로 숱을 가볍게 하고 슬라이딩 커트로 가늘어지고 가벼운 흐름의 부드러운 스타일의 표정을 연출합니다.
- 곱슬머리는 원컬스트레이트 파마를 합니다.
- 헤어 드라이기로 뿌리부터 말리면서 80%를 말린 후 롤 브러시나 아이롱으로 연출한 후 글로스 왁스를 고르게 바르고 빗질하여 스타일링을 합니다.

Woman Short Hair Style Design

S-2021-027-1

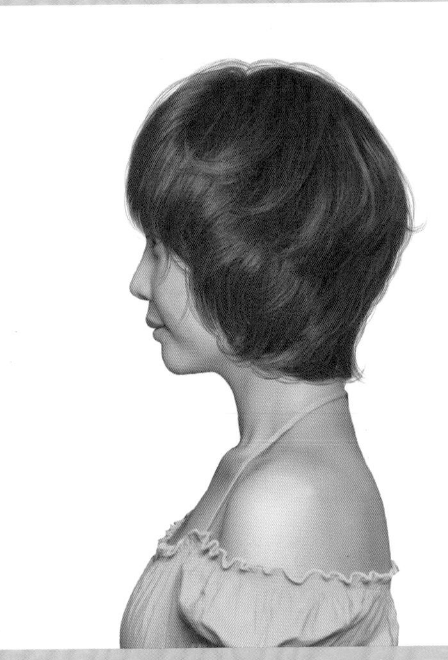

S-2021-027-2

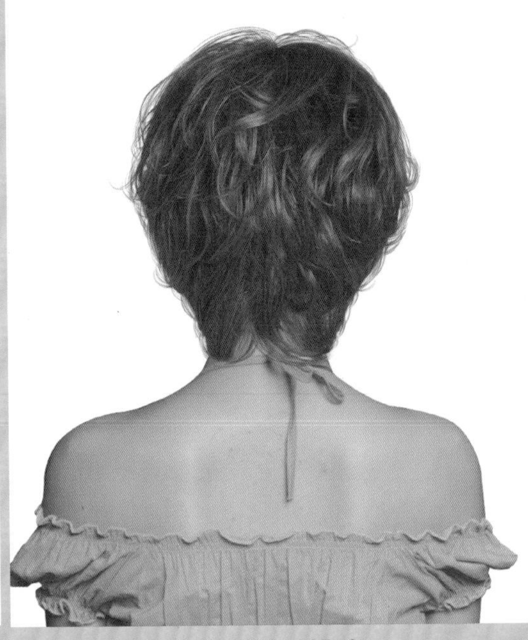

S-2021-027-3

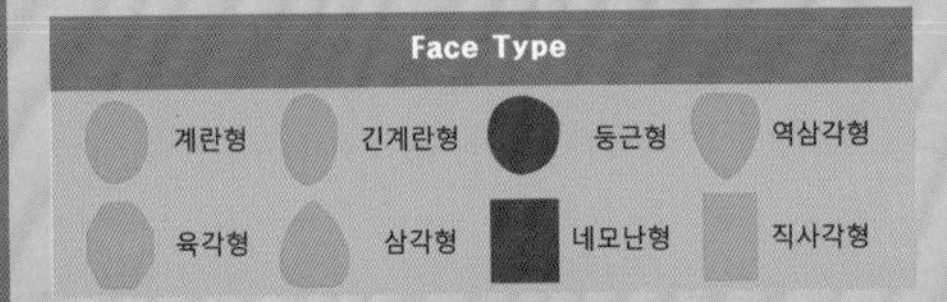

Hair Cut Method-
Technology Manual 100 Page 참고

자유로운 웨이브 컬의 율동이 사랑스럽고 환상적인 러블리 헤어스타일!

- 부드럽고 사랑스러운 웨이브 컬이 춤을 추듯 율동하는 흐름이 발랄하고 상큼한 아름다운 이미지가 느껴지는 헤어스타일이며 포워드 흐름이 얼굴을 작아 보이게 하는 큐트한 이미지가 느껴지는 스타일입니다.
- 언더에서 미디엄 그러데이션을 커트하여 가늘어지고 가벼운 흐름을 연출하고 톱 쪽으로 그러데이션과 레이어드를 넣어서 부드러운 실루엣을 연출합니다.
- 모발 길이 끝부분에서 틴닝으로 숱을 가볍게 하고 슬라이딩 커트로 가늘어지고 가벼운 흐름의 부드러운 스타일의 표정을 연출합니다.
- 굵은 롤로 1.3~1.6컬의 웨이브 파마를 합니다.
- 헤어 드라이기로 뿌리부터 말리면서 70%를 말린 후 글로스 왁스를 고르게 바르고 손가락 빗질하여 자연스러운 컬의 움직임을 연출합니다.

Woman Short Hair Style Design

S-2021-028-1

S-2021-028-2

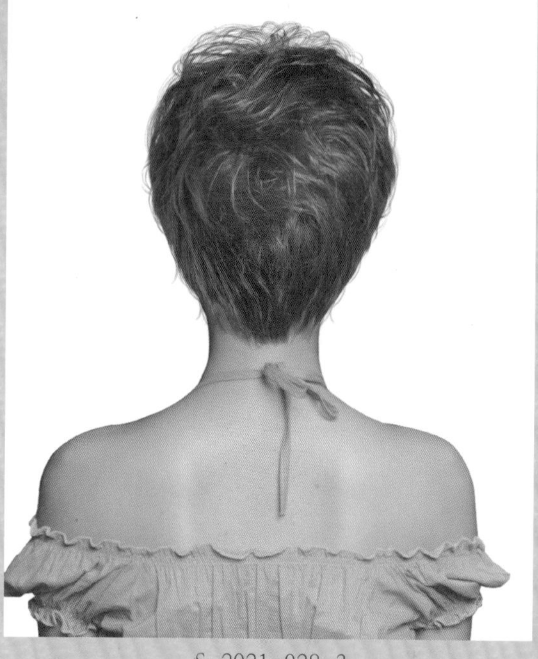

S-2021-028-3

Face Type			
계란형	긴계란형	둥근형	역삼각형
육각형	삼각형	네모난형	직사각형

Hair Cut Method–
Technology Manual 093 Page 참고

윤기와 공기감을 머금은 듯 율동하는 웨이브 컬이 발랄하고 달콤한 페미닌 헤어스타일!

- 짧은 헤어스타일의 단조로움을 피하기 위해 가늘어지고 가벼운 질감으로 페이스 라인과 목덜미 라인을 연출했고 두정부에서 춤을 추는 듯 풍성한 웨이브 컬을 구성하여 포워드 흐름을 연출하여 발랄하고 큐트한 이미지를 느끼게 합니다.
- 언더에서 하이 그러데이션을 커트하고 톱 쪽으로 레이어드를 넣어서 부드러운 실루엣을 연출합니다.
- 모발 길이 끝부분에서 틴닝으로 숱을 가볍게 하고 슬라이딩 커트로 가늘어지고 가벼운 흐름의 부드러운 스타일의 표정을 연출합니다.
- 굵은 롤로 1~1.5컬의 웨이브 파마를 합니다.
- 헤어 드라이기로 뿌리부터 말리면서 70%를 말린 후 글로스 왁스를 고르게 바르고 손가락 빗질하여 자연스러운 컬의 움직임을 연출합니다.

Woman Short Hair Style Design

S-2021-029-1

S-2021-029-2

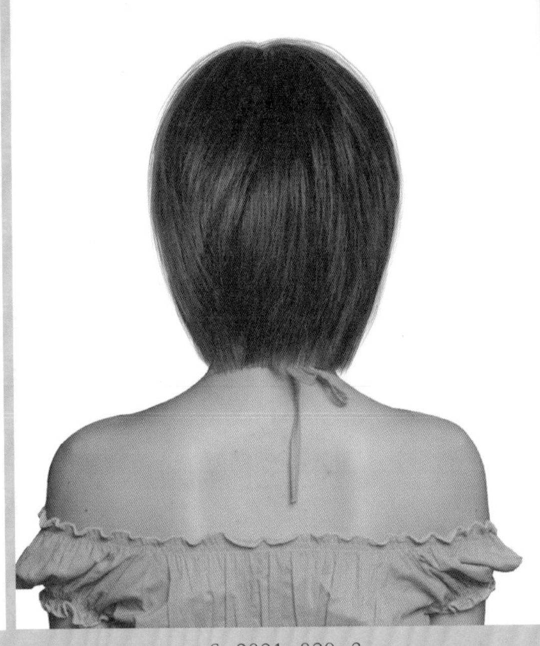

S-2021-029-3

Face Type

계란형 · 긴계란형 · 둥근형 · 역삼각형
육각형 · 삼각형 · 네모난형 · 직사각형

Hair Cut Method–
Technology Manual 116 Page 참고

바람결에 흩날릴 듯 가늘어지고 가벼운 스트레이트 흐름이 독특한 개성을 주는 헤어스타일!

- 깃털처럼 가벼운 질감이 바람에 흩날리 듯 자유롭게 움직이는 흐름이 유행을 앞서가는 독특한 캐릭터가 반영된 헤어스타일입니다.
- 언더에서 하이 그러데이션을 커트하여 얼굴 방향으로 길어지는 라인을 연출하고 톱 쪽으로 레이어드를 넣어서 풍성하고 가벼운 질감을 연출합니다.
- 앞머리는 들쭉날쭉 비대칭으로 내려주고 전체를 틴닝과 슬라이딩 커트로 가벼운 움직임을 연출합니다.
- 곱슬머리는 스트레이트 파마를 해 줍니다.
- 헤어 드라이기로 뿌리부터 말리면서 80%를 말린 후 글로스 왁스를 고르게 바르고 손가락 빗질하면서 드라이하여 자연스러운 움직임을 연출합니다.

Woman Short Hair Style Design

S-2021-030-1

S-2021-030-2

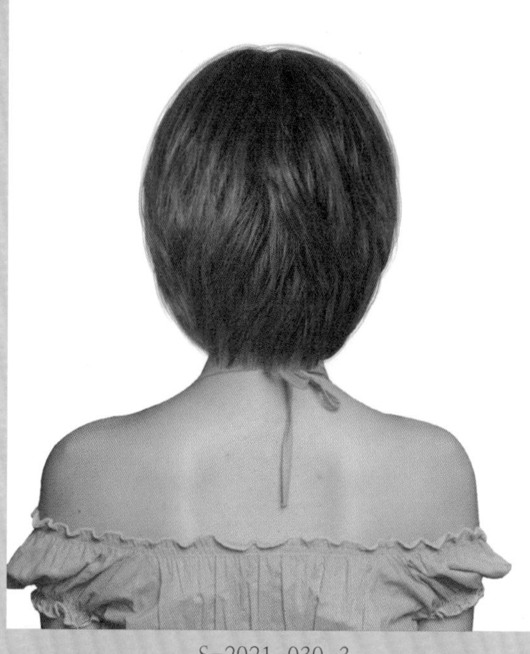

S-2021-030-3

Face Type			
계란형	긴계란형	둥근형	역삼각형
육각형	삼각형	네모난형	직사각형

Hair Cut Method-
Technology Manual 100Page 참고

가볍고 부드러운 생머리의 흐름이 청순하고 사랑스러움 클래식 감각의 헤어스타일!

- 부드러운 움직임으로 안말음 되는 생머리 흐름의 헤어스타일은 언제나 여성들에 오래도록 사랑받아온 클래식 감각의 헤어스타일로 앞머리에 율동감의 실루엣을 연출하면 언제나 트렌디한 아름다움을 주는 헤어스타일입니다.
- 언더에서 미디엄 그러데이션을 커트하여 약간 둥근 라인의 실루엣을 연출하고 톱 쪽으로 레이어드를 넣어서 풍성하고 가벼운 질감을 연출합니다.
- 앞머리는 시스루로 내려주고 전체를 틴닝 커트로 가벼운 움직임을 연출합니다.
- 원컬 스트레이트 파마를 해 줍니다.
- 헤어 드라이기로 뿌리부터 말리면서 80%를 말린 후 글로스 왁스를 고르게 바르고 손가락 빗질하면서 드라이하여 자연스러운 움직임을 연출합니다.

Woman Short Hair Style Design

S-2021-031-1

S-2021-031-2

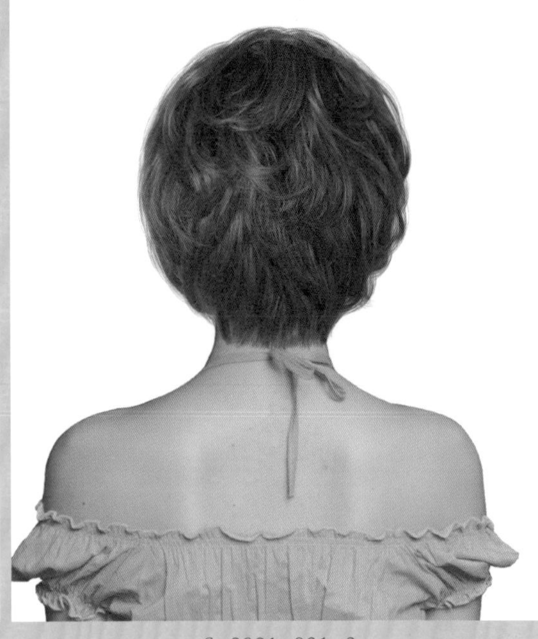

S-2021-031-3

Face Type

계란형 · 긴계란형 · 둥근형 · 역삼각형

육각형 · 삼각형 · 네모난형 · 직사각형

Hair Cut Method-
Technology Manual 100, 131 Page 참고

두둥실 춤을 추듯 율동하는 웨이브 컬이 사랑스러운 여성미를 느끼게 하는 러블리 헤어스타일!

- 둥근 라인의 그러데이션 보브 헤어스타일로 풍성한 볼륨과 율동하는 웨이브 컬이 사랑스럽고 부드러운 여성미를 느끼게 하는 아름다운 헤어스타일입니다.
- 언더에서 미디엄 그러데이션을 커트하여 둥근 라인의 실루엣을 연출하고 톱 쪽으로 레이어드를 넣어서 풍성하고 가벼운 질감을 연출합니다.
- 앞머리는 시스루로 내려주고 전체를 틴닝 커트로 가벼운 움직임을 연출합니다.
- 굵은 롤로 1.5~1.8컬의 웨이브 파마를 해 줍니다.
- 헤어 드라이기로 뿌리부터 말리면서 80%를 말린 후 글로스 왁스를 고르게 바르고 손가락 빗질하면서 드라이하여 자연스러운 웨이브 컬의 움직임을 연출합니다.

Woman Short Hair Style Design

S-2021-032-1

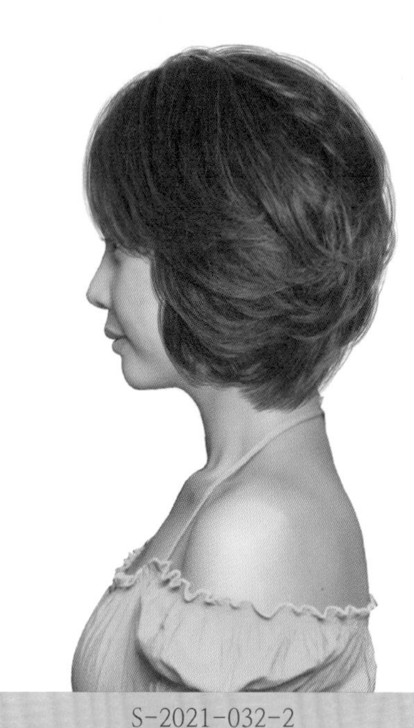

S-2021-032-2

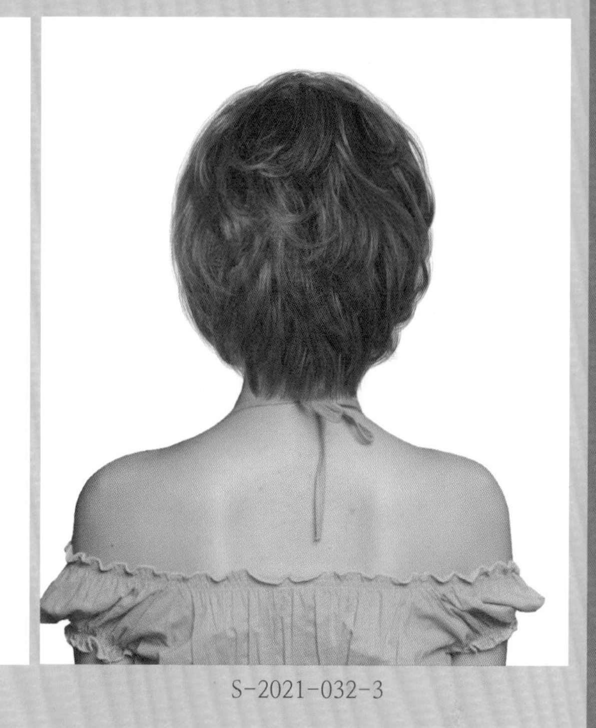

S-2021-032-3

Face Type			
계란형	긴계란형	둥근형	역삼각형
육각형	삼각형	네모난형	직사각형

Hair Cut Method-
Technology Manual 100 Page 참고

두둥실 춤을 추듯 율동하는 웨이브 컬이 사랑스러운 여성미를 느끼게 하는 러블리 헤어스타일!

- 둥근 라인의 그러데이션 보브 헤어스타일로 풍성한 볼륨과 율동하는 웨이브 컬이 사랑스럽고 부드러운 여성미를 느끼게 하는 아름다운 헤어스타일입니다.
- 언더에서 미디엄 그러데이션을 커트하여 둥근 라인의 실루엣을 연출하고 톱 쪽으로 레이어드를 넣어서 풍성하고 가벼운 질감을 연출합니다.
- 앞머리는 시스루로 내려주고 전체를 틴닝 커트로 가벼운 움직임을 연출합니다.
- 굵은 롤로 1.5~1.8컬의 웨이브 파마를 해 줍니다.
- 헤어 드라이기로 뿌리부터 말리면서 80%를 말린 후 글로스 왁스를 고르게 바르고 손가락 빗질하면서 드라이하여 자연스러운 웨이브 컬의 움직임을 연출합니다.

Woman Short Hair Style Design

S-2021-033-1

S-2021-033-2

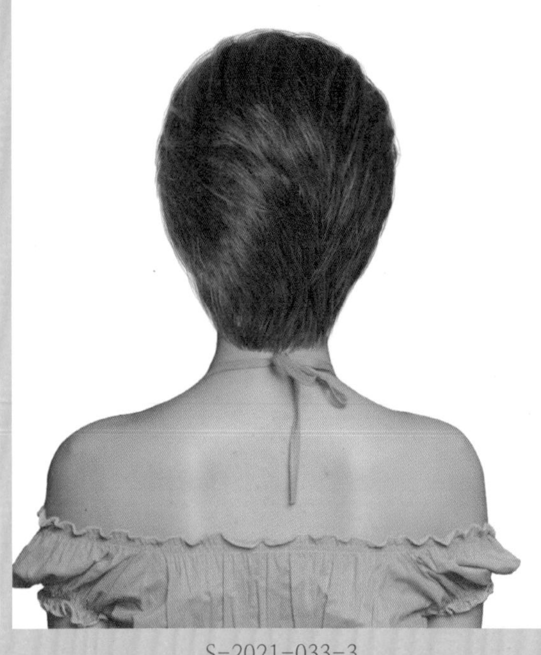

S-2021-033-3

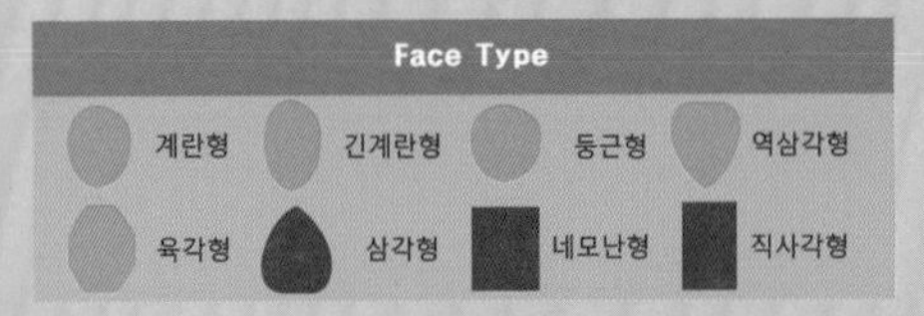

Hair Cut Method-
Technology Manual 093 Page 참고

차분하고 단정한 댄디 스타일의 감성이 느껴지는 앤드로지너스 감각의 헤어스타일!

- 차분하게 빗어 넘긴 실루엣이 댄디스러운 느낌을 주면서 스포티한 여성미를 느끼는 앤드로지너스 감성의 헤어스타일입니다.
- 언더에서 하이 그러데이션을 커트하여 목선을 깨끗하게 연출하고 톱 쪽으로 레이어드로 차분한 실루엣을 연출합니다.
- 전체를 틴닝과 슬라이딩 커트로 가벼운 흐름을 연출합니다.
- 굵은 롤로 1~1.2컬의 파마를 해 줍니다.
- 헤어 드라이기로 뿌리부터 말리면서 70%를 말린 후 글로스 왁스를 고르게 바르고 손가락 빗질하면서 드라이하여 자연스러운 연출을 합니다.

Woman Short Hair Style Design

S-2021-034-1

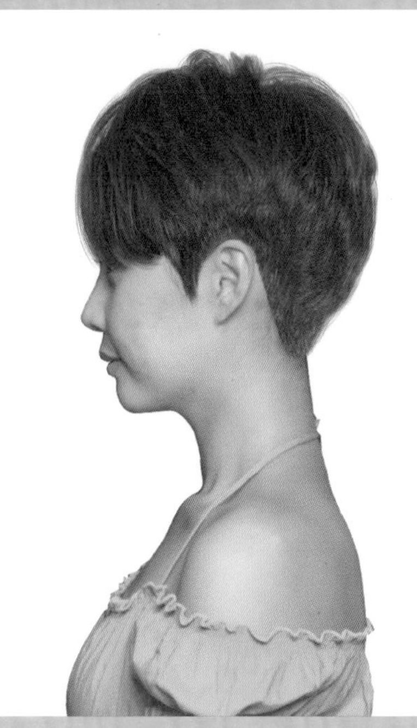

S-2021-034-2

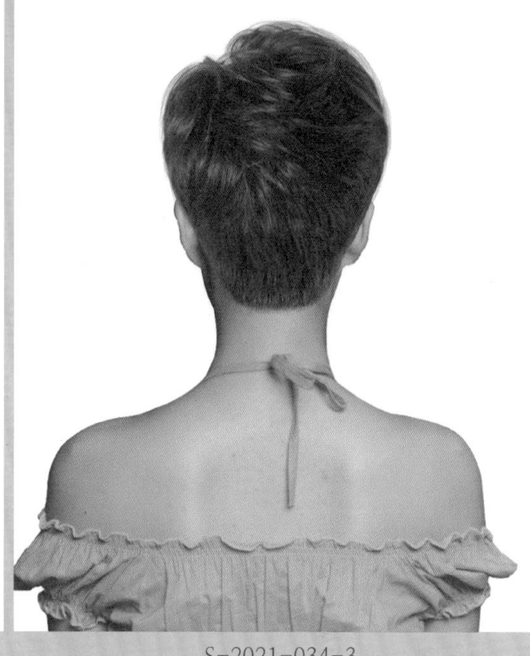

S-2021-034-3

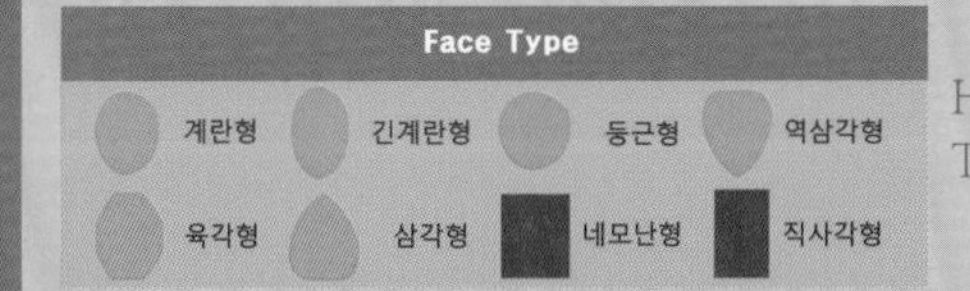

Hair Cut Method-
Technology Manual 035, 093 Page 참고

댄디 스타일의 아름다운 이미지이면서 소녀 감성이 느껴지는 큐트 감성의 헤어스타일!

- 숏 헤어스타일은 투박하게 커트를 하면 남성적인 이미지를 줄 수 있어서 다양한 디자인 요소를 반영해야 합니다.
- 두정부의 풍성한 볼륨의 부드러운 원컬의 흐름과 언더 부분의 깨끗한 라인이 어울어져서 스포티하면서 발랄하고 큐트한 여성미를 강조한 헤어스타일입니다.
- 언더에서 하이 그러데이션을 커트하여 목선을 깨끗하게 연출하고 톱 쪽으로 레이어드를 넣어서 가볍고 풍성한 실루엣을 연출합니다.
- 전체를 틴닝과 슬라이딩 커트로 가벼운 흐름을 연출합니다.
- 굵은 롤로 1~1.2컬의 파마를 해 줍니다.
- 헤어 드라이기로 뿌리부터 말리면서 70%를 말린 후 글로스 왁스를 고르게 바르고 손가락 빗질하면서 드라이하여 자연스러운 연출을 합니다.

Woman Short Hair Style Design

S-2021-035-1

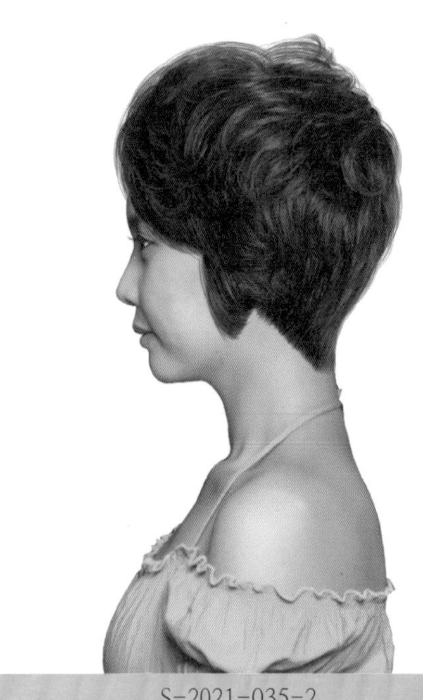

S-2021-035-2

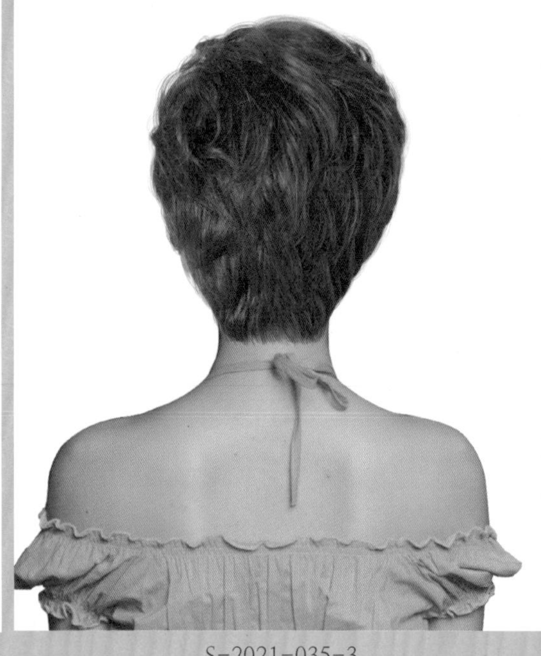

S-2021-035-3

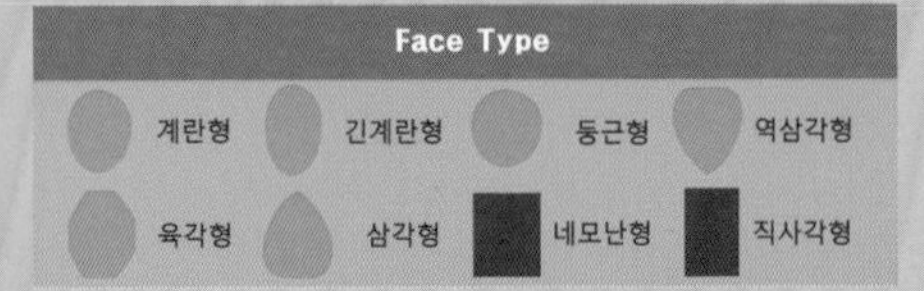

Hair Cut Method-
Technology Manual 093 Page 참고

부드러운 컬의 율동감이 청순하면서 발랄한 이미지를 느끼게 하는 러블리 헤어스타일!

- 가늘어지고 가벼운 웨이브 컬의 흐름이 사랑스럽게 연출되어 지적이면서 청순하고 발랄한 아름다움과 활동적인 이미지도 느끼게 하는 헤어스타일입니다.
- 언더에서 미디엄 그러데이션을 커트하여 목선을 깨끗하게 연출하고 톱 쪽으로 레이어드를 넣어서 자연스러운 실루엣을 연출합니다.
- 전체를 틴닝과 커트로 가벼운 흐름을 연출합니다.
- 굵은 롤로 1.2~1.8컬의 파마를 해 줍니다.
- 헤어 드라이기로 뿌리부터 말리면서 70%를 말린 후 글로스 왁스를 고르게 바르고 손가락 빗질하면서 드라이하여 자연스러운 연출을 합니다.

Woman Short Hair Style Design

S-2021-036-1

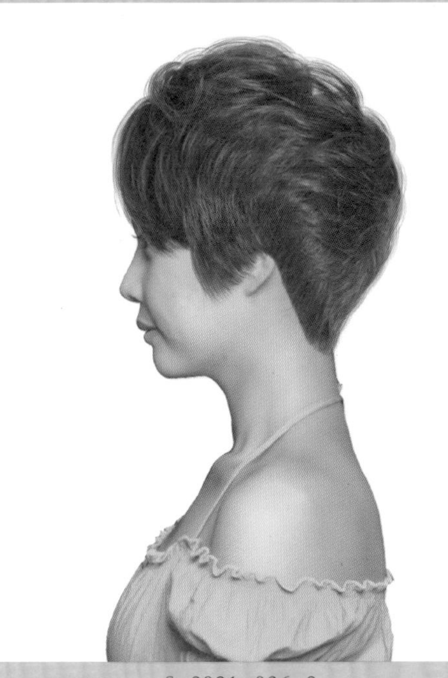

S-2021-036-2

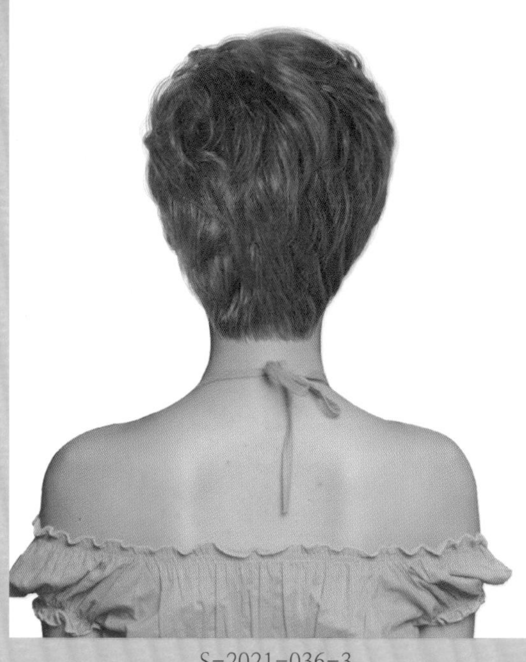

S-2021-036-3

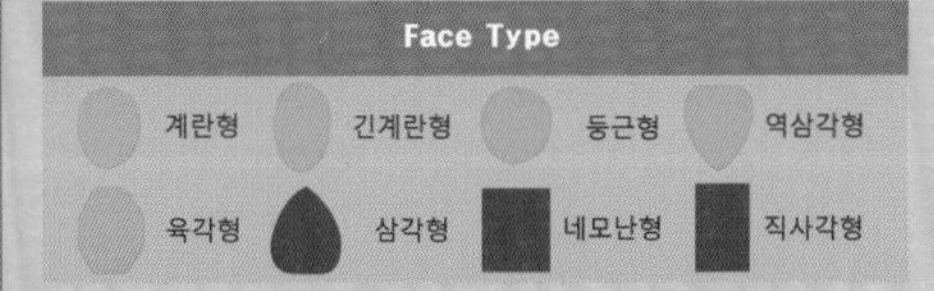

Hair Cut Method-
Technology Manual 093 Page 참고

깨끗한 라인과 부드럽고 자유러운 컬이 조화되어 발랄하고 사랑스러움을 주는 큐트 헤어스타일!

- 숏 헤어스타일이지만 자유롭고 부드러운 컬이 손질하지 않는 듯 자연스러움을 주는 스타일링이 발랄하고 신비롭고 여성스러움을 강조한 헤어스타일입니다.
- 언더에서 미디엄 그러데이션을 커트하여 목선을 깨끗하게 연출하고 톱 쪽으로 레이어드를 넣어서 자연스러운 실루엣을 연출합니다.
- 전체를 틴닝과 슬라이딩 커트로 가벼운 흐름을 연출합니다.
- 굵은 롤로 1.2~1.8컬의 파마를 해 줍니다.
- 헤어 드라이기로 뿌리부터 말리면서 70%를 말린 후 글로스 왁스를 고르게 바르고 손가락 빗질하면서 드라이하여 자연스러운 연출을 합니다.

Woman Short Hair Style Design

S-2021-037-1

S-2021-037-2

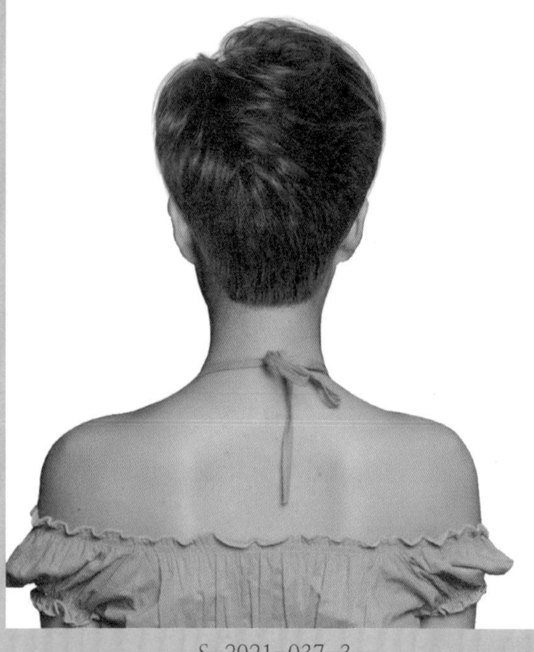

S-2021-037-3

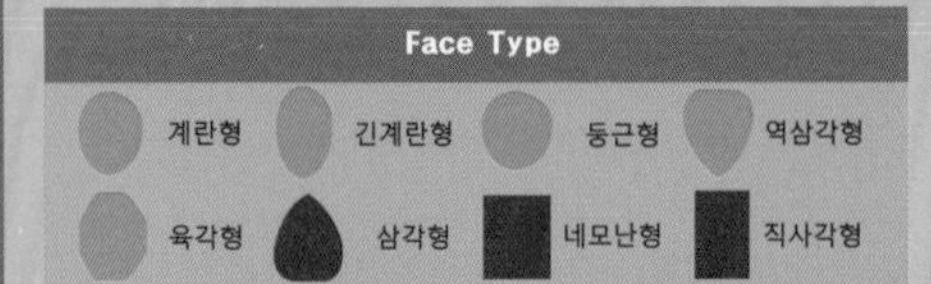

Hair Cut Method-
Technology Manual 035, 093 Page 참고

춤을 추는 듯 웨이브 컬이 발랄하고 달콤한 러블리 헤어스타일!

- 짧은 스타일의 단조로움을 극복하기 위해 가늘어지고 부드러운 질감과 웨이브 컬을 디자인하여 발랄하면서 귀엽고 스포티한 이미지를 강조한 헤어스타일입니다.
- 언더에서 하이 그러데이션을 커트하여 목선을 깨끗하게 연출하고 톱 쪽으로 레이어드를 넣어서 자연스러운 실루엣을 연출합니다.
- 전체를 틴닝과 커슬라이딩 커트로 가벼운 흐름을 연출합니다.
- 굵은 롤로 1.2~1.8컬의 파마를 해 줍니다.
- 헤어 드라이기로 뿌리부터 말리면서 70%를 말린 후 글로스 왁스를 고르게 바르고 손가락 빗질하면서 드라이하여 자연스러운 연출을 합니다.

Woman Short Hair Style Design

S-2021-038-1

S-2021-038-2

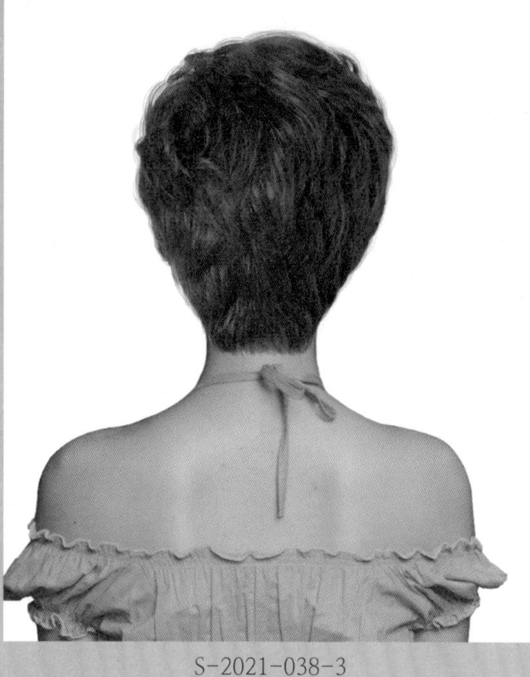

S-2021-038-3

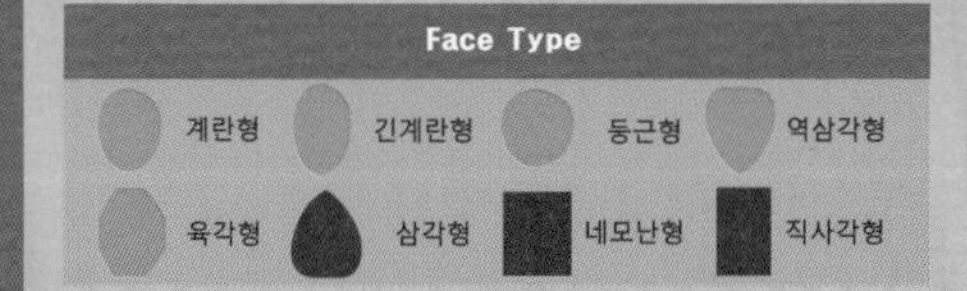

Hair Cut Method-
Technology Manual 093 Page 참고

부드러운 웨이브 컬의 움직임이 차분하고 청순한 이미지를 주는 헤어스타일!

- 깨끗하게 다듬어진 언더라인과 두정부의 풍성한 웨이브 흐름이 조화되어 맑고 청순하고 발랄한 여성스러움이 느껴지는 헤어스타일입니다.
- 언더에서 하이 그러데이션을 커트하여 목선을 깨끗하게 연출하고 톱 쪽으로 레이어드를 넣어서 자연스러운 실루엣을 연출합니다.
- 전체를 틴닝과 커트로 가벼운 흐름을 연출합니다.
- 굵은 롤로 1.2~1.8컬의 파마를 해 줍니다.
- 헤어 드라이기로 뿌리부터 말리면서 70%를 말린 후 글로스 왁스를 고르게 바르고 손가락 빗질하면서 드라이하여 자연스러운 연출을 합니다.

Woman Short Hair Style Design

S-2021-039-1

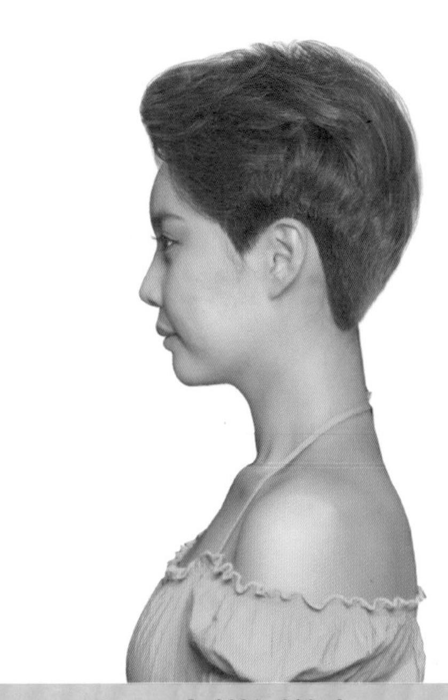
S-2021-039-2

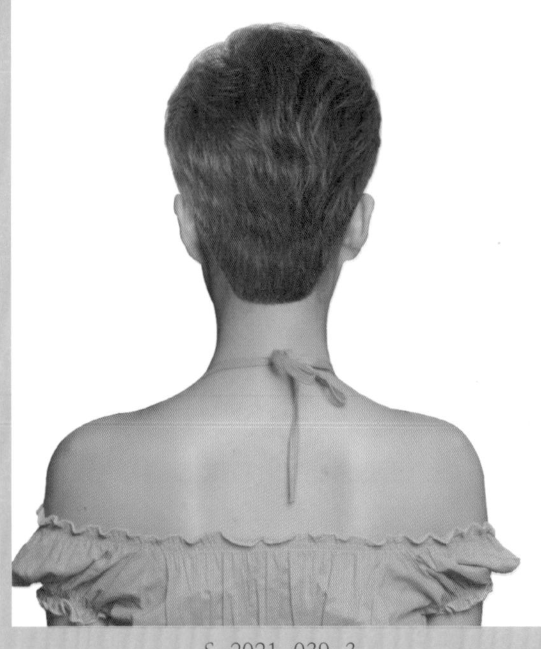
S-2021-039-3

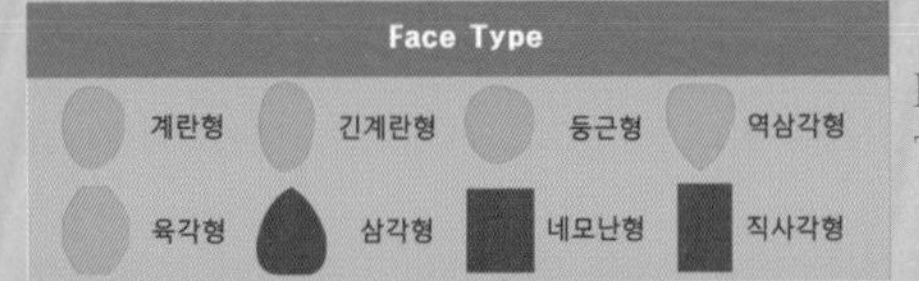

Hair Cut Method-
Technology Manual 035, 093 Page 참고

여성과 남성의 양성적 이미지가 느껴지는 세련되고 스포티한 앤드로지너스 감각의 헤어스타일!

- 댄디 헤어스타일은 남성에게도 잘 어울리지만 여성에게도 독특한 개성미와 세련된 아름다움을 주는 스타일로 단조로움을 피하기 위해 윤기감을 주는 헤어 컬러를 연출하면 좋습니다.
- 언더에서 하이 그러데이션을 커트하여 목선을 깨끗하게 연출하고 톱 쪽으로 레이어드를 넣어서 자연스러운 실루엣을 연출합니다.
- 전체를 신틴닝 커트로 가벼운 흐름을 연출합니다.
- 굵은 롤로 1~1.3컬의 파마를 해 줍니다.
- 헤어 드라이기로 뿌리부터 말리면서 70%를 말린 후 글로스 왁스를 고르게 바르고 손가락 빗질하면서 드라이하여 자연스러운 연출을 합니다.

Woman Short Hair Style Design

S-2021-040-1

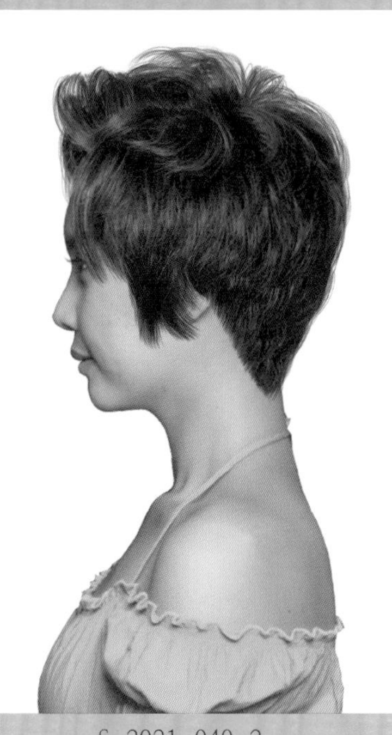

S-2021-040-2

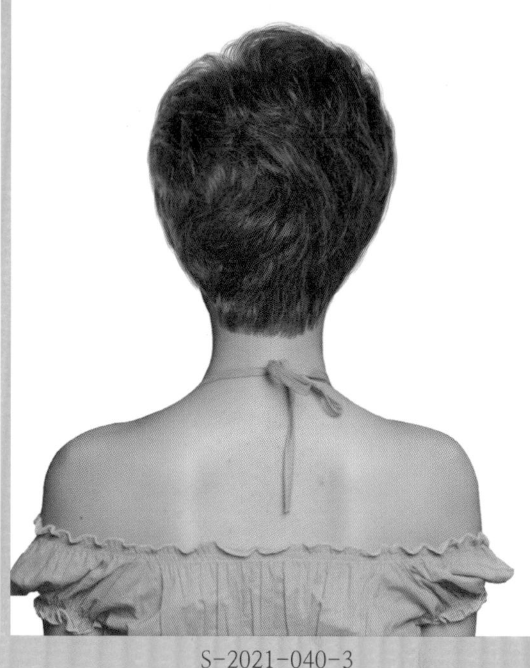

S-2021-040-3

Face Type			
계란형	긴계란형	둥근형	역삼각형
육각형	삼각형	네모난형	직사각형

Hair Cut Method–
Technology Manual 093Page 참고

두둥실 율동하는 웨이브 컬이 발랄하고 달콤한 페미닌 헤어스타일!

- 풍성한 볼륨을 만들면서 자유롭고 부드러운 웨이브 컬이 춤을 추듯 율동하는 숏 헤어스타일로 신비롭고 여성스러움을 느끼게 하는 헤어스타일입니다.
- 언더에서 하이 그러데이션을 커트하여 목선을 깨끗하게 연출하고 톱 쪽으로 레이어드를 넣어서 자연스러운 실루엣을 연출합니다.
- 전체를 틴닝과 슬라이딩 커트로 가벼운 흐름을 연출합니다.
- 굵은 롤로 1.2~1.5컬의 파마를 해 줍니다.
- 헤어 드라이기로 뿌리부터 말리면서 70%를 말린 후 글로스 왁스를 고르게 바르고 손가락 빗질하면서 드라이하여 자연스러운 연출을 합니다.

Woman Short Hair Style Design

S-2021-041-1

S-2021-041-2

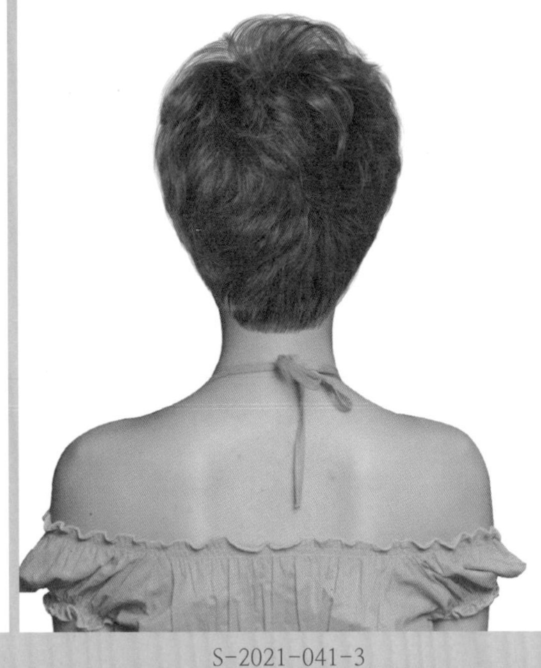

S-2021-041-3

Face Type

계란형	긴계란형	둥근형	역삼각형
육각형	삼각형	네모난형	직사각형

Hair Cut Method-
Technology Manual 035, 093 Page 참고

손질하지 않은 듯 율동하는 웨이브 컬을 자유롭게 연출한 슬리핑 헤어스타일!

- 슬리핑 헤어스타일은 잠자다 일어난 듯 손질하지 않는 느낌처럼 털어 주고 손가락으로 자유롭게 흐름을 연출한 헤어스타일로 발랄하고 깜찍한 이미지를 느끼게 하는 헤어스타일입니다.
- 언더에서 하이 그러데이션을 커트하여 목선을 깨끗하게 연출하고 톱 쪽으로 레이어드를 넣어서 자연스러운 실루엣을 연출합니다.
- 전체를 틴닝과 슬라이딩 커트로 가벼운 흐름을 연출합니다.
- 굵은 롤로 1.2~1.8컬의 파마를 해 줍니다.
- 헤어 드라이기로 뿌리부터 말리면서 70%를 말린 후 글로스 왁스를 고르게 바르고 손가락 빗질하면서 드라이하여 자연스러운 연출을 합니다.

Woman Short Hair Style Design

S-2021-042-1

S-2021-042-2

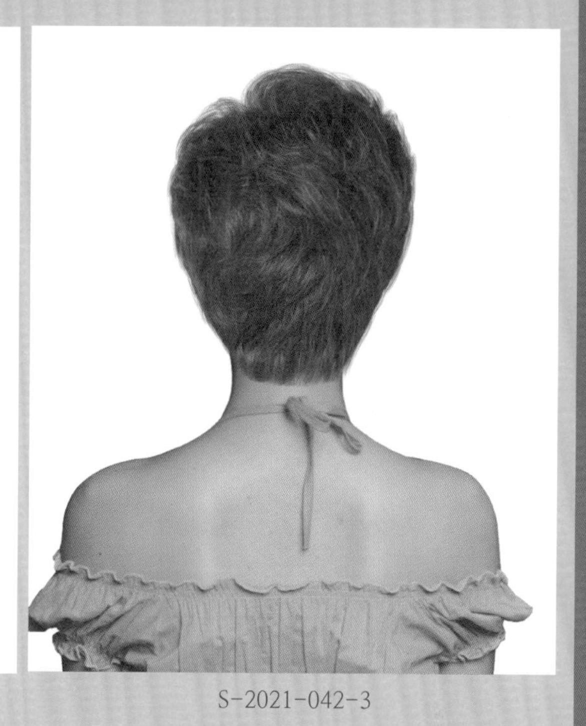

S-2021-042-3

Face Type			
계란형	긴계란형	둥근형	역삼각형
육각형	삼각형	네모난형	직사각형

Hair Cut Method-
Technology Manual 035, 093 Page 참고

웨이브 컬의 움직임이 청순하고 사랑스런 느낌의 큐트 감각의 댄디 헤어스타일!

- 활동적이면서 청순하고 여성스러움이 느껴지는 댄디 헤어스타일로 멋스러움과 발랄한 여성스러움이 느껴지는 헤어스타일입니다.
- 언더에서 하이 그러데이션을 커트하여 목선을 깨끗하게 연출하고 톱 쪽으로 레이어드를 넣어서 자연스러운 실루엣을 연출합니다.
- 전체를 틴닝 커트로 가벼운 흐름을 연출합니다.
- 굵은 롤로 1.2~1.5컬의 파마를 해 줍니다.
- 헤어 드라이기로 뿌리부터 말리면서 70%를 말린 후 글로스 왁스를 고르게 바르고 손가락 빗질하면서 드라이하여 자연스러운 연출을 합니다.

Woman Short Hair Style Design

S-2021-043-1

S-2021-043-2

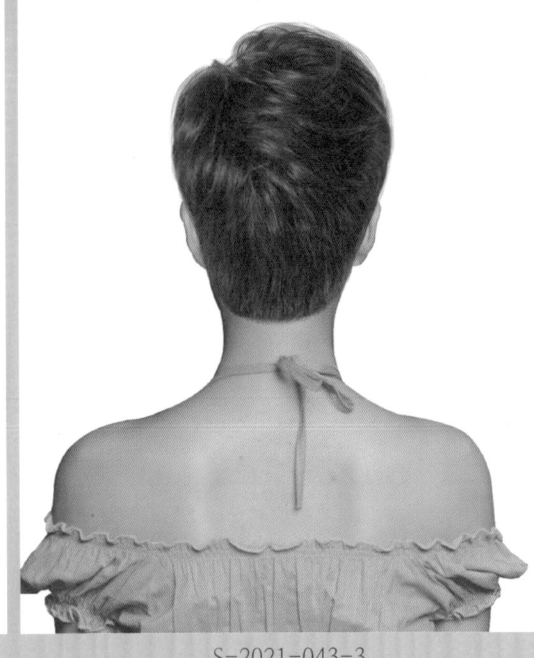

S-2021-043-3

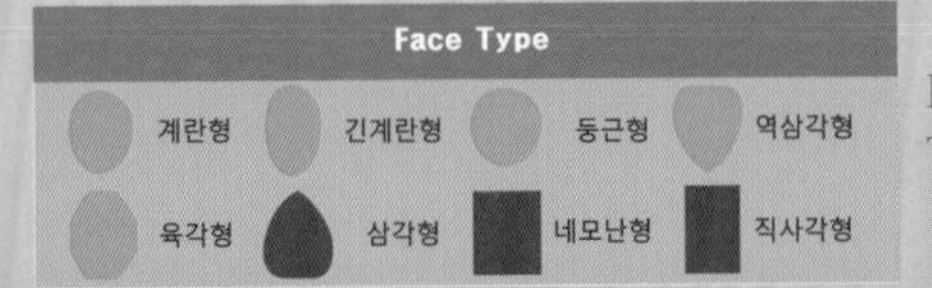

Hair Cut Method-
Technology Manual 035, 093 Page 참고

남성 취향을 느끼고 싶은 멋쟁이 여성들의 선택 댄디 헤어스타일!

- 멋스러움이 묻어나는 남성 취향이 느껴지는 댄디 헤어스타일로 여성에게도 격조와 품격이 느껴지고 지적이면서 여성적인 미의식이 묻어나는 아름다운 헤어스타일입니다.
- 언더에서 하이 그러데이션을 커트하여 목선을 깨끗하게 연출하고 톱 쪽으로 레이어드를 넣어서 자연스러운 실루엣을 연출합니다.
- 전체를 틴닝 커트로 가벼운 흐름을 연출합니다.
- 굵은 롤로 1.2~1.7컬의 파마를 해 줍니다.
- 헤어 드라이기로 뿌리부터 말리면서 70%를 말린 후 글로스 왁스를 고르게 바르고 손가락 빗질하면서 드라이하여 자연스러운 연출을 합니다.

Woman Short Hair Style Design

S-2021-044-1

S-2021-044-2

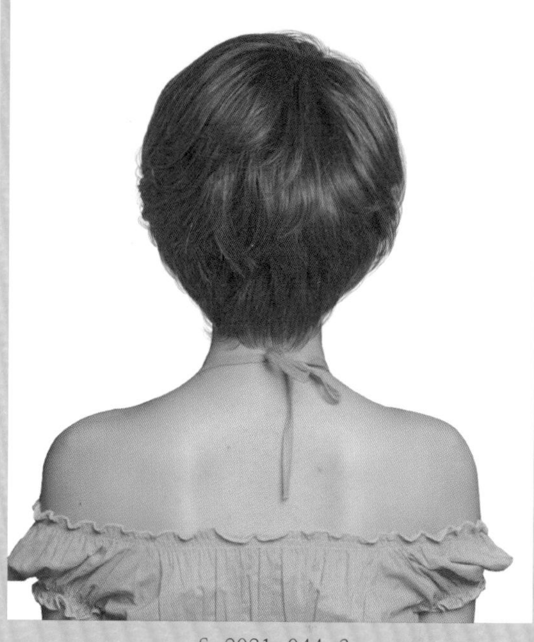
S-2021-044-3

Face Type			
계란형	긴계란형	둥근형	역삼각형
육각형	삼각형	네모난형	직사각형

Hair Cut Method-
Technology Manual 154 Page 참고

청순하고 발랄한 소녀 감성이 느껴지는 큐트 감각의 포워드 헤어스타일!

- 둥근 머시룸 형태의 포워드 헤어스타일은 얼굴을 작아 보이게 하고 맑고 청순한 이노센트 감성을 주는 스타일입니다.
- 언더에서 그러데이션을 커트하고 톱 쪽으로 레이어드를 넣어서 부드러운 둥근 형태를 만듭니다.
- 페이스 라인은 얼굴을 감싸는 흐름의 길이를 조절하여 층을 만들고 모발 길이 끝부분에서 틴닝과 슬라이딩 커트로 가볍고 부드러운 질감을 연출합니다.
- 굵은 롤로 원컬 웨이브 파마를 합니다.
- 헤어 드라이기로 뿌리부터 말리면서 70%를 말린 후 글로스 왁스를 고르게 바르고 스크런치 드라이 기법으로 풍성한 볼륨을 만들고 손가락 빗질하여 자연스러운 컬의 움직임을 연출합니다.

Woman Short Hair Style Design

S-2021-045-1

S-2021-045-2

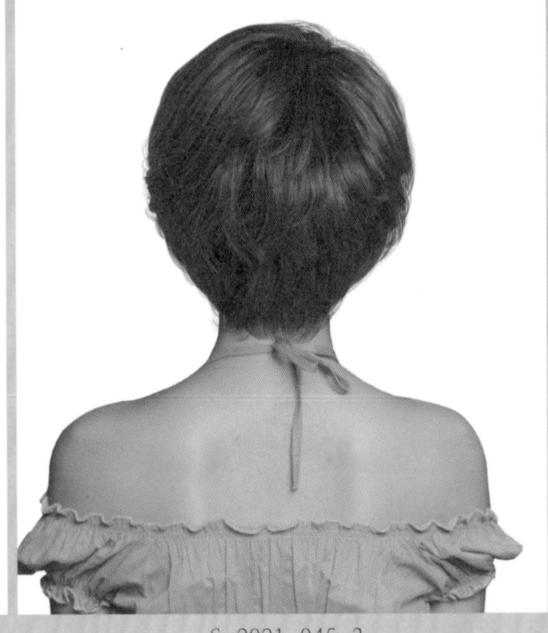

S-2021-045-3

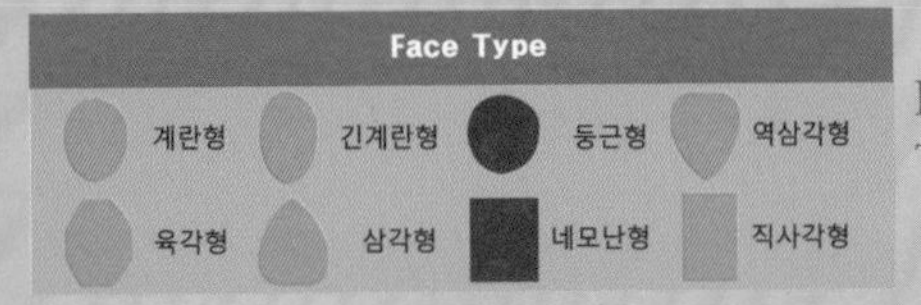

Hair Cut Method-
Technology Manual 093 Page 참고

손가락 빗질 연출로 자유롭게 율동하는 흐름이 상쾌하고 발랄한 스포티 헤어스타일!

- 경쾌하고 발랄한 이미지의 숏 헤어스타일은 실용적이고 활동적인 느낌을 주는 스타일입니다.
- 언더에서 그러데이션을 커트하고 톱 쪽으로 레이어드를 넣어서 부드러운 둥근 형태의 실루엣을 연출합니다.
- 페이스 라인은 얼굴을 감싸는 흐름의 길이를 조절하여 층을 만들고 모발 길이 끝부분에서 틴닝과 슬라이딩 커트로 가볍고 부드러운 율동의 스타일의 표정을 연출합니다.
- 굵은 롤로 원컬 웨이브 파마를 합니다.
- 헤어 드라이기로 뿌리부터 말리면서 70%를 말린 후 글로스 왁스를 고르게 바르고 손가락 빗질하여 자연스러운 컬의 움직임을 연출합니다.

Woman Short Hair Style Design

S-2021-046-1

S-2021-046-2

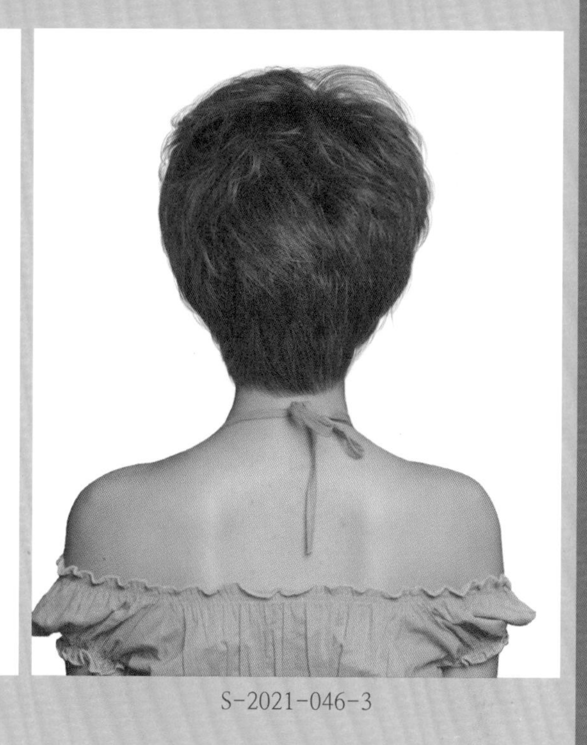

S-2021-046-3

Face Type

계란형 · 긴계란형 · 둥근형 · 역삼각형
육각형 · 삼각형 · 네모난형 · 직사각형

Hair Cut Method-
Technology Manual 093 Page 참고

얼굴을 감싸는 흐름으로 율동하는 웨이브 컬이 발랄하고 여성스러운 큐트 감각의 헤어스타일!

- 두정부에서 풍성한 볼륨의 컬이 바람에 움직이는 듯 율동하는 컬의 흐름이 발랄하고 여성스러운 아름다움을 주는 러블리 헤어스타일입니다.
- 언더에서 그러데이션을 커트하고 톱 쪽으로 레이어드를 넣어서 부드러운 실루엣을 연출합니다.
- 페이스 라인은 얼굴을 감싸는 흐름의 길이를 조절하여 층을 만들고 모발 길이 끝부분에서 틴닝으로 숱을 가볍게 하고 슬라이딩 커트로 가늘어지고 가벼운 흐름의 부드러운 스타일의 표정을 연출합니다.
- 굵은 롤로 원컬 웨이브 파마를 합니다.
- 헤어 드라이기로 뿌리부터 말리면서 70%를 말린 후 글로스 왁스를 고르게 바르고 손가락 빗질하여 자연스러운 컬의 움직임을 연출합니다.

Woman Short Hair Style Design

S-2021-047-1

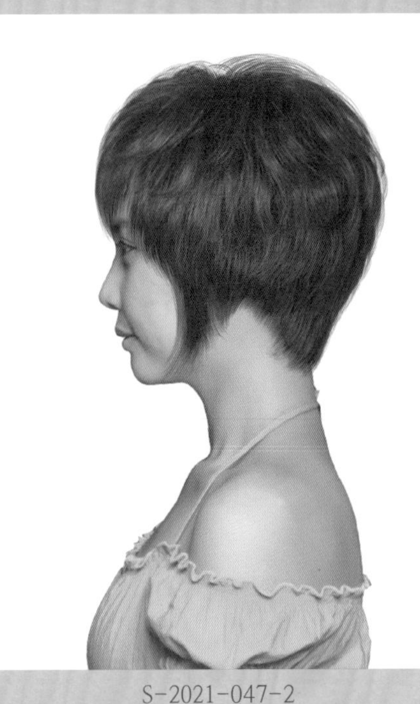

S-2021-047-2

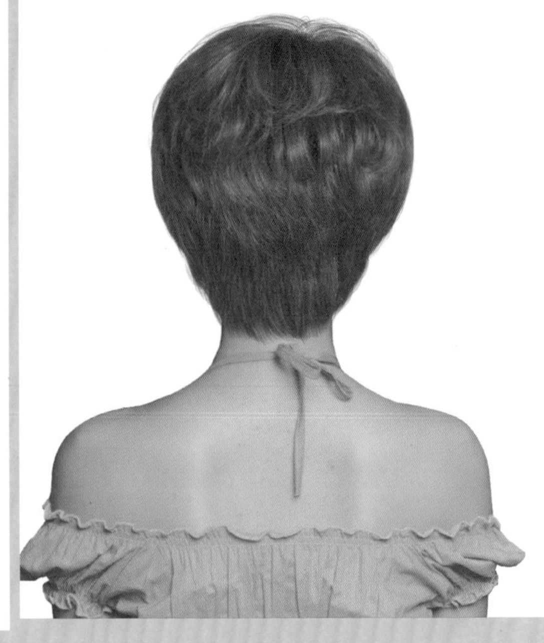

S-2021-047-3

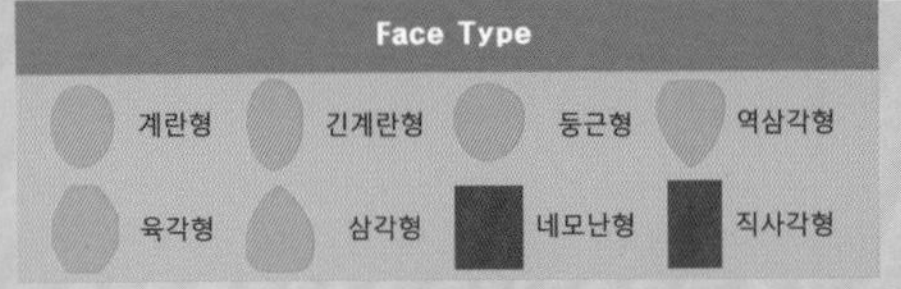

Hair Cut Method-
Technology Manual 093 Page 참고

활동적인 숏 스타일이면서, 여성스럽고 발랄한 이미지의 큐트 감각의 헤어스타일!

- 단순한 디자인의 숏 헤어스타일은 남성적인 이미지를 줄 수 있어서 스타일의 실루엣과 흐름이 여성적이고 귀여운 이미지가 느껴지도록 디자인하여야 합니다.
- 두정부에서 풍성한 볼륨으로 얼굴을 감싸는 흐름은 얼굴은 작아 보이게 하고 청순하고 귀여운 이미지를 느끼게 합니다.
- 언더에서 그러데이션을 커트하고 톱 쪽으로 레이어드를 넣어서 부드러운 실루엣을 연출합니다.
- 페이스 라인은 얼굴을 감싸는 흐름의 길이를 조절하여 층을 만들고 모발 길이 끝부분에서 틴닝으로 숱을 가볍게 하고 슬라이딩 커트로 가늘어지고 가벼운 흐름의 부드러운 스타일의 표정을 연출합니다.
- 굵은 롤로 원컬 웨이브 파마를 합니다.
- 헤어 드라이기로 뿌리부터 말리면서 70%를 말린 후 글로스 왁스를 고르게 바르고 손가락 빗질하여 자연스러운 컬의 움직임을 연출합니다.

Woman Short Hair Style Design

S-2021-048-1

S-2021-048-2

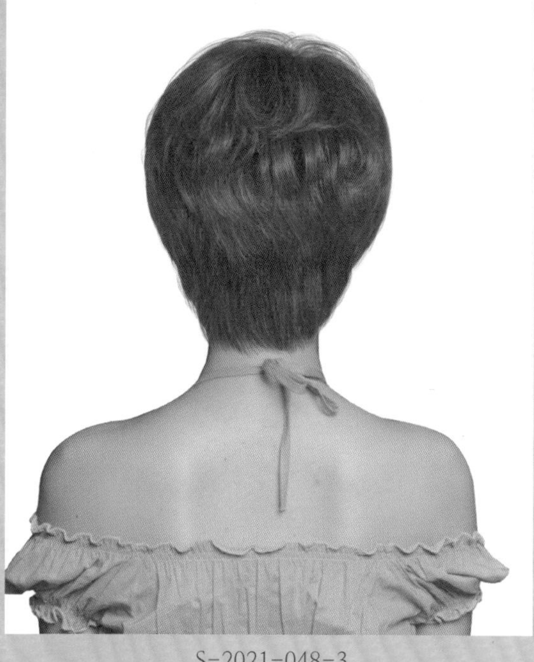

S-2021-048-3

Face Type			
계란형	긴계란형	둥근형	역삼각형
육각형	삼각형	네모난형	직사각형

Hair Cut Method-
Technology Manual 093 Page 참고

맑고 청순하고 청초한 뉘앙스가 살아있는 이노센트 헤어스타일!

- 짧은 헤어스타일은 부드러운 실루엣을 연출하는 것이 중요한 포인트입니다.
- 목덜미 옆머리, 페이스 라인의 흐름을 부드럽고 가벼운 율동을 표현하여 발랄하고 여성스러운 이미지의 디자인을 연출하여야 합니다.
- 언더에서 그러데이션을 커트하고 톱 쪽으로 레이어드를 넣어서 부드러운 실루엣을 연출합니다.
- 모발 길이 끝부분에서 틴닝으로 숱을 가볍게 하고 슬라이딩 커트로 가늘어지고 가벼운 흐름의 부드러운 스타일의 표정을 연출합니다.
- 굵은 롤로 원컬 웨이브 파마를 합니다.
- 헤어 드라이기로 뿌리부터 말리면서 70%를 말린 후 글로스 왁스를 고르게 바르고 손가락 빗질하여 자연스러운 컬의 움직임을 연출합니다.

Woman Short Hair Style Design

S-2021-049-1

S-2021-049-2

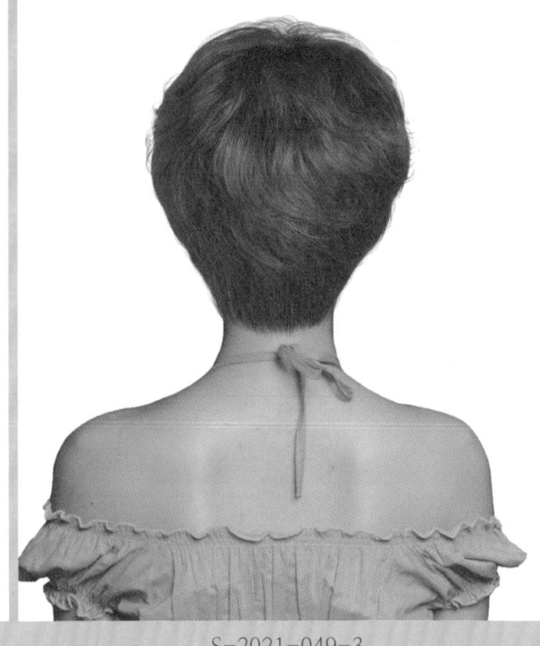

S-2021-049-3

Face Type			
계란형	긴계란형	둥근형	역삼각형
육각형	삼각형	네모난형	직사각형

Hair Cut Method-
Technology Manual 093Page 참고

단정하면서 청순하고 발랄한 이미지를 주는 스포티 헤어스타일!

- 부드러운 실루엣과 곡선으로 율동하는 웨이브 컬의 숏 헤어스타일은 맑고 청순하면서 말괄량이 뉘앙스가 느껴지는 소녀 감성의 헤어스타일입니다.
- 언더에서 그러데이션을 커트하고 톱 쪽으로 레이어드를 넣어서 부드러운 여성스런 실루엣을 연출합니다.
- 페이스 라인은 얼굴을 감싸는 흐름의 길이를 조절하여 층을 만들고 모발 길이 끝부분에서 틴닝으로 숱을 가볍게 하고 슬라이딩 커트로 가늘어지고 가벼운 흐름의 부드러운 스타일의 표정을 연출합니다.
- 굵은 롤로 원컬 웨이브 파마를 합니다.
- 헤어 드라이기로 뿌리부터 말리면서 70%를 말린 후 글로스 왁스를 고르게 바르고 손가락 빗질하여 자연스러운 컬의 움직임을 연출합니다.

Woman Short Hair Style Design

S-2021-050-1

S-2021-050-2

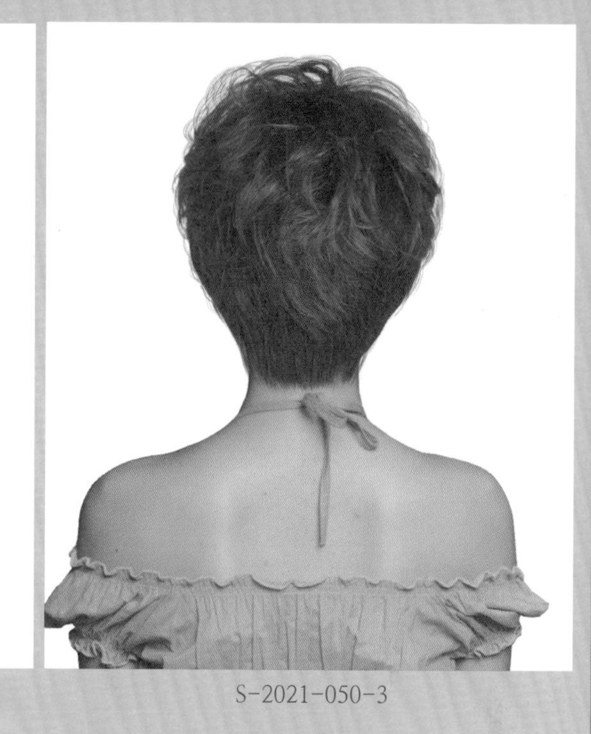
S-2021-050-3

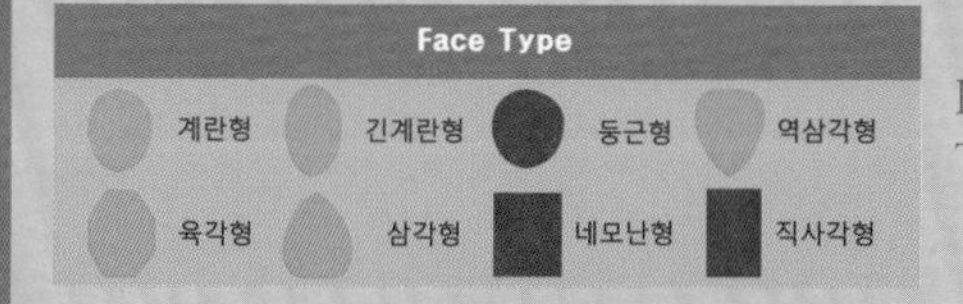

Hair Cut Method-
Technology Manual 035, 093 Page 참고

풍성하고 부드러운 볼륨의 웨이브 컬이 춤을 추듯 율동하는 흐름이 상큼한 심쿵 헤어스타일!

- 두정부에서 풍성한 볼륨으로 얼굴을 감싸는 흐름의 웨이브 컬의 짧은 헤어스타일은 활동적이면서 발랄하고 청순한 이미지를 느끼게 합니다.
- 언더에서 그러데이션을 커트하고 톱 쪽으로 레이어드를 넣어서 부드러운 실루엣을 연출합니다.
- 모발 길이 끝부분에서 틴닝으로 숱을 가볍게 하고 슬라이딩 커트로 가늘어지고 가벼운 흐름의 부드러운 스타일의 표정을 연출합니다.
- 굵은 롤로 원컬 웨이브 파마를 합니다.
- 헤어 드라이기로 뿌리부터 말리면서 70%를 말린 후 글로스 왁스를 고르게 바르고 손가락 빗질하여 자연스러운 컬의 움직임을 연출합니다.

Woman Short Hair Style Design

S-2021-051-1

S-2021-051-2

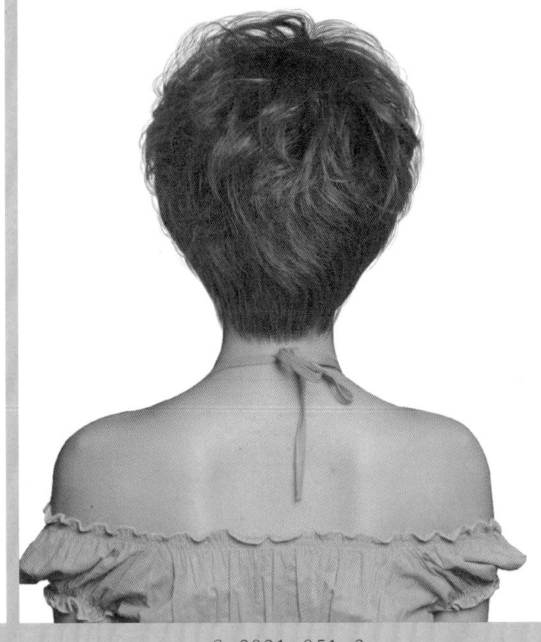

S-2021-051-3

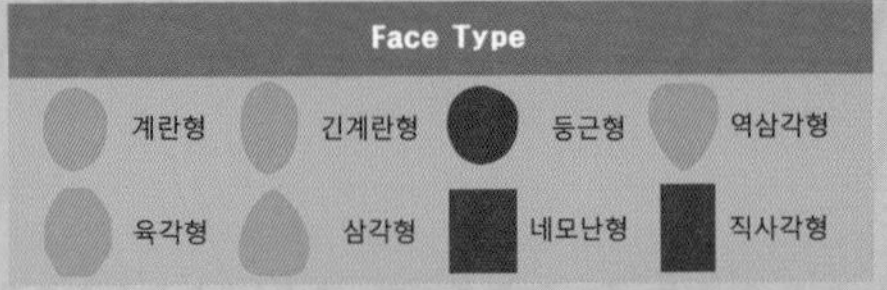

Hair Cut,Permament Wave Method-
Technology Manual 35Page 참고

맑고 청순한 의미의 소녀 감성이 느껴지는 스포티 감각의 헤어스타일!

- 짧은 헤어스타일의 단조로움을 피하기 위해 페이스 라인에서 부드러운 흐름의 질감을 표현했고 두정부에서 풍성한 웨이브 컬을 연출하여 발랄하고 청순한 여성미를 표현한 헤어스타일입니다.
- 언더에서 그러데이션을 커트하고 톱 쪽으로 레이어드를 넣어서 부드러운 실루엣을 연출합니다.
- 모발 길이 끝부분에서 틴닝으로 숱을 가볍게 하고 슬라이딩 커트로 가늘어지고 가벼운 흐름의 부드러운 스타일의 표정을 연출합니다.
- 굵은 롤로 원컬 웨이브 파마를 합니다.
- 헤어 드라이기로 뿌리부터 말리면서 70%를 말린 후 글로스 왁스를 고르게 바르고 손가락 빗질하여 자연스러운 컬의 움직임을 연출합니다.

Woman Short Hair Style Design

S-2021-052-1

S-2021-052-2

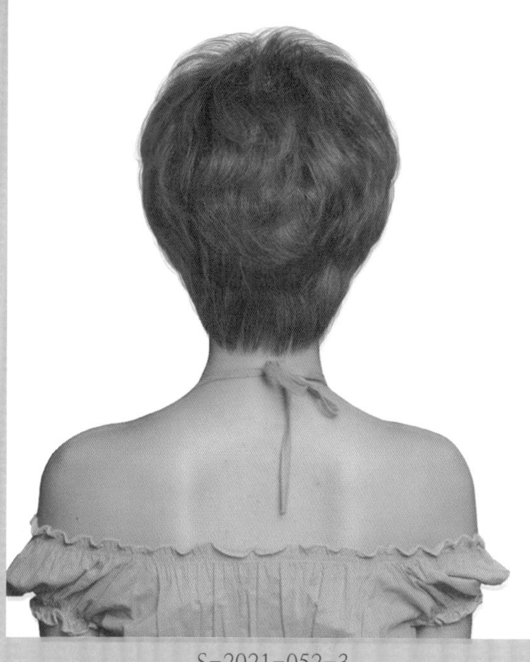

S-2021-052-3

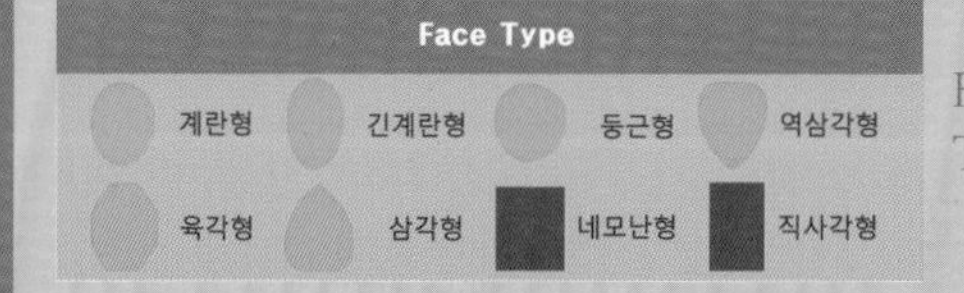

Hair Cut Method-
Technology Manual 093 Page 참고

차분하고 단정하면서 청순한 여성미를 느끼게 하는 댄디 헤어스타일!

- 단조로운 짧은 헤어스타일은 남성적인 이미지를 줄 수 있으므로 부드러운 실루엣 처리와 차분한 웨이브 컬의 흐름으로 여성스럽고 로맨틱한 느낌을 연출한 헤어스타일입니다.
- 언더에서 그러데이션을 커트하고 톱 쪽으로 레이어드를 넣어서 부드러운 실루엣을 연출합니다.
- 모발 길이 끝부분에서 틴닝으로 숱을 가볍게 하고 슬라이딩 커트로 가늘어지고 가벼운 흐름의 부드러운 스타일의 표정을 연출합니다.
- 굵은 롤로 원컬 웨이브 파마를 합니다.
- 헤어 드라이기로 뿌리부터 말리면서 70%를 말린 후 글로스 왁스를 고르게 바르고 손가락 빗질하여 자연스러운 컬의 움직임을 연출합니다.

Woman Short Hair Style Design

S-2021-053-1

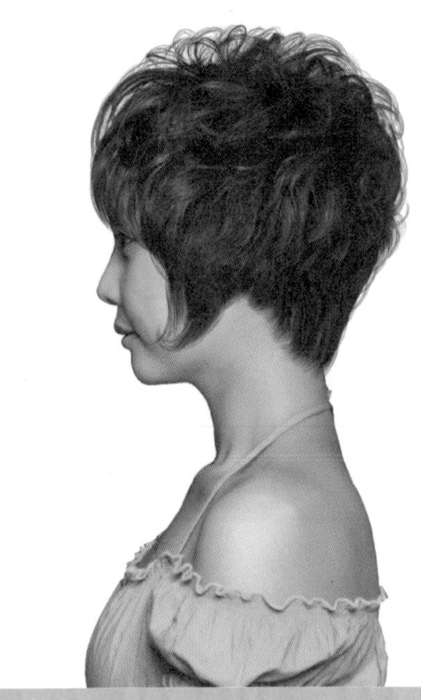
S-2021-053-2

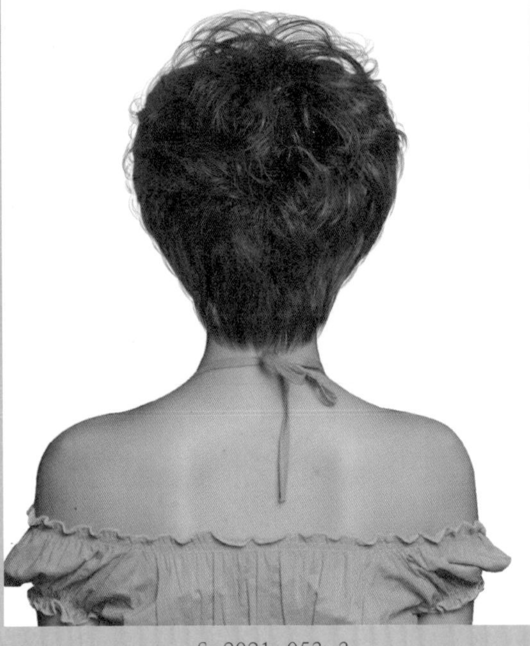
S-2021-053-3

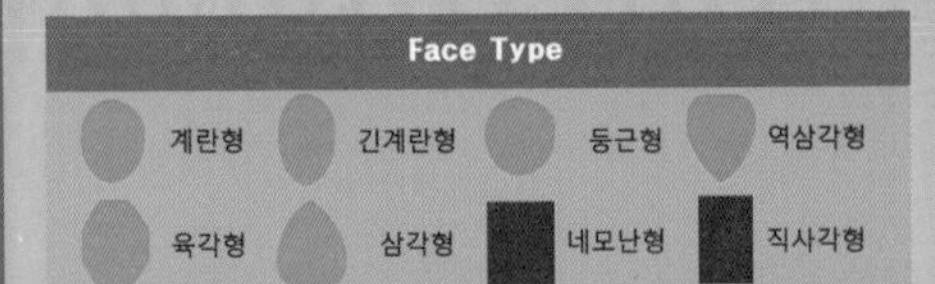

Hair Cut Method-
Technology Manual 093 Page 참고

두둥실 춤을 추듯 율동하는 웨이브 컬이 사랑스러운 큐트 감각의 헤어스타일!

- 자유롭고 풍성하게 율동하는 웨이브 컬이 두정부에서 얼굴을 감싸는 듯 흐르는 실루엣이 얼굴을 길어 보이고 갸름하게 느껴지는 헤어스타일입니다.
- 언더에서 그러데이션을 커트하고 톱 쪽으로 레이어드를 넣어서 부드러운 실루엣을 연출합니다.
- 모발 길이 끝부분에서 틴닝으로 숱을 가볍게 하고 슬라이딩 커트로 가늘어지고 가벼운 흐름의 부드러운 스타일의 표정을 연출합니다.
- 굵은 롤로 원컬 웨이브 파마를 합니다.
- 헤어 드라이기로 뿌리부터 말리면서 70%를 말린 후 글로스 왁스를 고르게 바르고 손가락 빗질하여 자연스러운 컬의 움직임을 연출합니다.

Woman Short Hair Style Design

S-2021-054-1

S-2021-054-2

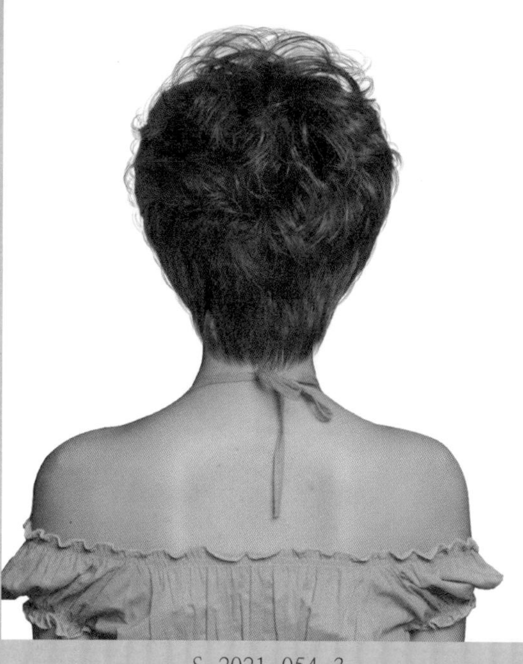

S-2021-054-3

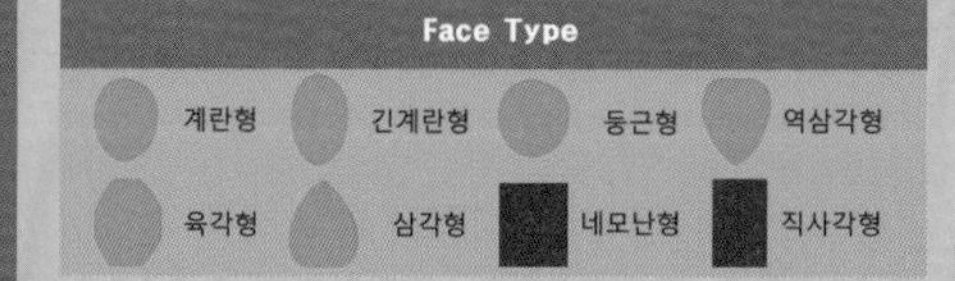

Hair Cut Method-
Technology Manual 093 Page 참고

부드러운 웨이브 컬과 손가락 빗질로 얼굴을 감싸는 흐름이 예쁜 큐트 감각의 헤어스타일!

- 웨이브 컬이 두정부에서 풍성한 볼륨의 포워드 흐름은 얼굴을 길어 보이고 갸름하게 느껴지는 발랄하고 깜찍한 이미지를 주는 헤어스타일입니다.
- 언더에서 그러데이션을 커트하고 톱 쪽으로 레이어드를 넣어서 부드러운 실루엣을 연출합니다.
- 모발 길이 끝부분에서 틴닝으로 숱을 가볍게 하고 슬라이딩 커트로 가늘어지고 가벼운 흐름의 부드러운 스타일의 표정을 연출합니다.
- 굵은 롤로 원컬 웨이브 파마를 합니다.
- 헤어 드라이기로 뿌리부터 말리면서 70%를 말린 후 글로스 왁스를 고르게 바르고 손가락 빗질하여 자연스러운 컬의 움직임을 연출합니다.

Woman Short Hair Style Design

S-2021-055-1

S-2021-055-2

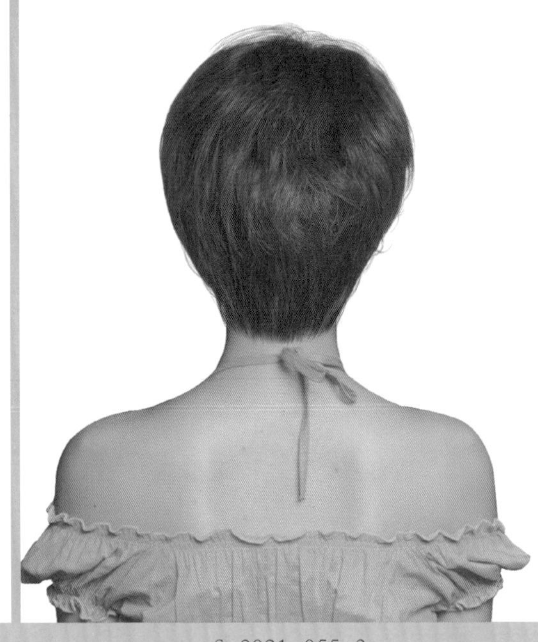

S-2021-055-3

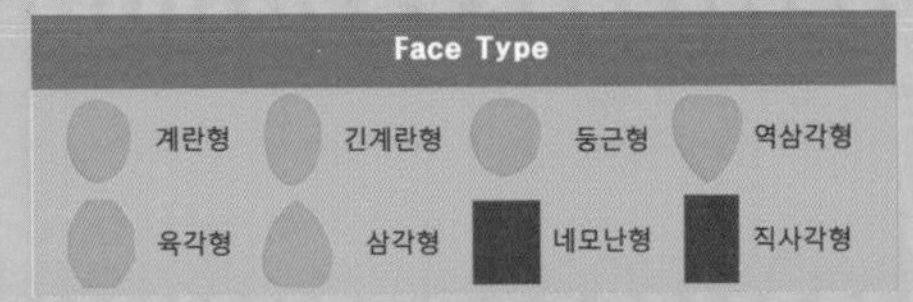

Hair Cut Method-
Technology Manual 093 Page 참고

차분하고 단정한 분위가 소녀스러움과 댄디 스타일의 감성이 느껴지는 헤어스타일!

- 차분하게 흐르는 모류가 깨끗하고 청순한 아름다움을 느끼게 하는 헤어스타일로 여성스러움과 남성적인 취향이 느껴지는 앤드로지너스 감각이 조합되는 스타일입니다.
- 언더에서 미디엄 그러데이션을 커트하고 톱 쪽으로 레이어드를 넣어서 부드러운 실루엣을 연출합니다.
- 모발 길이 끝부분에서 틴닝으로 숱을 가볍게 하고 슬라이딩 커트로 가늘어지고 가벼운 흐름의 부드러운 스타일의 표정을 연출합니다.
- 굵은 롤로 원컬 웨이브 파마를 합니다.
- 헤어 드라이기로 뿌리부터 말리면서 70%를 말린 후 글로스 왁스를 고르게 바르고 손가락 빗질하여 자연스러운 컬의 움직임을 연출합니다.

Woman Short Hair Style Design

S-2021-056-1

S-2021-056-2

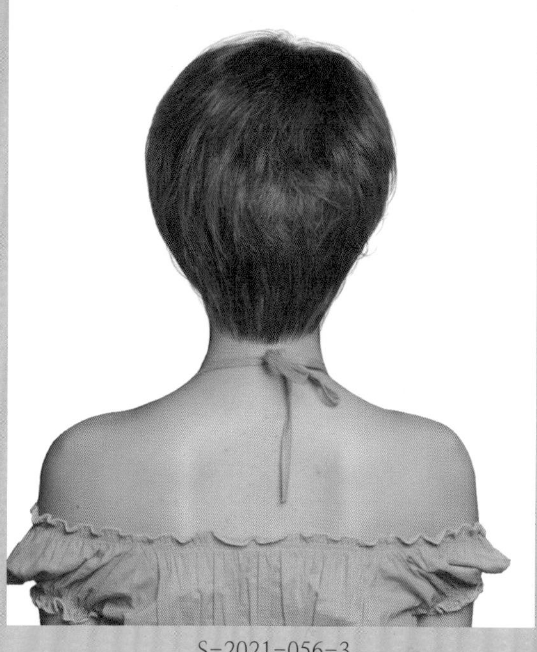

S-2021-056-3

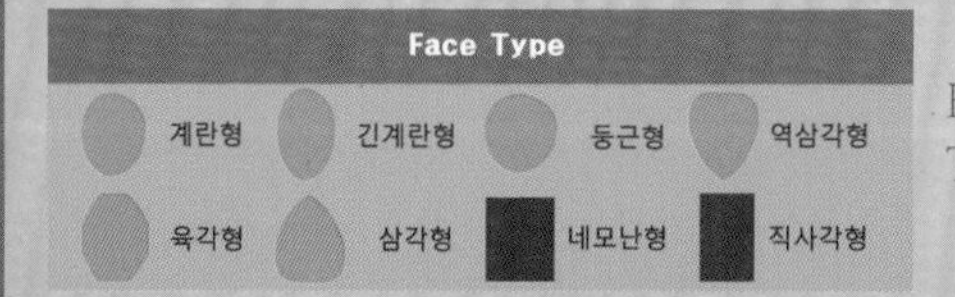

Hair Cut Method-
Technology Manual 093 Page 참고

차분하고 단정한 흐름이 깨끗하고 활동적인 분위기가 느껴지는 매니시 감성의 헤어스타일!

- 차분하고 깨끗한 느낌을 주면서 활동적이고 적극적인 여성스러운 품위가 느껴지는 헤어스타일입니다.
- 두정부에서 부드러운 컬의 흐름으로 얼굴을 감싸는 포워드 흐름이 맑고 깨끗한 소녀 감성과 댄디 취향이 느껴지기도 하는 헤어스타일입니다.
- 언더에서 미디엄 그러데이션을 커트하고 톱 쪽으로 레이어드를 넣어서 부드러운 실루엣을 연출합니다.
- 모발 길이 끝부분에서 틴닝으로 숱을 가볍게 하고 슬라이딩 커트로 가늘어지고 가벼운 흐름의 부드러운 스타일의 표정을 연출합니다.
- 굵은 롤로 원컬 웨이브 파마를 합니다.
- 헤어 드라이기로 뿌리부터 말리면서 70%를 말린 후 글로스 왁스를 고르게 바르고 손가락 빗질하여 자연스러운 컬의 움직임을 연출합니다.

Woman Short Hair Style Design

S-2021-057-1

S-2021-057-2

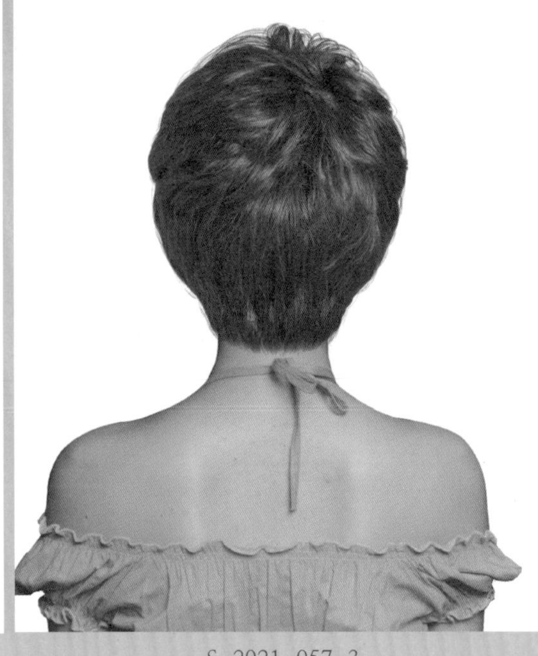

S-2021-057-3

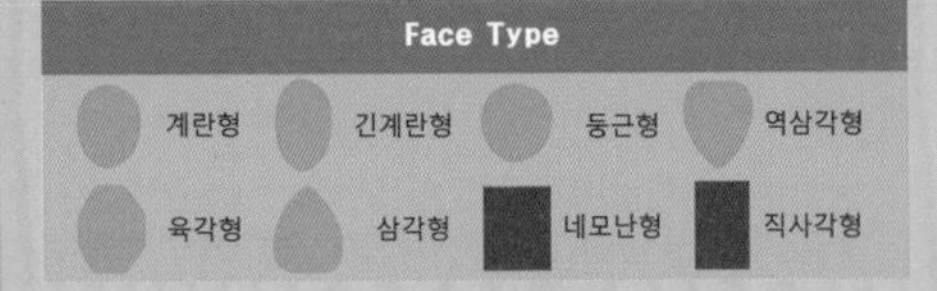

Hair Cut Method-
Technology Manual 093Page 참고

맑고 청순한 소녀 감성이 느껴지는 큐트 감각의 로맨틱 헤어스타일!

- 두정부에서 부드럽고 감미로운 웨이브 컬이 내추럴하게 율동하는 흐름으로 얼굴을 감싸는 포워드 느낌이 맑고 청순하고 달콤한 이미지를 주는 헤어스타일로 얼굴을 작고 갸름하게 느껴지게 합니다.
- 언더에서 하이 그러데이션을 커트하고 톱 쪽으로 레이어드를 넣어서 부드러운 실루엣을 연출합니다.
- 모발 길이 끝부분에서 틴닝으로 숱을 가볍게 하고 슬라이딩 커트로 가늘어지고 가벼운 흐름의 부드러운 스타일의 표정을 연출합니다.
- 굵은 롤로 원컬 웨이브 파마를 합니다.
- 헤어 드라이기로 뿌리부터 말리면서 70%를 말린 후 글로스 왁스를 고르게 바르고 손가락 빗질하여 자연스러운 컬의 움직임을 연출합니다.

Woman Short Hair Style Design

S-2021-058-1

S-2021-058-2

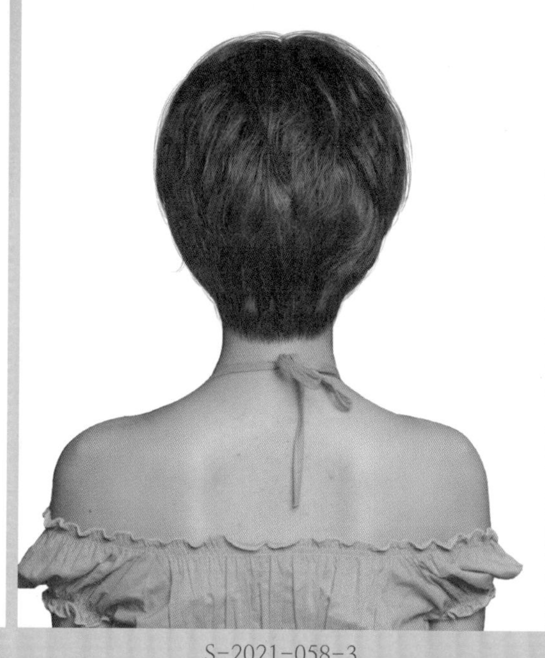

S-2021-058-3

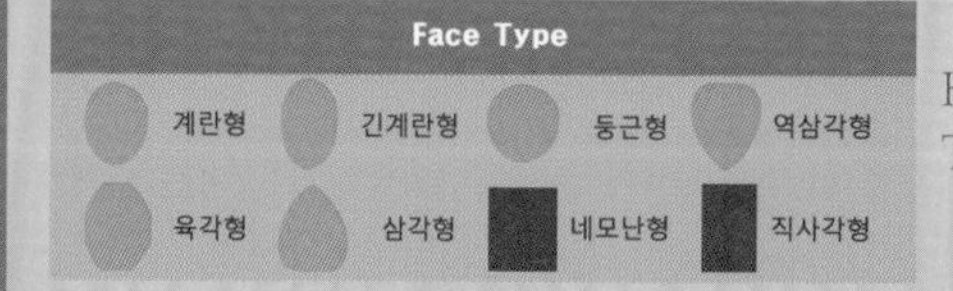

Hair Cut,Permament Wave Method-
Technology Manual 093 Page 참고

부드럽게 율동하는 웨이브 컬이 신비롭고 매혹적인 감성을 주는 스포티 헤어스타일!

- 짧은 헤어스타일은 부드러운 실루엣을 표현하지 못하면 남성적인 이미지를 줄 수 있어서 얼굴 라인과 목덜미 라인에서 가늘어지고 가벼운 흐름을 연출하고 부드러운 웨이브 컬을 넣어서 여성스러움을 강조한 헤어스타일입니다.
- 언더에서 하이 그러데이션을 커트하고 톱 쪽으로 레이어드를 넣어서 부드러운 실루엣을 연출합니다.
- 모발 길이 끝부분에서 틴닝으로 숱을 가볍게 하고 슬라이딩 커트로 가늘어지고 가벼운 흐름의 부드러운 스타일의 표정을 연출합니다.
- 굵은 롤로 원컬 웨이브 파마를 합니다.
- 헤어 드라이기로 뿌리부터 말리면서 70%를 말린 후 글로스 왁스를 고르게 바르고 손가락 빗질하여 자연스러운 컬의 움직임을 연출합니다.

Woman Short Hair Style Design

S-2021-059-1

S-2021-059-2

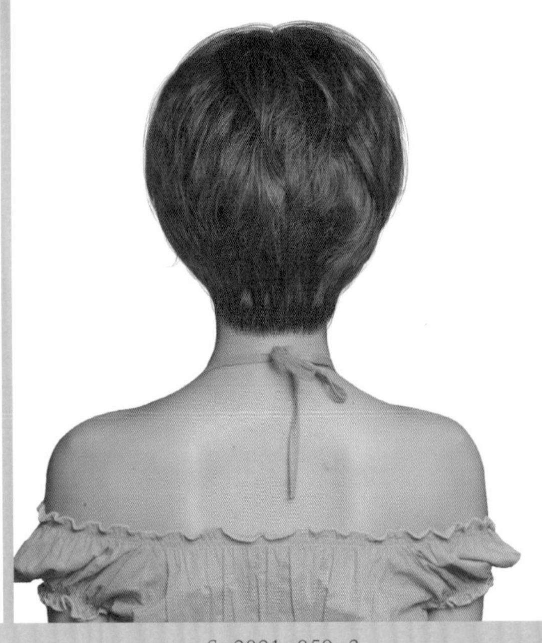

S-2021-059-3

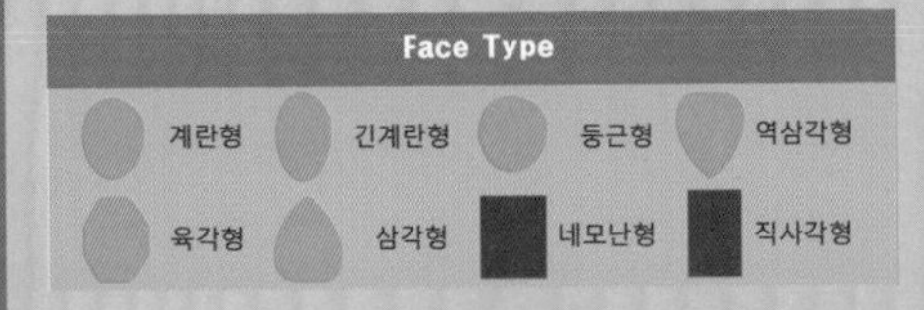

Hair Cut,Permament Wave Method-
Technology Manual 093 Page 참고

발랄하고 깜찍한 감성과 청초한 패션 감각이 느껴지는 이노센트 감성의 헤어스타일!

- 부드러운 곡선의 움직임으로 얼굴을 감싸는 웨이브 컬의 흐름이 감미롭고 매혹적인 여성스러움과 지적이고 품격이 더해지는 아름다운 헤어스타일입니다.
- 언더에서 하이 그러데이션을 커트하고 톱 쪽으로 레이어드를 넣어서 부드러운 실루엣을 연출합니다.
- 모발 길이 끝부분에서 틴닝으로 숱을 가볍게 하고 슬라이딩 커트로 가늘어지고 가벼운 흐름의 부드러운 스타일의 표정을 연출합니다.
- 굵은 롤로 1~1.5컬의 웨이브 파마를 합니다.
- 헤어 드라이기로 뿌리부터 말리면서 70%를 말린 후 글로스 왁스를 고르게 바르고 손가락 빗질하여 자연스러운 컬의 움직임을 연출합니다.

Woman Short Hair Style Design

S-2021-060-1

S-2021-060-2

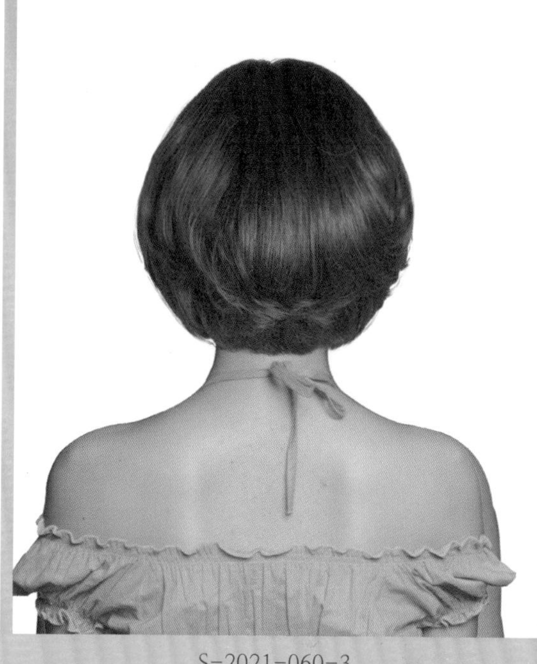

S-2021-060-3

Face Type			
계란형	긴계란형	둥근형	역삼각형
육각형	삼각형	네모난형	직사각형

Hair Cut Method-
Technology Manual 100 Page 참고

차분하고 단정하면서 품격과 지적인 이미지가 더해지는 페미닌 감성의 헤어스타일!

- 자유롭고 부드럽게 율동하는 웨이브 컬의 흐름이 신비롭고 달콤한 뉘앙스가 살아나는 아름다운 헤어스타일입니다.
- 언더에서 무거운 흐름의 그러데이션을 커트하고 톱 쪽으로 레이어드를 넣어서 부드러운 실루엣을 연출합니다.
- 모발 길이 끝부분에서 틴닝으로 숱을 가볍게 하고 슬라이딩 커트로 가늘어지고 가벼운 흐름의 부드러운 스타일의 표정을 연출합니다.
- 굵은 롤로 1.5~1.8컬의 웨이브 파마를 합니다.
- 헤어 드라이기로 뿌리부터 말리면서 70%를 말린 후 글로스 왁스를 고르게 바르고 손가락 빗질하여 자연스러운 컬의 움직임을 연출합니다.

Woman Short Hair Style Design

S-2021-061-1

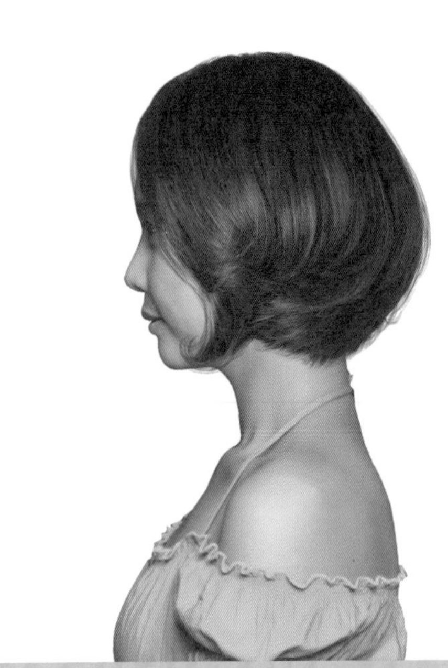

S-2021-061-2

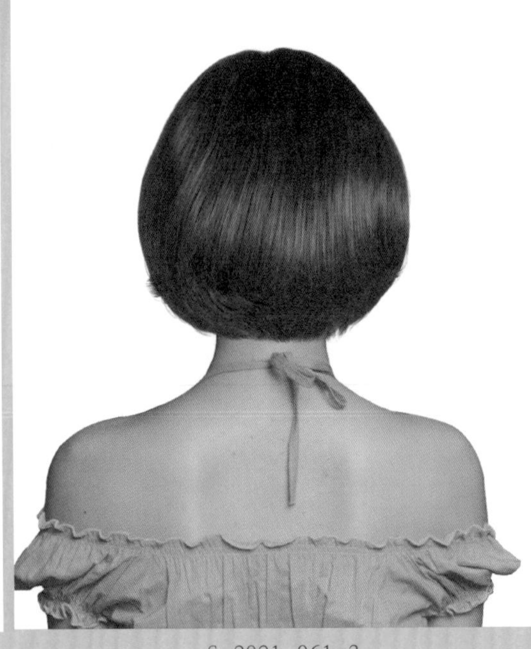

S-2021-061-3

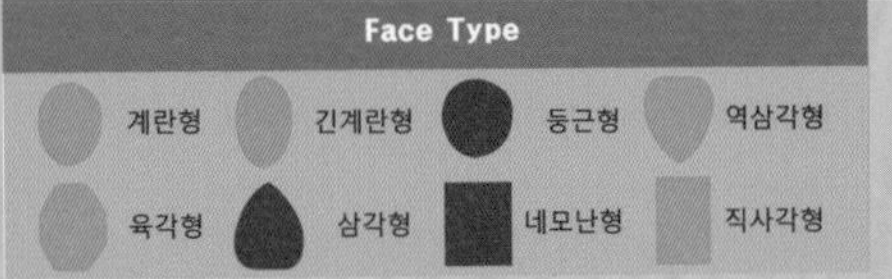

Hair Cut Method-
Technology Manual 100 Page 참고

차분하고 단정하면서 품격과 지적인 이미지가 느껴지는 트레디셔널 감각의 헤어스타일!

- 부드러운 웨이브 컬과 곡선의 실루엣이 지적이고 고급스러운 페미닌 감성의 헤어스타일로 오랫동안 여성들에게 사랑받아온 인기 헤어스타일로 전문직, 커리어우먼에게 잘 어울리는 헤어스타일입니다.
- 언더에서 미디엄 그러데이션을 톱 쪽으로 레이어드를 넣어서 부드러운 실루엣을 연출합니다.
- 모발 길이 끝부분에서 틴닝으로 숱을 가볍게 하고 슬라이딩 커트로 가늘어지고 가벼운 흐름의 부드러운 스타일의 표정을 연출합니다.
- 굵은 롤로 원컬 웨이브, 원컬 스트레이트 파마를 합니다.
- 헤어 드라이기로 뿌리부터 말리면서 70%를 말린 후 글로스 왁스를 고르게 바르고 손가락 빗질하여 자연스러운 컬의 움직임을 연출합니다.

Woman Short Hair Style Design

S-2021-062-1

S-2021-062-2

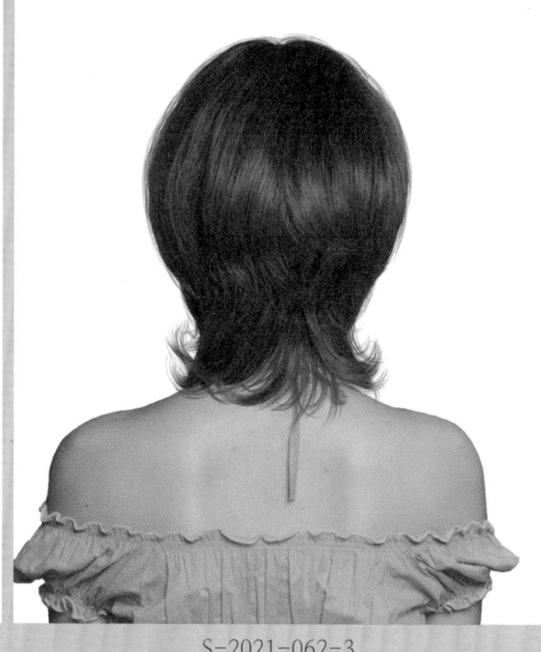

S-2021-062-3

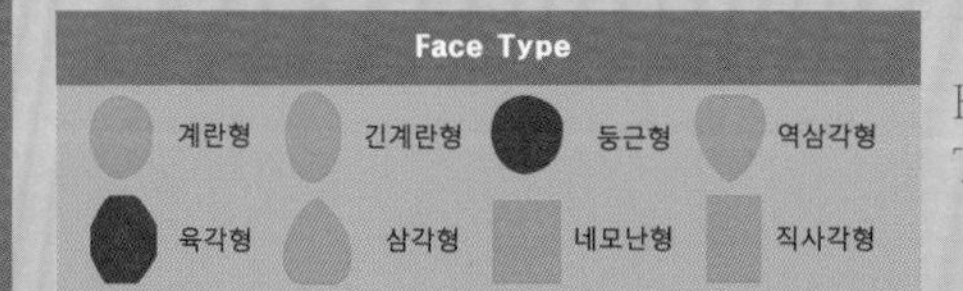

Hair Cut,Permament Wave Method-
Technology Manual 35Page 참고

부드러운 생머리 흐름과 목선에서 울프컷 흐름이 조화되어 발랄하고 청초한 러블리 헤어스타일!

- 부드러운 생머리 흐름이 얼굴을 감싸고 목선과 어깨선을 타고 자유롭게 안말음 뻗치는 흐름이 얼굴을 갸름하게 보이게 하고 발랄하고 여성스러움을 주는 헤어스타일입니다.
- 언더에서 인크리스 레이어드를 커트하여 가늘어지고 가벼운 흐름을 연출하고 톱 쪽으로 그러데이션과 레이어드를 넣어서 부드러운 실루엣을 연출합니다.
- 모발 길이 끝부분에서 틴닝으로 숱을 가볍게 하고 슬라이딩 커트로 가늘어지고 가벼운 흐름의 부드러운 스타일의 표정을 연출합니다.
- 굵은 롤로 1.3~1.6컬의 웨이브 파마를 합니다.
- 헤어 드라이기로 뿌리부터 말리면서 70%를 말린 후 글로스 왁스를 고르게 바르고 손가락 빗질하여 자연스러운 컬의 움직임을 연출합니다.

Woman Short Hair Style Design

S-2021-063-1

S-2021-063-2

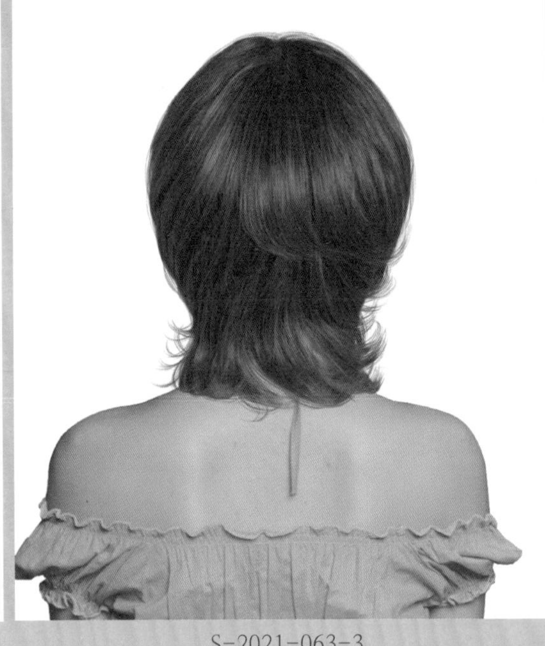

S-2021-063-3

Face Type			
계란형	긴계란형	둥근형	역삼각형
육각형	삼각형	네모난형	직사각형

Hair Cut Method-
Technology Manual 196 Page 참고

춤을 추듯 율동하는 웨이브 컬의 흐름이 사랑스럽고 청순한 이미지를 주는 로맨틱 헤어스타일!

- 부드러운 곡선의 생머리 흐름과 목선 어깨선을 타고 율동하는 웨이브 컬의 혼합 흐름이 청순하고 매혹적인 소녀 감성의 러블리 헤어스타일입니다.
- 언더에서 인크리스 레이어를 커트하여 가늘어지고 가벼운 흐름을 연출하고 톱 쪽으로 그러데이션과 레이어드를 넣어서 부드러운 실루엣을 연출합니다.
- 모발 길이 끝부분에서 틴닝으로 숱을 가볍게 하고 슬라이딩 커트로 가늘어지고 가벼운 흐름의 부드러운 스타일의 표정을 연출합니다.
- 굵은 롤로 1.3~1.6컬의 웨이브 파마를 합니다.
- 헤어 드라이기로 뿌리부터 말리면서 70%를 말린 후 글로스 왁스를 고르게 바르고 손가락 빗질하여 자연스러운 컬의 움직임을 연출합니다.

Woman Short Hair Style Design

S-2021-064-1

S-2021-064-2

S-2021-064-3

Face Type

계란형	긴계란형	둥근형	역삼각형
육각형	삼각형	네모난형	직사각형

Hair Cut Method-
Technology Manual 196 Page 참고

발랄하고 깜찍한 감성의 소유자, 말괄량이 뉘앙스가 느껴지는 큐트 감성의 헤어스타일!

- 앞머리의 무거움과 페이스 라인의 안말음, 목덜미에서 웨이브 컬이 황금 밸런스를 이루어 발랄하면서 자유로운 소녀 감성이 느껴지는 이노센트 감각의 아름다운 헤어스타일입니다.
- 언더에서 인크리스 레이어드를 커트하여 가늘어지고 가벼운 흐름을 연출하고 톱 쪽으로 그러데이션과 레이어드를 넣어서 부드러운 실루엣을 연출합니다.
- 모발 길이 끝부분에서 틴닝으로 숱을 가볍게 하고 슬라이딩 커트로 가늘어지고 가벼운 흐름의 부드러운 스타일의 표정을 연출합니다.
- 굵은 롤로 1.3~1.6컬의 웨이브 파마를 합니다.
- 헤어 드라이기로 뿌리부터 말리면서 70%를 말린 후 글로스 왁스를 고르게 바르고 손가락 빗질하여 자연스러운 컬의 움직임을 연출합니다.

Woman Short Hair Style Design

S-2021-065-1

S-2021-065-2

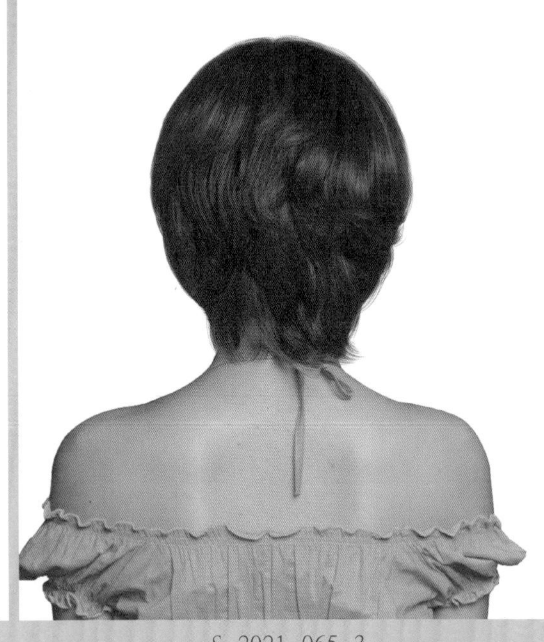

S-2021-065-3

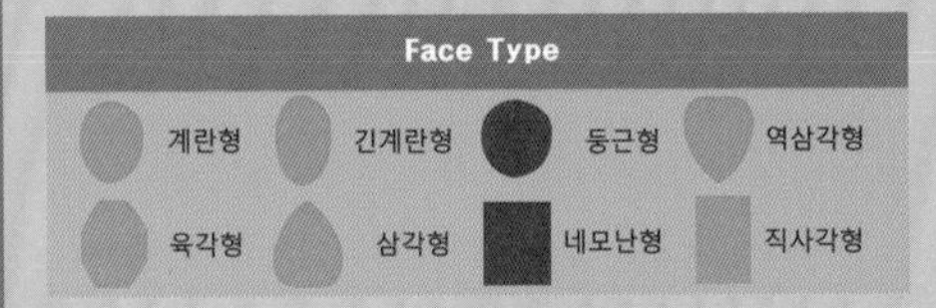

Hair Cut Method-
Technology Manual 100 Page 참고

차분하고 단정하면서 고급스러운 품격과 지적인 아름다움이 느껴지는 헤어스타일!

- 부드러운 컬의 율동이 얼굴을 감싸는 듯 포워드 흐름과 후두부의 풍성한 곡선의 볼륨과 흐름이 귀엽고 사랑스러운 러블리 헤어스타일입니다.
- 언더에서 미디엄 그러데이션을 커트하여 가늘어지고 가벼운 흐름을 연출하고 톱 쪽으로 그러데이션과 레이어드를 넣어서 부드러운 실루엣을 연출합니다.
- 모발 길이 끝부분에서 틴닝으로 숱을 가볍게 하고 슬라이딩 커트로 가늘어지고 가벼운 흐름의 부드러운 스타일의 표정을 연출합니다.
- 굵은 롤로 1.3~1.6컬의 웨이브 파마를 합니다.
- 헤어 드라이기로 뿌리부터 말리면서 70%를 말린 후 글로스 왁스를 고르게 바르고 손가락 빗질하여 자연스러운 컬의 움직임을 연출합니다.

Woman Short Hair Style Design

S-2021-066-1

S-2021-066-2

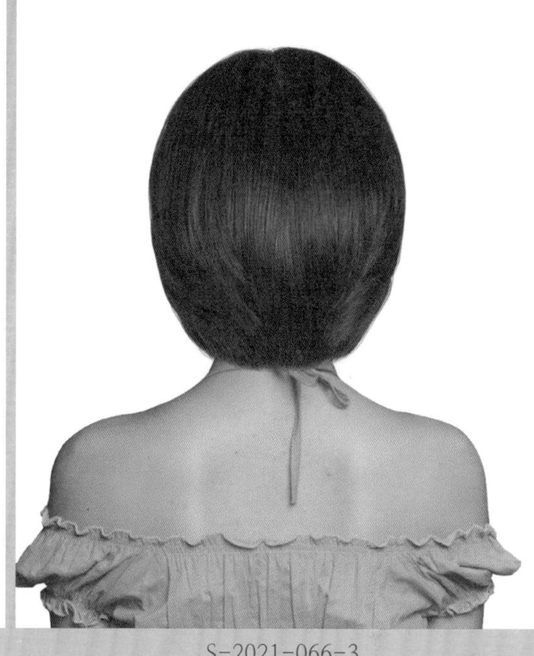

S-2021-066-3

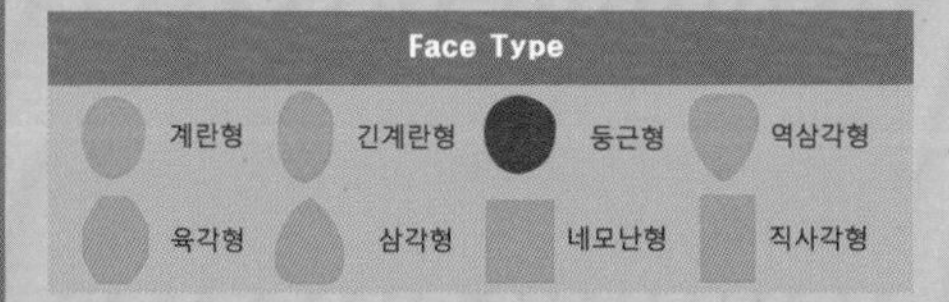

Hair Cut Method-
Technology Manual 154 Page 참고

둥근 실루엣의 생머리 흐름이 청순하고 맑은 소녀 감성이 느껴지는 큐트 감각의 헤어스타일!

- 부드러운 곡선의 실루엣으로 부드럽게 움직이는 흐름이 맑고 깨끗하고 청초한 이미지가 더해지는 소녀 감성의 아름다운 헤어스타일입니다.
- 언더에서 미디엄 그러데이션을 커트하여 가벼운 흐름을 연출하고 톱 쪽으로 레이어드를 넣어서 부드러운 실루엣을 연출합니다.
- 모발 길이 끝부분에서 틴닝으로 숱을 가볍게 하고 슬라이딩 커트로 가늘어지고 가벼운 흐름의 부드러운 스타일의 표정을 연출합니다.
- 원컬 스트레이트 파마를 합니다.
- 헤어 드라이기로 뿌리부터 말리면서 80%를 말린 후 롤 브러시나 아이롱으로 연출한 후 글로스 왁스를 고르게 바르고 빗질하여 스타일링을 합니다.

Woman Short Hair Style Design

S-2021-067-1

S-2021-067-2

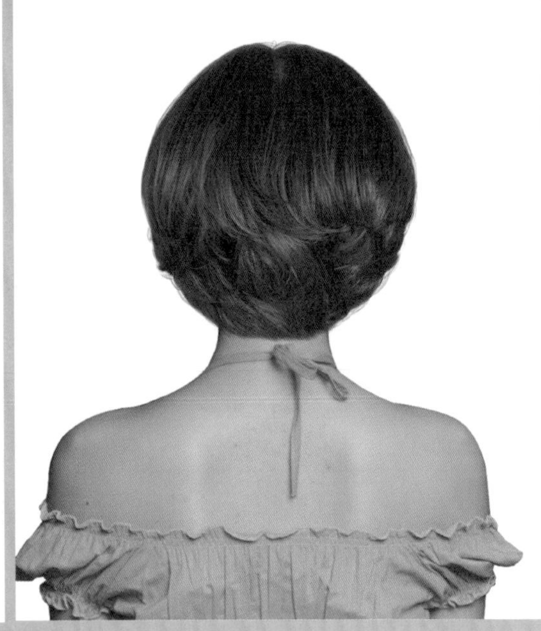

S-2021-067-3

Face Type

계란형 긴계란형 둥근형 역삼각형
육각형 삼각형 네모난형 직사각형

Hair Cut Method-
Technology Manual 100 Page 참고

부드러운 컬의 율동과 풍성한 실루엣이 밸런스를 이루어 발랄하고 여성스러운 헤어스타일!

- 숏 그러데이션 보브 헤어스타일로 풍성하고 부드러운 웨이브 컬의 율동감이 차분하고 단정한 느낌을 주면서 사랑스럽고 소녀적인 이미지가 느껴집니다.
- 언더에서 미디엄 그러데이션을 커트하여 가벼운 흐름을 연출하고 톱 쪽으로 레이어드를 넣어서 부드러운 실루엣을 연출합니다.
- 모발 길이 끝부분에서 틴닝으로 숱을 가볍게 하고 슬라이딩 커트로 가늘어지고 가벼운 흐름의 부드러운 스타일의 표정을 연출합니다.
- 굵은 롤로 1.3~1.6컬의 웨이브 파마를 합니다.
- 헤어 드라이기로 뿌리부터 말리면서 70%를 말린 후 글로스 왁스를 고르게 바르고 손가락 빗질하여 자연스러운 컬의 움직임을 연출합니다.

Woman Short Hair Style Design

S-2021-068-1

S-2021-068-2

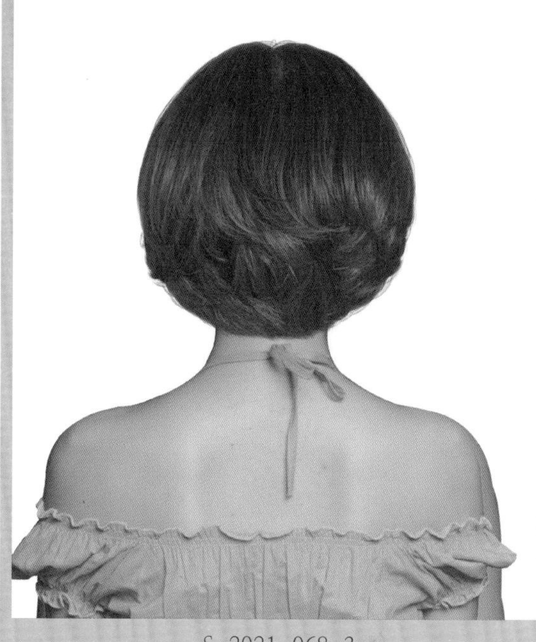

S-2021-068-3

Face Type

계란형 긴계란형 둥근형 역삼각형
육각형 삼각형 네모난형 직사각형

Hair Cut Method-
Technology Manual 100 Page 참고

자유롭고 자신만의 개성을 추구하고 싶은 나만의 헤어스타일!

- 무겁게 내린 비대칭 앞머리가 독특한 개성을 표현해 주고, 부드럽게 움직이는 생머리의 모류가 맑고 청순하고 발랄한 말괄량이 뉘앙스가 느껴지는 이노센트 감성의 아름다운 헤어스타일입니다.
- 언더에서 미디엄 그러데이션을 커트하여 가벼운 흐름을 연출하고 톱 쪽으로 레이어드를 넣어서 부드러운 실루엣을 연출합니다.
- 모발 길이 끝부분에서 틴닝으로 숱을 가볍게 하고 슬라이딩 커트로 가늘어지고 가벼운 흐름의 부드러운 스타일의 표정을 연출합니다.
- 굵은 롤로 원컬 웨이브 파마를 하거나 곱슬머리는 원컬 스트레이트 파마를 합니다.
- 헤어 드라이기로 뿌리부터 말리면서 70%를 말린 후 글로스 왁스를 고르게 바르고 손가락 빗질하여 자연스러운 컬의 움직임을 연출합니다.

Woman Short Hair Style Design

S-2021-069-1

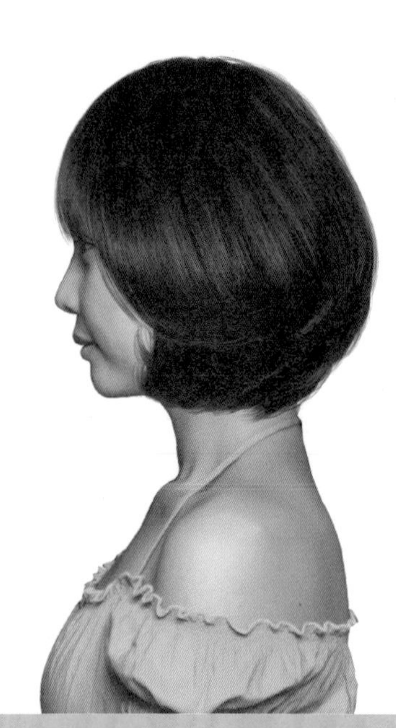

S-2021-069-2

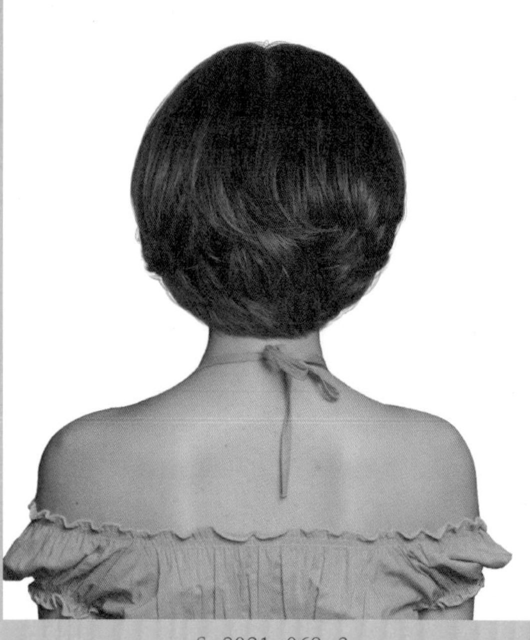

S-2021-069-3

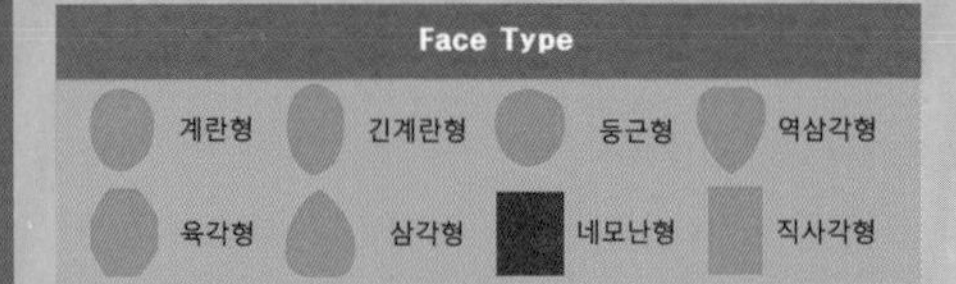

Hair Cut Method-
Technology Manual 131 Page 참고

부드러운 실루엣과 곡선으로 율동하는 모류가 믹싱되어 맑고 청순한 느낌의 헤어스타일!

- 부드러운 곡선의 실루엣과 풍성하고 생머리 컬이 율동하여 청순하고 발랄한 러블리 헤어스타일입니다. 특히 부드럽게 안말음 되는 모류가 얼굴을 작아 보이게 하고 큐트한 이미지를 느끼게 합니다.
- 짧은 그러데이션 보브 헤어스타일은 여성들에게 오래도록 사랑받아온 인기 헤어스타일입니다.
- 언더에서 미디엄 그러데이션을 커트하여 가벼운 흐름을 연출하고 톱 쪽으로 레이어드를 넣어서 부드러운 실루엣을 연출합니다.
- 모발 길이 끝부분에서 틴닝으로 숱을 가볍게 하고 슬라이딩 커트로 가늘어지고 가벼운 흐름의 부드러운 스타일의 표정을 연출합니다.
- 굵은 롤로 원컬 웨이브 파마를 하거나 곱슬머리는 원컬 스트레이트 파마를 합니다.
- 헤어 드라이기로 뿌리부터 말리면서 70%를 말린 후 글로스 왁스를 고르게 바르고 손가락 빗질하여 자연스러운 컬의 움직임을 연출합니다.

Woman Short Hair Style Design

S-2021-070-1

S-2021-070-2

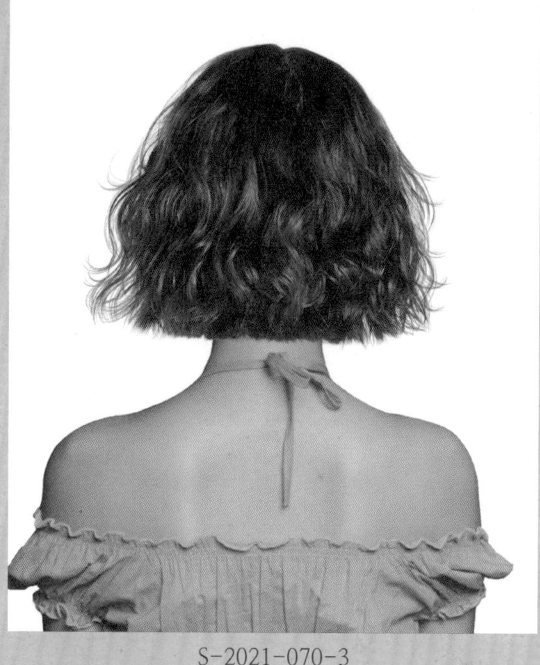

S-2021-070-3

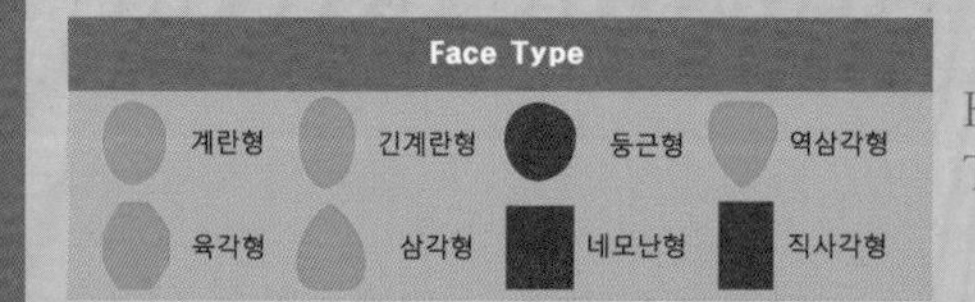

Hair Cut Method-
Technology Manual 071 Page 참고

발랄하고 깜찍한 감성과 말괄량이 뉘앙스가 살아있는 나만의 헤어스타일 연출!

- 춤을 추듯 율동하는 웨이브 컬이 자유롭고 풍성한 짧은 길이의 원랭스 스타일은 발랄하고 달콤한 독특한 개성을 표출하는 헤어스타일입니다.
- 짧은 길이의 원랭스 커트를 하고 모발 길이 끝부분에서 틴닝으로 숱을 가볍게 하고 슬라이딩 커트로 가늘어지고 가벼운 흐름의 부드러운 스타일의 표정을 연출합니다.
- 굵은 롤로 전체 웨이브 파마를 합니다.
- 헤어 드라이기로 뿌리부터 말리면서 70%를 말린 후 글로스 왁스를 고르게 바르고 스크런치 드라이 기법으로 풍성한 볼륨을 만들고 손가락 빗질하고 털어서 자연스러운 컬의 움직임을 연출합니다.

Woman Short Hair Style Design

S-2021-071-1

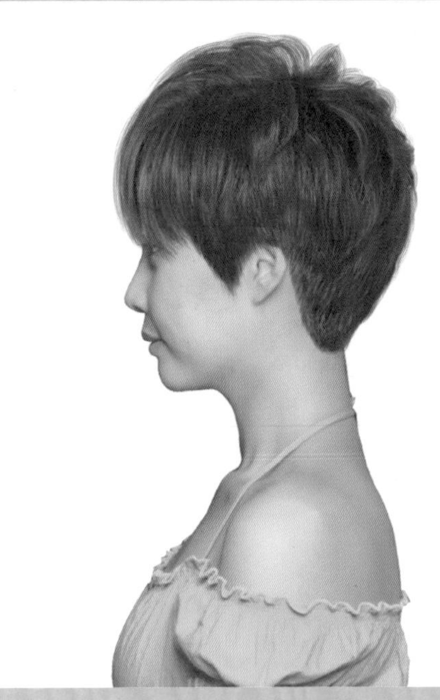

S-2021-071-2

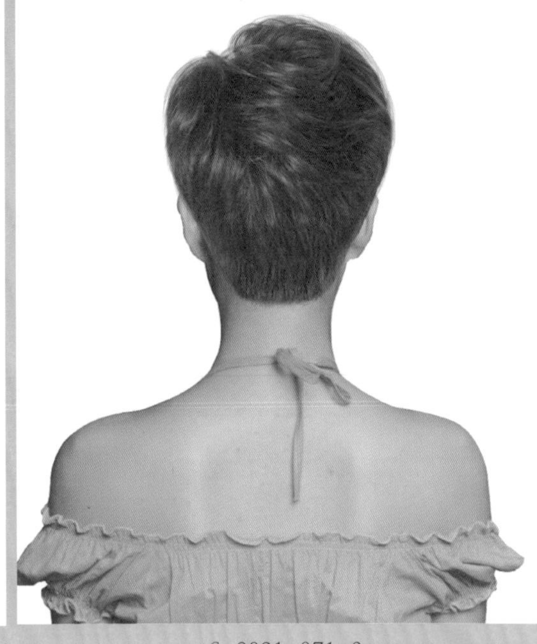

S-2021-071-3

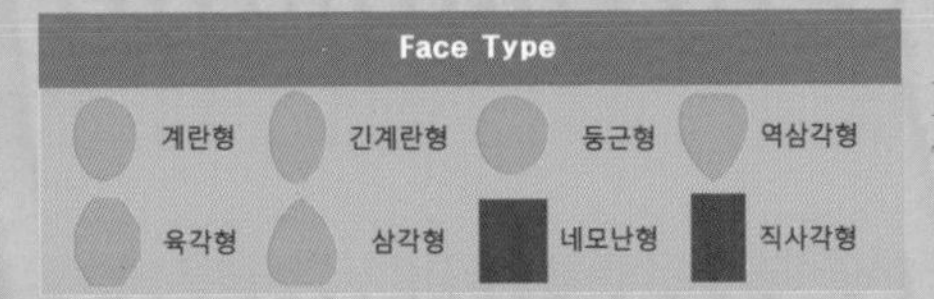

Hair Cut Method-
Technology Manual 035, 093 Page 참고

차분하고 활동적이면서 댄디스러움이 느껴지는 큐트 감각의 헤어스타일!

- 차분하면서 댄디 스타일의 멋스러움이 느껴지고 청순하고 발랄한 소녀 감성이 느껴지는 멋쟁이 헤어스타일입니다.
- 언더에서 하이 그러데이션을 커트하여 목선을 깨끗하게 연출하고 톱 쪽으로 레이어드를 넣어서 자연스러운 실루엣을 연출합니다.
- 전체를 틴닝과 슬라이딩 커트로 가벼운 흐름을 연출합니다.
- 굵은 롤로 1~1.5컬의 파마를 해 줍니다.
- 헤어 드라이기로 뿌리부터 말리면서 70%를 말린 후 글로스 왁스를 고르게 바르고 손가락 빗질하면서 드라이하여 자연스러운 연출을 합니다.

Woman Short Hair Style Design

S-2021-072-1

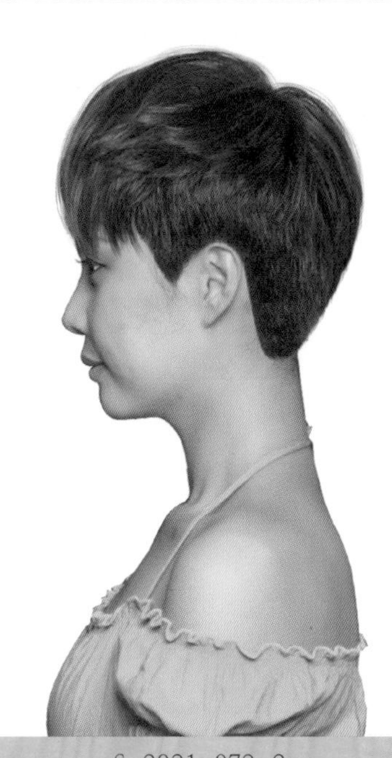

S-2021-072-2

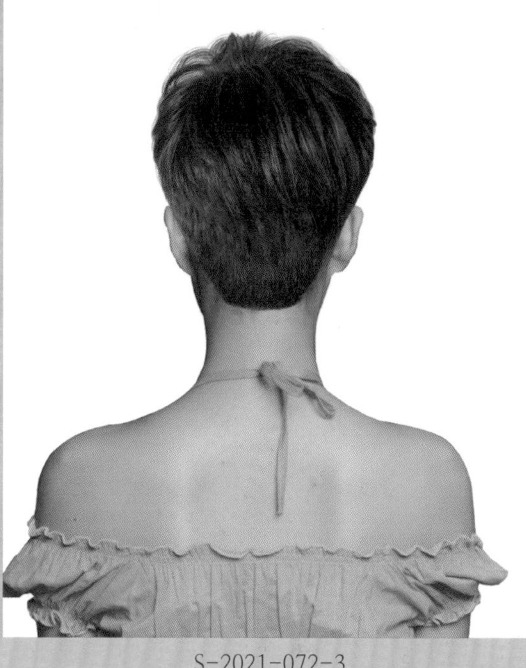

S-2021-072-3

Face Type			
계란형	긴계란형	둥근형	역삼각형
육각형	삼각형	네모난형	직사각형

Hair Cut Method-
Technology Manual 035, 093 Page 참고

나만의 개성을 표출하고 싶은 멋스러운 여성들의 변신 큐트 감각의 러블리 헤어스타일!

- 댄디스러우면서 청순하고 발랄한 이미지가 느껴지는 앤드로지너스 감각의 헤어스타일로 남성에게도, 여성에게도 특별한 취향이 느껴지는 아름다운 헤어스타일입니다.
- 언더에서 하이 그러데이션을 커트하여 목선을 깨끗하게 연출하고 톱 쪽으로 레이어드를 넣어서 자연스러운 실루엣을 연출합니다.
- 전체를 틴닝과 슬라이딩 커트로 가벼운 흐름을 연출합니다.
- 굵은 롤로 1.2~1.5컬의 파마를 해 줍니다.
- 헤어 드라이기로 뿌리부터 말리면서 70%를 말린 후 글로스 왁스를 고르게 바르고 손가락 빗질하면서 드라이하여 자연스러운 연출을 합니다.

Woman Short Hair Style Design

S-2021-073-1

S-2021-073-2

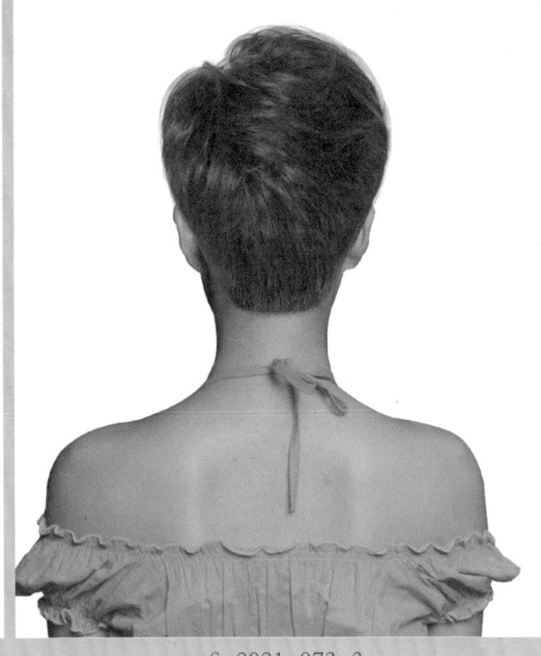

S-2021-073-3

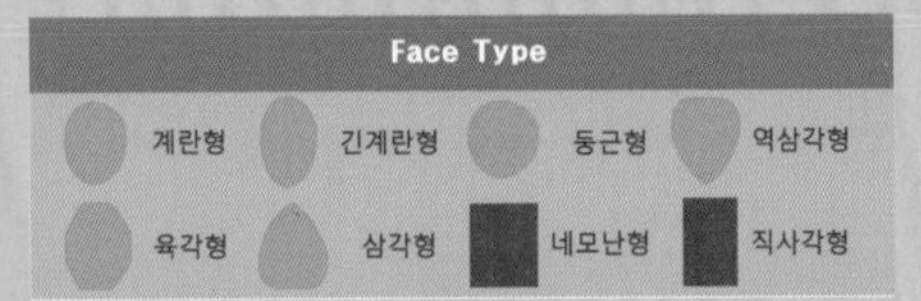

Hair Cut Method-
Technology Manual 035, 093 Page 참고

차분하고 단정하면서 발랄하고 깜직한 이미지가 느껴지는 이노센트 감성의 헤어스타일!

- 차분하고 윤기감을 주는 생머리의 흐름이 맑고 청초하고 발랄한 소녀 감성이 느껴지는 헤어스타일로 남성에게도 잘 어울려서 멋스럽고 부드러운 이미지를 주는 헤어스타일입니다.
- 언더에서 하이 그러데이션을 커트하여 목선을 깨끗하게 연출하고 톱 쪽으로 레이어드를 넣어서 자연스러운 실루엣을 연출합니다.
- 전체를 틴닝과 슬라이딩 커트로 가벼운 흐름을 연출합니다.
- 굵은 롤로 1~1.3컬의 파마를 해 줍니다.
- 헤어 드라이기로 뿌리부터 말리면서 80%를 말린 후 글로스 왁스를 고르게 바르고 손가락 빗질하면서 드라이하여 자연스러운 연출을 합니다.

Woman Short Hair Style Design

S-2021-074-1

S-2021-074-2

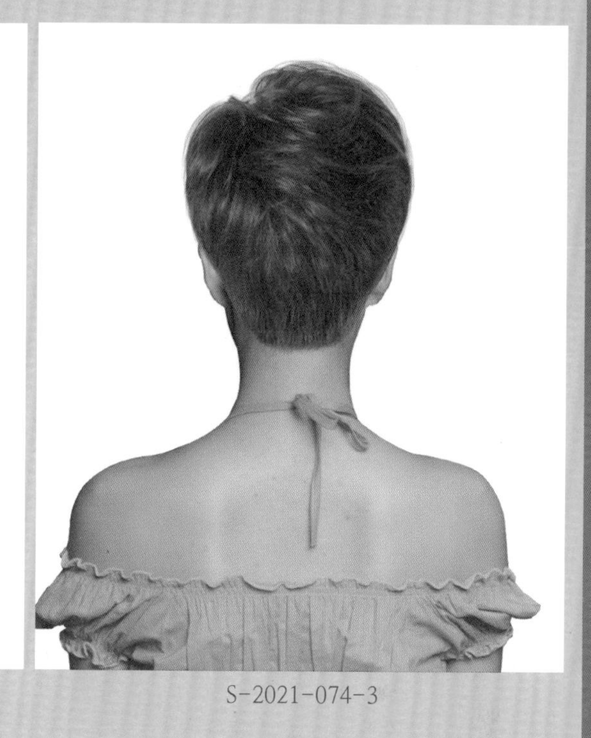

S-2021-074-3

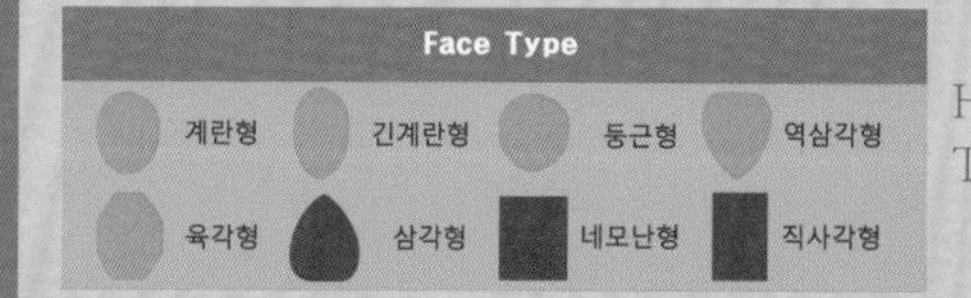

Hair Cut Method-
Technology Manual 035, 093 Page 참고

차분하면서 지적인 여성스러움을 느끼게 하는 트래지셔널 감각의 헤어스타일!

- 부드러운 웨이브 컬이 살아있는 듯 율동하는 실루엣이 사랑스럽고 지적이면서 활동적인 여성스러움을 느끼게 하는 헤어스타일입니다.
- 언더에서 하이 그러데이션을 커트하여 목선을 깨끗하게 연출하고 톱 쪽으로 레이어드를 넣어서 자연스러운 실루엣을 연출합니다.
- 전체를 틴닝과 슬라이딩 커트로 가벼운 흐름을 연출합니다.
- 굵은 롤로 1.2~1.5컬의 파마를 해 줍니다.
- 헤어 드라이기로 뿌리부터 말리면서 70%를 말린 후 글로스 왁스를 고르게 바르고 손가락 빗질하면서 드라이하여 자연스러운 연출을 합니다.

Woman Short Hair Style Design

S-2021-075-1

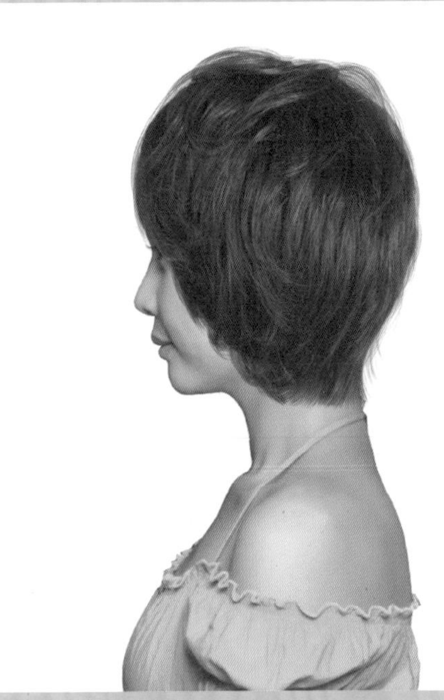

S-2021-075-2

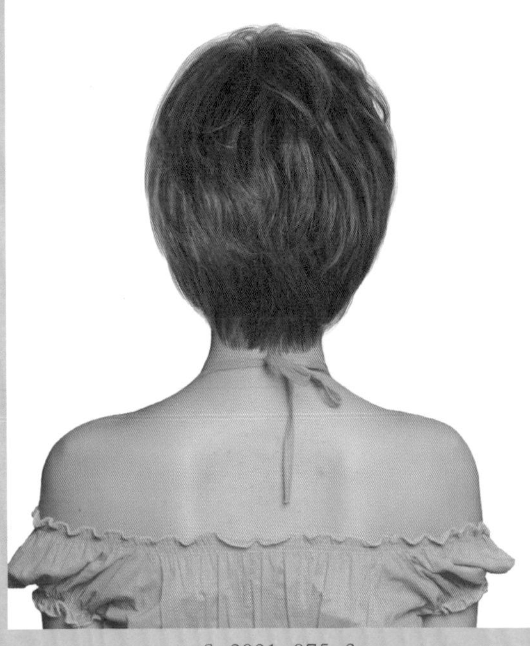

S-2021-075-3

Face Type			
계란형	긴계란형	둥근형	역삼각형
육각형	삼각형	네모난형	직사각형

Hair Cut Method-
Technology Manual 100 Page 참고

바닷바람에 휘날리듯 율동하는 웨이브 컬이 사랑스러운 로맨틱 감성의 헤어스타일!

- 부드러운 곡선의 실루엣과 웨이브 컬이 어우러져 발랄하고 사랑스럽고 화려한 분위기의 아름다운 헤어스타일입니다.
- 언더에서 하이 그러데이션을 커트하여 목선을 부드럽게 연출하고 톱 쪽으로 레이어드를 넣어서 자연스러운 풍성한 실루엣을 연출합니다.
- 전체를 틴닝과 슬라이딩 커트로 가벼운 흐름을 연출합니다.
- 굵은 롤로 1.2~1.8컬의 파마를 해 줍니다.
- 헤어 드라이기로 뿌리부터 말리면서 70%를 말린 후 글로스 왁스를 고르게 바르고 손가락 빗질하면서 드라이하여 자연스러운 연출을 합니다.

Woman Short Hair Style Design

S-2021-076-1

S-2021-076-2

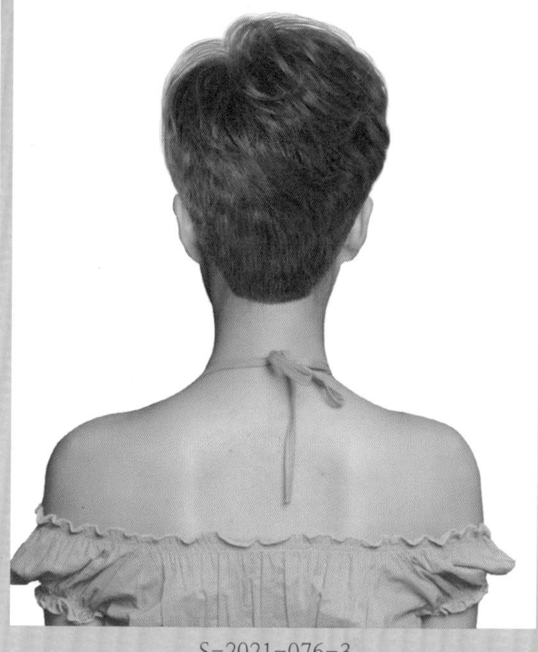

S-2021-076-3

Face Type

계란형	긴계란형	둥근형	역삼각형
육각형	삼각형	네모난형	직사각형

Hair Cut Method-
Technology Manual 035, 093 Page 참고

부드러운 웨이브 컬이 자유롭게 율동하여 발랄하고 깜찍한 이미지를 주는 큐트 헤어스타일!

- 짧게 커트한 언더라인과 얼굴을 감싸듯 포워드 흐름의 웨이브 컬이 어우러져 발랄하고 청순한 느낌과 댄디 스타일의 이미지가 느껴지는 독특하고 개성 있는 헤어스타일입니다.
- 언더에서 짧고 깨끗한 언더 커트를 하여 목선을 깨끗하게 연출하고 톱 쪽으로 레이어드를 넣어서 자연스러운 실루엣을 연출합니다.
- 전체를 틴닝과 슬라이딩 커트로 가벼운 흐름을 연출합니다.
- 굵은 롤로 1.2~1.8컬의 파마를 해 줍니다.
- 헤어 드라이기로 뿌리부터 말리면서 70%를 말린 후 글로스 왁스를 고르게 바르고 손가락 빗질하면서 드라이하여 자연스러운 연출을 합니다.

Woman Short Hair Style Design

S-2021-077-1

S-2021-077-2

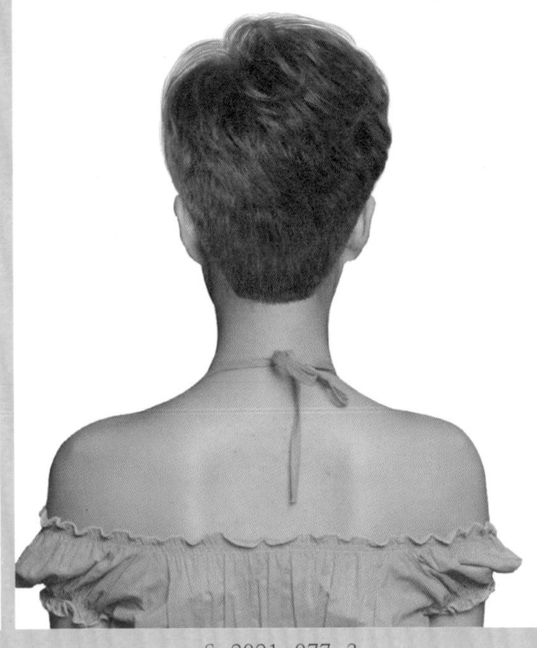

S-2021-077-3

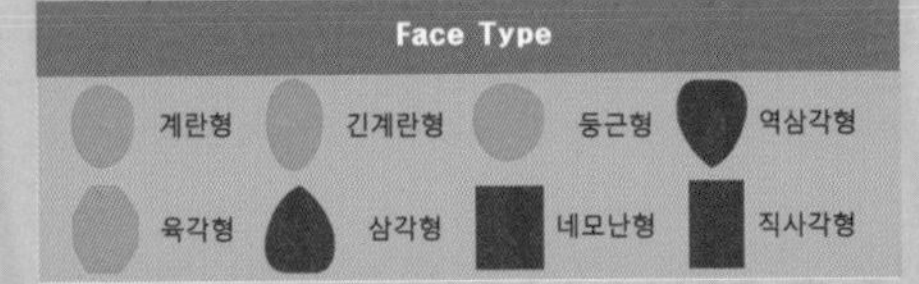

Hair Cut Method-
Technology Manual 035, 093 Page 참고

웨이브 컬이 율동하여 여성스러우면서 댄디스러움이 연출되는 매니시 감성의 헤어스타일!

- 언더커트로 짧고 깨끗하게 언더 부분과 두정부의 웨이브 컬이 조화되어 차분하고 단정한 여성스러운 이미지에 댄디 스타일의 멋스러움이 표출되는 헤어스타일입니다.
- 언더에서 짧은 언더 커트를 하여 목선을 깨끗하게 연출하고 톱 쪽으로 레이어드를 넣어서 자연스러운 실루엣을 연출합니다.
- 전체를 틴닝과 슬라이딩 커트로 가벼운 흐름을 연출합니다.
- 굵은 롤로 1.2~1.5컬의 파마를 해 줍니다.
- 헤어 드라이기로 뿌리부터 말리면서 70%를 말린 후 글로스 왁스를 고르게 바르고 손가락 빗질하면서 드라이하여 자연스러운 연출을 합니다.

Woman Short Hair Style Design

S-2021-078-1

S-2021-078-2

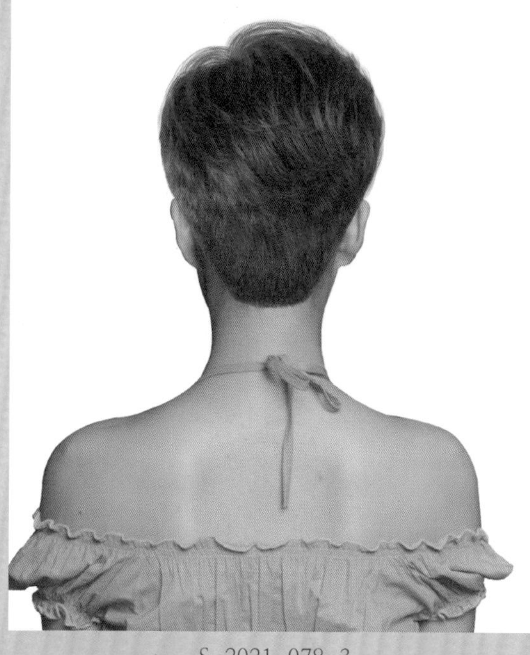

S-2021-078-3

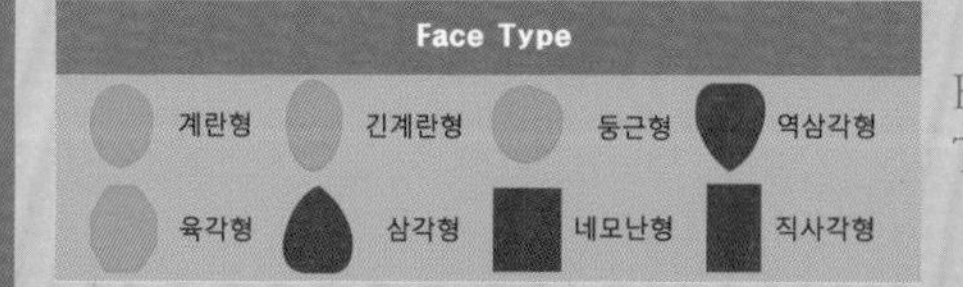

Hair Cut Method–
Technology Manual 035, 093 Page 참고

여성스러우면서 남성적인 취향이 느껴지는 멋스러운 댄디 스타일 감각의 헤어스타일!

- 차분하고 단정하면서 앤드로지너스 취향이 묻어나는 헤어스타일입니다.
- 남성에게도 잘 어울리면서 여성스러운 감성이 느껴지기도 합니다.
- 언더에서 짧은 언더 커트를 하여 목선을 깨끗하게 연출하고 톱 쪽으로 레이어드를 넣어서 자연스러운 실루엣을 연출합니다.
- 전체를 틴닝과 슬라이딩 커트로 가벼운 흐름을 연출합니다.
- 굵은 롤로 1.2~1.5컬의 파마를 해 줍니다.
- 헤어 드라이기로 뿌리부터 말리면서 70%를 말린 후 글로스 왁스를 고르게 바르고 손가락 빗질하면서 드라이하여 자연스러운 연출을 합니다.

Woman Short Hair Style Design

S-2021-079-1

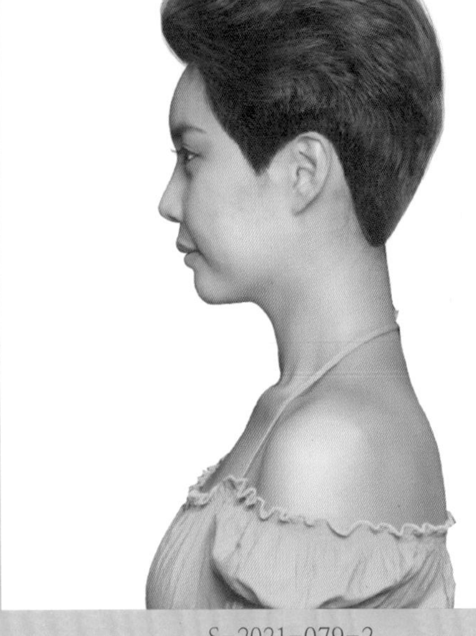

S-2021-079-2

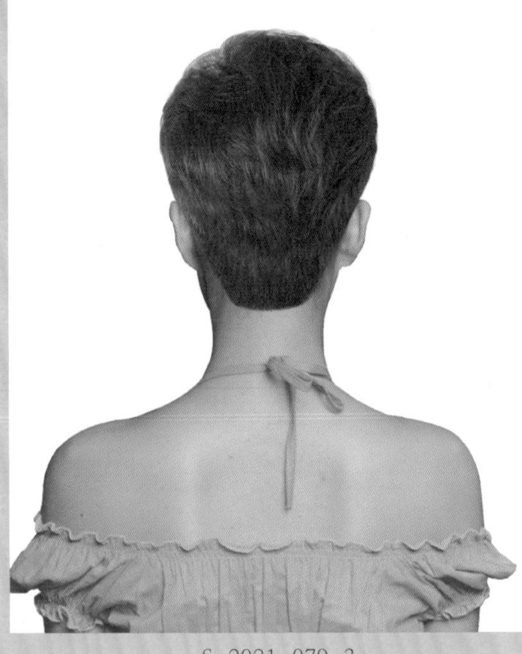

S-2021-079-3

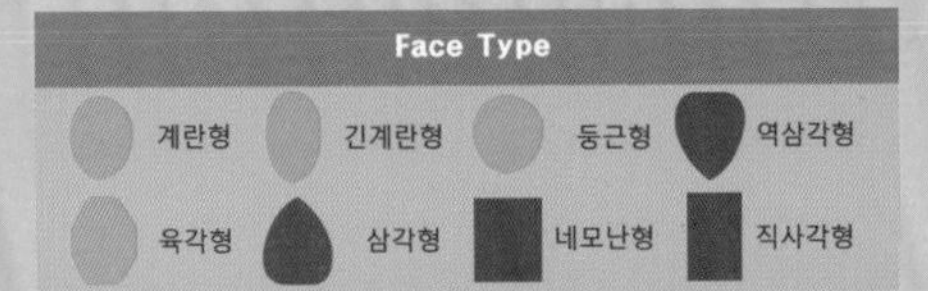

Hair Cut Method-
Technology Manual 035, 093 Page 참고

단정하고 지적이면서 격조와 품위가 느껴지는 매니시 감성의 헤어스타일!

- 시원하게 이마를 드러내어 풍성한 볼륨으로 빗어 넘겨 단정하면서 지적이고 격조와 품위가 느껴지는 댄디 헤어스타일입니다.
- 언더에서 짧은 언더 커트를 하여 목선을 깨끗하게 연출하고 톱 쪽으로 레이어드를 넣어서 자연스러운 실루엣을 연출합니다.
- 전체를 틴닝과 슬라이딩 커트로 가벼운 흐름을 연출합니다.
- 굵은 롤로 1.2~1.5컬의 파마를 해 줍니다.
- 헤어 드라이기로 뿌리부터 말리면서 70%를 말린 후 글로스 왁스를 고르게 바르고 손가락 빗질하면서 드라이하여 자연스러운 연출을 합니다.

Woman Short Hair Style Design

S-2021-080-1

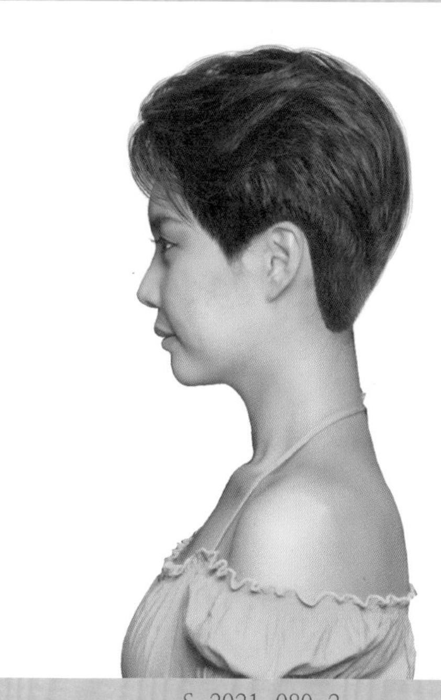

S-2021-080-2

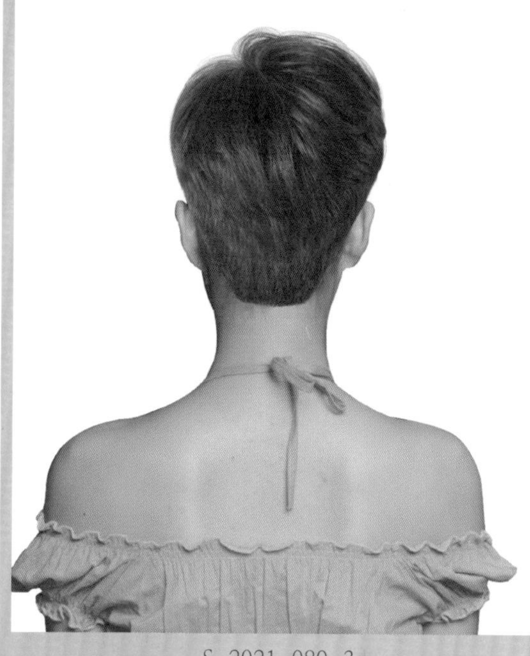

S-2021-080-3

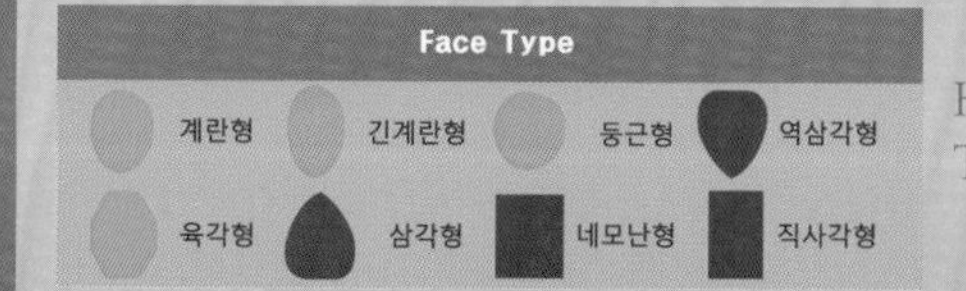

Hair Cut,Permament Wave Method-
Technology Manual 35Page 참고

멋스러운 남성 취향이 느껴지면서 지적이고 여성스러움이 느껴지는 댄디 헤어스타일!

- 남성적인 이미지가 느껴지면서도 지적이고 활동적인 여성스러움이 느껴지는 독특한 캐릭터의 헤어스타일입니다.
- 언더에서 짧은 언더 커트를 하여 목선을 깨끗하게 연출하고 톱 쪽으로 레이어드를 넣어서 자연스러운 실루엣을 연출합니다.
- 전체를 틴닝과 슬라이딩 커트로 가벼운 흐름을 연출합니다.
- 굵은 롤로 1.2~1.5컬의 파마를 해 줍니다.
- 헤어 드라이기로 뿌리부터 말리면서 70%를 말린 후 글로스 왁스를 고르게 바르고 손가락 빗질하면서 드라이하여 자연스러운 연출을 합니다.

Woman Short Hair Style Design

S-2021-081-1

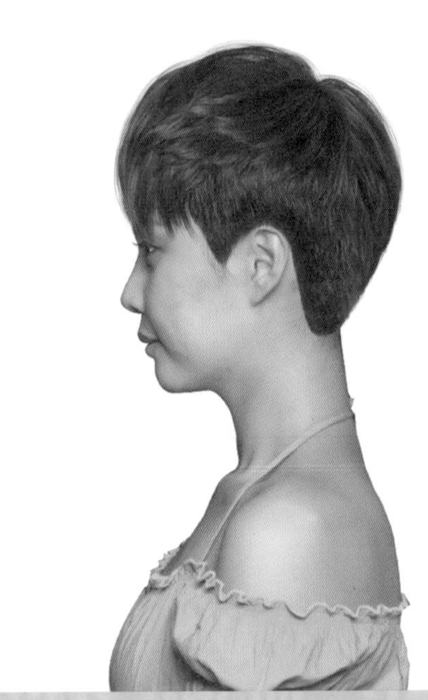

S-2021-081-2

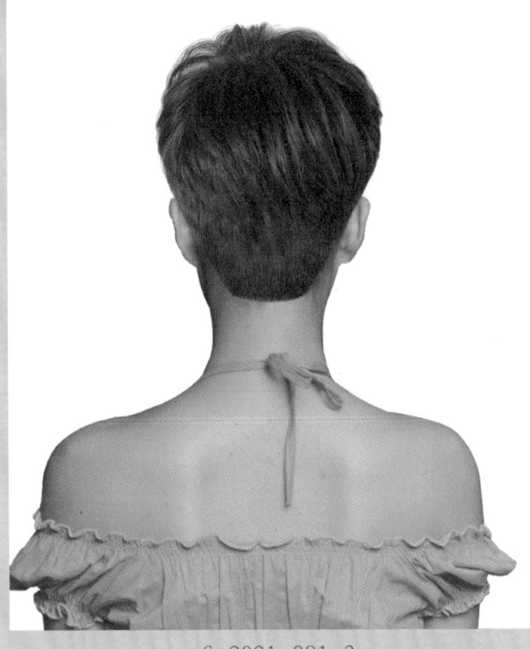

S-2021-081-3

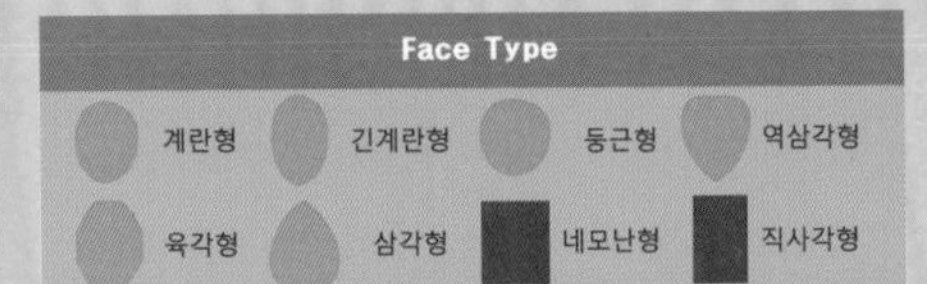

Hair Cut Method-
Technology Manual 035, 093 Page 참고

발랄하고 청순한 이미지에 소녀 감성이 느껴지는 이노센트 감각의 헤어스타일!

- 활동적인 느낌을 주면서 맑고 발랄하고 청초한 이미지가 느껴지는 여성스러우면서 멋스러운 댄디 헤어스타일입니다.
- 언더에서 짧은 언더 커트를 하여 목선을 깨끗하게 연출하고 톱 쪽으로 레이어드를 넣어서 자연스러운 실루엣을 연출합니다.
- 전체를 틴닝과 슬라이딩 커트로 가벼운 흐름을 연출합니다.
- 굵은 롤로 1.2~1.5컬의 파마를 해 줍니다.
- 헤어 드라이기로 뿌리부터 말리면서 70%를 말린 후 글로스 왁스를 고르게 바르고 손가락 빗질하면서 드라이하여 자연스러운 연출을 합니다.

Woman Short Hair Style Design

S-2021-082-1

S-2021-082-2

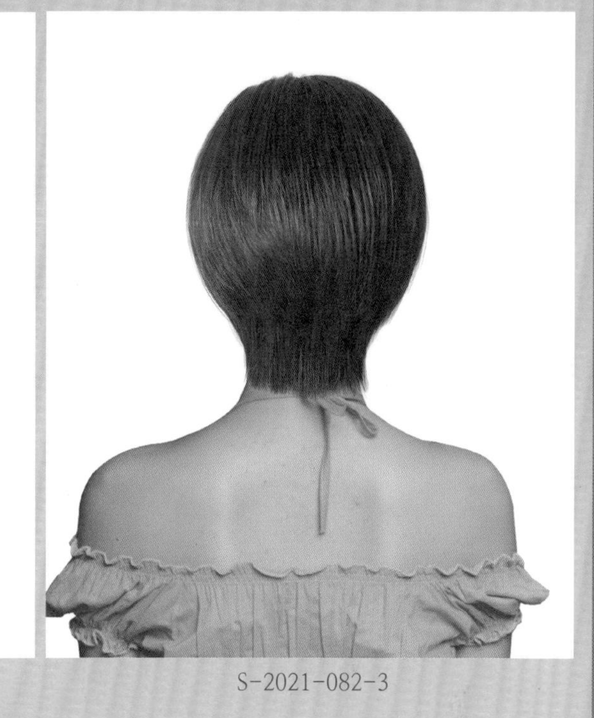

S-2021-082-3

Face Type

계란형 · 긴계란형 · 둥근형 · 역삼각형
육각형 · 삼각형 · 네모난형 · 직사각형

Hair Cut Method-
Technology Manual 093 Page 참고

차분하고 단정하면서 깨끗하고 지적인 이미지를 강조한 이노센트 감성의 헤어스타일!

- 부드럽고 윤기 있고 차분하게 안말음 되는 흐름의 헤어스타일은 지적이면서 청순한 아름다움을 주는 헤어스타일입니다.
- 언더에서 그러데이션으로 커트하면서 목덜미의 부드러움을 연출하고 톱 쪽에서 레이어드 커트로 후두부의 부드러움과 볼륨 있는 실루엣을 연출합니다.
- 측면은 얼굴을 감싸는 사선 라인으로 가볍게 커트합니다.
- 헤어 드라이기로 뿌리부터 말리면서 80%를 말린 후 글로스 왁스를 고르게 바르고 손가락 빗질하면서 드라이하여 자연스러운 움직임을 연출합니다.

Woman Short Hair Style Design

S-2021-083-1

S-2021-083-2

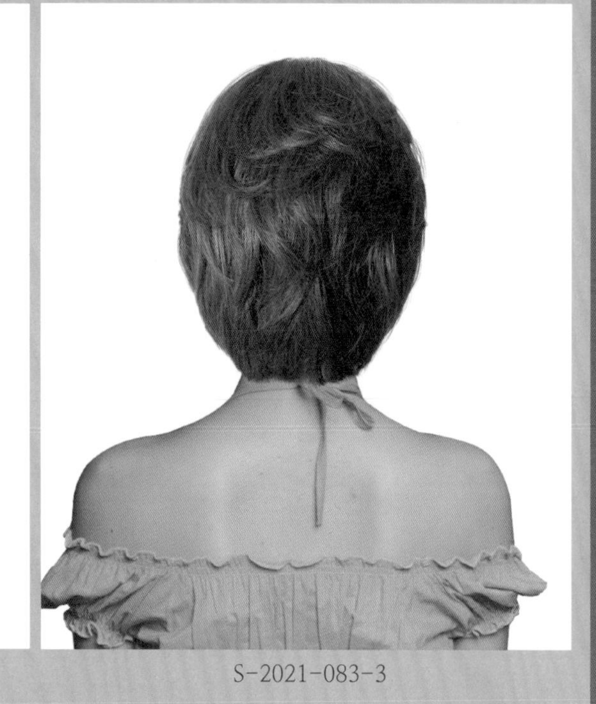

S-2021-083-3

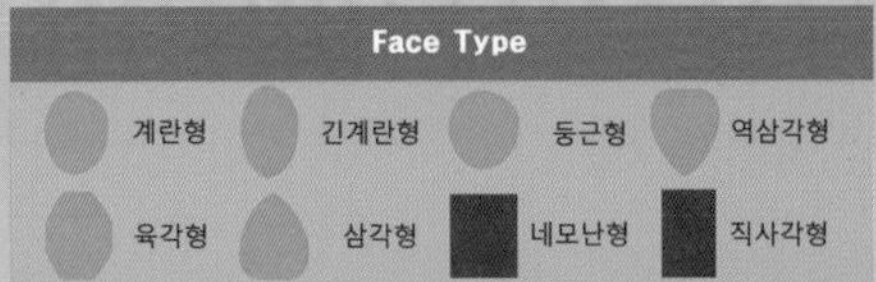

Hair Cut Method-
Technology Manual 100 Page 참고

부드럽게 율동하는 웨이브 컬이 여성스럽고 지적인 이미지를 주는 러블리 헤어스타일!

- 둥근 라인의 층이 나는 보브 헤어스타일은 얼굴을 갸름하게 하고 목선을 길어 보이게 하는 느낌을 주어 오래도록 사랑받아온 헤어스타일입니다.
- 언더에서 둥근 라인으로 그러데이션 커트를 하고 톱 쪽에서 레이어드를 넣어 부드럽고 풍성한 볼륨을 연출합니다.
- 틴닝을 모발 길이 중간, 끝부분에서 커트하여 가벼운 느낌을 연출하고 굵은 롯드로 1~1.7컬의 웨이브 파마를 합니다.
- 헤어 드라이기로 뿌리부터 말리면서 70%를 말린 후 글로스 왁스를 고르게 바르고 손가락 빗질하면서 드라이하여 자연스러운 웨이브 컬의 움직임을 연출합니다.

Woman Short Hair Style Design

S-2021-084-1

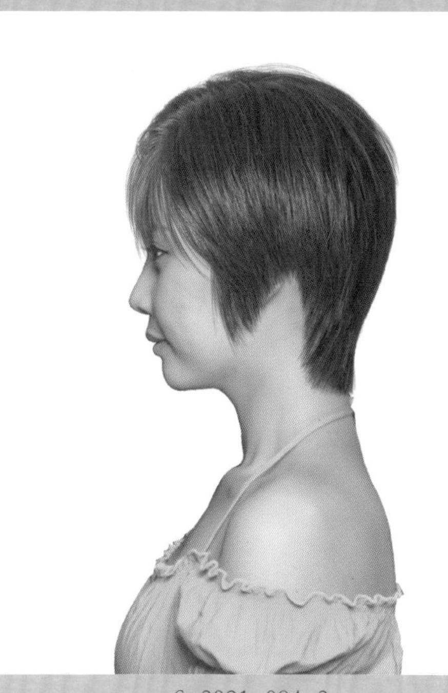

S-2021-084-2

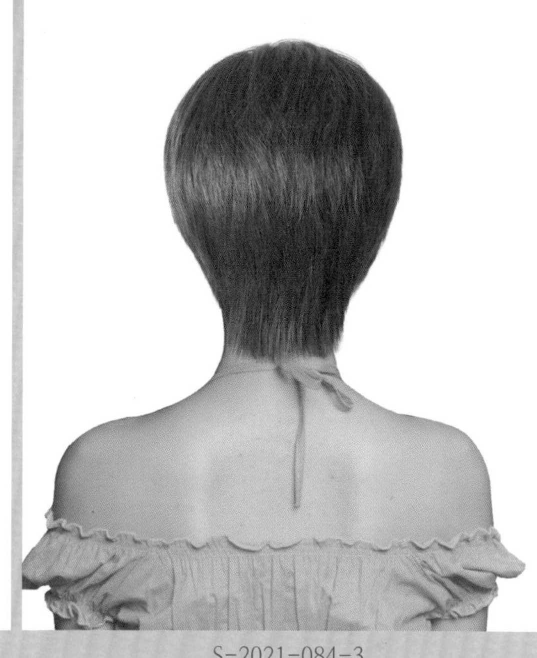

S-2021-084-3

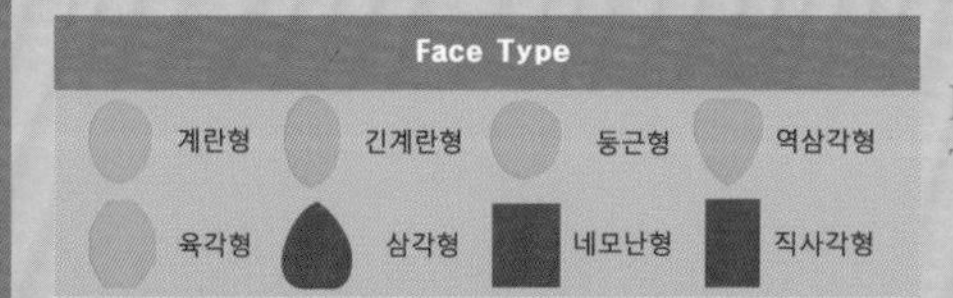

Hair Cut Method-
Technology Manual 093 Page 참고

발랄하고 스포티한 이미지를 느끼게 하는 큐트 헤어스타일!

- 숏 헤어스타일은 무겁고 단순하게 커트하면 남성적인 이미지가 느껴지므로 언더라인에서 라인의 변화와 목덜미를 감싸는 부드러운 흐름을 연출하고 끝부분이 가볍고 움직임을 주는 커트를 하여야 합니다.
- 언더에서 하이 그러데이션과 톱 쪽에서 레이어드를 연결하여 가벼운 층을 만들고 틴닝과 슬라이딩 커트를 하여 발랄한 움직임을 표현합니다.
- 헤어 드라이기로 뿌리부터 말리면서 80%를 말린 후 글로스 왁스를 고르게 바르고 손가락 빗질하면서 드라이하여 자연스러운 움직임을 연출합니다.

Woman Short Hair Style Design

S-2021-085-1

S-2021-085-2

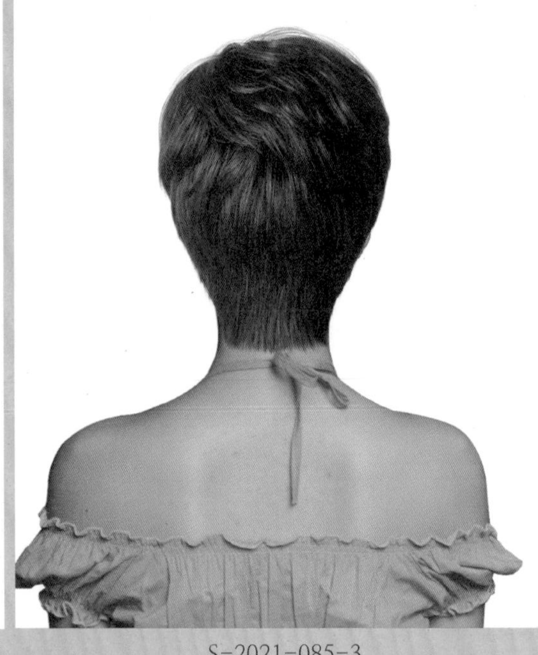
S-2021-085-3

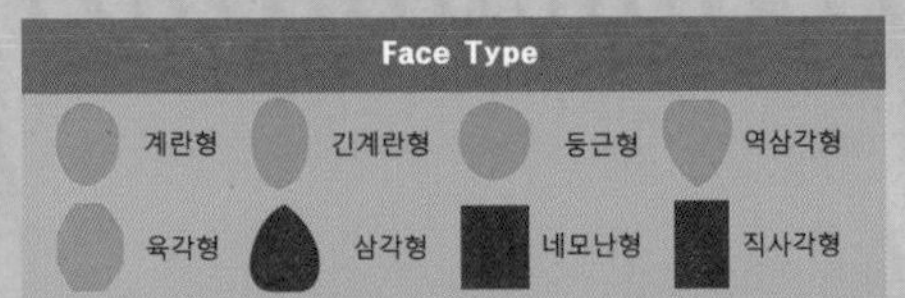

Hair Cut Method-
Technology Manual 035, 093 Page 참고

공기를 머금은 듯 가볍고 자유롭게 율동하는 웨이브 컬이 귀엽고 사랑스러운 러블리 헤어스타일!

- 손가락 빗질로 자유롭게 움직이는 웨이브 컬이 자연스러움과 큐트함을 느끼게 하는 캐주얼 헤어스타일입니다.
- 얼굴을 감싸는 듯 포워드 흐름으로 커트를 합니다.
- 틴닝을 중간 끝부분에 넣어서 가늘어지고 가벼운 흐름을 연출하고 슬라이딩 커트 기법으로 스타일의 표정을 연출합니다.
- 굵은 롯드로 1~1.5컬의 웨이브 펌을 해 줍니다.
- 헤어 드라이기로 뿌리부터 말리면서 70%를 말린 후 글로스 왁스를 고르게 바르고 손가락 빗질하면서 드라이하여 자연스러운 웨이브 컬의 움직임을 연출합니다.

Woman Short Hair Style Design

S-2021-086-1

S-2021-086-2

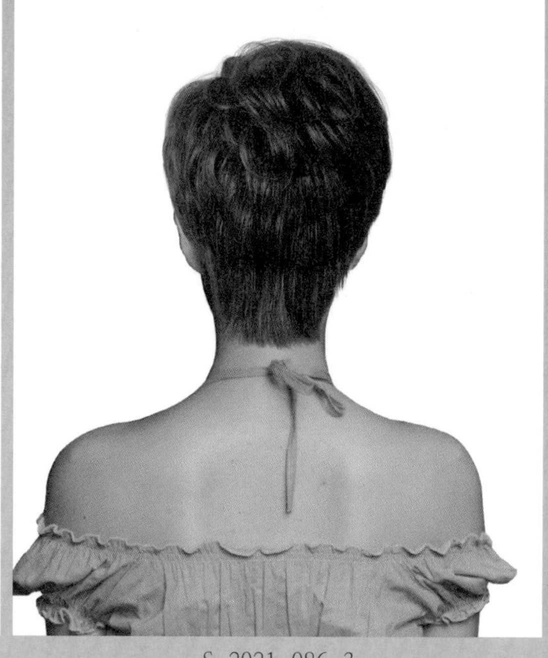

S-2021-086-3

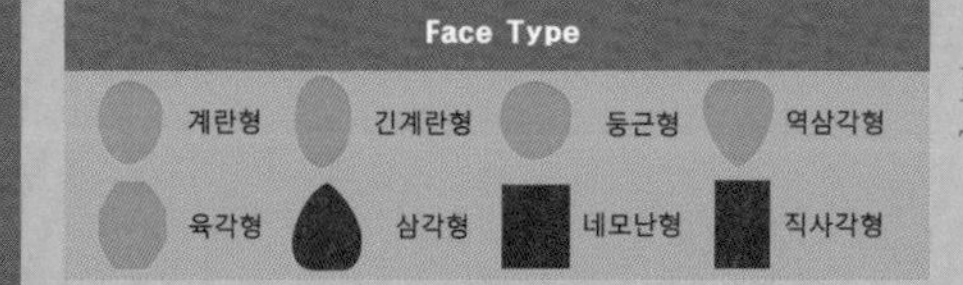

Hair Cut Method-
Technology Manual 093 Page 참고

본래의 곱슬머리 머릿결처럼 자연스럽게 율동하는 흐름이 아름다운 헤어스타일!

- 언더에서 하이 그러데이션 커트를 하고 톱 쪽으로 부드럽고 풍성한 층을 연결합니다.
- 틴닝 커트를 모발 길이 중간, 끝부분에 넣어서 가벼운 흐름을 연출하고 굵은 롯드로 1~1.5컬의 웨이브 파마를 합니다.
- 파마 시 뿌리 부분이 꺾이거나 눌리지 않도록 주의하여 파마를 합니다.
- 헤어 드라이기로 뿌리부터 말리면서 70%를 말린 후 글로스 왁스를 고르게 바르고 손가락 빗질하면서 드라이하여 자연스러운 웨이브 컬의 움직임을 연출합니다.

Woman Short Hair Style Design

S-2021-087-1

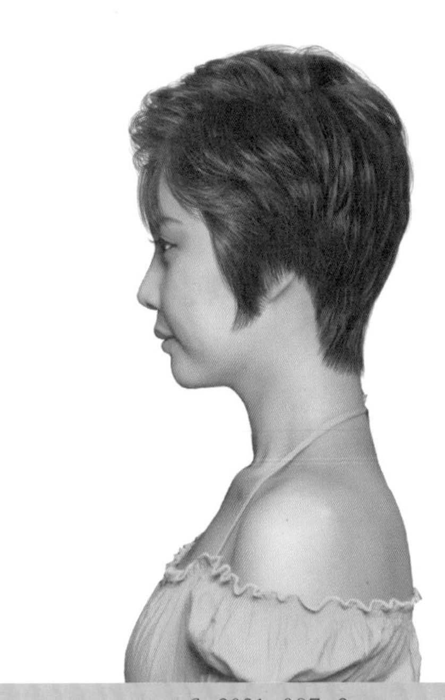

S-2021-087-2

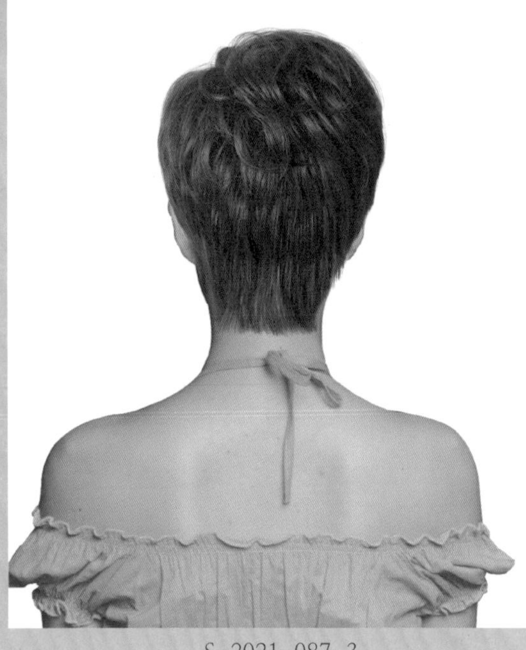

S-2021-087-3

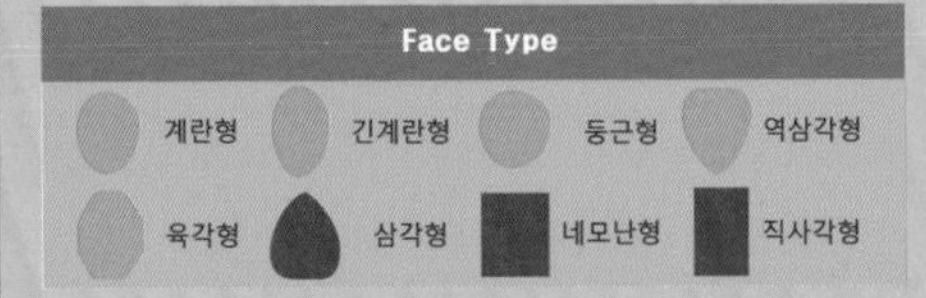

Hair Cut Method–
Technology Manual 035, 093 Page 참고

부드럽게 넘기는 웨이브 컬의 흐름이 지적이고 활동적인 여성미를 강조한 헤어스타일!

- 이마를 시원하게 드러내고 풍성한 볼륨을 만들면서 연출한 웨이브 컬의 흐름이 스포티하고 지적이면서 컨서버티브 이미지를 주는 아름다운 헤어스타일입니다.
- 틴닝과 슬라이딩 커트로 가늘어지고 가벼운 흐름을 연출을 하고 굵은 롯드로 1~1.5컬의 웨이브 파마를 합니다.
- 파마 시 뿌리 부분이 꺾이거나 눌리지 않도록 주의하여 파마를 합니다.
- 헤어 드라이기로 뿌리부터 말리면서 70%를 말린 후 글로스 왁스를 고르게 바르고 손가락 빗질하면서 드라이하여 자연스러운 웨이브 컬의 움직임을 연출합니다.

Woman Short Hair Style Design

S-2021-088-1

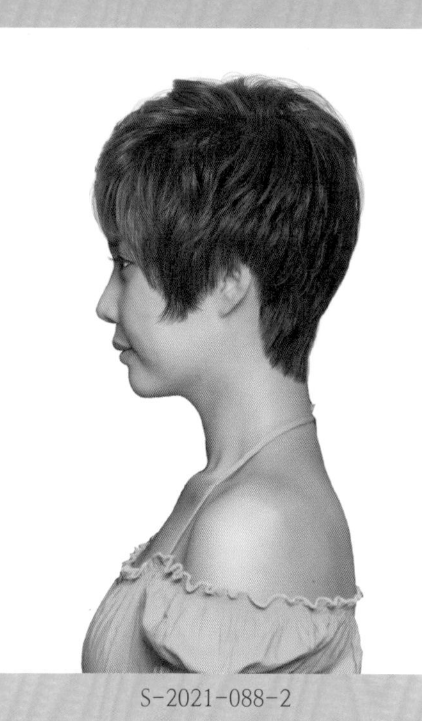

S-2021-088-2

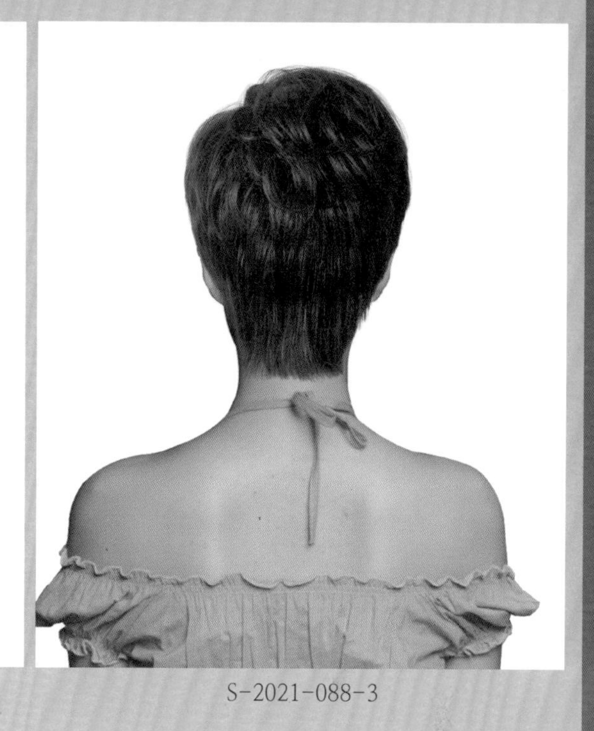

S-2021-088-3

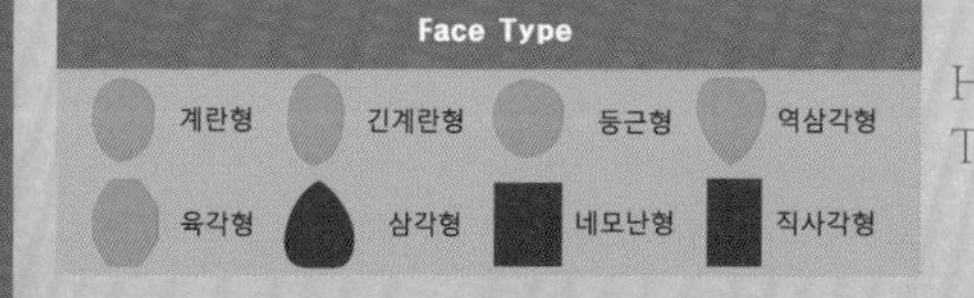

Hair Cut Method-
Technology Manual 035, 093 Page 참고

두둥실 율동하는 웨이브 컬이 청순하면서 시크한 아름다움을 주는 헤어스타일!

- 언더에서 하이 그러데이션을 커트하여 목선을 여성스러움을 표현하고 풍성한 볼륨을 만들면서 톱 쪽으로 레이어드를 넣어 줍니다.
- 틴닝과 슬라이딩 커트로 가늘어지고 가벼운 흐름을 연출합니다.
- 굵은 롯드로 1~1.5컬의 웨이브 파마를 합니다.
- 파마 시 뿌리 부분이 꺾이거나 눌리지 않도록 주의하여 파마를 합니다.
- 헤어 드라이기로 뿌리부터 말리면서 70%를 말린 후 글로스 왁스를 고르게 바르고 손가락 빗질하면서 드라이하여 자연스러운 웨이브 컬의 움직임을 연출합니다.

Woman Short Hair Style Design

S-2021-089-1

S-2021-089-2

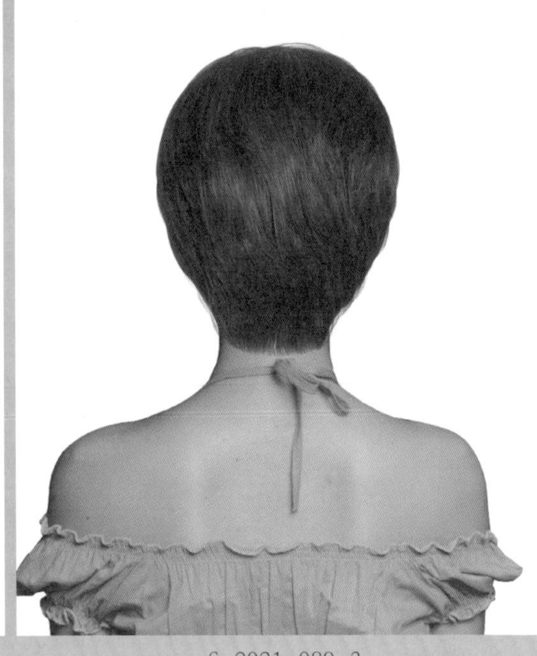

S-2021-089-3

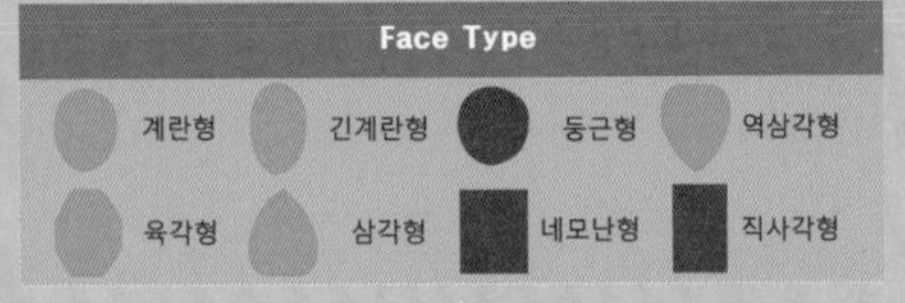

Hair Cut Method-
Technology Manual 093 Page 참고

맑고 청순하고 발랄한 이미지가 느껴지는 소녀 감성의 댄디 헤어스타일!

- 차분하고 부드러운 흐름의 웨이브 컬과 깨끗하고 깔끔한 헤어라인이 믹싱되어 독특한 개성미와 매니시 감성이 느껴지는 헤어스타일입니다.
- 언더에서 미디엄 그러데이션을 커트하여 가벼운 흐름을 연출하고 톱 쪽으로 레이어드를 넣어서 부드러운 실루엣을 연출합니다.
- 모발 길이 끝부분에서 틴닝으로 숱을 가볍게 하고 슬라이딩 커트로 가늘어지고 가벼운 흐름의 부드러운 스타일의 표정을 연출합니다.
- 굵은 롤로 원컬 웨이브 파마를 합니다.
- 헤어 드라이기로 뿌리부터 말리면서 70%를 말린 후 글로스 왁스를 고르게 바르고 손가락 빗질하여 자연스러운 컬의 움직임을 연출합니다.

Woman Short Hair Style Design

S-2021-090-1

S-2021-090-2

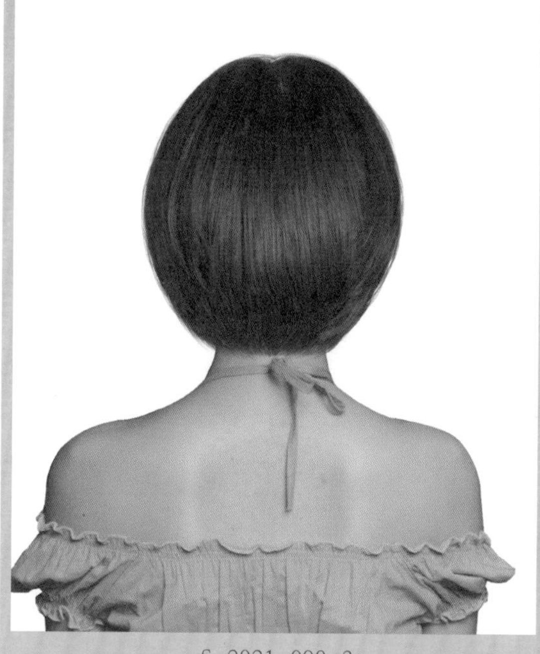

S-2021-090-3

Face Type			
계란형	긴계란형	둥근형	역삼각형
육각형	삼각형	네모난형	직사각형

Hair Cut Method-
Technology Manual 108 Page 참고

차분하고 단정한 이미지에 청순하고 소녀 감성이 느껴지는 헤어스타일!

- 바람에 날리듯 부드러운 모류가 자연스럽고 청순한 아름다움과 지적이 여성미가 더해지는 아름다운 헤어스타일입니다.
- 언더에서 수평 라인을 만들며 그러데이션을 커트하고 톱 쪽으로 레이어드를 넣어서 풍성하고 둥근 형태의 실루엣을 연출합니다.
- 모발 길이 끝부분에서 틴닝으로 숱을 가볍게 하고 슬라이딩 커트로 가늘어지고 가벼운 흐름의 부드러운 스타일의 표정을 연출합니다.
- 굵은 롤로 웨이브 파마를 하고 곱슬머리는 원컬 스트레이트 파마를 합니다.
- 헤어 드라이기로 뿌리부터 말리면서 80%를 말린 후 롤 브러시나 아이롱으로 연출한 후 글로스 왁스를 고르게 바르고 빗질하여 스타일링을 합니다.

Woman Short Hair Style Design

S-2021-091-1

S-2021-091-2

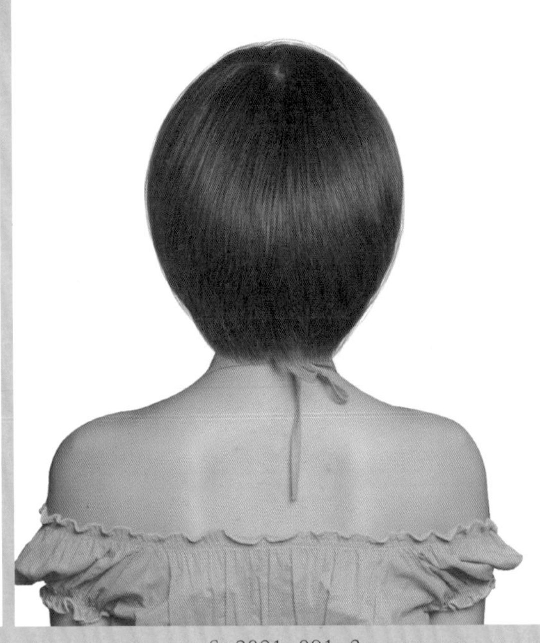

S-2021-091-3

Face Type			
계란형	긴계란형	둥근형	역삼각형
육각형	삼각형	네모난형	직사각형

Hair Cut Method-
Technology Manual 154 Page 참고

평범한 스타일은 싫다… 나만의 개성을 표출하고 싶은 멋쟁이 여성의 개성 연출!

- 윤기를 머금은 듯 반짝거리는 질감과 부드러운 실루엣이 얼굴을 감싸는 듯 둥근 흐름의 머시룸 헤어스타일은 발랄하고 깜직한 소녀 감성이 느껴지는 개성 있는 헤어스타일입니다.
- 언더에서 둥근 라인을 만들며 그러데이션을 커트하고 톱 쪽으로 레이어드를 넣어서 풍성하고 둥근 형태의 실루엣을 연출합니다.
- 모발 길이 끝부분에서 틴닝으로 숱을 가볍게 하고 슬라이딩 커트로 가늘어지고 가벼운 흐름의 실루엣을 연출합니다.
- 곱슬머리는 원컬 스트레이트 파마를 합니다.
- 헤어 드라이기로 뿌리부터 말리면서 80%를 말린 후 롤 브러시나 아이롱으로 연출한 후 글로스 왁스를 고르게 바르고 빗질하여 스타일링을 합니다.

Woman Short Hair Style Design

S-2021-092-1

S-2021-092-2

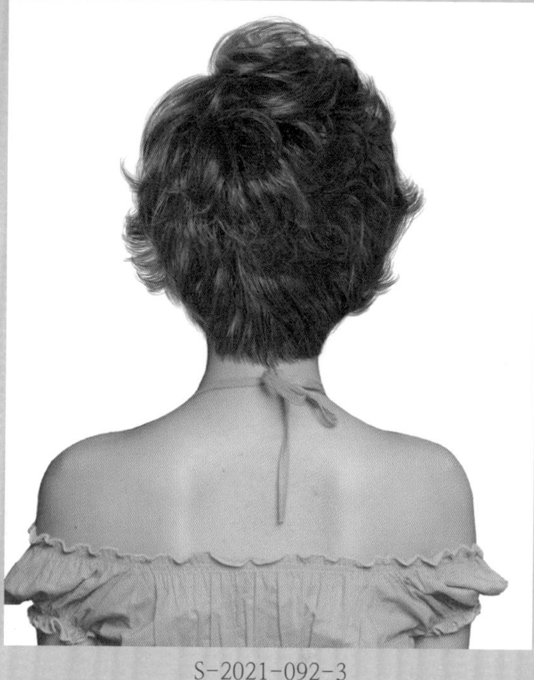

S-2021-092-3

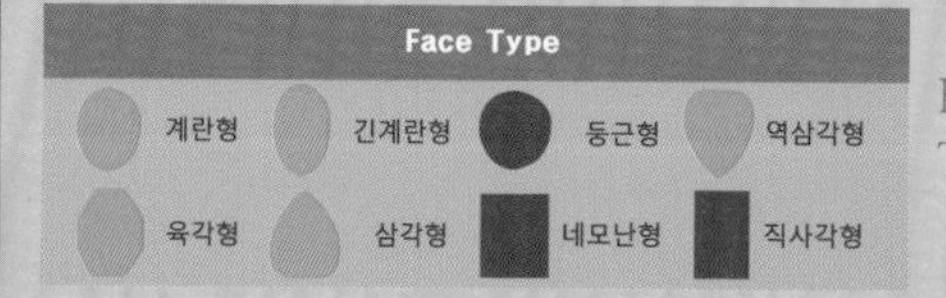

Hair Cut Method-
Technology Manual 093 Page 참고

윤기감과 공기를 머금은 듯 율동하는 웨이브 컬이 사랑스럽고 섹시한 심쿵 헤어스타일!

- 두정부에서 풍성한 볼륨과 춤을 추듯 율동하는 웨이브 컬이 사랑스럽고 아름다운 섹시 감각의 우아한 헤어스타일입니다.
- 언더에서 미디엄 그러데이션을 커트하여 가벼운 흐름을 연출하고 톱 쪽으로 레이어드를 넣어서 부드러운 실루엣을 연출합니다.
- 모발 길이 끝부분에서 틴닝으로 숱을 가볍게 하고 슬라이딩 커트로 가늘어지고 가벼운 흐름의 부드러운 스타일의 표정을 연출합니다.
- 굵은 롤로 1~1.5컬의 웨이브 파마를 합니다.
- 헤어 드라이기로 뿌리부터 말리면서 70%를 말린 후 글로스 왁스를 고르게 바르고 스크런치 드라이하고 손가락 빗질하여 자연스러운 컬의 움직임을 연출합니다.

Woman Short Hair Style Design

S-2021-093-1

S-2021-093-2

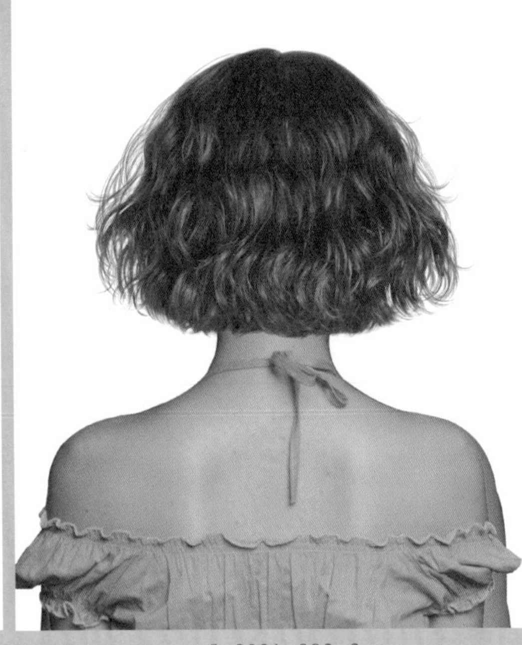

S-2021-093-3

Face Type			
계란형	긴계란형	둥근형	역삼각형
육각형	삼각형	네모난형	직사각형

Hair Cut Method-
Technology Manual 071 Page 참고

바람에 휘날리듯 두둥실 춤을 추는 율동하는 컬이 사랑스럽고 개성미를 주는 헤어스타일!

- 투명한 윤기감과 자유롭고 사랑스러운 웨이브 컬의 율동감이 발랄하고 깜직한 소녀 감성이 느껴지는 독특한 개성 연출 헤어스타일입니다.
- 짧은 길이의 원랭스 커트를 하고 모발 길이 끝부분에서 틴닝으로 숱을 가볍게 하고 슬라이딩 커트로 가늘어지고 가벼운 흐름의 부드러운 스타일의 표정을 연출합니다.
- 굵은 롤로 전체 웨이브 파마를 합니다.
- 헤어 드라이기로 뿌리부터 말리면서 70%를 말린 후 글로스 왁스를 고르게 바르고 스크런치 드라이 기법으로 풍성한 볼륨을 만들고 손가락 빗질하여 털어서 자연스러운 컬의 움직임을 연출합니다.

Woman Short Hair Style Design

S-2021-094-1

S-2021-094-2

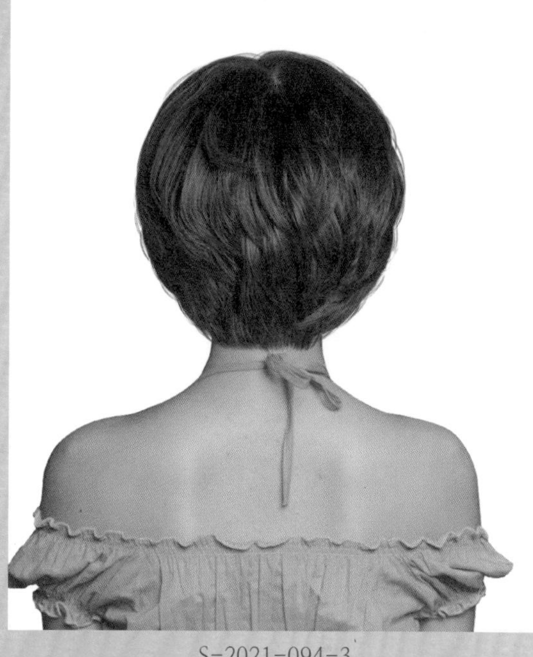

S-2021-094-3

Face Type			
계란형	긴계란형	둥근형	역삼각형
육각형	삼각형	네모난형	직사각형

Hair Cut Method-
Technology Manual 100 Page 참고

부드러운 곡선의 실루엣으로 흐르는 웨이브 컬이 청순하고 단정한 아름다움을 주는 헤어스타일!

- 자연스럽게 풀린 듯 움직임이 좋은 스타일의 흐름이 맑고 청순한 느낌과 지적인 여성미가 더해지는 헤어스타일입니다.
- 언더에서 그러데이션을 커트하고 톱 쪽으로 레이어드를 넣어서 풍성한 실루엣을 연출합니다.
- 모발 길이 끝부분에서 틴닝으로 숱을 가볍게 하고 슬라이딩 커트로 가늘어지고 가벼운 흐름의 실루엣을 연출합니다.
- 굵은 롤로 원컬 파마를 합니다.
- 헤어 드라이기로 뿌리부터 말리면서 70%를 말린 후 글로스 왁스를 고르게 바르고 손가락 빗질하여 자연스러운 컬의 움직임을 연출합니다.

Woman Short Hair Style Design

S-2021-095-1

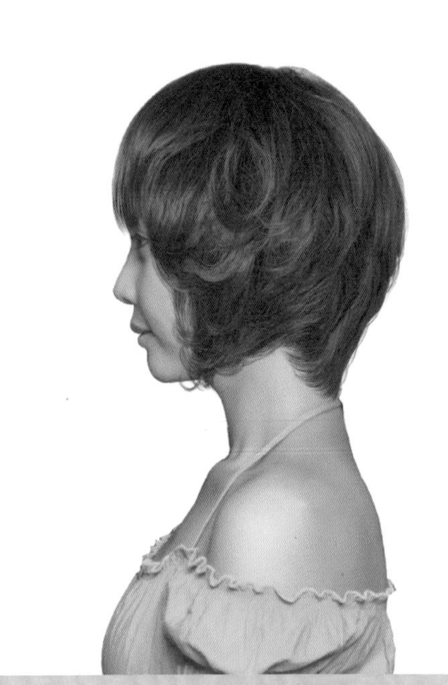

S-2021-095-2

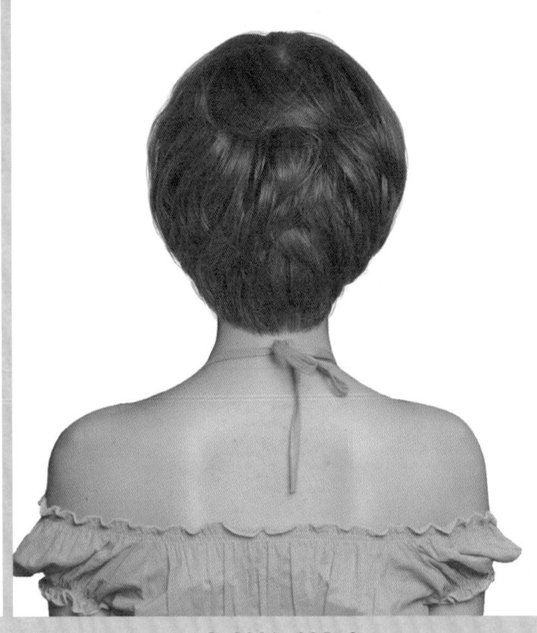

S-2021-095-3

Face Type							
	계란형		긴계란형		둥근형		역삼각형
	육각형		삼각형		네모난형		직사각형

Hair Cut Method-
Technology Manual 093 Page 참고

무겁게 내린 앞머리와 부드러운 웨이브 컬이 청순하고 여성스러움을 주는 헤어스타일!

- 무겁게 내린 앞머리와 내추럴한 컬이 믹싱되어 독특한 개성미를 느끼게 하고 발랄하고 청순한 로맨틱 감성의 헤어스타일입니다.
- 언더에서 그러데이션을 커트하고 톱 쪽으로 레이어드를 넣어서 부드러운 실루엣을 연출합니다.
- 모발 길이 끝부분에서 틴닝으로 숱을 가볍게 하고 슬라이딩 커트로 가늘어지고 가벼운 흐름의 실루엣을 연출합니다.
- 굵은 롤로 원컬 파마를 합니다.
- 헤어 드라이기로 뿌리부터 말리면서 70%를 말린 후 글로스 왁스를 고르게 바르고 손가락 빗질하여 자연스러운 컬의 움직임을 연출합니다.

Woman Short Hair Style Design

S-2021-096-1

S-2021-096-2

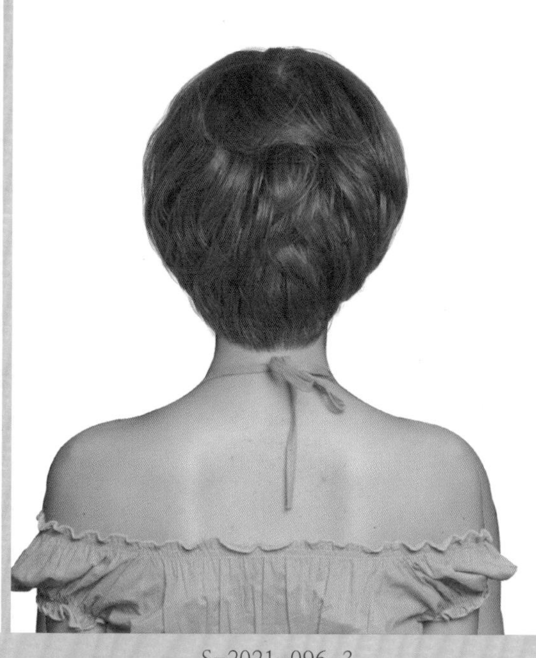

S-2021-096-3

Face Type

계란형 긴계란형 둥근형 역삼각형

육각형 삼각형 네모난형 직사각형

Hair Cut Method-
Technology Manual 093 Page 참고

차분하고 단정한 이미지에 청순함이 느껴지는 소녀 감성의 헤어스타일!

- 부드럽게 움직이는 컬의 흐름이 자연스럽고 청순한 아름다움을 느끼게 하는 클래식 그러데이션 헤어스타일로 오랫동안 사랑받아온 인기 헤어스타일이며, 조금씩 디자인의 변화를 주면 모드하고 트렌디한 느낌을 줄 수 있습니다.
- 언더에서 미디엄 그러데이션을 커트하여 가벼운 흐름을 연출하고 톱 쪽으로 레이어드를 넣어서 부드러운 실루엣을 연출합니다.
- 모발 길이 끝부분에서 틴닝으로 숱을 가늘어지고 가벼운 흐름의 부드러운 질감을 표현합니다.
- 굵은 롤로 원컬 웨이브 파마를 합니다.
- 헤어 드라이기로 뿌리부터 말리면서 70%를 말린 후 글로스 왁스를 고르게 바르고 스크런치 드라이하고 손가락 빗질하여 자연스러운 컬의 움직임을 연출합니다.

Woman Short Hair Style Design

S-2021-097-1

S-2021-097-2

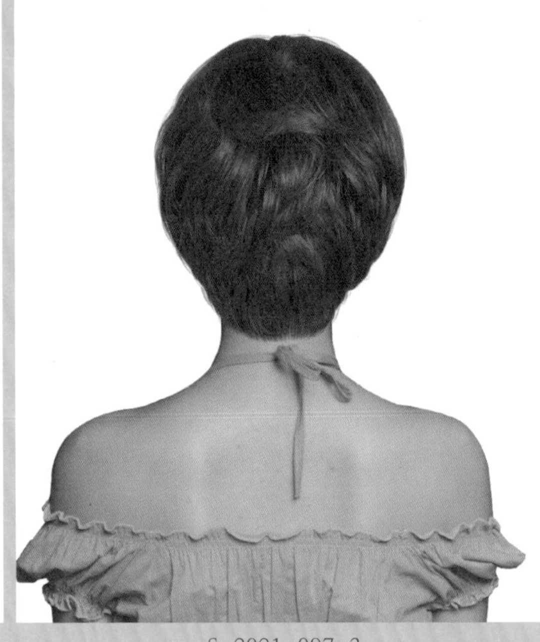

S-2021-097-3

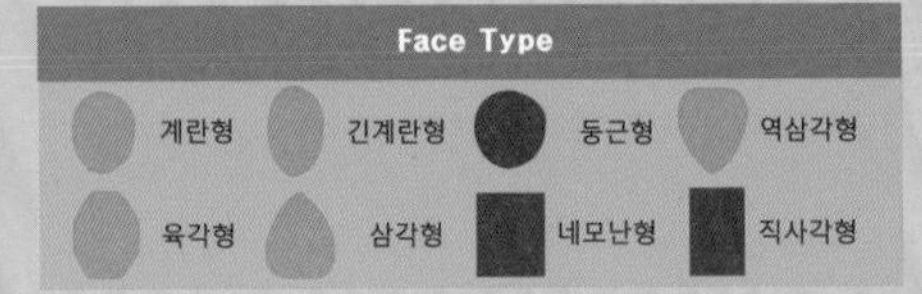

Hair Cut Method-
Technology Manual 093Page 참고

부드러운 웨이브 컬이 율동하며 얼굴을 감싸는 듯 포워드 흐름이 매력적인 헤어스타일!

- 부드럽고 볼륨감을 주는 C컬이 춤을 추듯 움직이는 포워드 흐름이 신비롭고 청순한 아름다움을 느끼게 하는 헤어스타일입니다.
- 언더에서 미디엄 그러데이션을 커트하여 가벼운 흐름을 연출하고 톱 쪽으로 레이어드를 넣어서 부드러운 실루엣을 연출합니다.
- 프런트와 사이드에서 얼굴을 감싸는 층을 만들고 모발 길이 끝부분에서 틴닝과 슬라이딩 커트로 숱을 가늘어지고 가벼운 흐름의 부드러운 질감을 표현합니다.
- 굵은 롤로 원컬 웨이브 파마를 합니다.
- 헤어 드라이기로 뿌리부터 말리면서 70%를 말린 후 글로스 왁스를 고르게 바르고 스크런치 드라이하고 손가락 빗질하여 자연스러운 컬의 움직임을 연출합니다.

Woman Short Hair Style Design

S-2021-098-1

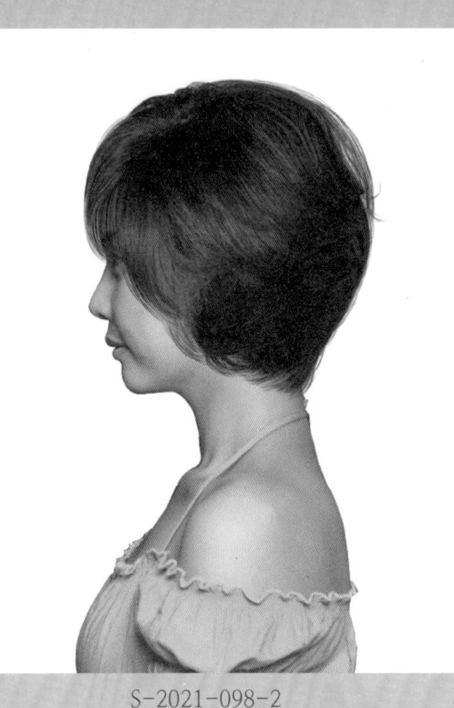

S-2021-098-2

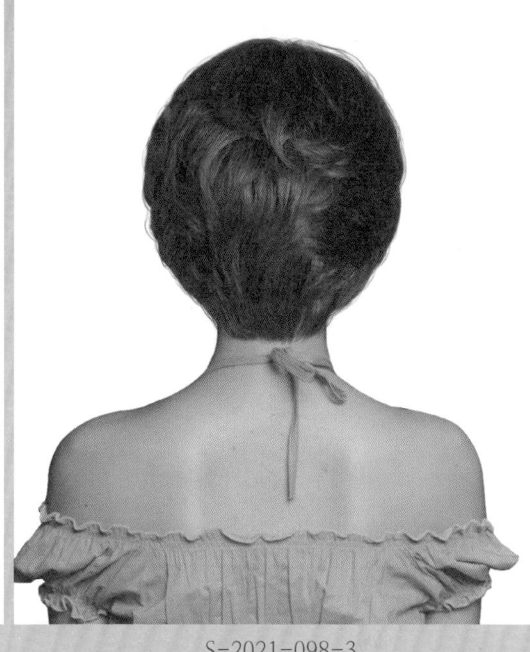

S-2021-098-3

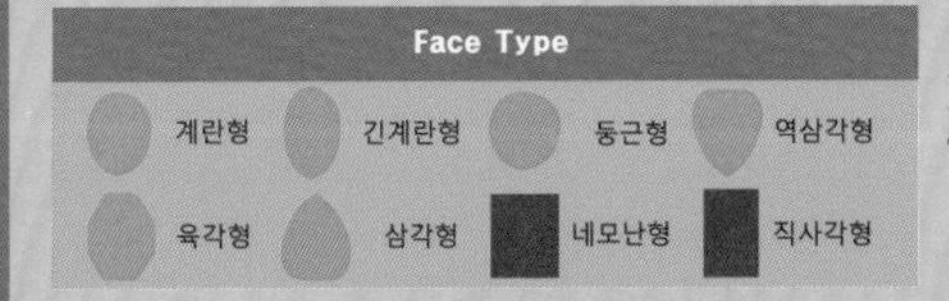

Hair Cut Method-
Technology Manual 093 Page 참고

윤기감 있는 컬러와 부드러운 웨이브 컬의 흐름이 조화되어 신비감과 큐트한 감성의 헤어스타일!

- 윤기를 머금은 듯 투명감 있는 머릿결과 C컬이 믹싱되어 부드럽게 율동하는 디자인은 언제나 발랄하고 청순함이 느껴져서 달콤한 아름다운을 주는 러블리 헤어스타일입니다.
- 언더에서 미디엄 그러데이션을 커트하여 가벼운 흐름을 연출하고 톱 쪽으로 레이어드를 넣어서 부드러운 실루엣을 연출합니다.
- 프런트와 사이드에서 층을 만들고 모발 길이 끝부분에서 틴닝과 슬라이딩 커트로 숱을 가늘어지고 가벼운 흐름의 부드러운 질감을 표현합니다.
- 굵은 롤로 원컬 웨이브 파마를 합니다.
- 헤어 드라이기로 뿌리부터 말리면서 70%를 말린 후 글로스 왁스를 고르게 바르고 스크런치 드라이하고 손가락 빗질하여 자연스러운 컬의 움직임을 연출합니다.

Woman Short Hair Style Design

S-2021-099-1

S-2021-099-2

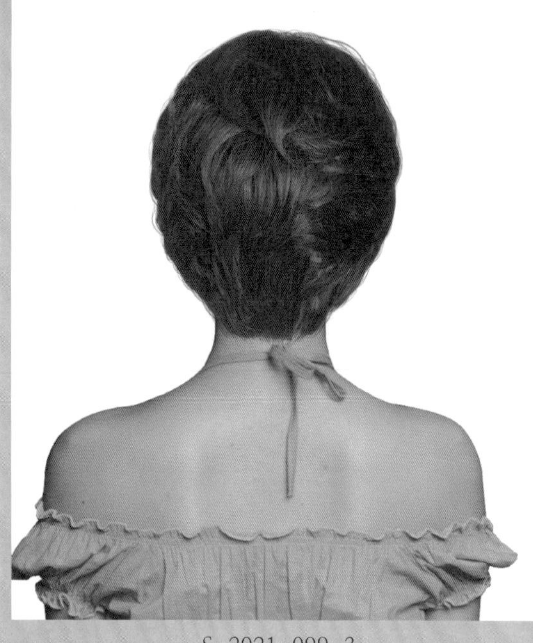

S-2021-099-3

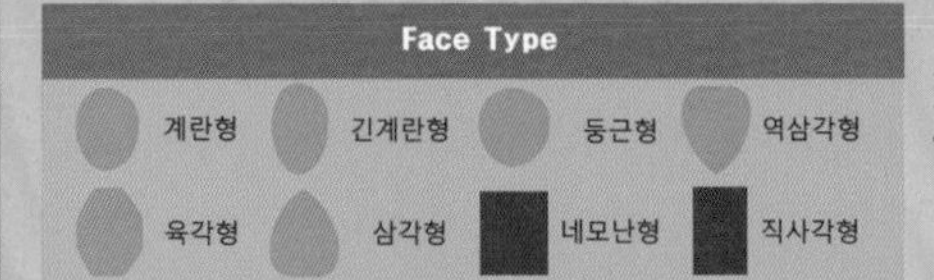

Hair Cut Method–
Technology Manual 100 Page 참고

부드러운 C컬의 풍성한 볼륨이 살아있는 듯 율동하는 느낌이 사랑스러운 헤어스타일!

- 부드러운 컬이 자연스럽게 율동하는 그러데이션 스타일은 언제나 사랑받아 왔고 실루엣의 디자인 변화를 주면 트렌디하고 우아한 아름다움을 주는 헤어스타일입니다.
- 언더에서 하이 그러데이션을 커트하여 가벼운 흐름을 연출하고 톱 쪽으로 레이어드를 넣어서 부드러운 풍성한 실루엣을 연출합니다.
- 모발 길이 끝부분에서 틴닝과 슬라이딩 커트로 숱을 가늘어지고 가벼운 흐름의 부드러운 질감을 표현합니다.
- 굵은 롤로 원컬 웨이브 파마를 합니다.
- 헤어 드라이기로 뿌리부터 말리면서 70%를 말린 후 글로스 왁스를 고르게 바르고 스크런치 드라이하고 손가락 빗질하여 자연스러운 컬의 움직임을 연출합니다.

Woman Short Hair Style Design

S-2021-100-1

S-2021-100-2

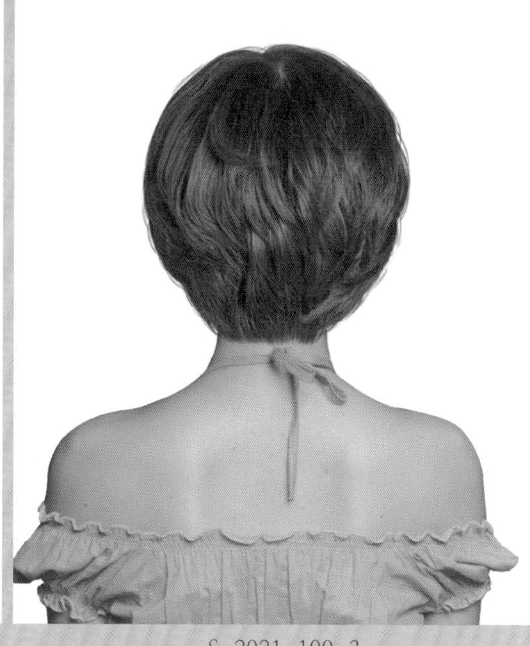

S-2021-100-3

Face Type							
	계란형		긴계란형		둥근형		역삼각형
	육각형		삼각형		네모난형		직사각형

Hair Cut Method-
Technology Manual 100 Page 참고

무겁게 내린 앞머리와 부드러운 웨이브 컬이 청순하고 여성스러움을 주는 헤어스타일!

- 무겁게 내린 앞머리와 내추럴한 컬이 믹싱되어 독특한 개성미를 느끼게 하고 발랄하고 청순한 로맨틱 감성의 헤어스타일입니다.
- 언더에서 그러데이션을 커트하고 톱 쪽으로 레이어드를 넣어서 부드러운 실루엣을 연출합니다.
- 모발 길이 끝부분에서 틴닝으로 숱을 가볍게 하고 슬라이딩 커트로 가늘어지고 가벼운 흐름의 실루엣을 연출합니다.
- 굵은 롤로 원컬 파마를 합니다.
- 헤어 드라이기로 뿌리부터 말리면서 70%를 말린 후 글로스 왁스를 고르게 바르고 손가락 빗질하여 자연스러운 컬의 움직임을 연출합니다.

Woman Short Hair Style Design

S-2021-101-1

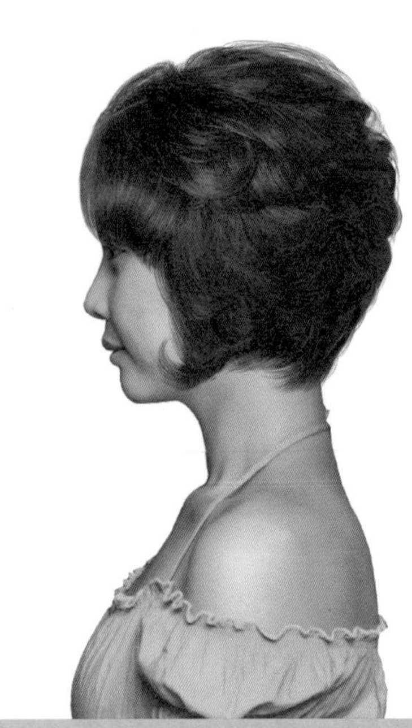

S-2021-101-2

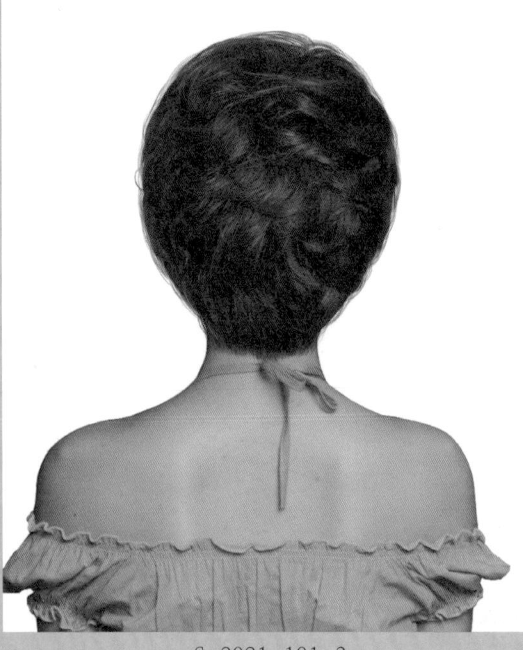

S-2021-101-3

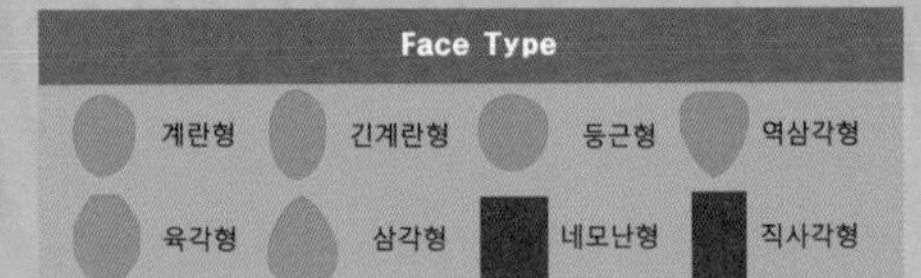

Hair Cut,Permament Wave Method-
Technology Manual 35Page 참고

부드럽고 풍성하게 율동하는 C컬이 사랑스럽고 우아한 여성스러움의 헤어스타일!

- 풍성한 볼륨의 웨이브 컬이 두정부에 볼륨을 주어 얼굴형을 갸름하게 보이게 하고 사랑스럽고 지적인 여성미를 강조한 헤어스타일 디자인입니다.
- 언더에서 하이 그러데이션을 커트하여 가벼운 흐름을 연출하고 톱 쪽으로 레이어드를 넣어서 부드럽고 풍성한 실루엣을 연출합니다.
- 모발 길이 끝부분에서 틴닝과 슬라이딩 커트로 숱을 가늘어지고 가벼운 흐름의 부드러운 질감을 표현합니다.
- 굵은 롤로 1~1.3컬 웨이브 파마를 합니다.
- 헤어 드라이기로 뿌리부터 말리면서 70%를 말린 후 글로스 왁스를 고르게 바르고 스크런치 드라이하고 손가락 빗질하여 자연스러운 컬의 움직임을 연출합니다.

Woman Short Hair Style Design

S-2021-102-1

S-2021-102-2

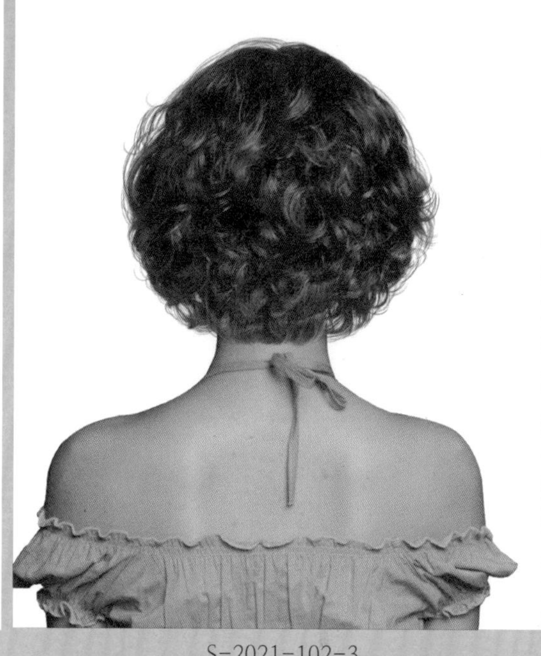

S-2021-102-3

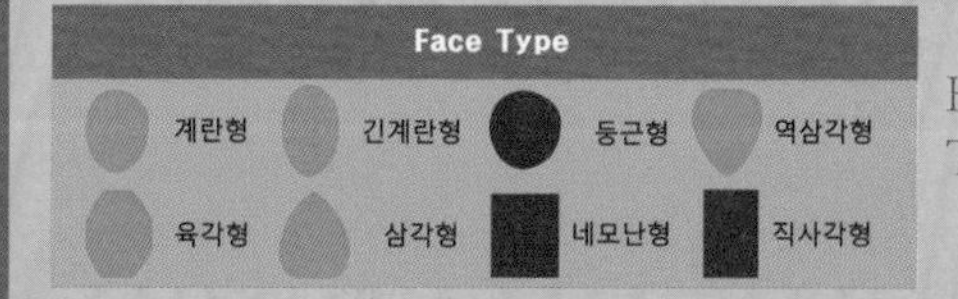

Hair Cut Method-
Technology Manual 100 Page 참고

바람에 춤을 추듯 자유롭게 율동하는 웨이브 컬이 신비롭고 달콤한 러블리 헤어스타일!

- 자유롭게 율동하는 사랑스러운 느낌의 웨이브 컬이 발랄하고 깜찍한 이미지가 느껴지는 소녀 감성의 헤어스타일입니다.
- 언더에서 그러데이션을 커트하고 톱 쪽으로 레이어드를 넣어서 부드럽고 풍성한 실루엣을 연출합니다.
- 모발 길이 끝부분에서 틴닝과 슬라이딩 커트로 숱을 가늘어지고 가벼운 흐름의 부드러운 질감을 표현합니다.
- 굵은 롤로 전체 웨이브 파마를 합니다.
- 헤어 드라이기로 뿌리부터 말리면서 70%를 말린 후 글로스 왁스를 고르게 바르고 스크런치 드라이하고 손가락 빗질하여 털어서 자연스러운 컬의 움직임을 연출합니다.

Woman Short Hair Style Design

S-2021-103-1

S-2021-103-2

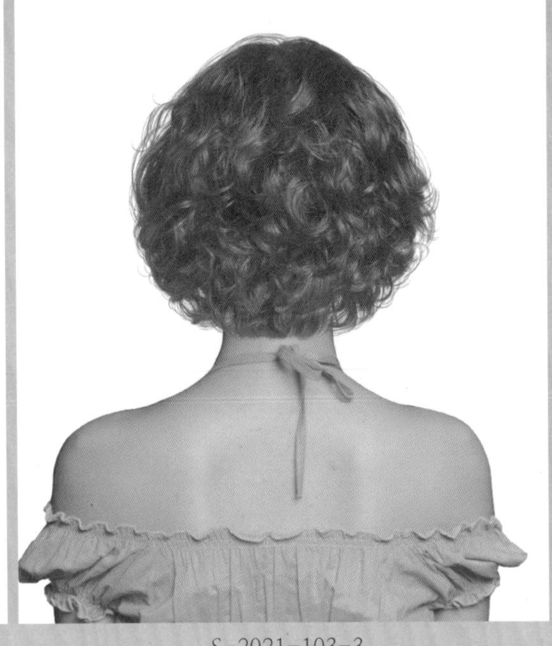

S-2021-103-3

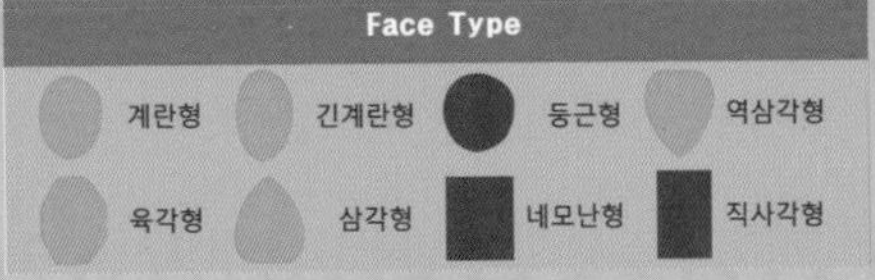

Hair Cut Method-
Technology Manual 100 Page 참고

두둥실 춤을 추듯 율동하는 웨이브 컬의 흐름이 발랄하고 달콤한 느낌의 헤어스타일!

- 숏 헤어스타일의 웨이브 컬 스타일은 끝부분을 가늘어지고 가볍게 커트하여 뻗치고 안말음 되는 컬이 믹싱되어 자유로운 율동을 표현하여야 생기 있고 발랄한 이미지를 연출할 수 있습니다.
- 언더에서 그러데이션을 커트하고 톱 쪽으로 레이어드를 넣어서 부드럽고 풍성한 실루엣을 연출합니다.
- 모발 길이 끝부분에서 틴닝과 슬라이딩 커트로 숱을 가늘어지고 가벼운 흐름의 부드러운 질감을 표현합니다.
- 굵은 롤로 전체 웨이브 파마를 합니다.
- 헤어 드라이기로 뿌리부터 말리면서 70%를 말린 후 글로스 왁스를 고르게 바르고 스크런치 드라이하고 손가락 빗질하여 털어서 자연스러운 컬의 움직임을 연출합니다.

Woman Short Hair Style Design

S-2021-104-1

S-2021-104-2

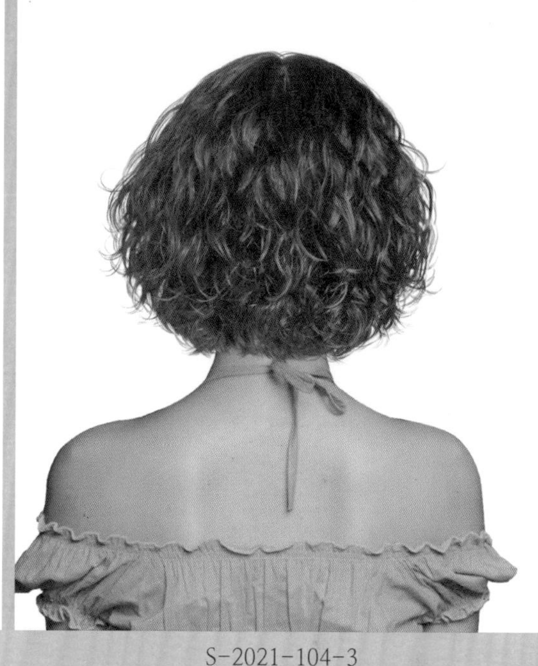

S-2021-104-3

Face Type

계란형 긴계란형 둥근형 역삼각형

육각형 삼각형 네모난형 직사각형

Hair Cut Method-
Technology Manual 108 Page 참고

굽슬굽슬 굵고 탄력 있는 웨이브 컬이 자유로운 느낌을 주는 큐트 감각의 헤어스타일!

- 스트레이트 스타일과 대비되는 전체 웨이브 헤어스타일은 색다른 개성을 주는 헤어스타일로 부드럽고 섹시한 여성스러움을 느끼게 합니다.
- 언더에서 무거운 느낌의 그러데이션을 커트하고 톱 쪽으로 레이어드를 넣어서 부드럽고 부드러운 실루엣을 연출합니다.
- 모발 길이 끝부분에서 틴닝과 슬라이딩 커트로 숱을 가늘어지고 가벼운 흐름의 부드러운 질감을 표현합니다.
- 굵은 롤로 전체 웨이브 파마를 합니다.
- 헤어 드라이기로 뿌리부터 말리면서 70%를 말린 후 글로스 왁스를 고르게 바르고 스크런치 드라이하고 손가락 빗질하여 자연스러운 컬의 움직임을 연출합니다.

Woman Short Hair Style Design

S-2021-105-1

S-2021-105-2

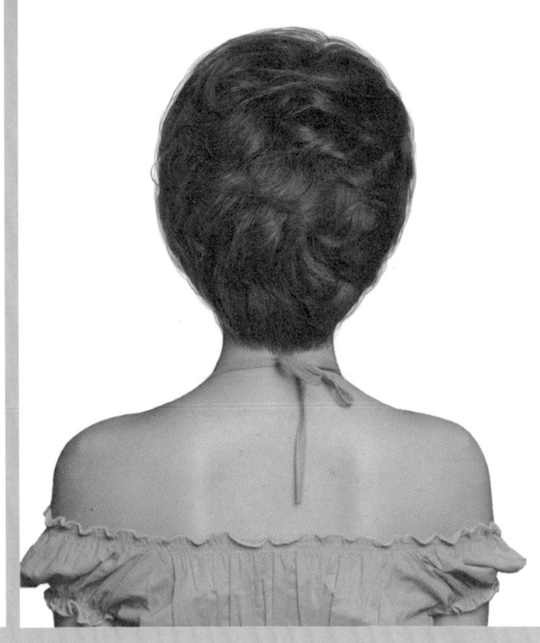

S-2021-105-3

Face Type

계란형 · 긴계란형 · 둥근형 · 역삼각형
육각형 · 삼각형 · 네모난형 · 직사각형

Hair Cut Method-
Technology Manual 100Page 참고

풍성한 볼륨의 웨이브 컬의 흐름이 우아하고 고급스러운 트레디셔널 감각의 헤어스타일!

- 풍성한 볼륨으로 넘겨 빗어 시원스럽게 이마를 드러내는 자연스러움이 여성스럽고 지적이고 우아한 아름다움을 느끼게 하는 헤어스타일입니다.
- 언더에서 하이 그러데이션을 커트하여 가벼운 흐름을 연출하고 톱 쪽으로 레이어드를 넣어서 부드러운 풍성한 실루엣을 연출합니다.
- 모발 길이 끝부분에서 틴닝과 슬라이딩 커트로 숱을 가늘어지고 가벼운 흐름의 부드러운 질감을 표현합니다.
- 굵은 롤로 원컬 웨이브 파마를 합니다.
- 헤어 드라이기로 뿌리부터 말리면서 70%를 말린 후 글로스 왁스를 고르게 바르고 스크런치 드라이하고 손가락 빗질하여 자연스러운 컬의 움직임을 연출합니다.

Woman Short Hair Style Design

S-2021-106-1

S-2021-106-2

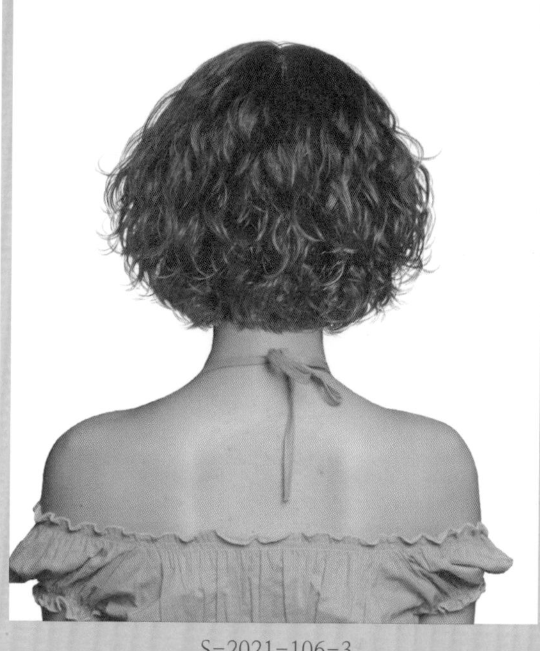

S-2021-106-3

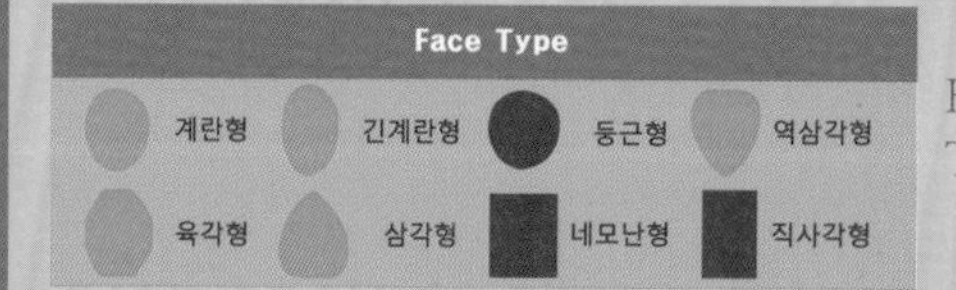

Hair Cut Method-
Technology Manual 108 Page 참고

색다른 개성을 표출하고 싶은 창조적인 여성들의 소망… 나만의 헤어스타일 연출!

- 유행을 창조하고 리드하거나 따라 하는 사람들도 있는데, 색다른 자신이 좋아하는 나만의 헤어스타일을 하면 개성미를 느낄 수가 있습니다.
- 언더에서 무거운 느낌의 그러데이션을 커트하고 톱 쪽으로 레이어드를 넣어서 부드럽운 실루엣을 연출합니다.
- 모발 길이 끝부분에서 틴닝과 슬라이딩 커트로 숱을 가늘어지고 가벼운 흐름의 부드러운 질감을 표현합니다.
- 굵은 롤로 전체 웨이브 파마를 합니다.
- 헤어 드라이기로 뿌리부터 말리면서 70%를 말린 후 글로스 왁스를 고르게 바르고 스크런치 드라이하고 손가락 빗질하여 털어서 자연스러운 컬의 움직임을 연출합니다.

Woman Short Hair Style Design

S-2021-107-1

S-2021-107-2

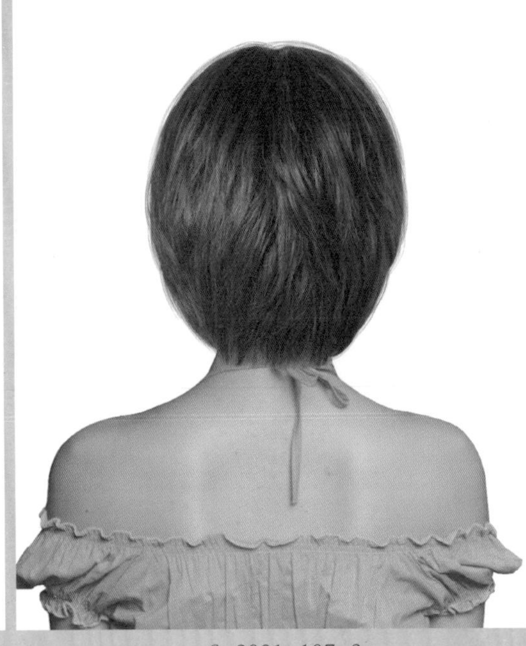

S-2021-107-3

Face Type			
계란형	긴계란형	둥근형	역삼각형
육각형	삼각형	네모난형	직사각형

Hair Cut Method-
Technology Manual 100 Page 참고

곡선의 실루엣… 바람에 날리는 듯 부드럽게 율동하는 흐름이 신비롭고 환상적인 헤어스타일!

- 바람결에 살랑거리는 머릿결의 흐름이 사랑스럽고 발랄한 큐트 감각의 러블리 헤어스타일입니다.
- 언더에서 하이 그러데이션을 커트하여 가벼운 흐름을 연출하고 톱 쪽으로 레이어드를 넣어서 부드러운 실루엣을 연출합니다.
- 모발 길이 끝부분에서 틴닝과 슬라이딩 커트로 숱을 가늘어지고 가벼운 흐름의 부드러운 질감을 표현합니다.
- 굵은 롤로 원컬 웨이브 파마를 합니다.
- 헤어 드라이기로 뿌리부터 말리면서 70%를 말린 후 글로스 왁스를 고르게 바르고 스크런치 드라이하고 손가락 빗질하여 자연스러운 컬의 움직임을 연출합니다.

Woman Short Hair Style Design

S-2021-108-1

S-2021-108-2

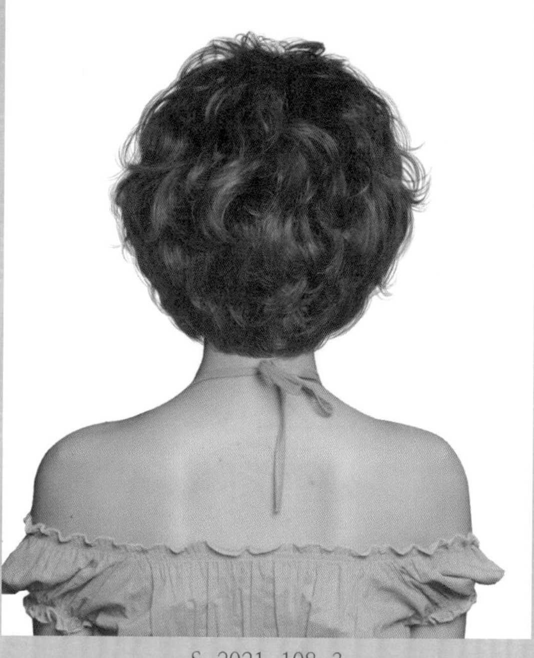

S-2021-108-3

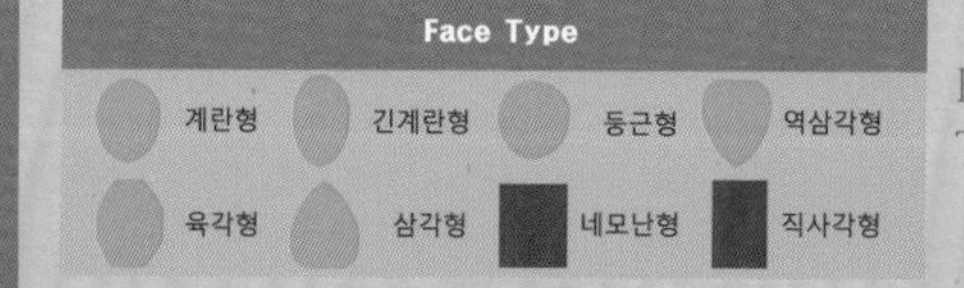

Hair Cut Method-
Technology Manual 100 Page 참고

두둥실 율동하는 웨이브 컬이 사랑스럽고 섹시감의 우아한 여성미를 느끼게 하는 헤어스타일!

- 풍성한 볼륨으로 시원하게 이마를 드러내고 높게 빗어 올린 웨이브 컬이 바람결에 살랑거리며 율동하는 흐름이 자유롭고 성숙한 아름다움을 느끼게 하는 헤어스타일입니다.
- 바람결에 살랑거리는 머릿결의 흐름이 사랑스럽고 발랄한 큐트 감각의 러블리 헤어스타일입니다.
- 언더에서 미디엄 그러데이션을 커트하고 톱 쪽으로 레이어드를 넣어서 부드러운 실루엣을 연출합니다.
- 모발 길이 끝부분에서 틴닝과 슬라이딩 커트로 숱을 가늘어지고 가벼운 흐름의 부드러운 질감을 표현합니다.
- 굵은 롤로 전체 웨이브 파마를 합니다.
- 헤어 드라이기로 뿌리부터 말리면서 70%를 말린 후 글로스 왁스를 고르게 바르고 스크런치 드라이하고 손가락 빗질하여 자연스러운 컬의 움직임을 연출합니다.

Woman Short Hair Style Design

S-2021-109-1

S-2021-109-2

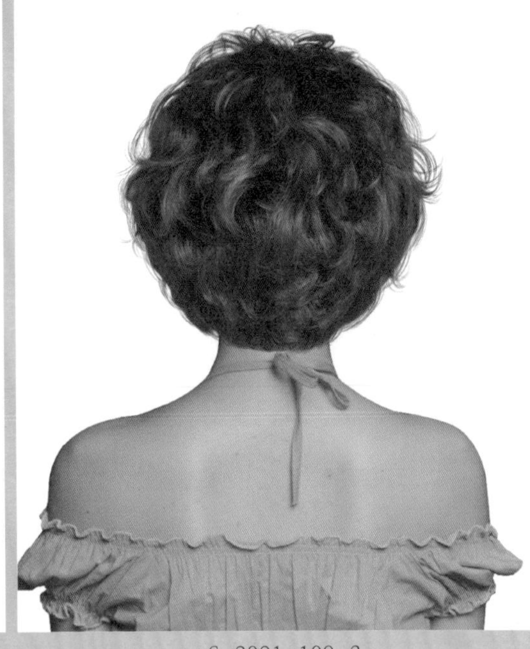

S-2021-109-3

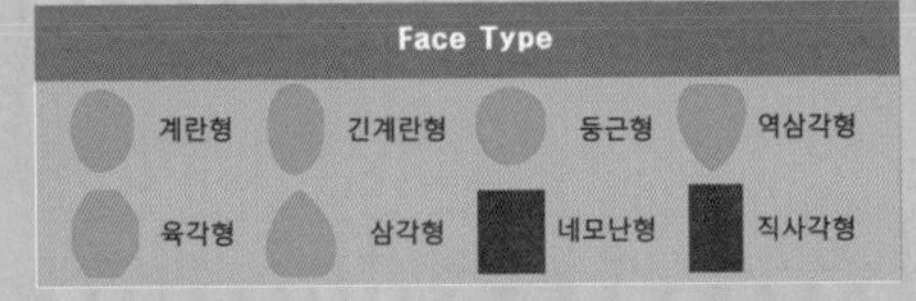

Hair Cut Method-
Technology Manual 100 Page 참고

보송보송 풍성한 볼륨의 웨이브 컬이 사랑스럽고 우아한 아름다움을 느끼게 하는 헤어스타일!

- 시원하게 이마를 드러내고 높게 빗어 올린 풍성한 웨이브 컬이 율동하는 흐름이 우아하고 성숙한 아름다움을 느끼게 하는 헤어스타일입니다.
- 언더에서 그러데이션을 커트하고 톱 쪽으로 레이어드를 넣어서 부드러운 풍성한 실루엣을 연출합니다.
- 모발 길이 끝부분에서 틴닝과 슬라이딩 커트로 숱을 가늘어지고 가벼운 흐름의 부드러운 질감을 표현합니다.
- 굵은 롤로 전체 웨이브 파마를 합니다.
- 헤어 드라이기로 뿌리부터 말리면서 70%를 말린 후 글로스 왁스를 고르게 바르고 스크런치 드라이하고 손가락 빗질하여 자연스러운 컬의 움직임을 연출합니다.

Woman Short Hair Style Design

S-2021-110-1

S-2021-110-2

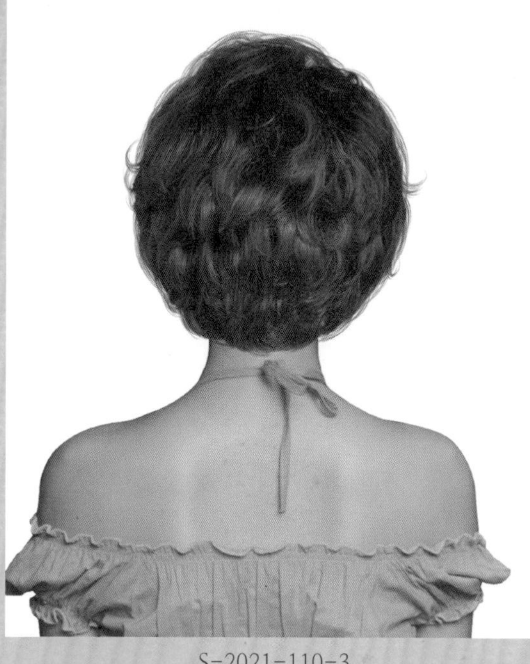

S-2021-110-3

Face Type			
계란형	긴계란형	둥근형	역삼각형
육각형	삼각형	네모난형	직사각형

Hair Cut Method-
Technology Manual 100 Page 참고

풍성한 볼륨으로 부드럽게 율동하는 컬 흐름이 성숙하고 우아한 여성미를 강조한 헤어스타일!

- 이마를 드러내고 높게 빗어 올린 풍성한 컬의 흐름이 우아하고 성숙한 아름다움을 느끼게 하는 트레디셔널 감각의 헤어스타일입니다.
- 언더에서 약간 무게감을 주는 그러데이션을 커트하고 톱 쪽으로 레이어드를 넣어서 부드러운 풍성한 실루엣을 연출합니다.
- 모발 길이 끝부분에서 틴닝과 슬라이딩 커트로 숱을 가늘어지고 가벼운 흐름의 부드러운 질감을 표현합니다.
- 굵은 롤로 전체 웨이브 파마를 합니다.
- 헤어 드라이기로 뿌리부터 말리면서 70%를 말린 후 글로스 왁스를 고르게 바르고 스크런치 드라이하고 손가락 빗질하여 자연스러운 컬의 움직임을 연출합니다.

Woman Short Hair Style Design

S-2021-111-1

S-2021-111-2

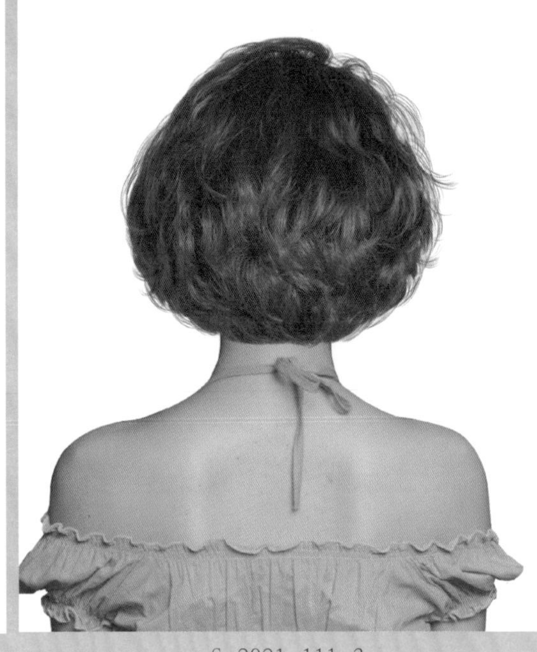

S-2021-111-3

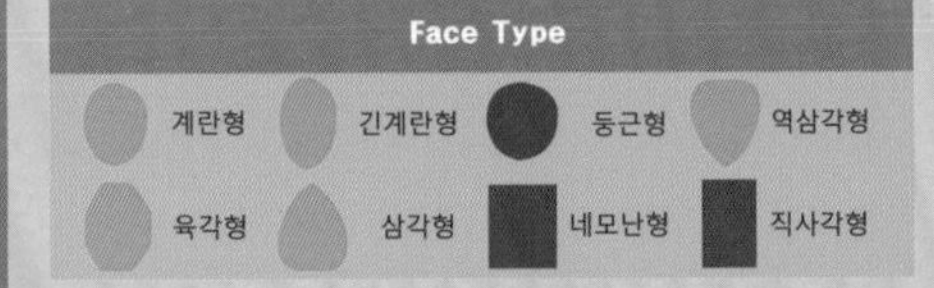

Hair Cut Method-
Technology Manual 131 Page 참고

풍성한 볼륨의 웨이브 컬이 자유로운 개성과 성숙한 아름다움을 주는 헤어스타일!

- 풍성한 볼륨으로 자유롭게 출렁거리며 율동하는 웨이브 컬의 흐름이 자유로운 개성과 우아하고 성숙한 아름다움을 느끼게 하는 헤어스타일입니다.
- 언더에서 약간 무게감을 주는 그러데이션을 커트하고 톱 쪽으로 레이어드를 넣어서 부드러운 풍성한 실루엣을 연출합니다.
- 모발 길이 끝부분에서 틴닝과 슬라이딩 커트로 숱을 가늘어지고 가벼운 흐름의 부드러운 질감을 표현합니다.
- 굵은 롤로 전체 웨이브 파마를 합니다.
- 헤어 드라이기로 뿌리부터 말리면서 70%를 말린 후 글로스 왁스를 고르게 바르고 스크런치 드라이하고 손가락 빗질하여 자연스러운 컬의 움직임을 연출합니다.

Woman Short Hair Style Design

S-2021-112-1

S-2021-112-2

S-2021-112-3

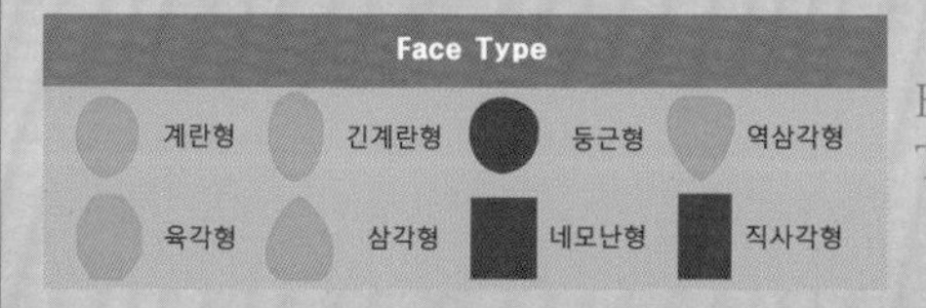

Hair Cut Method-
Technology Manual 100 Page 참고

발랄하고 깜직한 감성의 소유자… 달콤하고 신비한 로맨틱 헤어스타일!

- 자유롭게 뻗치고 안말음 되는 웨이브 컬이 믹싱되어 춤을 추듯 율동하는 흐름이 감미롭고 사랑스러운 큐트 감성의 헤어스타일입니다.
- 언더에서 약간 무게감을 주는 그러데이션을 커트하고 톱 쪽으로 레이어드를 넣어서 부드러운 풍성한 실루엣을 연출합니다.
- 모발 길이 끝부분에서 틴닝과 슬라이딩 커트로 숱을 가늘어지고 가벼운 흐름의 부드러운 질감을 표현합니다.
- 굵은 롤로 전체 웨이브 파마를 합니다.
- 헤어 드라이기로 뿌리부터 말리면서 70%를 말린 후 글로스 왁스를 고르게 바르고 스크런치 드라이하고 손가락 빗질하여 자연스러운 컬의 움직임을 연출합니다.

Woman Short Hair Style Design

S-2021-113-1

S-2021-113-2

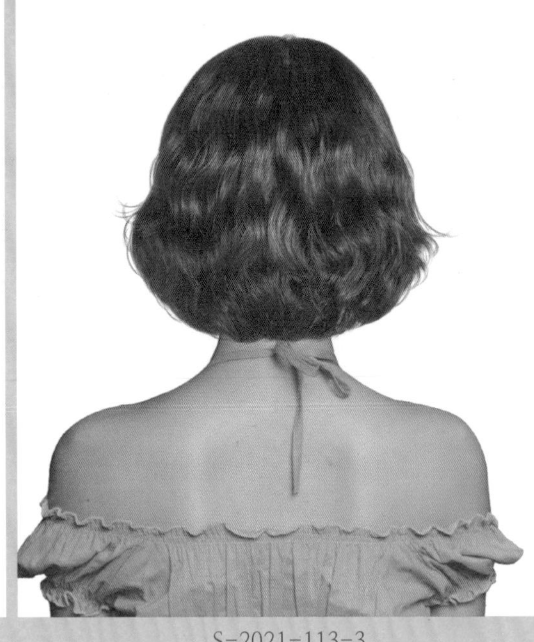

S-2021-113-3

Face Type			
계란형	긴계란형	둥근형	역삼각형
육각형	삼각형	네모난형	직사각형

Hair Cut Method-
Technology Manual 108 Page 참고

바닷바람에 출렁이는 물결 웨이브의 흐름이 차분하면서도 여성미를 강조한 헤어스타일!

- 부드러운 곡선으로 율동하는 물결 웨이브 흐름이 사랑스럽고 신선한 아름다움을 느끼게 하는 헤어스타일입니다.
- 언더에서 무게감을 주는 그러데이션을 커트하고 톱 쪽으로 레이어드를 커트하여 부드러운 실루엣을 연출합니다.
- 모발 길이 끝부분에서 틴닝과 슬라이딩으로 가벼운 흐름의 부드러운 질감을 표현합니다.
- 굵은 롤로 전체 웨이브 파마를 합니다.
- 헤어 드라이기로 뿌리부터 말리면서 70%를 말린 후 글로스 왁스를 고르게 바르고 스크런치 드라이하고 손가락 빗질하여 자연스러운 컬의 움직임을 연출합니다.

Woman Short Hair Style Design

S-2021-114-1

S-2021-114-2

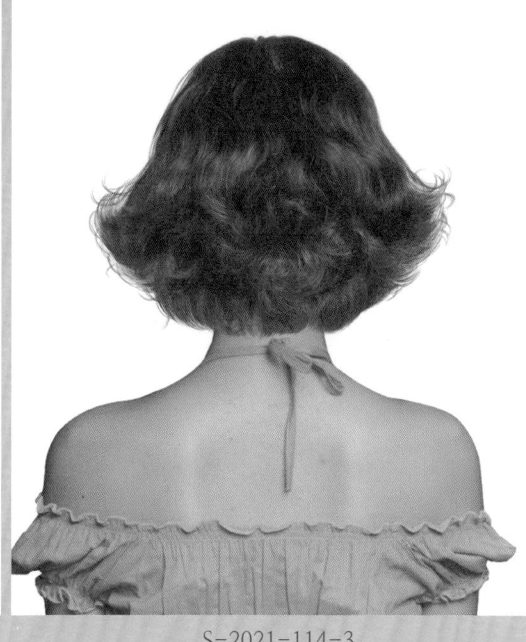

S-2021-114-3

Face Type			
계란형	긴계란형	둥근형	역삼각형
육각형	삼각형	네모난형	직사각형

Hair Cut Method-
Technology Manual 100 Page 참고

맑고 청순하고 발랄한 이미지의 이노센트 감성의 헤어스타일!

- 부드러운 물결 웨이브, 바람결에 실랑거리듯 자유롭게 뻗치는 흐름이 달콤하고 매혹적인 아름다움을 주는 헤어스타일입니다.
- 언더에서 무게감을 주는 그러데이션을 커트하고 톱 쪽으로 레이어드를 넣어서 부드러운 형태를 만듭니다.
- 모발 길이 끝부분에서 틴닝과 슬라이딩 커트로 숱을 가늘어지고 가벼운 흐름의 부드러운 질감을 표현합니다.
- 굵은 롤로 전체 웨이브 파마를 합니다.
- 헤어 드라이기로 뿌리부터 말리면서 70%를 말린 후 글로스 왁스를 고르게 바르고 스크런치 드라이하고 손가락 빗질하여 자연스러운 컬의 움직임을 연출합니다.

Woman Short Hair Style Design

S-2021-115-1

S-2021-115-2

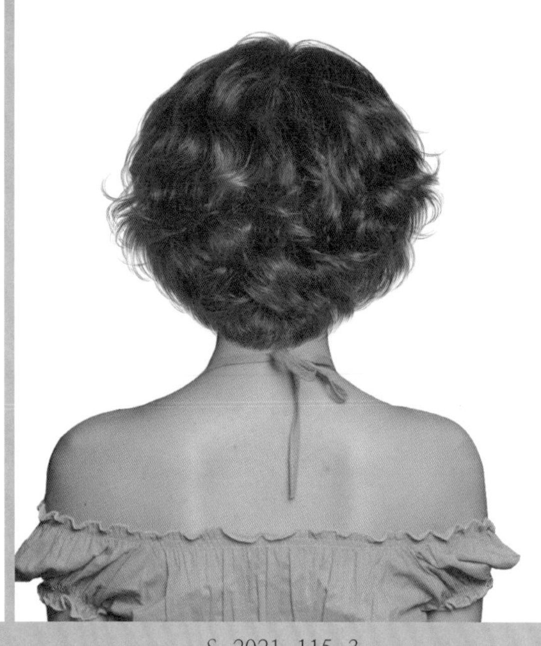

S-2021-115-3

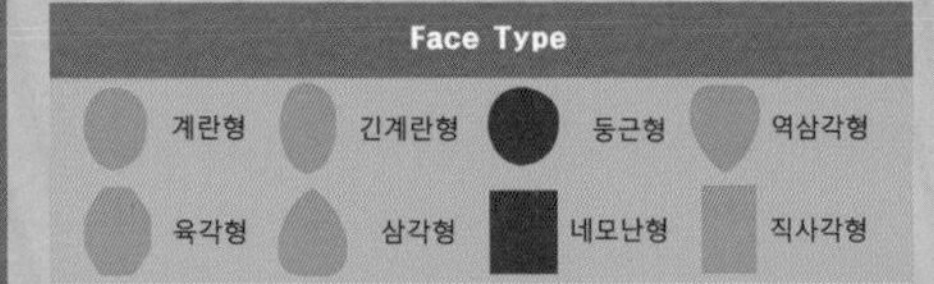

Hair Cut Method-
Technology Manual 093 Page 참고

자유로운 감성을 표출하고 싶은 개성파 여성들의 나만의 헤어스타일!

- 춤을 추듯 율동하는 웨이브 컬과 스트레이트 흐름이 믹싱되어 독특하고 발랄한 개성미가 느껴지는 러블리 심쿵 헤어스타일입니다.
- 언더에서 미디엄 그러데이션을 커트하고 톱 쪽으로 레이어드를 넣어서 부드러운 풍성한 실루엣을 연출합니다.
- 모발 길이 끝부분에서 틴닝과 슬라이딩 커트로 숱을 가늘어지고 가벼운 흐름의 부드러운 질감을 표현합니다.
- 굵은 롤로 전체 웨이브 파마를 하고 앞머리와 사이드에서 플린 듯 생머리 흐름을 연출합니다.
- 헤어 드라이기로 뿌리부터 말리면서 70%를 말린 후 글로스 왁스를 고르게 바르고 스크런치 드라이하고 손가락 빗질하여 자연스러운 컬의 움직임을 연출합니다.

Woman Short Hair Style Design

S-2021-116-1

S-2021-116-2

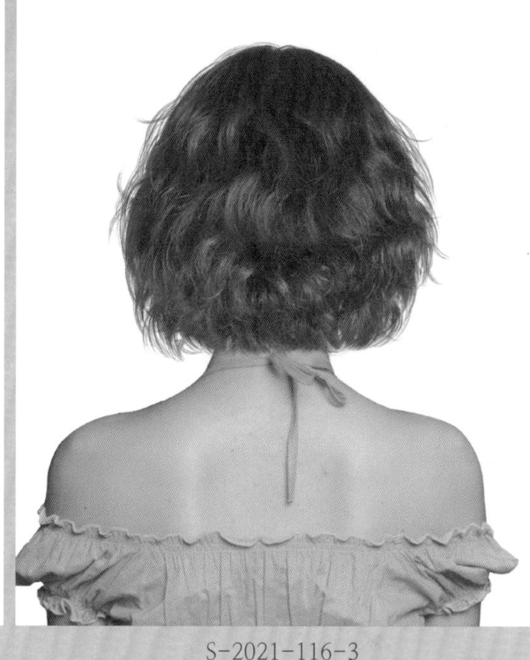

S-2021-116-3

Face Type

계란형 긴계란형 둥근형 역삼각형

육각형 삼각형 네모난형 직사각형

Hair Cut Method-
Technology Manual 100 Page 참고

바람결에 날리고 출렁거리는 웨이브 컬이 사랑스럽고 감미로운 러블리 헤어스타일!

- 풀린 듯 루스한 웨이브 컬이 자유롭게 율동하는 숏 헤어스타일은 독특한 개성의 캐릭터의 이미지를 주는 헤어스타일입니다.
- 언더에서 무게감을 주는 그러데이션을 커트하고 톱 쪽으로 레이어드를 넣어서 부드럽고 풍성한 실루엣을 연출합니다.
- 모발 길이 끝부분에서 틴닝과 슬라이딩 커트로 숱을 가늘어지고 가벼운 흐름의 부드러운 질감을 표현합니다.
- 굵은 롤로 전체 웨이브 파마를 합니다.
- 헤어 드라이기로 뿌리부터 말리면서 70%를 말린 후 글로스 왁스를 고르게 바르고 스크런치 드라이로 풍성한 볼륨을 만들고 손가락 빗질하여 자연스러운 컬의 움직임을 연출합니다.

Woman Short Hair Style Design

S-2021-117-1

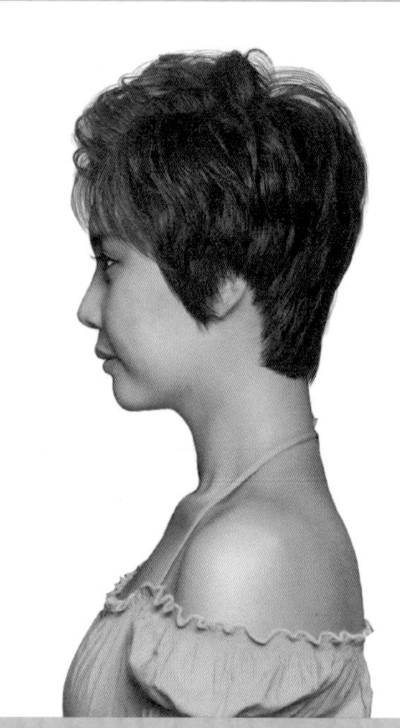

S-2021-117-2

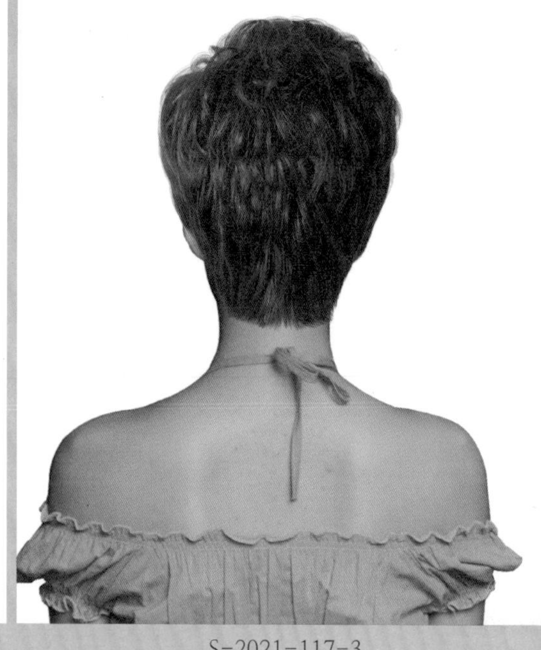

S-2021-117-3

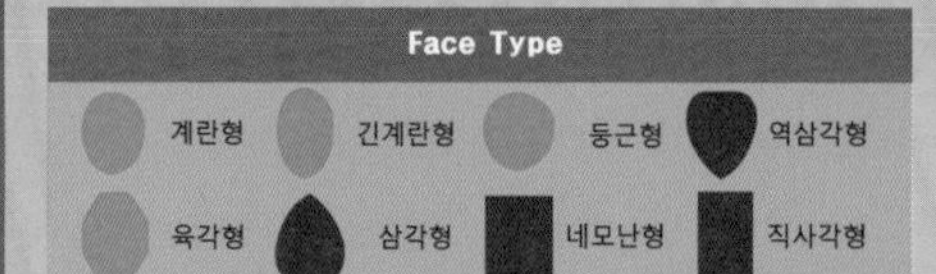

Hair Cut Method-
Technology Manual 035, 093 Page 참고

보송보송 두둥실 율동하는 웨이브컬이 달콤하고 사랑스러운 러블리 헤어스타일!

- 한 볼륨으로 자유롭게 율동하는 웨이브 컬이 로맨틱한 감성을 느끼게 하는 아름다운 헤어스타일입니다.
- 언더에서 하이 그러데이션을 커트하여 목선은 여성스러움을 표현하고 풍성한 볼륨을 만들면서 톱 쪽으로 레이어드를 넣어 줍니다.
- 틴닝과 슬라이딩 커트로 가늘어지고 가벼운 흐름을 연출합니다.
- 굵은 롯드로 1~1.5컬의 웨이브 파마를 합니다.
- 파마 시 뿌리 부분이 꺾이거나 눌리지 않도록 주의하여 파마를 합니다.
- 헤어 드라이기로 뿌리부터 말리면서 70%를 말린 후 글로스 왁스를 고르게 바르고 손가락 빗질하면서 드라이하여 자연스러운 웨이브 컬의 움직임을 연출합니다.

Woman Short Hair Style Design

S-2021-118-1

S-2021-118-2

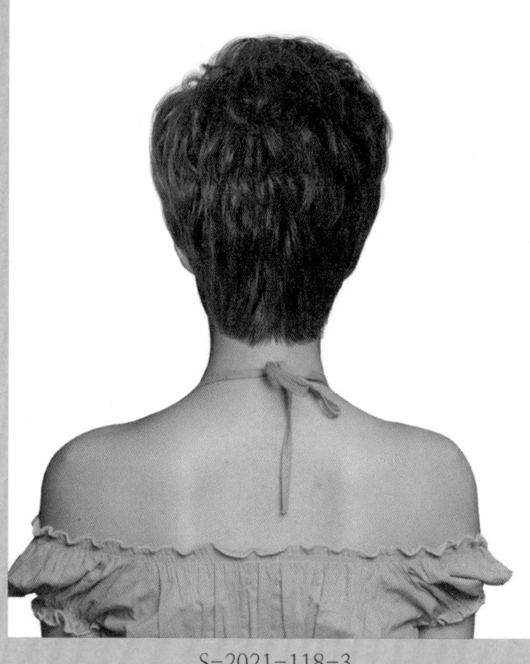

S-2021-118-3

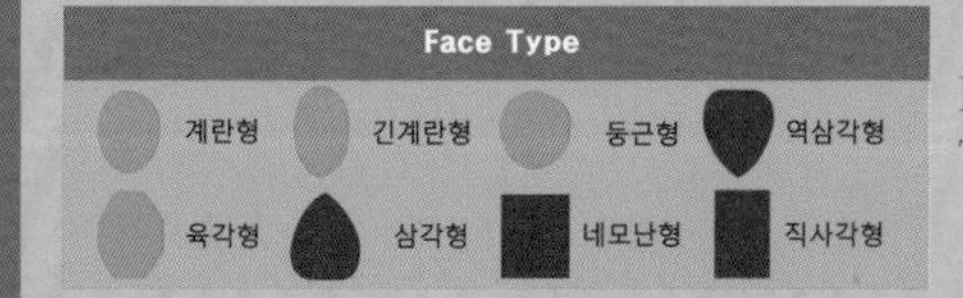

Hair Cut Method-
Technology Manual 093 Page 참고

부드럽고 볼륨 있는 C컬의 자연스러운 흐름이 사랑스러운 여성미를 강조한 큐트 감성의 헤어스타일!

- 모발의 자연스러운 흐름을 연출하는 헤어스타일은 커트 기법과 웨이브 파마가 조화되고 밸런스가 좋아야 손질하기 편한 예쁜 헤어스타일이 완성됩니다.
- 언더에서 하이 그러데이션을 커트하여 목선의 여성스러움을 표현하고 풍성한 볼륨을 만들면서 톱 쪽으로 레이어드를 넣어줍니다.
- 틴닝과 슬라이딩 커트로 가늘어지고 가벼운 흐름을 연출합니다.
- 굵은 롯드로 1~1.5컬의 웨이브 파마를 합니다.
- 파마 시 뿌리 부분이 꺾이거나 눌리지 않도록 주의하여 파마를 합니다.
- 헤어 드라이기로 뿌리부터 말리면서 70%를 말린 후 글로스 왁스를 고르게 바르고 손가락 빗질하면서 드라이하여 자연스러운 웨이브 컬의 움직임을 연출합니다.

Woman Short Hair Style Design

S-2021-119-1

S-2021-119-2

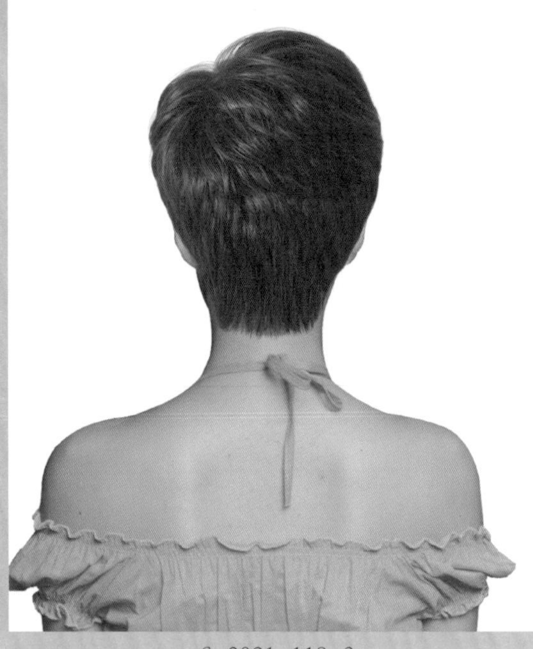

S-2021-119-3

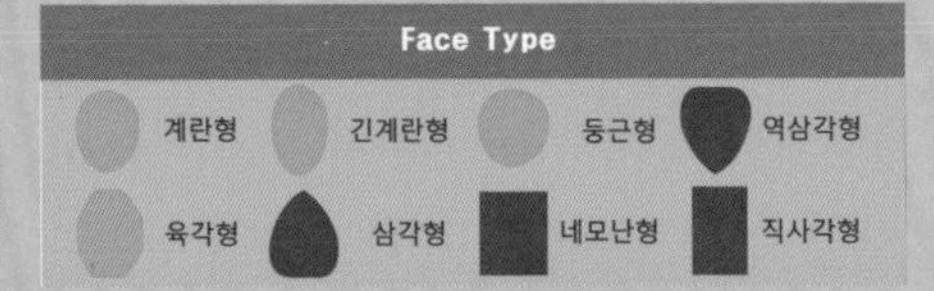

Hair Cut Method-
Technology Manual 035, 093 Page 참고

사랑스러운 웨이브 컬의 율동감이 발랄하고 깜찍한 감성을 주는 헤어스타일!

- 짧은 헤어스타일이지만 감각적인 커트와 웨이브 컬로 사랑스럽고 큐트 감각을 살려 주는 아름다운 헤어스타일입니다.
- 가늘어지고 가벼운 흐름을 연출하여 자유롭게 율동하는 스타일의 표정을 연출합니다.
- 틴닝과 슬라이딩 커트로 가늘어지고 가벼운 흐름을 연출합니다.
- 굵은 롯드로 1~1.5컬의 웨이브 파마를 합니다.
- 파마 시 뿌리 부분이 꺾이거나 눌리지 않도록 주의하여 파마를 합니다.
- 헤어 드라이기로 뿌리부터 말리면서 70%를 말린 후 글로스 왁스를 고르게 바르고 손가락 빗질하면서 드라이하여 자연스러운 웨이브 컬의 움직임을 연출합니다.

Woman Short Hair Style Design

S-2021-120-1

S-2021-120-2

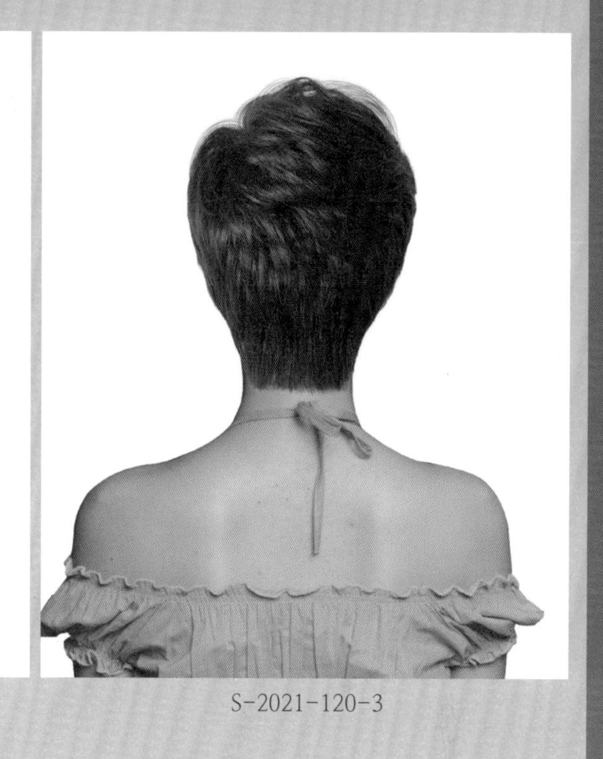

S-2021-120-3

Face Type			
계란형	긴계란형	둥근형	역삼각형
육각형	삼각형	네모난형	직사각형

Hair Cut Method-
Technology Manual 035, 093 Page 참고

이마를 드러내는 풍성한 볼륨의 웨이브 컬이 단정하면서 지성미를 강조한 트레디셔널 헤어스타일!

- 손질이 편하도록 흐름을 만들어 주는 커트와 웨이브 컬을 연출하여 아름답고 손질하기 쉬운 헤어스타일을 조형합니다.
- 굵은 롯드로 1~1.5컬의 웨이브 파마를 합니다.
- 파마 시 뿌리 부분이 꺾이거나 눌리지 않도록 주의하여 파마를 합니다.
- 헤어 드라이기로 뿌리부터 말리면서 70%를 말린 후 글로스 왁스를 고르게 바르고 손가락 빗질하면서 드라이하여 자연스러운 웨이브 컬의 움직임을 연출합니다.

Woman Short Hair Style Design

S-2021-121-1

S-2021-121-2

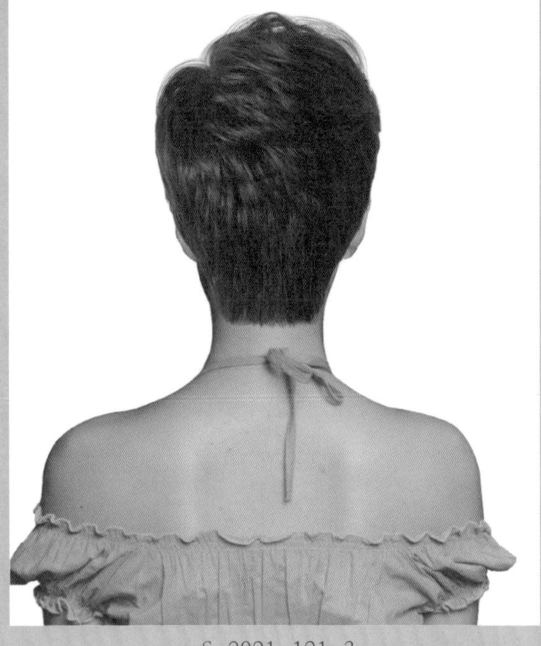

S-2021-121-3

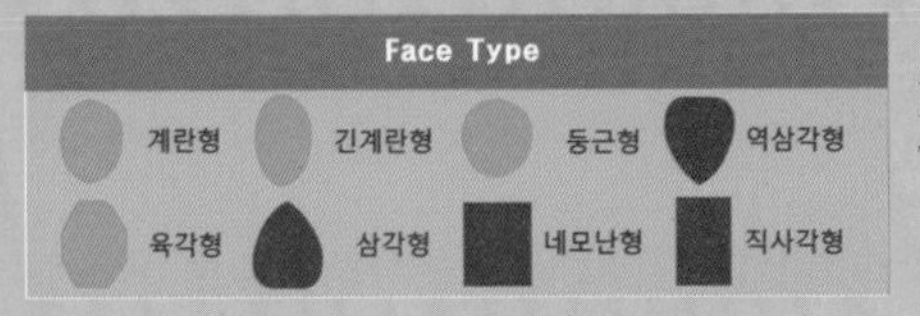

Hair Cut Method-
Technology Manual 035, 093 Page 참고

시원하게 이마를 드러내고 두정부에서 율동하는 웨이브 컬이 사랑스러운 헤어스타일!

- 자연스러운 웨이브 컬과 부드러운 텍스처의 흐름이 자유롭고 사랑스러운 느낌을 주면서 지적이면서 활동적인 여성미를 강조한 헤어스타일입니다.
- 굵은 롯드로 1~1.5컬의 웨이브 파마를 합니다.
- 파마 시 뿌리 부분이 꺾이거나 눌리지 않도록 주의하여 파마를 합니다.
- 헤어 드라이기로 뿌리부터 말리면서 70%를 말린 후 글로스 왁스를 고르게 바르고 손가락 빗질하면서 드라이하여 자연스러운 웨이브 컬의 움직임을 연출합니다.

Woman Short Hair Style Design

S-2021-122-1

S-2021-122-2

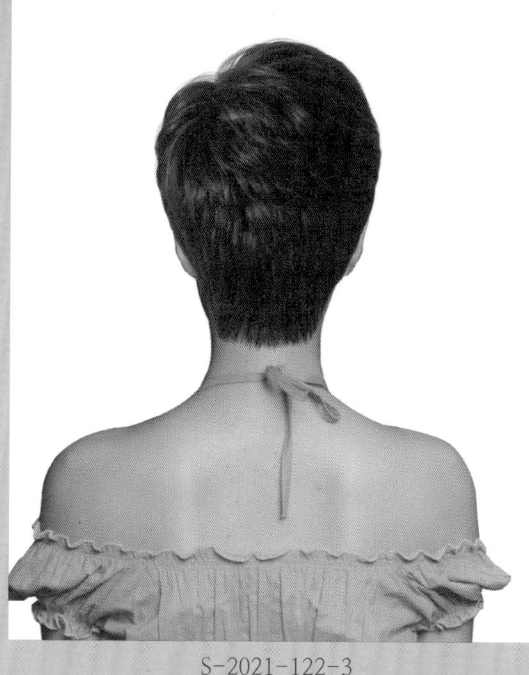

S-2021-122-3

Face Type

계란형 긴계란형 둥근형 역삼각형

육각형 삼각형 네모난형 직사각형

Hair Cut Method–
Technology Manual 035, 093 Page 참고

바람에 스치듯 자연스러운 포워드 흐름이 발랄하고 깜찍한 감성을 주는 헤어스타일!

- 건강한 머릿결을 유지하면서 자연스러운 흐름을 연출한 커트, 파마 기법은 디자이너의 핵심 기술이며 완성도가 높아야 손질하기 편하고 고객이 감동합니다.
- 언더에서 세밀하게 커트하여 목선과 얼굴선이 발랄하고 여성스러운 포워드 흐름을 연출합니다.
- 굵은 롯드로 1~1.5컬의 웨이브 파마를 합니다.
- 파마 시 뿌리 부분이 꺾이거나 눌리지 않도록 주의하여 파마를 합니다.
- 헤어 드라이기로 뿌리부터 말리면서 70%를 말린 후 글로스 왁스를 고르게 바르고 손가락 빗질하면서 드라이하여 자연스러운 웨이브 컬의 움직임을 연출합니다.

Woman Short Hair Style Design

S-2021-123-1

S-2021-123-2

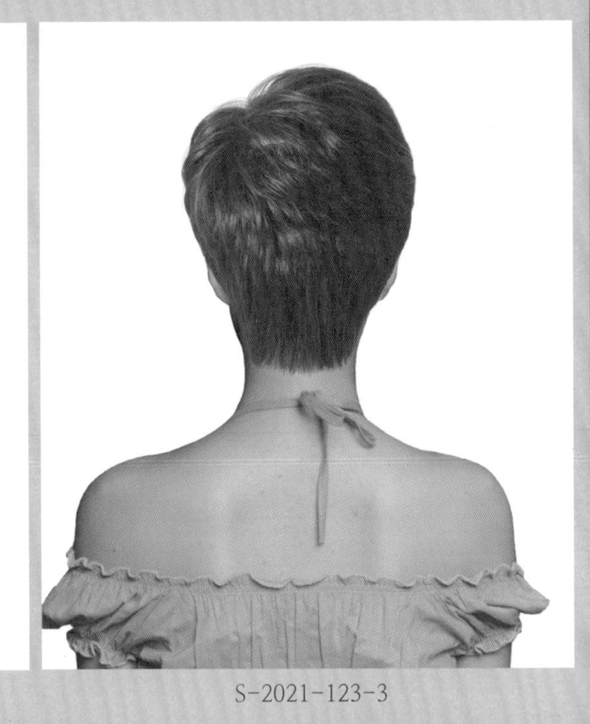

S-2021-123-3

Face Type

계란형 긴계란형 둥근형 역삼각형
육각형 삼각형 네모난형 직사각형

Hair Cut Method-
Technology Manual 035, 093 Page 참고

풍성한 볼륨과 포워드 웨이브 컬이 귀엽고 사랑스러운 러블리 헤어스타일!

- 반짝반짝 윤기 나는 헤어 컬러, 두둥실 율동하는 웨이브 컬이 사랑스러운 아름다운 헤어스타일입니다.
- 언더에서 세밀하게 커트하여 목선과 얼굴선이 발랄하고 여성스러운 포워드 흐름을 연출합니다.
- 굵은 롯드로 1~1.5컬의 웨이브 파마를 합니다.
- 파마 시 뿌리 부분이 꺾이거나 눌리지 않도록 주의하여 파마를 합니다.
- 헤어 드라이기로 뿌리부터 말리면서 70%를 말린 후 글로스 왁스를 고르게 바르고 손가락 빗질하면서 드라이하여 자연스러운 웨이브 컬의 움직임을 연출합니다.

Woman Short Hair Style Design

S-2021-124-1

S-2021-124-2

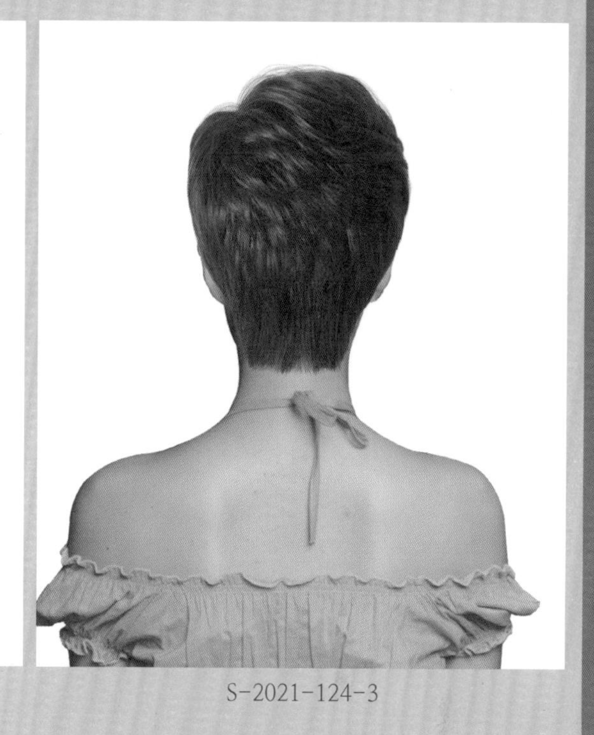

S-2021-124-3

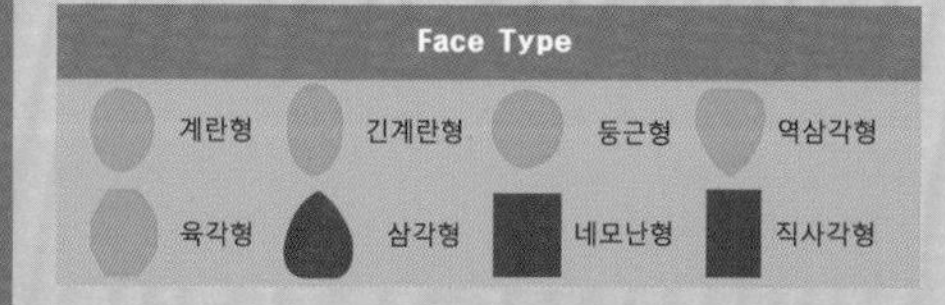

Hair Cut Method-
Technology Manual 035, 093 Page 참고

시원하게 이마를 드러내면서 본래 곱슬머리처럼 자연스러운 헤어스타일!

- 곱슬머리처럼 자연스러운 웨이브 파마를 하여 곱게 빗어 준 흐름이 단정하고 지적이면서 청순한 아름다움을 주는 헤어스타일입니다.
- 언더에서 세밀하게 커트하여 목선을 부드럽게 연출하고 굵은 롯드로 1~1.5컬의 웨이브 파마를 합니다.
- 파마 시 뿌리 부분이 꺾이거나 눌리지 않도록 주의하여 파마를 합니다.
- 헤어 드라이기로 뿌리부터 말리면서 70%를 말린 후 글로스 왁스를 고르게 바르고 손가락 빗질하면서 드라이하여 자연스러운 웨이브 컬의 움직임을 연출합니다.

Woman Short Hair Style Design

S-2021-125-1

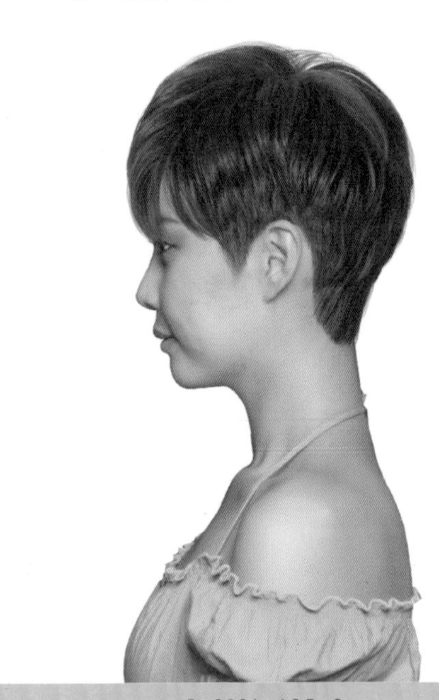
S-2021-125-2

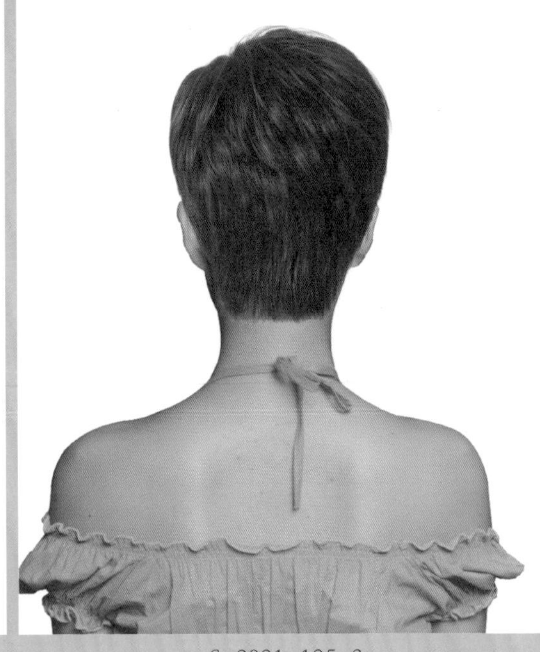
S-2021-125-3

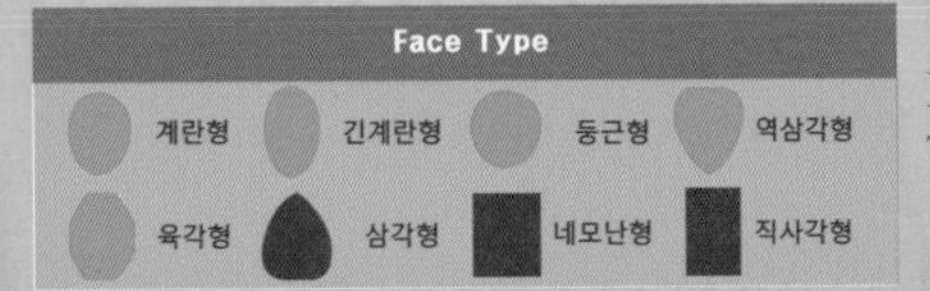

Hair Cut Method-
Technology Manual 035, 093 Page 참고

단정하면서 청순한 아름다움을 주는 스포티 헤어스타일!

- 귀를 보이게 하는 숏 헤어스타일은 라인, 곡선의 실루엣 모발 끝의 흐름이 포인트입니다.
- 작은 얼굴형에 잘 어울리는 헤어스타일이며 목선이 두껍거나 큰 편의 얼굴형은 남성적인 이미지를 줄 수 있어서 참고해야 합니다.
- 네이프를 짧고 가볍게 커트하여 목선의 아름다움을 강조하고 두정부와 앞머리를 길게 처리하여 이마에서 부드러운 율동감을 표현합니다.
- 굵은 롯드로 1~1.5컬의 웨이브 파마를 합니다.
- 파마 시 뿌리 부분이 꺾이거나 눌리지 않도록 주의하여 파마를 합니다.
- 헤어 드라이기로 뿌리부터 말리면서 80%를 말린 후 글로스 왁스를 고르게 바르고 손가락 빗질하면서 드라이하여 자연스러운 웨이브 컬의 움직임을 연출합니다.

Woman Short Hair Style Design

S-2021-126-1

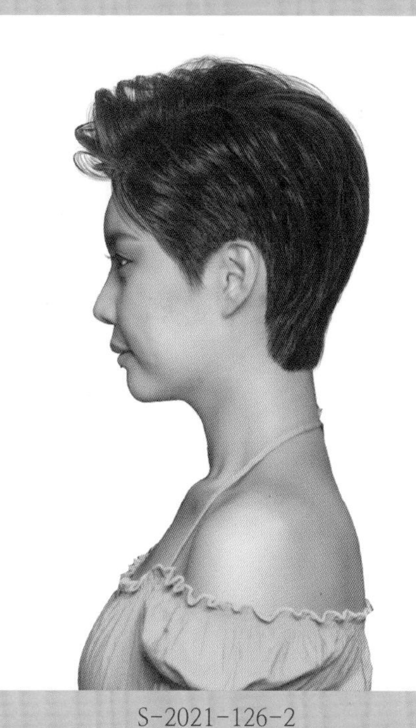
S-2021-126-2

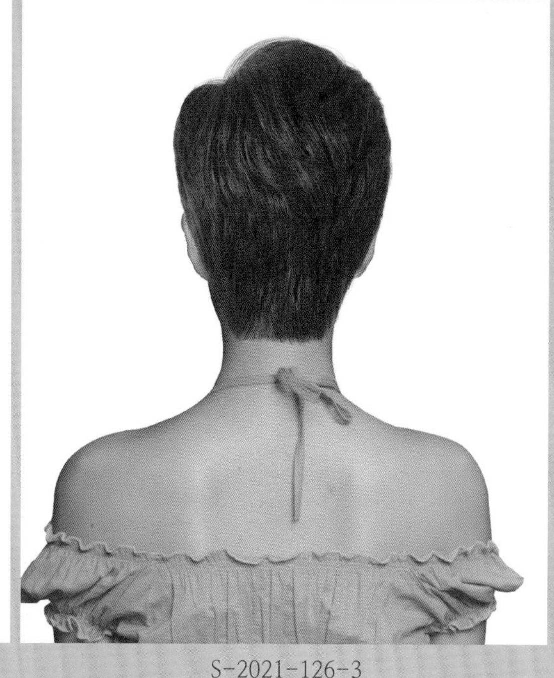
S-2021-126-3

Face Type			
계란형	긴계란형	둥근형	역삼각형
육각형	삼각형	네모난형	직사각형

Hair Cut Method-
Technology Manual 035, 093 Page 참고

시원하게 이마를 드러내어 높은 볼륨으로 올려 빗은 흐름이 매니시 감성의 헤어스타일!

- 이마와 귀를 시원하게 드러낸 헤어스타일은 부드러운 웨이브 컬을 연출하여 여성스러움과 부드럽고 지성미가 느껴지도록 연출하는 것이 포인트입니다.
- 뿌리 부분이 눌리거나 꺾이지 않도록 주의하여 파마를 하여야 손질하기 편한 헤어스타일이 연출됩니다.
- 굵은 롯드로 1~1.5컬의 웨이브 파마를 합니다.
- 헤어 드라이기로 뿌리부터 말리면서 80%를 말린 후 글로스 왁스를 고르게 바르고 손가락 빗질하면서 드라이하여 자연스러운 웨이브 컬의 움직임을 연출합니다.

Woman Short Hair Style Design

S-2021-127-1

S-2021-127-2

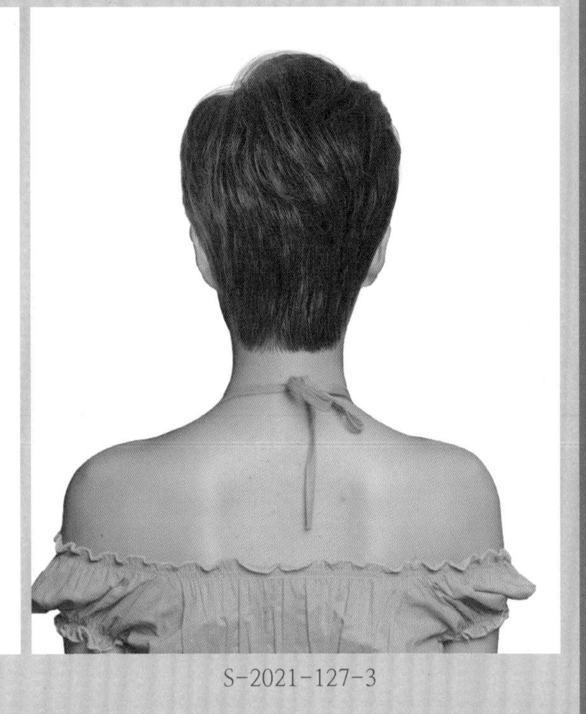

S-2021-127-3

Face Type

계란형 긴계란형 둥근형 역삼각형
육각형 삼각형 네모난형 직사각형

Hair Cut Method-
Technology Manual 035, 093 Page 참고

부드럽고 높은 볼륨으로 빗어 올린 흐름이 엄격한 지성미를 강조한 헤어스타일!

- 여성과 남성에게도 잘 어울리는 앤드로지너스 헤어스타일로 부드러운 커트 흐름과 율동하는 웨이브 흐름을 연출하여 부드러운 감성을 연출해 줍니다.
- 굵은 롯드로 1~1.5컬의 웨이브 파마를 합니다.
- 헤어 드라이기로 뿌리부터 말리면서 80%를 말린 후 글로스 왁스를 고르게 바르고 손가락으로 빗질하면서 드라이하여 자연스러운 웨이브 컬의 움직임을 연출합니다.

Woman Short Hair Style Design

S-2021-128-1

S-2021-128-2

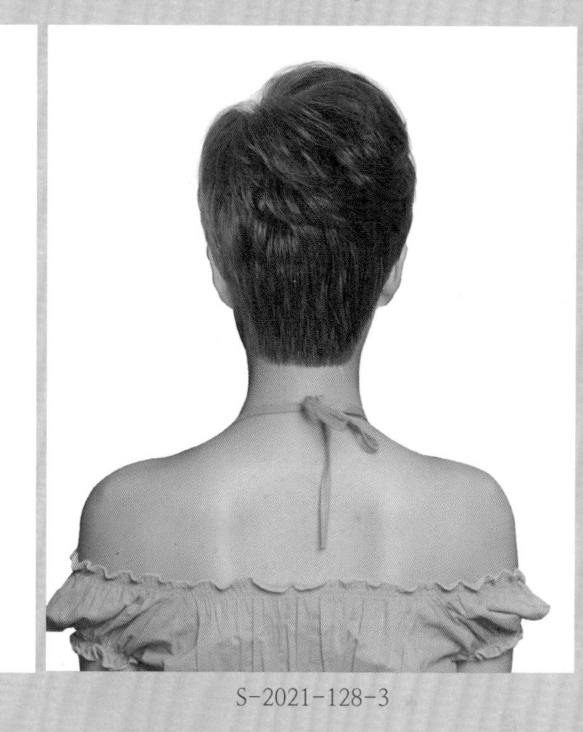

S-2021-128-3

Face Type

계란형 긴계란형 둥근형 역삼각형

육각형 삼각형 네모난형 직사각형

Hair Cut Method-
Technology Manual 035, 093 Page 참고

손질하지 않은 듯 자유롭게 율동하는 웨이브 컬이 사랑스러운 러블리 댄디 헤어스타일!

- 아주 짧은 헤어스타일이지만 두정부에서 높은 볼륨과 앞머리를 길게 처리하여 자유로운 웨이브 컬을 연출하면 귀엽고 사랑스러운 헤어스타일이 연출됩니다.
- 뿌리 부분이 눌리거나 꺾이지 않도록 주의하여 파마를 하여야 손질하기 편한 헤어스타일이 연출됩니다.
- 굵은 롯드로 1~1.5컬의 웨이브 파마를 합니다.
- 헤어 드라이기로 뿌리부터 말리면서 70%를 말린 후 글로스 왁스를 고르게 바르고 손가락 빗질하면서 드라이하여 자연스러운 웨이브 컬의 움직임을 연출합니다.

Woman Short Hair Style Design

S-2021-129-1

S-2021-129-2

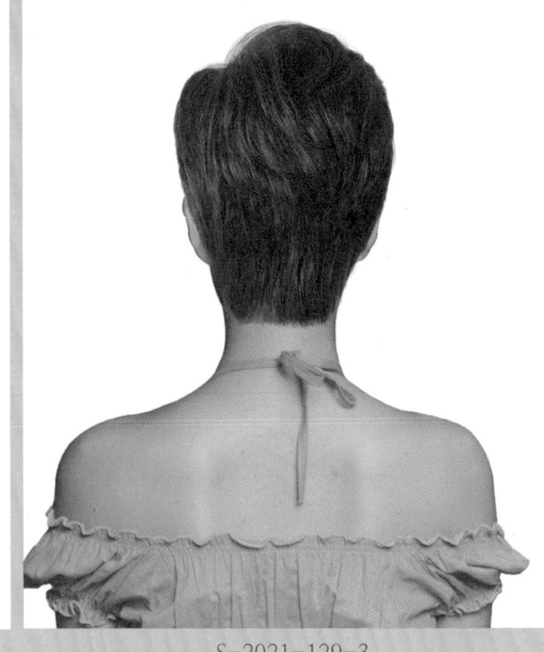

S-2021-129-3

Face Type			
계란형	긴계란형	둥근형	역삼각형
육각형	삼각형	네모난형	직사각형

Hair Cut Method-
Technology Manual 035, 093 Page 참고

단정하면서 지적인 이미지가 느껴지는 댄디 헤어스타일!

- 활동적이면서 지적이며 격조와 품위가 느껴지는 매니시 감성의 헤어스타일입니다.
- 남성적인 이미지가 나타나지 않도록 부드러운 웨이브 컬과 자연스러운 흐름을 연출하여 섬세한 여성미를 강조합니다.
- 굵은 롯드로 1~1.5컬의 웨이브 파마를 합니다.
- 헤어 드라이기로 뿌리부터 말리면서 70%를 말린 후 글로스 왁스를 고르게 바르고 손가락 빗질하면서 드라이하여 자연스러운 웨이브 컬의 움직임을 연출합니다.

Woman Short Hair Style Design

S-2021-130-1

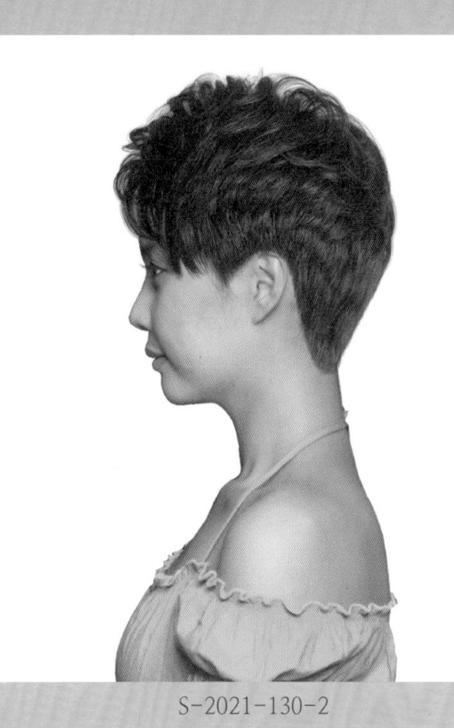

S-2021-130-2

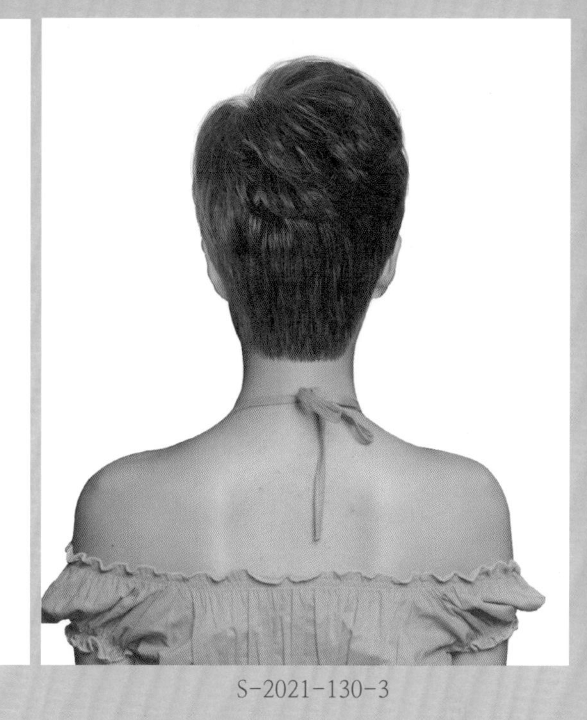

S-2021-130-3

Face Type			
계란형	긴계란형	둥근형	역삼각형
육각형	삼각형	네모난형	직사각형

Hair Cut Method-
Technology Manual 035, 093 Page 참고

깨끗하고 청순한 이미지와 발랄함이 느껴지는 스포티 감각의 헤어스타일!

- 시원하게 이마와 귀를 드러내는 짧은 댄디 감성의 헤어스타일로 활동적이면서 단정하고 차분한 여성스러움을 강조하기 위해 부드러운 모발 흐름과 웨이브 컬을 연출합니다.
- 굵은 롯드로 1~1.5컬의 웨이브 파마를 합니다.
- 헤어 드라이기로 뿌리부터 말리면서 80%를 말린 후 글로스 왁스를 고르게 바르고 손가락 빗질하면서 드라이하여 자연스러운 웨이브 컬의 움직임을 연출합니다.

Woman Short Hair Style Design

S-2021-131-1

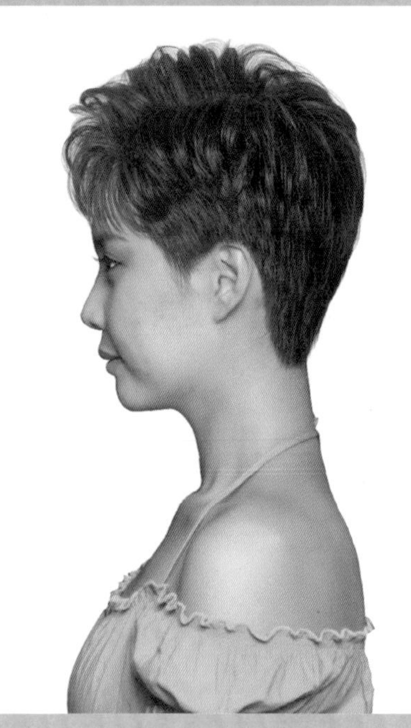

S-2021-131-2

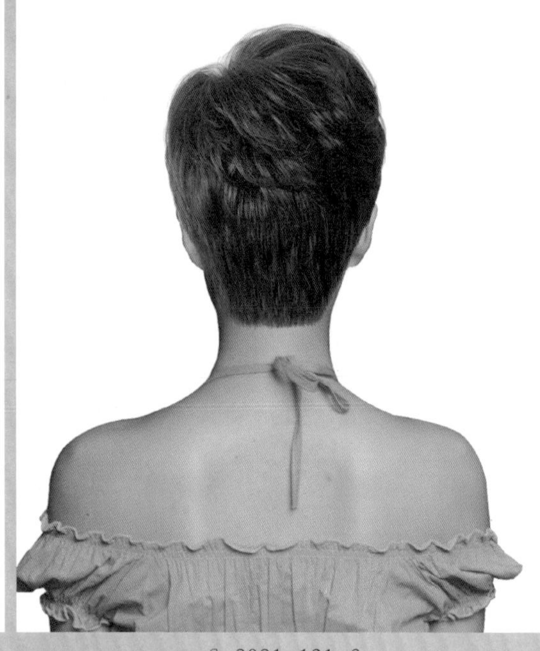

S-2021-131-3

Face Type			
계란형	긴계란형	둥근형	역삼각형
육각형	삼각형	네모난형	직사각형

Hair Cut Method-
Technology Manual 035, 093 Page 참고

차분하고 단정하면서 활동적인 여성스러움이 느껴지는 매니시 감성의 헤어스타일!

- 여성에게도 남성에게도 비교적 잘 어울리는 댄디 헤어스타일로 단순하고 딱딱한 느낌을 주지 않기 위해 부드러운 흐름의 커트를 하고 자연스럽게 넘겨지는 웨이브 파마를 합니다.
- 굵은 롯드로 1~1.5컬의 웨이브 파마를 합니다.
- 헤어 드라이기로 뿌리부터 말리면서 70%를 말린 후 글로스 왁스를 고르게 바르고 손가락 빗질하면서 드라이하여 자연스러운 웨이브 컬의 움직임을 연출합니다.

Woman Short Hair Style Design

S-2021-132-1

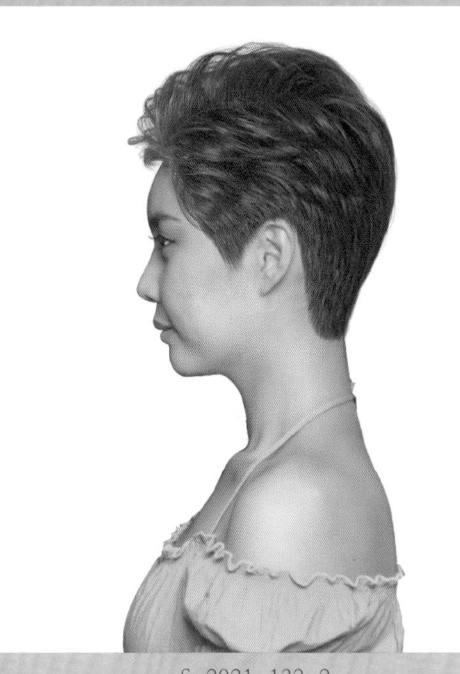

S-2021-132-2

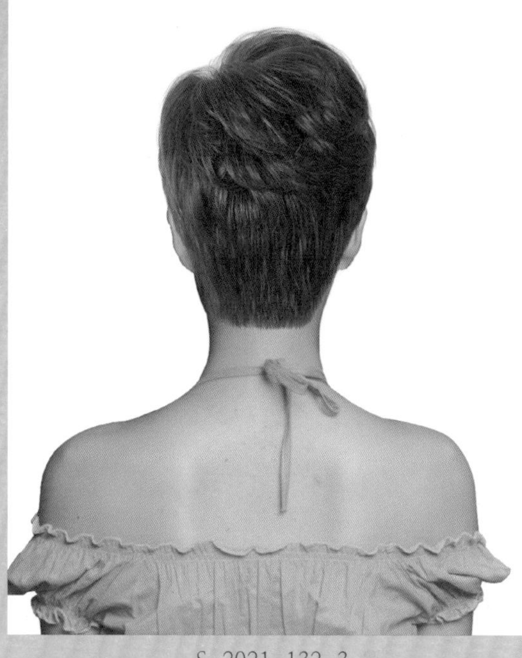

S-2021-132-3

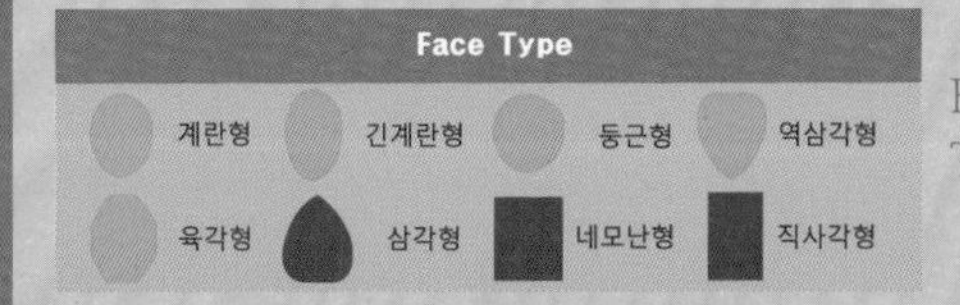

Hair Cut Method-
Technology Manual 035, 093 Page 참고

시원하게 이마를 드러내고 자연스럽게 빗어 넘긴 흐름이 엄격한 지성미를 강조한 헤어스타일!

- 본래 곱슬머리는 손질하기 편하지만 직모의 머릿결의 고객은 자연스럽고 손질하기 편한 흐름의 웨이브 컬이 부럽고 사랑스럽습니다.
- 퍼머를 하면서 뿌리 부분이 눌리거나 꺾이지 않도록 주의하여 파마를 하여야 손질하기 편한 헤어스타일이 연출됩니다.
- 굵은 롯드로 1~1.5컬의 웨이브 파마를 합니다.
- 헤어 드라이기로 뿌리부터 말리면서 80%를 말린 후 글로스 왁스를 고르게 바르고 손가락 빗질하면서 드라이하여 자연스러운 웨이브 컬의 움직임을 연출합니다.

Woman Short Hair Style Design

S-2021-133-1

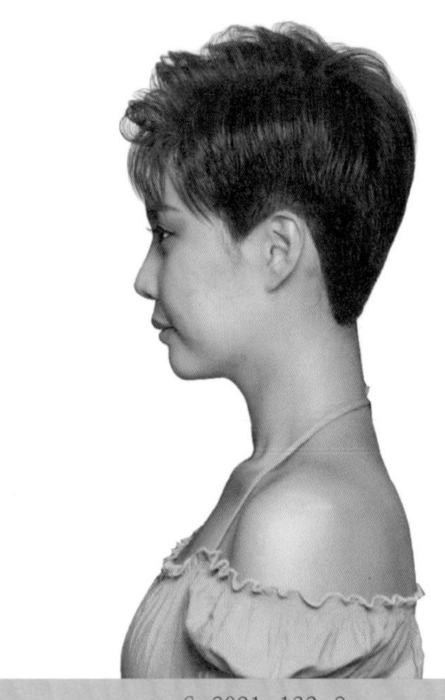
S-2021-133-2

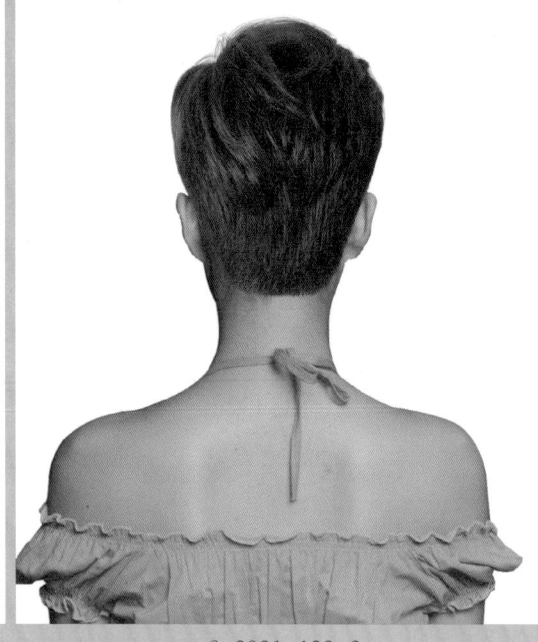
S-2021-133-3

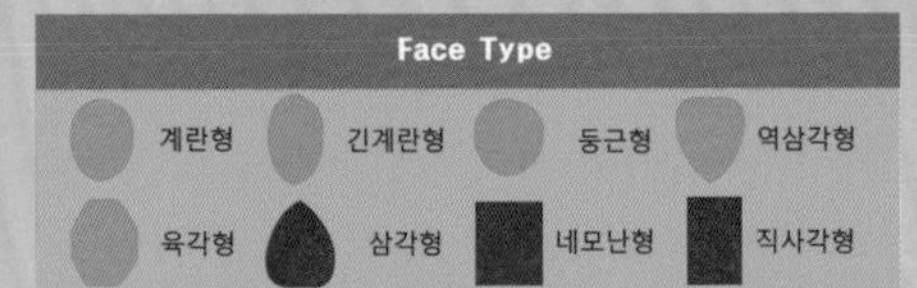

Hair Cut Method-
Technology Manual 035, 093 Page 참고

단정하면서 활동적이고 지성미가 느껴지는 앤드로지너스 감성의 헤어스타일!

- 아주 짧은 헤어스타일에서 느껴지는 딱딱함과 남성적인 이미지를 커버하기 위해 부드러운 웨이브 컬을 연출합니다.
- 굵은 롯드로 1~1.5컬의 웨이브 파마를 합니다.
- 헤어 드라이기로 뿌리부터 말리면서 80%를 말린 후 글로스 왁스를 고르게 바르고 손가락 빗질하면서 드라이하여 자연스러운 웨이브 컬의 움직임을 연출합니다.

Woman Short Hair Style Design

S-2021-134-1

S-2021-134-2

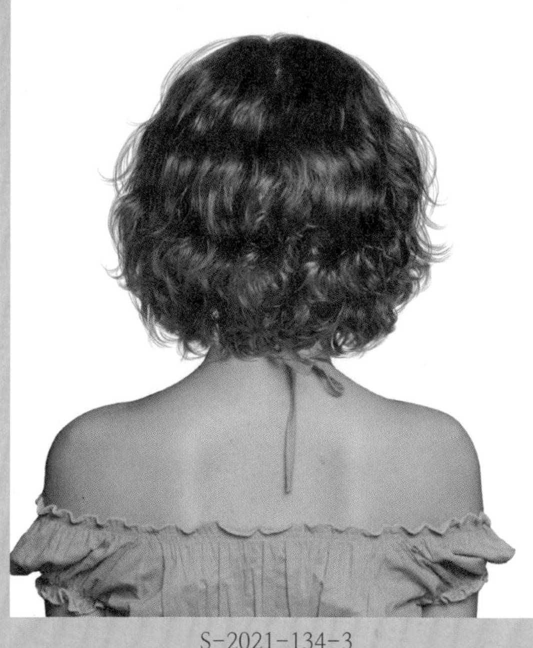

S-2021-134-3

Face Type			
계란형	긴계란형	둥근형	역삼각형
육각형	삼각형	네모난형	직사각형

Hair Cut Method-
Technology Manual 108 Page 참고

발랄하고 깜찍한 매력과 말괄량이 뉘앙스가 살아나는 러블리 헤어스타일!

- 부드럽고 풀린 듯 루스한 컬이 자유롭게 안말음 뻗치는 흐름이 믹싱되어 달콤하고 큐트한 아름다움을 주는 헤어스타일입니다.
- 언더에서 무게감을 주는 그러데이션을 커트하고 톱 쪽으로 레이어드를 넣어서 부드럽고 풍성한 실루엣을 연출합니다.
- 모발 길이 끝부분에서 틴닝과 슬라이딩 커트로 가늘어지고 가벼운 흐름의 부드러운 질감을 표현합니다.
- 굵은 롤로 전체 웨이브 파마를, 앞머리는 원컬 스트레이트 파마를 합니다.
- 헤어 드라이기로 뿌리부터 말리면서 70%를 말린 후 글로스 왁스를 고르게 바르고 스크런치 드라이로 풍성한 볼륨을 만들고 손가락 빗질하여 자연스러운 컬의 움직임을 연출합니다.

Woman Short Hair Style Design

S-2021-135-1

S-2021-135-2

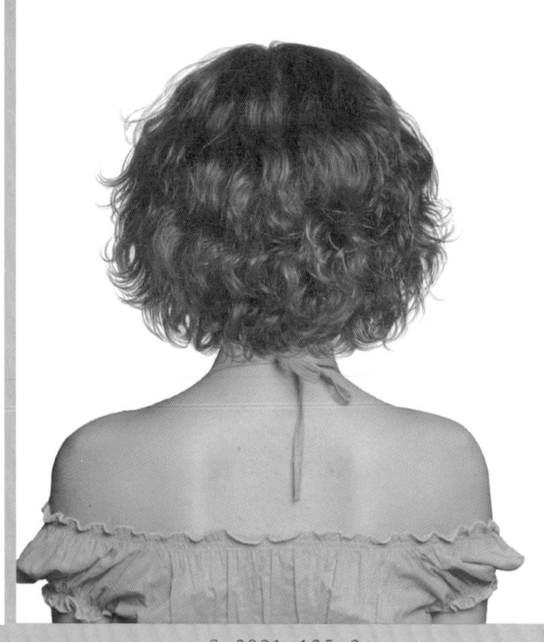

S-2021-135-3

Face Type			
계란형	긴계란형	둥근형	역삼각형
육각형	삼각형	네모난형	직사각형

Hair Cut Method-
Technology Manual 108 Page 참고

바람결이 날리듯 춤을 추는 컬의 운동이 귀엽고 사랑스러운 심쿵 헤어스타일!

- 웨이브 컬이 자유롭게 율동하는 짧은 헤어스타일은 귀엽고 사랑스러운 말괄량이 뉘앙스가 살아나는 로맨틱 감성의 헤어스타일입니다.
- 언더에서 무게감을 주는 그러데이션을 커트하고 톱 쪽으로 레이어드를 넣어서 부드럽고 풍성한 실루엣을 연출합니다.
- 모발 길이 끝부분에서 틴닝과 슬라이딩 커트로 숱을 가늘어지고 가벼운 흐름의 부드러운 질감을 표현합니다.
- 굵은 롤로 전체 웨이브 파마를 합니다.

Woman Short Hair Style Design

S-2021-136-1

S-2021-136-2

S-2021-136-3

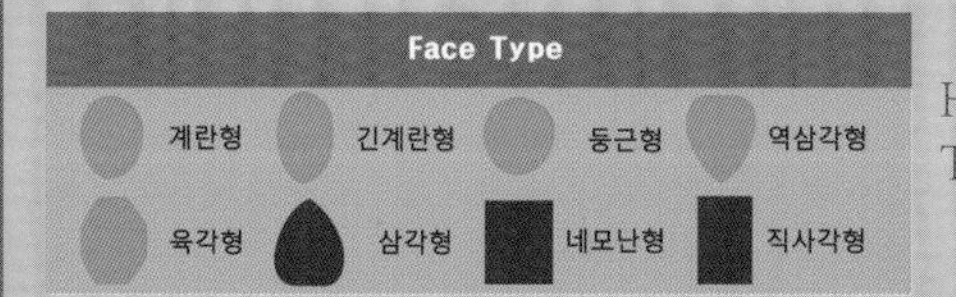

Hair Cut Method-
Technology Manual 035, 093 Page 참고

차분하고 단정하면서 격조와 품위가 느껴지는 매니시 감성의 헤어스타일!

- 시원하게 이마를 드러내면서 사이드로 앞머리를 내려주어 차분하면서 부드러운 흐름을 연출하여 지적이면서 활동적인 여성미를 강조합니다.
- 퍼머를 하면서 뿌리 부분이 눌리거나 꺾이지 않도록 주의하여 파마를 하여야 손질하기 편한 헤어스타일이 연출됩니다.
- 굵은 롯드로 1~1.5컬의 웨이브 파마를 합니다.
- 헤어 드라이기로 뿌리부터 말리면서 70%를 말린 후 글로스 왁스를 고르게 바르고 손가락 빗질하면서 드라이하여 자연스러운 웨이브 컬의 움직임을 연출합니다.

Woman Short Hair Style Design

S-2021-137-1

S-2021-137-2

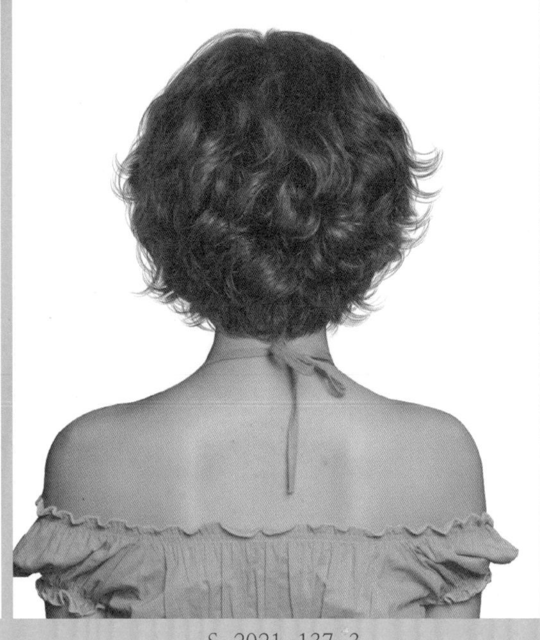

S-2021-137-3

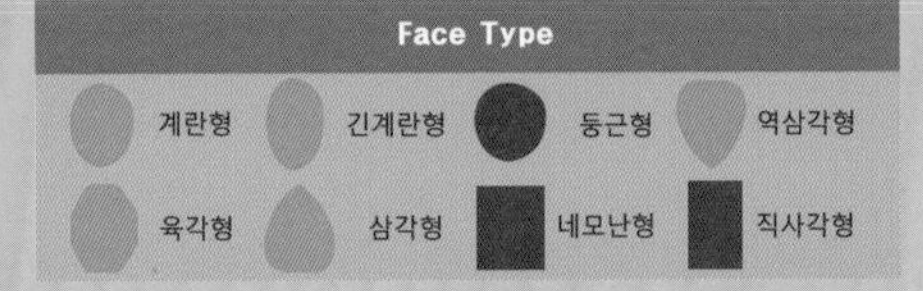

Hair Cut Method-
Technology Manual 093 Page 참고

바닷바람에 휘날리듯 자유롭게 율동하는 컬이 신비롭고 발랄한 큐트 감각의 헤어스타일!

- 앞머리의 무거운 스트레이트 흐름과 자유롭게 율동하는 웨이브 컬의 구성으로 맑고 청순하고 발랄한 이미지의 이노센트 감각의 헤어스타일입니다.
- 네이프에서 콘벡스 라인의 그러데이션을 커트하여 풍성한 볼륨을 만들고 톱 쪽으로 레이어드를 넣어서 부드러운 실루엣을 연출합니다.
- 모발 길이 끝부분에서 틴닝과 슬라이딩 커트로 가늘어지고 가벼운 흐름의 부드러운 질감을 표현합니다.
- 굵은 롤로 전체 웨이브 파마를, 앞머리는 원컬 스트레이트 파마를 합니다.
- 헤어 드라이기로 뿌리부터 말리면서 70%를 말린 후 글로스 왁스를 고르게 바르고 스크런치 드라이로 풍성한 볼륨을 만들고 손가락 빗질하여 털어서 자연스러운 컬의 움직임을 연출합니다.

Woman Short Hair Style Design

S-2021-138-1

S-2021-138-2

S-2021-138-3

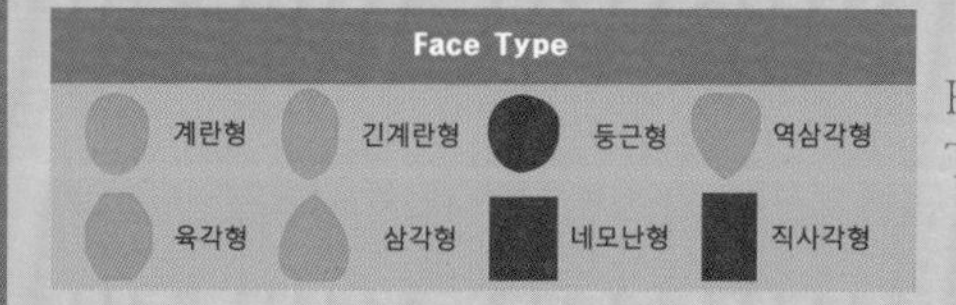

Hair Cut Method-
Technology Manual 100 Page 참고

자유롭고 부드러운 웨이브 컬이 신비롭고 매혹적인 이미지 대방출!

- 풀린 듯 루스한 웨이브 컬이 자유롭게 율동하는 숏 헤어스타일은 사랑스럽고 발랄함과 섹시미를 더해 주는 아름다운 심쿵 헤어스타일입니다.
- 언더에서 그러데이션을 커트하여 풍성한 볼륨을 만들고 톱 쪽으로 레이어드를 넣어서 부드러운 실루엣을 연출합니다.
- 모발 길이 끝부분에서 틴닝과 슬라이딩 커트로 가늘어지고 가벼운 흐름의 부드러운 질감을 표현합니다.
- 굵은 롤로 전체 웨이브 파마를, 앞머리는 원컬 스트레이트 파마를 합니다.
- 헤어 드라이기로 뿌리부터 말리면서 70%를 말린 후 글로스 왁스를 고르게 바르고 스크런치 드라이로 풍성한 볼륨을 만들고 손가락 빗질하여 털어서 자연스러운 컬의 움직임을 연출합니다.

Woman Short Hair Style Design

S-2021-139-1

S-2021-139-2

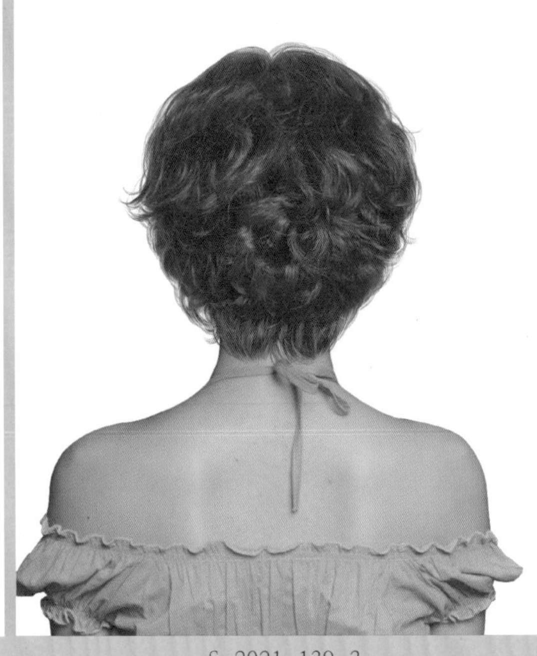

S-2021-139-3

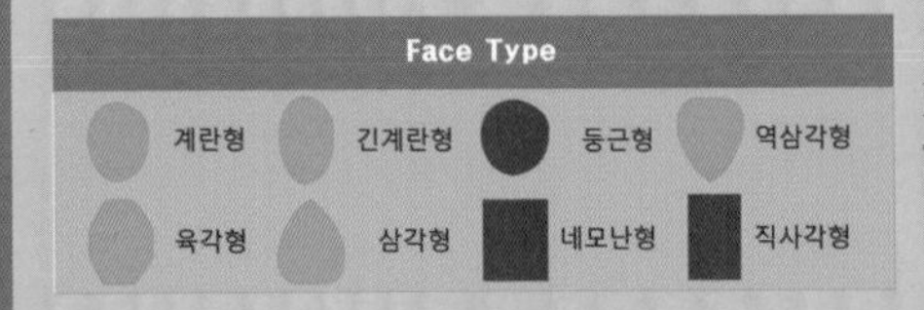

Hair Cut Method-
Technology Manual 093 Page 참고

둥둥 떠다니는 듯 넘실거리는 웨이브 컬의 흐름이 페미닌 향기가 가득!

- 숏 헤어스타일의 단조로움과 남성적 이미지를 피하고 발랄하고 사랑스러운 이미지를 강조하기 위해서 모선의 가늘어지고 가벼운 실루엣과 자유로운 웨이브 컬의 파마를 한 헤어스타일입니다.
- 언더에서 그러데이션을 커트하여 풍성한 볼륨을 만들고 톱 쪽으로 레이어드를 넣어서 부드러운 루엣을 연출합니다.
- 모발 길이 끝부분에서 틴닝과 슬라이딩 커트로 가늘어지고 가벼운 흐름의 부드러운 질감을 표현합니다.
- 굵은 롤로 전체 웨이브 파마를, 앞머리는 원컬 스트레이트 파마를 합니다.
- 헤어 드라이기로 뿌리부터 말리면서 70%를 말린 후 글로스 왁스를 고르게 바르고 스크런치 드라이로 풍성한 볼륨을 만들고 손가락 빗질하여 털어서 자연스러운 컬의 움직임을 연출합니다.

Woman Short Hair Style Design

S-2021-140-1

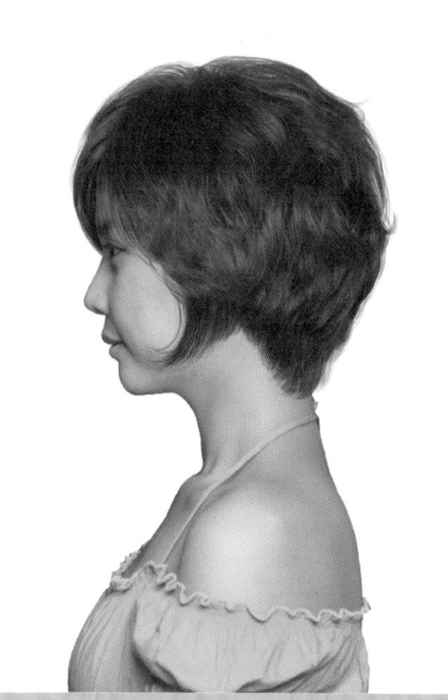

S-2021-140-2

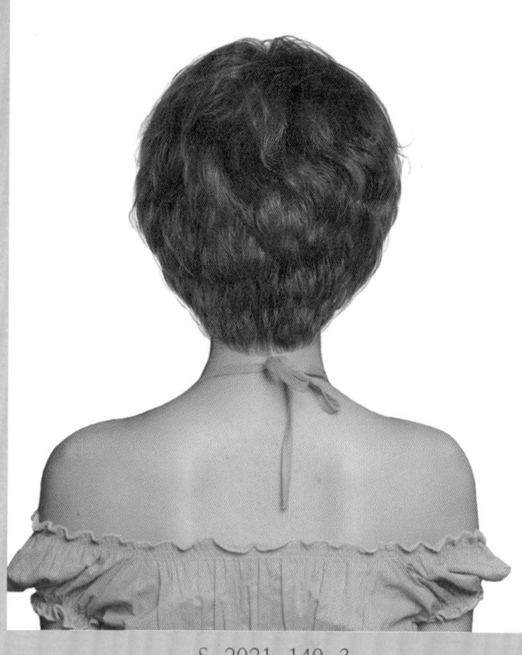

S-2021-140-3

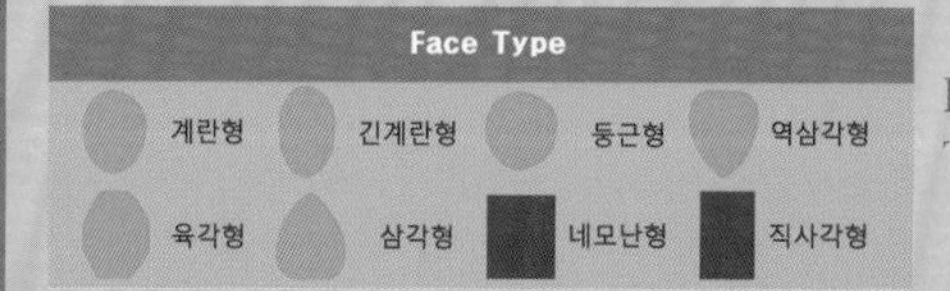

Hair Cut Method-
Technology Manual 093 Page 참고

차분하고 단정하면서 지적인 이미지가 더해지는 스포티 감각의 헤어스타일!

- 부드러운 흐름의 C컬의 숏 헤어스타일은 단정하면서도 지적인 여성스러운 이미지가 강조되는 정통 그러데이션 스타일입니다.
- 언더에서 그러데이션을 커트하여 풍성한 볼륨을 만들고 톱 쪽으로 레이어드를 넣어서 부드러운 실루엣을 연출합니다.
- 모발 길이 끝부분에서 틴닝과 슬라이딩 커트로 숱을 가늘어지고 가벼운 흐름의 부드러운 질감을 표현합니다.
- 굵은 롤로 1~1.5컬의 파마를 합니다.
- 헤어 드라이기로 뿌리부터 말리면서 70%를 말린 후 글로스 왁스를 고르게 바르고 스크런치 드라이로 풍성한 볼륨을 만들고 손가락 빗질하여 털어서 자연스러운 컬의 움직임을 연출합니다.

Woman Short Hair Style Design

S-2021-141-1

S-2021-141-2

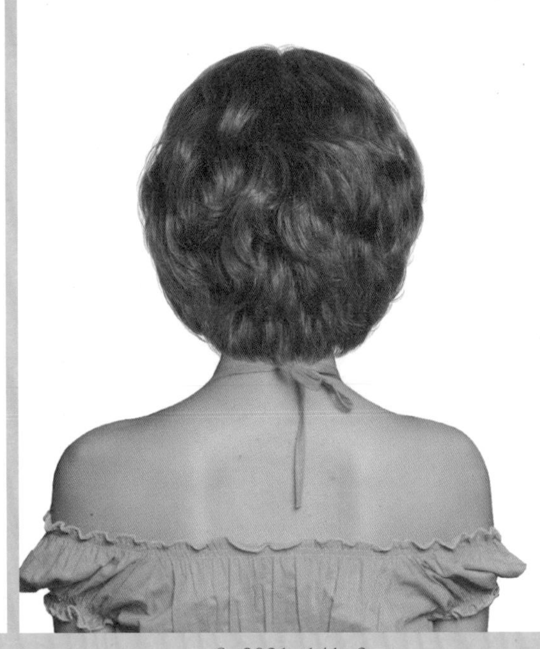

S-2021-141-3

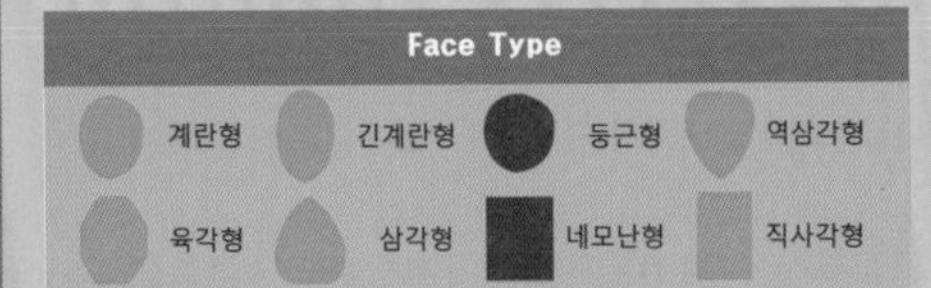

Hair Cut Method-
Technology Manual 108 Page 참고

꿈을 꾸듯 살랑거리는 물결 웨이브가 사랑스럽고 감미로운 러블리 헤어스타일!

- 부드러운 흐름의 물결 웨이브는 여성스러운 낭만과 시크한 감성이 플러스되는 아름다운 헤어스타일입니다.
- 언더에서 둥근 라인으로 그러데이션을 커트하여 풍성한 볼륨을 만들고 톱 쪽으로 레이어드를 넣어서 부드러운 실루엣을 연출합니다.
- 모발 길이 끝부분에서 틴닝과 슬라이딩 커트로 가늘어지고 가벼운 흐름의 부드러운 질감을 표현합니다.
- 굵은 롤로 전체 웨이브 파마를 합니다.
- 헤어 드라이기로 뿌리부터 말리면서 70%를 말린 후 글로스 왁스를 고르게 바르고 스크런치 드라이로 풍성한 볼륨을 만들고 손가락 빗질하여 털어서 자연스러운 컬의 움직임을 연출합니다.

Woman Short Hair Style Design

S-2021-142-1

S-2021-142-2

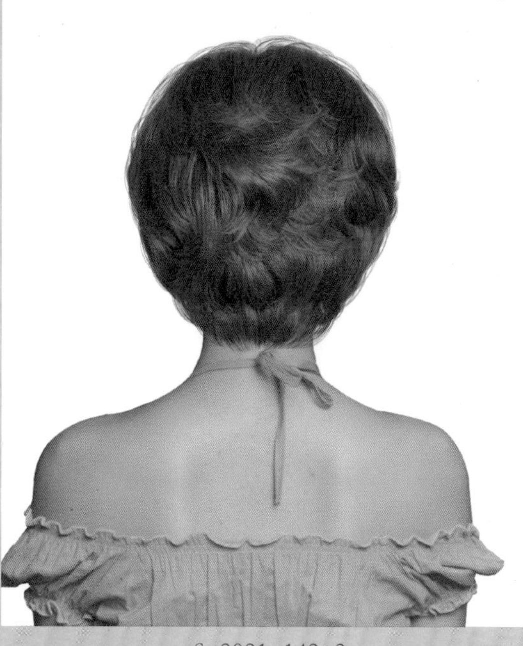

S-2021-142-3

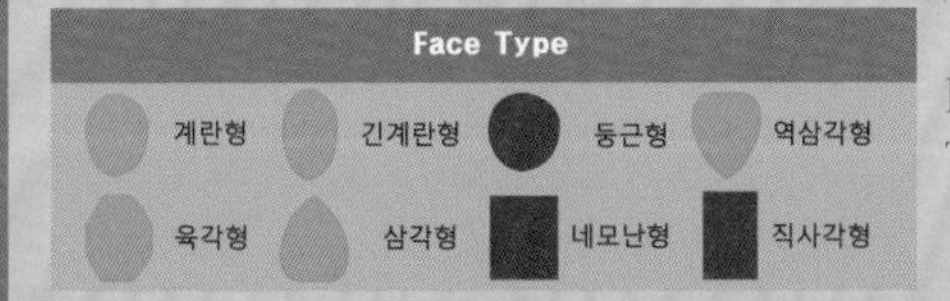

Hair Cut Method-
Technology Manual 100 Page 참고

윤기를 머금은 듯 부드러운 곡선의 웨이브 흐름이 감미롭고 매혹적인 심쿵 헤어스타일!

- 살랑거리듯 넘실거리는 웨이브 컬의 흐름이 매혹적이고 신비로운 느낌마져 플러스되는 큐트 감성의 헤어스타일입니다.
- 네이프에서 콘벡스 라인의 그러데이션을 커트하여 풍성한 볼륨을 만들고 톱 쪽으로 레이어드를 넣어서 부드러운 실루엣을 연출합니다.
- 모발 길이 끝부분에서 틴닝과 슬라이딩 커트로 가늘어지고 가벼운 흐름의 부드러운 질감을 표현합니다.
- 굵은 롤로 1.2~1.5컬의 파마를 합니다.
- 헤어 드라이기로 뿌리부터 말리면서 70%를 말린 후 글로스 왁스를 고르게 바르고 스크런치 드라이로 풍성한 볼륨을 만들고 손가락 빗질하여 털어서 자연스러운 컬의 움직임을 연출합니다.

Woman Short Hair Style Design

S-2021-143-1

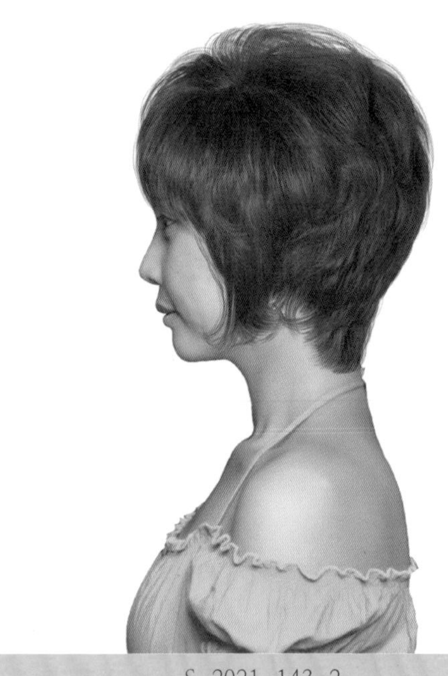

S-2021-143-2

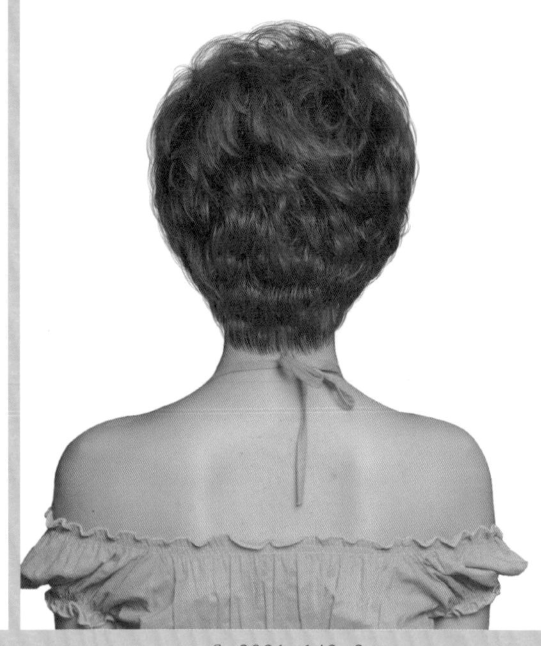

S-2021-143-3

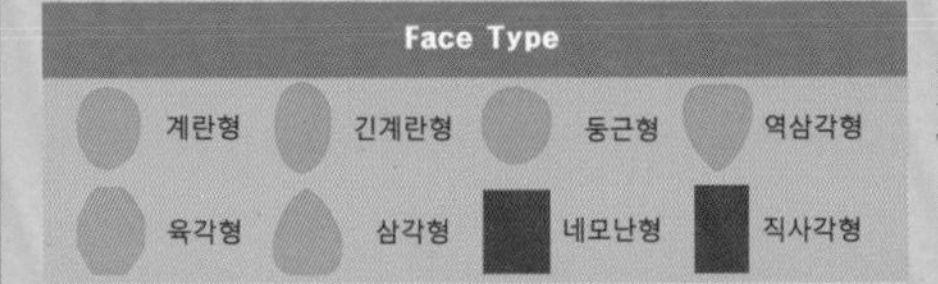

Hair Cut Method-
Technology Manual 093 Page 참고

부드러운 C컬의 볼륨과 앞머리의 시스루 뱅이 믹싱되어 사랑스러움을 강조한 헤어스타일!

- 두정부에서 풍성한 볼륨과 페이스 라인의 부드러운 시스루 뱅이 밸런스를 이루어 여성스럽고 우아한 이미지를 연출한 헤어스타일입니다.
- 네이프에서 하이 그러데이션을 커트하여 목덜미의 여성스러움을 강조하고 톱 쪽으로 레이어드를 넣어서 부드러운 실루엣을 연출합니다.
- 모발 길이 끝부분에서 틴닝과 슬라이딩 커트로 가늘어지고 가벼운 흐름의 부드러운 질감을 표현합니다.
- 굵은 롤로 1.2~1.5컬의 파마를 합니다.
- 헤어 드라이기로 뿌리부터 말리면서 70%를 말린 후 글로스 왁스를 고르게 바르고 스크런치 드라이로 풍성한 볼륨을 만들고 손가락 빗질하여 털어서 자연스러운 컬의 움직임을 연출합니다.

Woman Short Hair Style Design

S-2021-144-1

S-2021-144-2

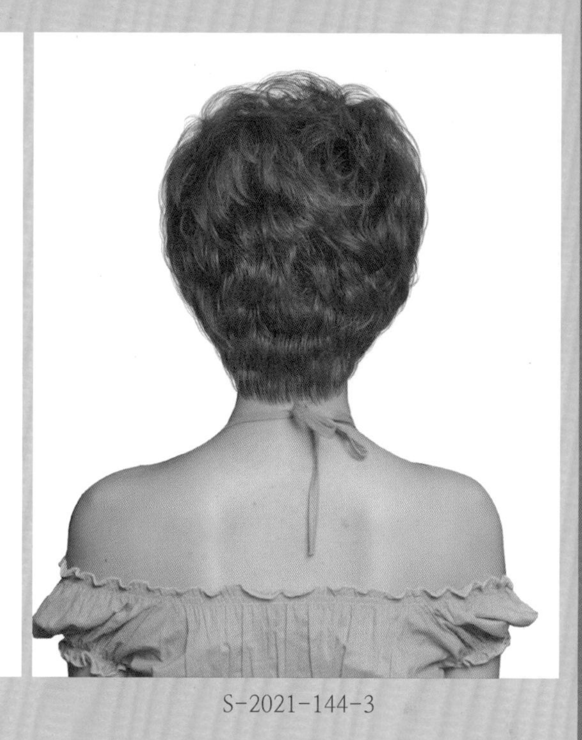

S-2021-144-3

Face Type			
계란형	긴계란형	둥근형	역삼각형
육각형	삼각형	네모난형	직사각형

Hair Cut Method-
Technology Manual 093 Page 참고

공기를 머금은 듯 풍성한 웨이브 컬의 율동감이 사랑스러운 큐트 감성의 헤어스타일!

- 두정부에서 풍성한 볼륨으로 얼굴을 감싸는 포워드 헤어스타일은 얼굴형을 길어 보이고 갸름하게 보이는 청순하면서 우아한 아름다움을 느끼게 하는 헤어스타일입니다.
- 네이프에서 하이 그러데이션을 커트하여 목덜미의 여성스러움을 강조하고 톱 쪽으로 레이어드를 넣어서 부드러운 실루엣을 연출합니다.
- 모발 길이 끝부분에서 틴닝과 슬라이딩 커트로 숱을 가늘어지고 가벼운 흐름의 부드러운 질감을 표현합니다.
- 굵은 롤로 1.2~1.5컬의 파마를 합니다.
- 헤어 드라이기로 뿌리부터 말리면서 70%를 말린 후 글로스 왁스를 고르게 바르고 스크런치 드라이로 풍성한 볼륨을 만들고 손가락 빗질하여 털어서 자연스러운 컬의 움직임을 연출합니다.

Woman Short Hair Style Design

S-2021-145-1

S-2021-145-2

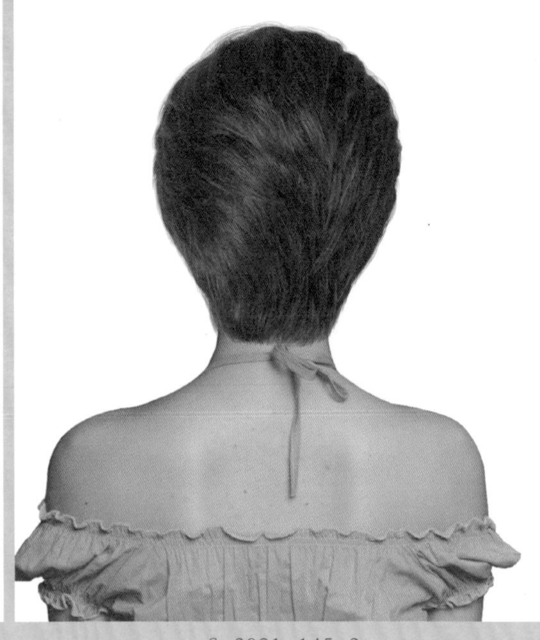

S-2021-145-3

Face Type			
계란형	긴계란형	둥근형	역삼각형
육각형	삼각형	네모난형	직사각형

Hair Cut Method-
Technology Manual 093 Page 참고

차분하고 단정하면서 맑고 깨끗한 여성미가 느껴지는 이노센트 헤어스타일!

- 빛을 머금은 듯 반짝이는 머릿결과 차분하게 곡선으로 흐르는 생머리의 흐름이 차분하면서 단정한 아름다움을 주는 시크 감성의 헤어스타일입니다.
- 네이프에서 하이 그러데이션을 커트하여 목덜미의 여성스러움을 강조하고 톱 쪽으로 레이어드를 넣어서 부드러운 실루엣을 연출합니다.
- 모발 길이 끝부분에서 틴닝과 슬라이딩 커트로 숱을 가늘어지고 가벼운 흐름의 부드러운 질감을 표현합니다.
- 굵은 롤로 원컬 웨이브 파마를 합니다.
- 헤어 드라이기로 뿌리부터 말리면서 80%를 말린 후 글로스 왁스를 고르게 손가락 빗질하여 털어서 자연스러운 컬의 움직임을 연출합니다.

Woman Short Hair Style Design

S-2021-146-1

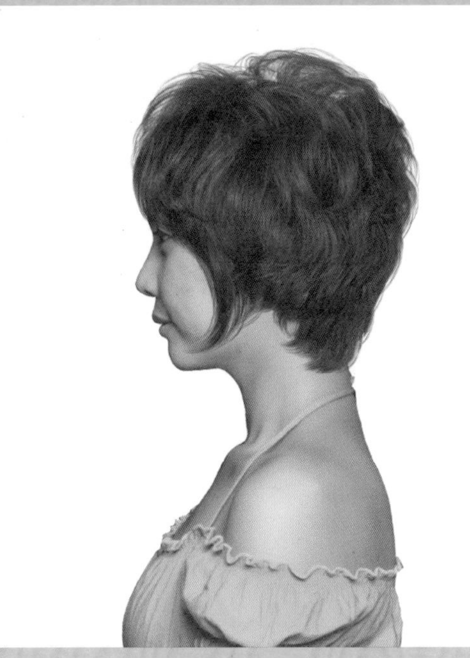

S-2021-146-2

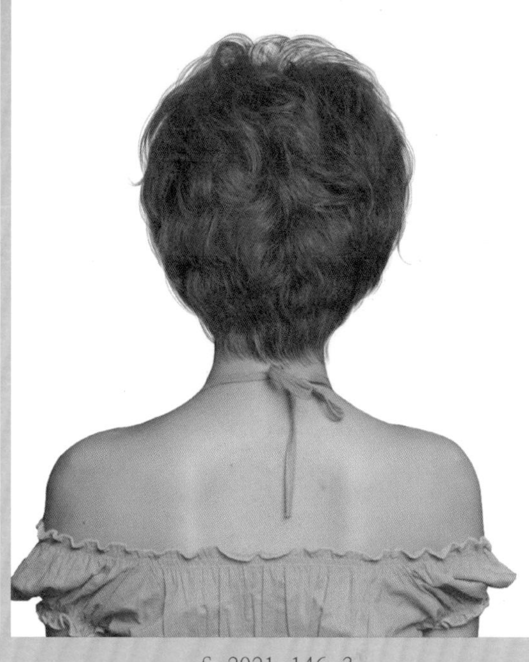

S-2021-146-3

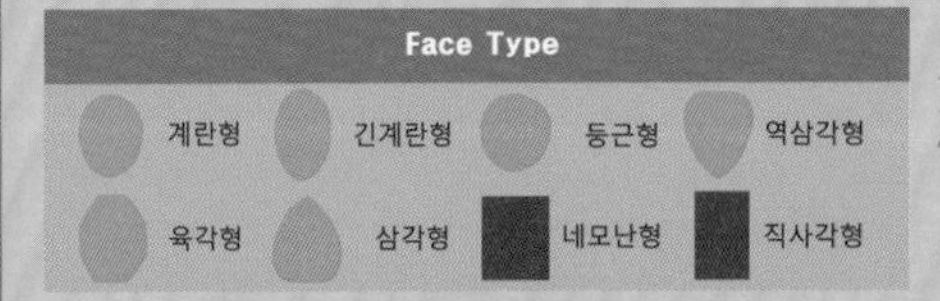

Hair Cut Method-
Technology Manual 093 Page 참고

두둥실 공기를 머금은 듯 율동하는 풍성한 웨이브 컬이 청순하고 우아한 헤어스타일!

- 두정부에서 풍성한 볼륨으로 얼굴을 감싸는 듯 연출되는 헤어스타일은 얼굴을 길어 보이고 갸름하게 보이는 시각적 효과를 주는 아름다운 헤어스타일입니다.
- 네이프에서 하이 그러데이션을 커트하여 목덜미의 여성스러움을 강조하고 톱 쪽으로 레이어드를 넣어서 부드러운 실루엣을 연출합니다.
- 모발 길이 끝부분에서 틴닝과 슬라이딩 커트로 가늘어지고 가벼운 흐름의 부드러운 질감을 표현합니다.
- 굵은 롤로 1.2~1.5컬의 파마를 합니다.
- 헤어 드라이기로 뿌리부터 말리면서 70%를 말린 후 글로스 왁스를 고르게 바르고 스크런치 드라이로 풍성한 볼륨을 만들고 손가락 빗질하여 자연스러운 컬의 움직임을 연출합니다.

Woman Short Hair Style Design

S-2021-147-1

S-2021-147-2

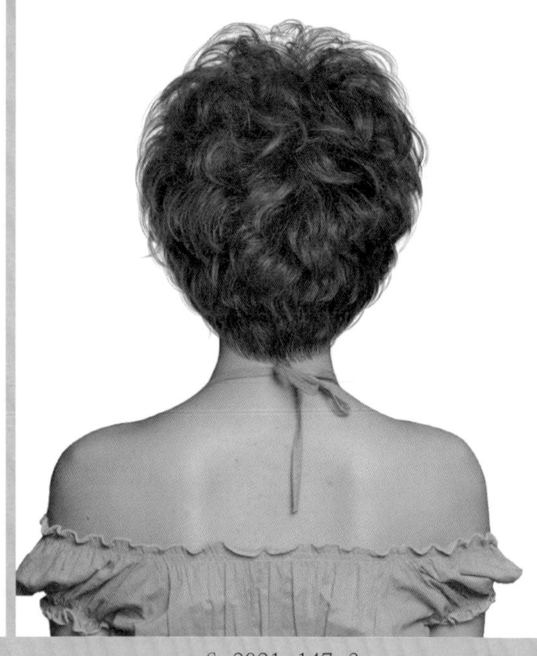

S-2021-147-3

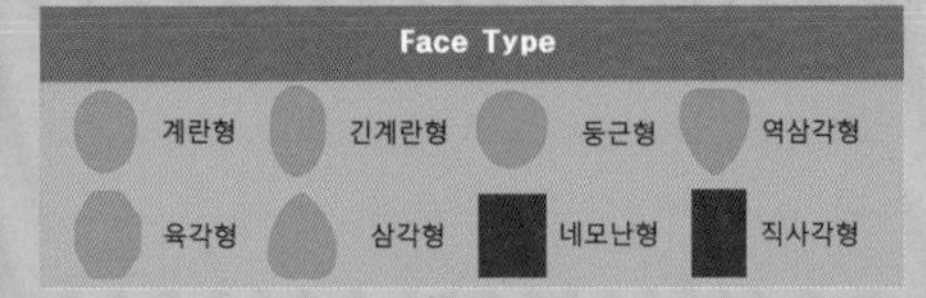

Hair Cut Method-
Technology Manual 093 Page 참고

율동하는 풍성한 웨이브 컬의 흐름이 로맨틱 향기가 느껴지는 헤어스타일!

- 풍성한 볼륨의 웨이브 컬이 춤을 추듯 움직이는 숏 헤어스타일은 얼굴을 길어 보이고 작아 보이게 하는 시각적 효과와 달콤하고 우아한 아름다움을 주는 헤어스타일입니다.
- 네이프에서 하이 그러데이션을 커트하여 목덜미의 여성스러움을 강조하고 톱 쪽으로 레이어드를 넣어서 부드러운 실루엣을 연출합니다.
- 모발 길이 끝부분에서 틴닝과 슬라이딩 커트로 숱을 가늘어지고 가벼운 흐름의 부드러운 질감을 표현합니다.
- 굵은 롤로 1.2~1.5컬의 파마를 합니다.
- 헤어 드라이기로 뿌리부터 말리면서 70%를 말린 후 글로스 왁스를 고르게 바르고 스크런치 드라이로 풍성한 볼륨을 만들고 손가락 빗질하여 털어서 자연스러운 컬의 움직임을 연출합니다.

Woman Short Hair Style Design

S-2021-148-1

S-2021-148-2

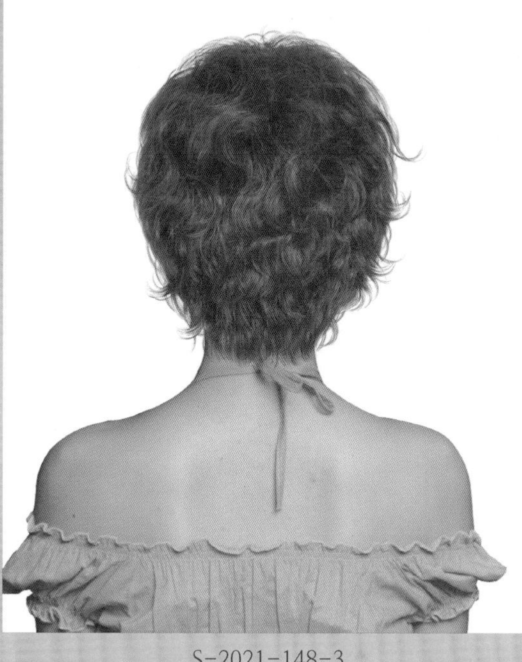

S-2021-148-3

Face Type

계란형	긴계란형	둥근형	역삼각형
육각형	삼각형	네모난형	직사각형

Hair Cut Method-
Technology Manual 093Page 참고

곱슬머리처럼 자연스럽게 율동하는 웨이브 컬이 스위트한 감성을 주는 헤어스타일!

- 두둥실 자유롭게 살랑거리는 웨이브 컬의 숏 헤어스타일은 달콤하고 사랑스러운 헤어스타일입니다.
- 네이프에서 하이 그러데이션을 커트하여 목덜미의 여성스러움을 강조하고 톱 쪽으로 레이어드를 넣어서 부드러운 실루엣을 연출합니다.
- 모발 길이 끝부분에서 틴닝과 슬라이딩 커트로 숱을 가늘어지고 가벼운 흐름의 부드러운 질감을 표현합니다.
- 굵은 롤로 전체 웨이브 파마를 합니다.
- 헤어 드라이기로 뿌리부터 말리면서 70%를 말린 후 글로스 왁스를 고르게 바르고 스크런치 드라이로 풍성한 볼륨을 만들고 손가락 빗질하여 털어서 자연스러운 컬의 움직임을 연출합니다.

Woman Short Hair Style Design

S-2021-149-1

S-2021-149-2

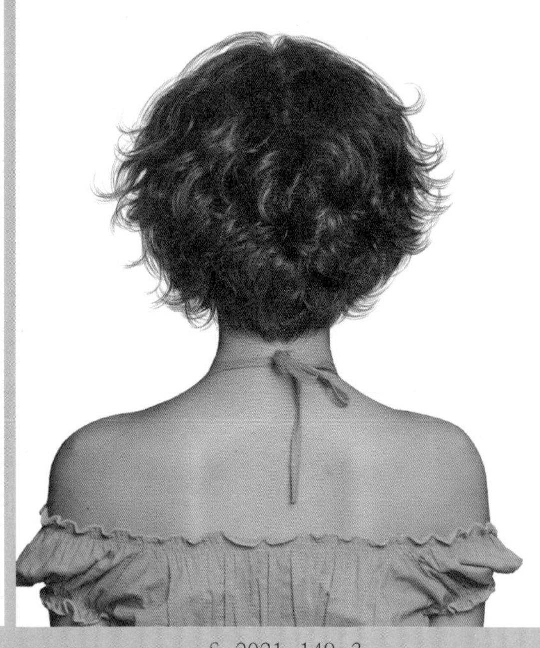

S-2021-149-3

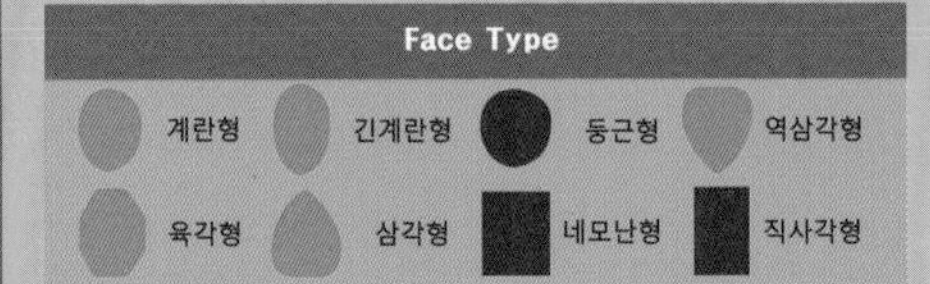

Hair Cut Method-
Technology Manual 100 Page 참고

춤을 추듯 율동하는 웨이브 컬의 흐름이 멋진 에어리 웨이브 스타일 완성!

- 대담하게 부풀리고 자유롭게 율동하는 컬의 숏 헤어스타일은 자유로운 개성과 발랄하고 섹시한 감성을 주는 헤어스타일입니다.
- 네이프에서 콘벡스 라인의 그러데이션을 커트하여 풍성한 볼륨을 만들고 톱 쪽으로 레이어드를 넣어서 부드럽운 실루엣을 연출합니다.
- 모발 길이 끝부분에서 틴닝과 슬라이딩 커트로 숱을 가늘어지고 가벼운 흐름의 부드러운 질감을 표현합니다.
- 굵은 롤로 전체 웨이브 파마를, 앞머리는 원컬 스트레이트 파마를 합니다.
- 헤어 드라이기로 뿌리부터 말리면서 70%를 말린 후 글로스 왁스를 고르게 바르고 스크런치 드라이로 풍성한 볼륨을 만들고 손가락 빗질하여 털어서 자연스러운 컬의 움직임을 연출합니다.

Woman Short Hair Style Design

S-2021-150-1

S-2021-150-2

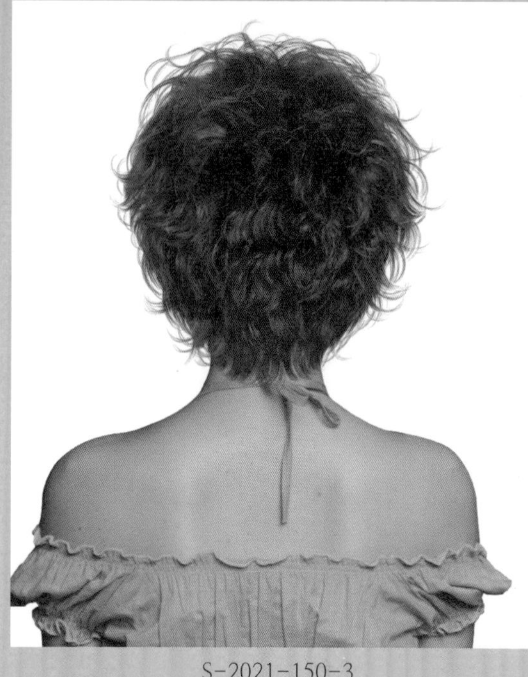

S-2021-150-3

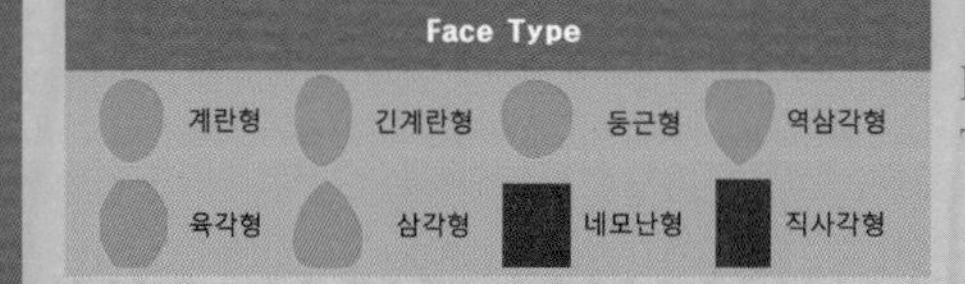

Hair Cut Method-
Technology Manual 093 Page 참고

자유롭고 풍성한 웨이브 컬이 낭만적이고 로맨틱 향기가 느껴지는 헤어스타일!

- 숏 헤어스타일에 자유롭게 춤을 추는 듯 율동하는 웨이브 컬을 연출하여 사랑스럽고 독특한 캐릭터가 반영된 개성 있는 헤어스타일입니다.
- 네이프에서 하이 그러데이션을 커트하여 목덜미의 여성스러움을 강조하고 톱 쪽으로 레이어드를 넣어서 부드러운 실루엣을 연출합니다.
- 모발 길이 끝부분에서 틴닝과 슬라이딩 커트로 가늘어지고 가벼운 흐름의 부드러운 질감을 표현합니다.
- 중간 롤로 전체 파마를 합니다.
- 헤어 드라이기로 뿌리부터 말리면서 70%를 말린 후 글로스 왁스를 고르게 바르고 스크런치 드라이로 풍성한 볼륨을 만들고 손가락 빗질하여 털어서 자연스러운 컬의 움직임을 연출합니다.

Woman Short Hair Style Design

S-2021-151-1

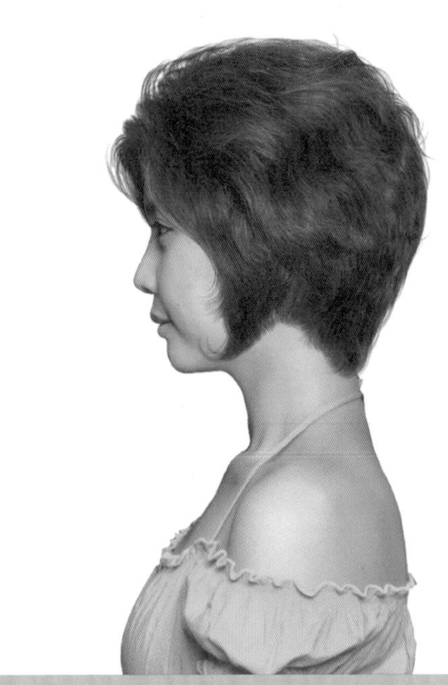
S-2021-151-2

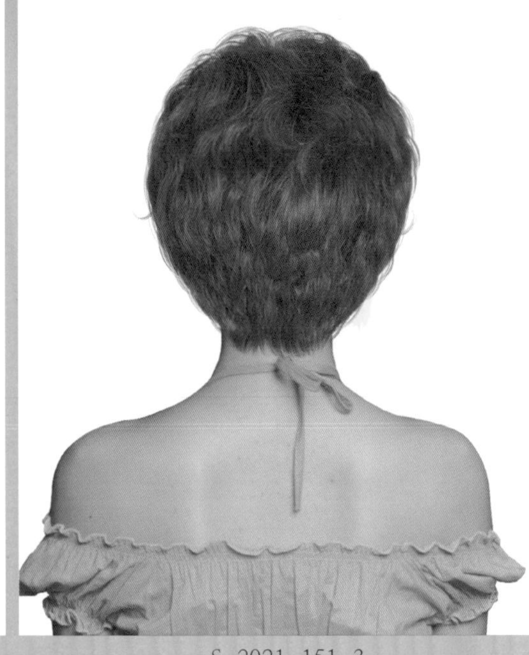
S-2021-151-3

Face Type

계란형	긴계란형	둥근형	역삼각형
육각형	삼각형	네모난형	직사각형

Hair Cut Method-
Technology Manual 093 Page 참고

차분하고 단아한 지성미가 느껴지는 클래식 감각의 헤어스타일!

- 이마를 드러내고 빗어 넘긴 부드럽고 차분한 웨이브 컬의 스타일이 단정하고 지성미가 느껴지는 헤어스타일입니다.
- 네이프에서 하이 그러데이션을 커트하여 목덜미의 여성스러움을 강조하고 톱 쪽으로 레이어드를 넣어서 부드러운 실루엣을 연출합니다.
- 모발 길이 끝부분에서 틴닝과 슬라이딩 커트로 가늘어지고 가벼운 흐름의 부드러운 질감을 표현합니다.
- 굵은 롤로 1.2~1.5컬의 파마를 합니다.
- 헤어 드라이기로 뿌리부터 말리면서 70%를 말린 후 글로스 왁스를 고르게 바르고 스크런치 드라이하고 손가락 빗질하여 털어서 자연스러운 컬의 움직임을 연출합니다.

Woman Short Hair Style Design

S-2021-152-1

S-2021-152-2

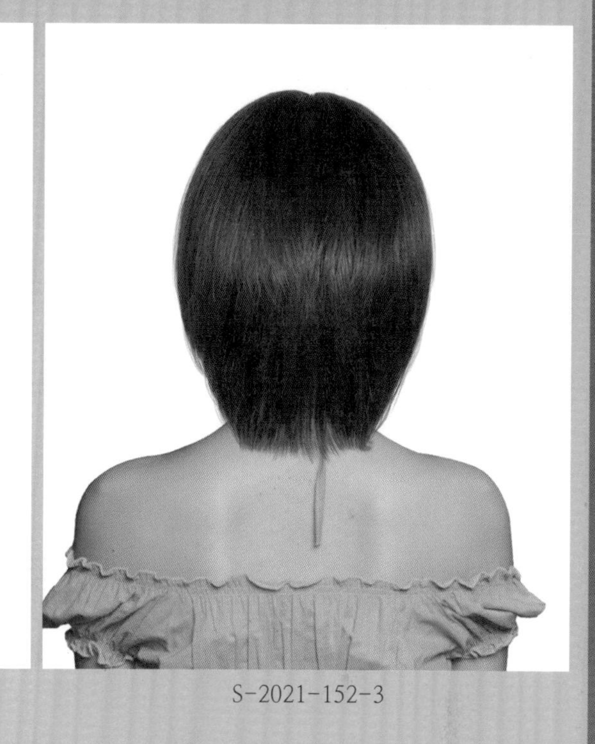

S-2021-152-3

Face Type

계란형 긴계란형 둥근형 역삼각형

육각형 삼각형 네모난형 직사각형

Hair Cut Method-
Technology Manual 154 Page 참고

차분하고 깨끗한 생머리 흐름과 독특한 디자인의 만남! 나만의 헤어스타일!

- 급격이 둥그러지는 그러데이션 보브 헤어스타일로 독특한 캐릭터가 반영된 헤어스타일로 사랑스럽고 청순하면서 판타스틱한 큐트 감각의 헤어스타일입니다.
- 언더에서 미디엄 그러데이션을 커트하여 목선의 여성스러움을 강조하고 톱 쪽으로 레이어드를 넣어서 부드러운 실루엣을 연출하고 프런트와 사이드에서 앞머리를 내려주고 둥글게 얼굴을 감싸는 층을 만들고 틴닝과 슬라이딩 커트로 가볍고 가늘어지는 질감을 표현합니다.
- 곱슬머리는 원컬 스트레이트 파마를 합니다.
- 헤어 드라이기로 뿌리부터 말리면서 80%를 말린 후 글로스 왁스를 고르게 바르고 스크런치 드라이로 풍성한 볼륨을 만들고 빗질하여 털어서 자연스러운 컬의 움직임을 연출합니다.

Woman Short Hair Style Design

S-2021-153-1

S-2021-153-2

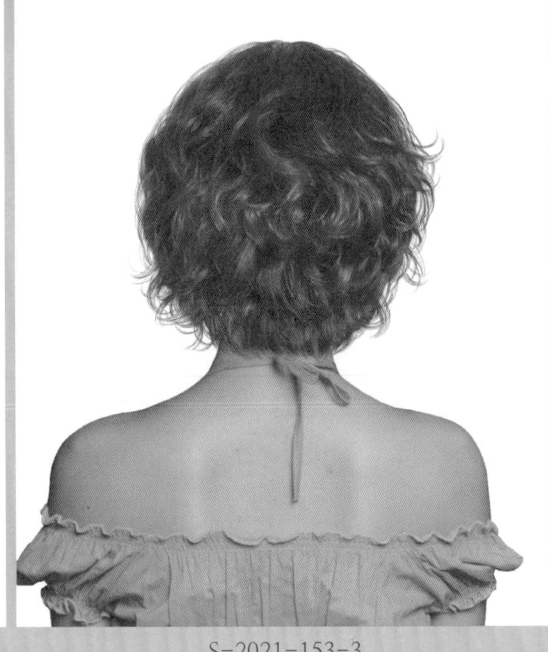

S-2021-153-3

Face Type

계란형	긴계란형	둥근형	역삼각형
육각형	삼각형	네모난형	직사각형

Hair Cut Method-
Technology Manual 100 Page 참고

부드러운 컬의 움직임이 발랄하고 귀여운 이미지를 주는 이노센트 감각의 헤어스타일!

- 짧은 헤어스타일의 자유롭고 부드러운 컬의 율동은 사랑스럽고 발랄한 여성의 아름다움을 느끼게 하는 헤어스타일입니다.
- 네이프에서 콘벡스 라인의 그러데이션을 커트하여 풍성한 볼륨을 만들고 톱 쪽으로 레이어드를 넣어서 부드러운 실루엣을 연출합니다.
- 모발 길이 끝부분에서 틴닝과 슬라이딩 커트로 숱을 가늘어지고 가벼운 흐름의 부드러운 질감을 표현합니다.
- 굵은 롤로 전체 웨이브 파마를, 앞머리는 원컬 스트레이트 파마를 합니다.
- 헤어 드라이기로 뿌리부터 말리면서 70%를 말린 후 글로스 왁스를 고르게 바르고 스크런치 드라이로 풍성한 볼륨을 만들고 손가락 빗질하여 털어서 자연스러운 컬의 움직임을 연출합니다.

Woman Short Hair Style Design

S-2021-154-1

S-2021-154-2

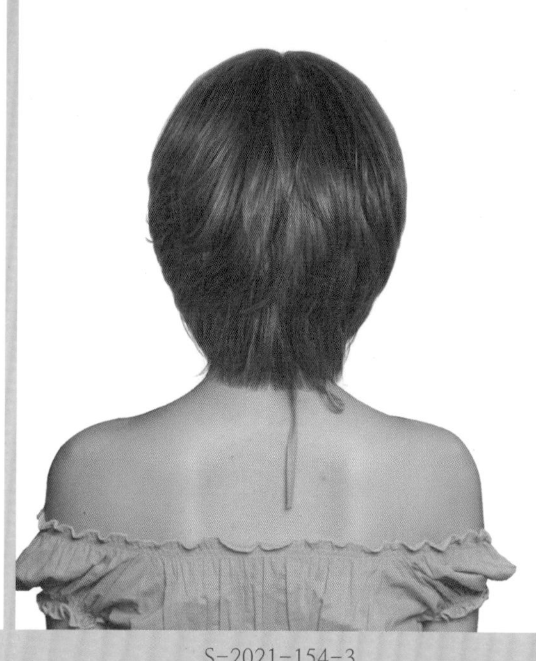

S-2021-154-3

Face Type			
계란형	긴계란형	둥근형	역삼각형
육각형	삼각형	네모난형	직사각형

Hair Cut Method-
Technology Manual 154 Page 참고

부드럽게 얼굴을 감싸는 모발 흐름이 청순하고 발랄한 러블리 헤어스타일!

- 부드러운 곡선으로 얼굴을 감싸는 듯한 머시룸의 그러데이션 보브 헤어스타일로 맑고 청순한 뉘앙스를 느끼게 합니다.
- 언더에서 하이 그러데이션을 커트하여 목선의 여성스러움을 강조하고 톱 쪽으로 레이어드를 넣어서 부드러운 실루엣을 연출하고 프런트와 사이드에서 앞머리를 내려주고 둥글게 얼굴을 감싸는 층을 만들고 틴닝과 슬라이딩 커트로 가볍고 가늘어지는 질감을 표현합니다.
- 곱슬머리는 원컬 스트레이트 파마를 합니다.
- 헤어 드라이기로 뿌리부터 말리면서 80%를 말린 후 글로스 왁스를 고르게 바르고 스크런치 드라이하고 손가락 빗질하여 자연스러운 컬의 움직임을 연출합니다.

Woman Short Hair Style Design

S-2021-155-1

S-2021-155-2

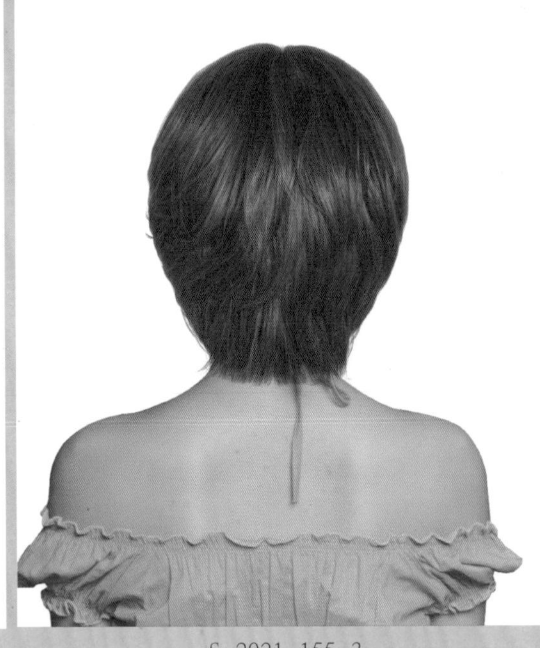

S-2021-155-3

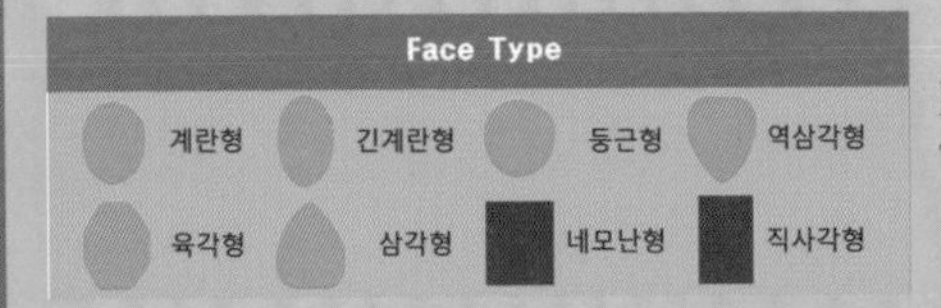

Hair Cut Method-
Technology Manual 093 Page 참고

윤기를 머금은 듯 부드러운 생머리 흐름이 매혹적인 소녀 감성의 큐트 헤어스타일!

- 윤기감으로 빛나는 질감, 부드러운 실루엣과 곡선의 모류가 어딘지 모르게 청순한 소녀 감성이 느껴지는 이노센트 감각의 헤어스타일입니다.
- 언더에서 하이 그러데이션을 커트하여 목선의 여성스러움을 강조하고 톱 쪽으로 레이어드를 넣어서 부드러운 실루엣을 연출하고 프런트와 사이드에서 앞머리를 내려주고 둥글게 얼굴을 감싸는 층을 만들고 틴닝과 슬라이딩 커트로 가볍고 가늘어지는 질감을 표현합니다.
- 곱슬머리는 원컬 스트레이트 파마를 합니다.
- 헤어 드라이기로 뿌리부터 말리면서 80%를 말린 후 글로스 왁스를 고르게 바르고 스크런치 드라이하고 손가락 빗질하여 자연스러운 컬의 움직임을 연출합니다.

Woman Short Hair Style Design

S-2021-156-1

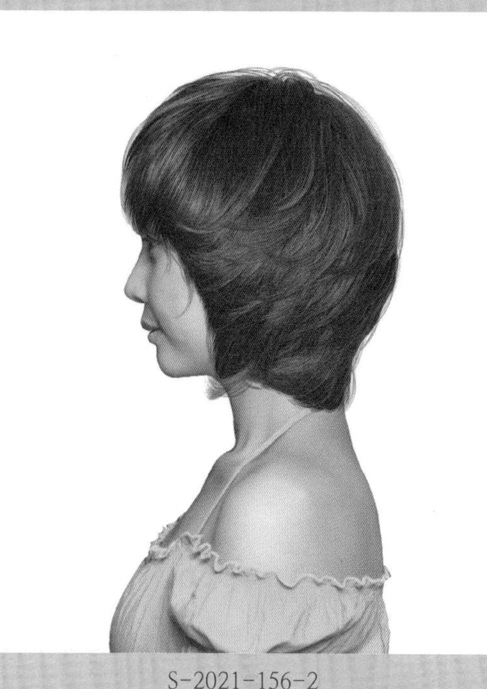

S-2021-156-2

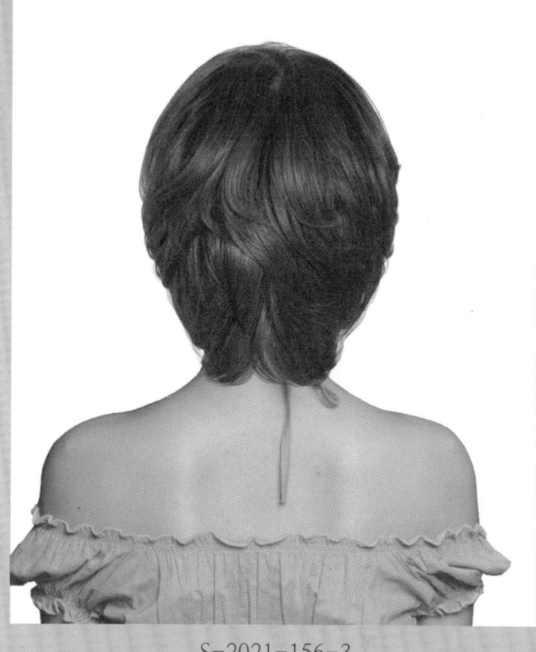

S-2021-156-3

Face Type							
	계란형		긴계란형		둥근형		역삼각형
	육각형		삼각형		네모난형		직사각형

Hair Cut Method-
Technology Manual 154 Page 참고

부드럽고 자유로운 컬의 움직임과 실루엣이 매혹적이고 사랑스러운 헤어스타일!

- 부드러운 C컬이 곡선의 흐름으로 율동하는 모류가 얼굴을 작아 보이게 하고 큐트하고 사랑스러운 러블리 헤어스타일입니다.
- 언더에서 하이 그러데이션을 커트하여 목선의 여성스러움을 강조하고 톱 쪽으로 레이어드를 넣어서 부드러운 실루엣을 연출하고 프런트와 사이드에서 앞머리를 사이드로 내려주고 둥글게 얼굴을 감싸는 층을 만들고 틴닝과 슬라이딩 커트로 가볍고 가늘어지는 질감을 표현합니다.
- 굵은 롤로 1~1.5 컬의 웨이브 파마를 합니다.
- 헤어 드라이기로 뿌리부터 말리면서 70%를 말린 후 글로스 왁스를 고르게 바르고 스크런치 드라이하고 손가락 빗질하여 자연스러운 컬의 움직임을 연출합니다.

Woman Short Hair Style Design

S-2021-157-1

S-2021-157-2

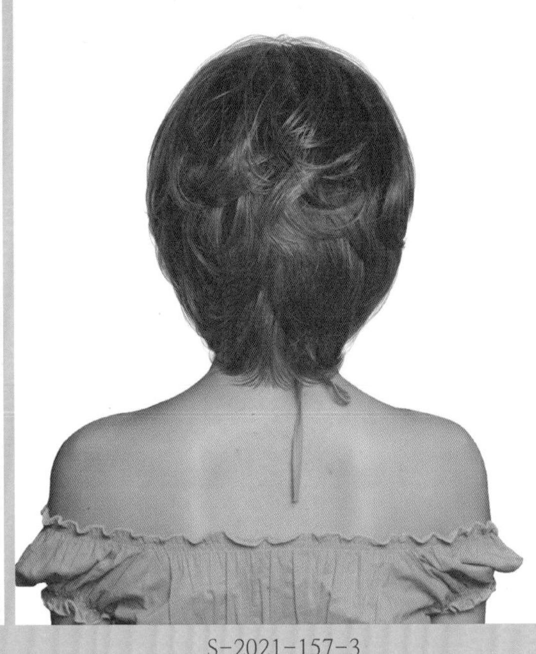

S-2021-157-3

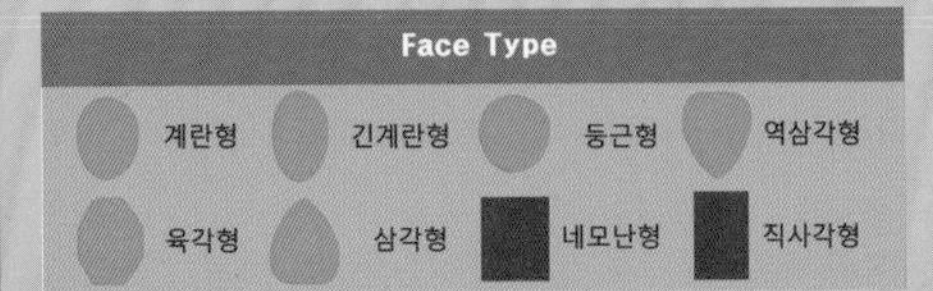

Hair Cut Method-
Technology Manual 093, 154 Page 참고

바람결에 흩날리듯 러프하고 소프트한 율동감을 더해 주는 스위트한 심쿵 헤어스타일!

- 부드러운 웨이브 컬이 바람에 날리듯 자유롭게 율동하는 흐름과 스타일의 실루엣이 밸런스를 이루어 사랑스럽고 섹시감이 더해지는 아름다운 헤어스타일입니다.
- 언더에서 하이 그러데이션을 커트하여 목선의 여성스러움을 강조하고 톱 쪽으로 레이어드를 넣어서 부드러운 실루엣을 연출하고 프런트와 사이드에서 앞머리를 내려주고 둥글게 얼굴을 감싸는 층을 만들고 틴닝과 슬라이딩 커트로 가볍고 가늘어지는 질감을 스타일의 표정을 연출합니다.
- 굵은 롤로 1.2~1.5컬의 웨이브 파마를 하고 앞머리는 스트레이트 파마를 해 줍니다.
- 헤어 드라이기로 뿌리부터 말리면서 70%를 말린 후 글로스 왁스를 고르게 바르고 스크런치 드라이하고 손가락 빗질하여 자연스러운 컬의 움직임을 연출합니다.

Woman Short Hair Style Design

S-2021-158-1

S-2021-158-2

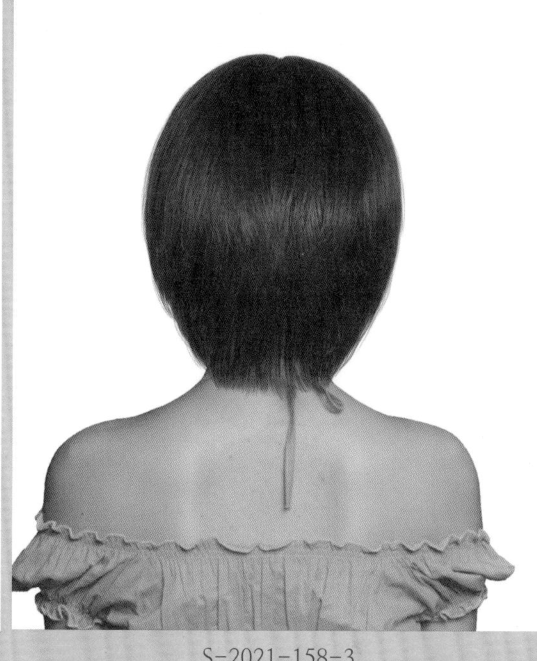

S-2021-158-3

Face Type

계란형 긴계란형 둥근형 역삼각형
육각형 삼각형 네모난형 직사각형

Hair Cut Method-
Technology Manual 154 Page 참고

윤기 나는 질감과 차분한 스트레이트 모류가 사랑스러운 나만의 개성 연출!

- 빛나고 찰랑찰랑한 질감의 스트레이트의 머시룸 감각의 헤어스타일로 맑고 청순하고 발랄한 이노센트 이미지의 아름다운 헤어스타일입니다.
- 언더에서 하이 그러데이션을 커트하여 목선의 여성스러움을 강조하고 톱 쪽으로 레이어드를 넣어서 부드러운 실루엣을 연출하고 프런트와 사이드에서 앞머리를 내려주고 둥글게 얼굴을 감싸는 층을 만들고 틴닝과 슬라이딩 커트로 가볍고 가늘어지는 질감을 표현합니다.
- 곱슬머리는 원컬 스트레이트 파마를 합니다.
- 헤어 드라이기로 뿌리부터 말리면서 80%를 말린 후 글로스 왁스를 고르게 바르고 드라이하여 자연스러운 움직임을 연출합니다.

Woman Short Hair Style Design

S-2021-159-1

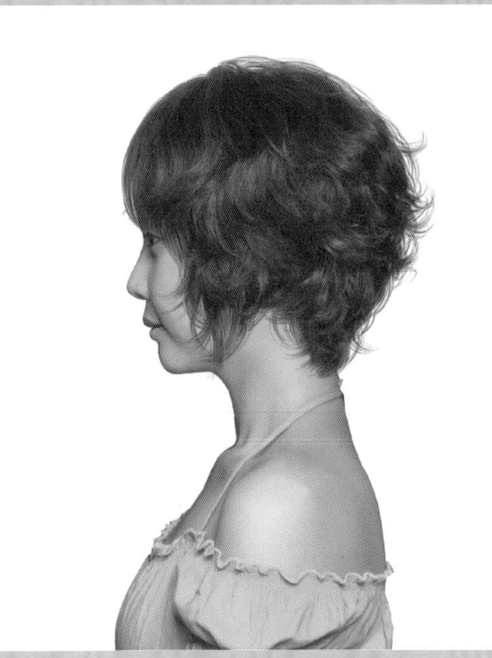

S-2021-159-2

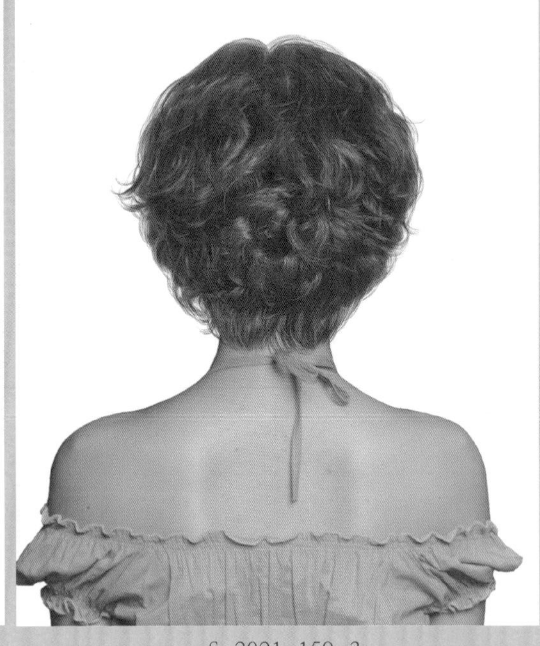

S-2021-159-3

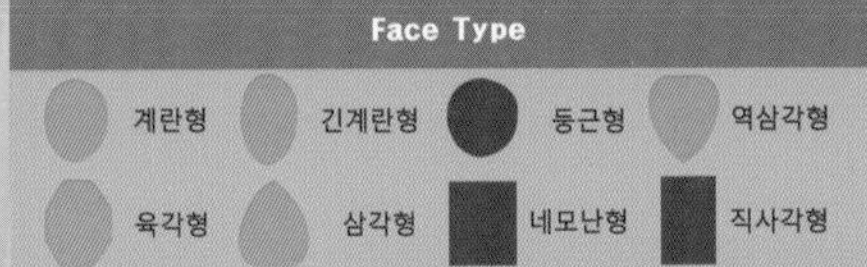

Hair Cut Method-
Technology Manual 093 Page 참고

둥둥 떠다니는 듯 넘실거리는 웨이브 컬의 흐름이 페미닌 향기가 가득!

- 숏 헤어스타일의 단조로움과 남성적 이미지를 피하고 발랄하고 사랑스러운 이미지를 강조하기 위해서 모선의 가늘어지고 가벼운 실루엣과 자유로운 웨이브 컬의 파마를 한 헤어스타일입니다.
- 언더에서 그러데이션을 커트하여 풍성한 볼륨을 만들고 톱 쪽으로 레이어드를 넣어서 부드러운 실루엣을 연출합니다.
- 모발 길이 끝부분에서 틴닝과 슬라이딩 커트로 가늘어지고 가벼운 흐름의 부드러운 질감을 표현합니다.
- 굵은 롤로 전체 웨이브 파마를, 앞머리는 원컬 스트레이트 파마를 합니다.
- 헤어 드라이기로 뿌리부터 말리면서 70%를 말린 후 글로스 왁스를 고르게 바르고 스크런치 드라이로 풍성한 볼륨을 만들고 손가락 빗질하여 털어서 자연스러운 컬의 움직임을 연출합니다.

Woman Short Hair Style Design

S-2021-160-1

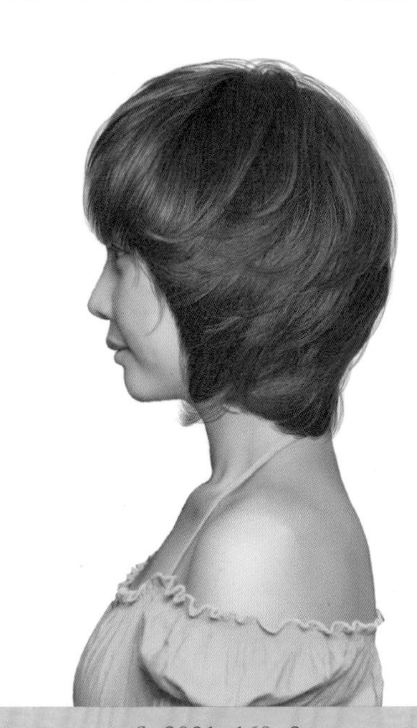

S-2021-160-2

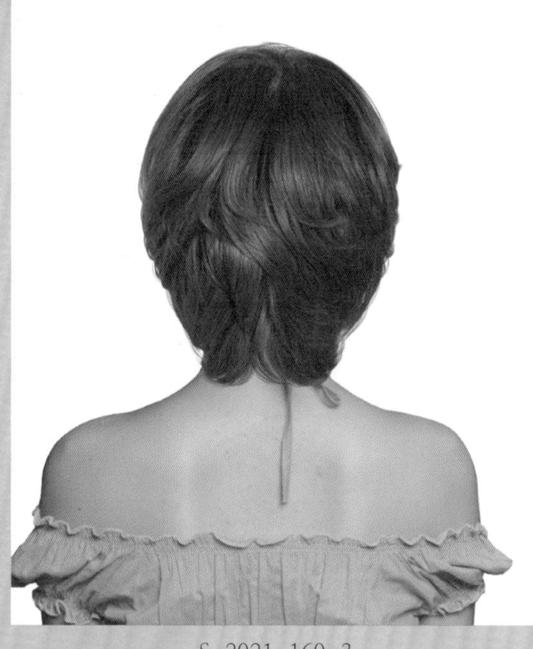

S-2021-160-3

Face Type			
계란형	긴계란형	둥근형	역삼각형
육각형	삼각형	네모난형	직사각형

Hair Cut Method-
Technology Manual 154 Page 참고

바람결에 살랑거리듯 자연스럽게 율동하는 흐름이 신비롭고 달콤한 이노센트 헤어스타일!

- 바닷바람에 휘날리듯 자연스럽게 움직이는 흐름의 바람머리 헤어스타일로 청순하고 발랄한 이미지에 청초함의 패션 감각이 느껴지는 스타일입니다.
- 언더에서 하이 그러데이션을 커트하여 목선의 여성스러움을 강조하고 톱 쪽으로 레이어드를 넣어서 부드러운 실루엣을 연출하고 프런트와 사이드에서 앞머리를 옆으로 내려주고 둥글게 얼굴을 감싸는 층을 만들고 틴닝과 슬라이딩 커트로 가볍고 가늘어지는 질감을 표현합니다.
- 원컬 웨이브 파마를 합니다.
- 헤어 드라이기로 뿌리부터 말리면서 80%를 말린 후 글로스 왁스를 고르게 바르고 스크런치 드라이하고 손가락 빗질하여 자연스러운 컬의 움직임을 연출합니다.

Woman Short Hair Style Design

S-2021-161-1

S-2021-161-2

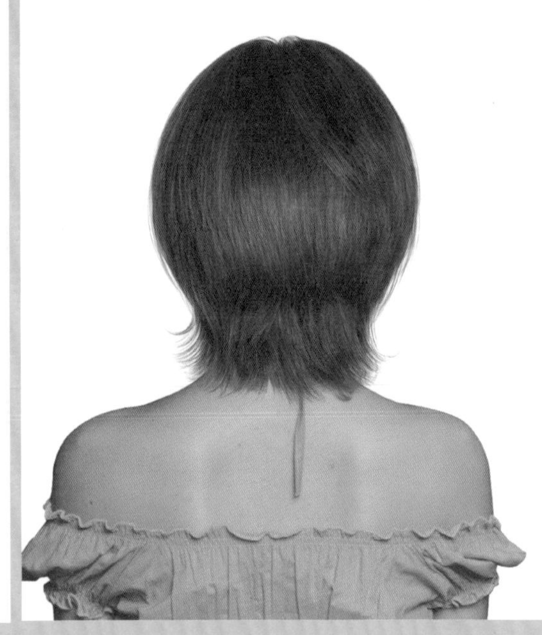

S-2021-161-3

Face Type

계란형	긴계란형	둥근형	역삼각형
육각형	삼각형	네모난형	직사각형

Hair Cut Method-
Technology Manual 154, 196 Page 참고

부드러운 곡선의 스트레이트 실루엣과 목선에서 살짝 뻗치는 흐름이 낭만적인 로맨틱 헤어스타일!

- 부드러운 생머리 흐름의 실루엣이 목선에서 살짝 뻗쳐 주는 율동감이 인형 같은 귀여움을 주는 환상적인 헤어스타일입니다.
- 언더에서 하이 그러데이션을 커트하여 가늘어지고 가벼운 흐름을 만들고, 톱 쪽으로 레이어드를 넣어서 부드러운 실루엣을 연출하고 프런트와 사이드에서 앞머리를 내려주고 둥글게 얼굴을 감싸는 층을 만들고 틴닝과 슬라이딩 커트로 가볍고 가늘어지는 질감을 표현합니다.
- 곱슬머리는 원컬 스트레이트 파마를 합니다.
- 헤어 드라이기로 뿌리부터 말리면서 80%를 말린 후 롤 브러시나 아이롱으로 연출한 후, 글로스 왁스를 고르게 바르고 빗질하여 스타일링을 합니다.

Woman Short Hair Style Design

S-2021-162-1

S-2021-162-2

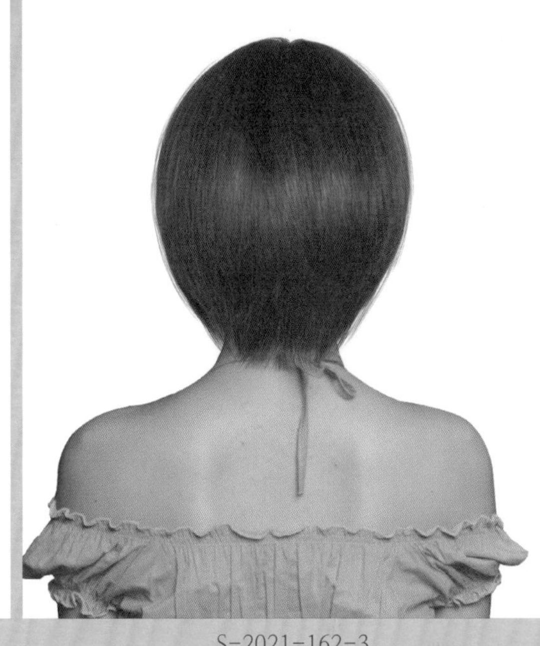

S-2021-162-3

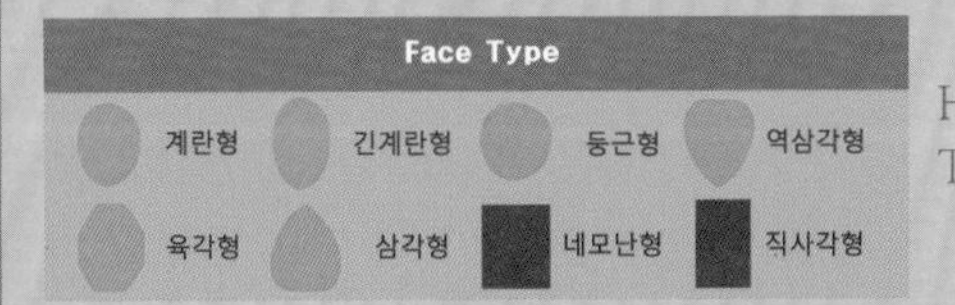

Hair Cut Method-
Technology Manual 093, 154 Page 참고

맑고 깨끗한 스트레이트 실루엣이 심플한 개성미를 표현하는 시크 감성의 헤어스타일!

- 투명하고 윤기 있는 머릿결의 스트레이트 질감이 깨끗하고 심플한 헤어라인으로 디자인되어 독특한 개성과 발랄하고 깜찍한 감성이 느껴지는 헤어스타일입니다.
- 언더에서 하이 그러데이션을 커트하여 목선의 여성스러움을 강조하고 톱 쪽으로 레이어드를 넣어서 부드러운 실루엣을 연출하고 프런트와 사이드에서 둥글게 얼굴을 감싸는 층을 만들고 틴닝과 슬라이딩 커트로 가볍고 가늘어지는 질감을 표현합니다.
- 원컬 스트레이트 파마를 합니다.
- 헤어 드라이기로 뿌리부터 말리면서 80%를 말린 후 롤 브러시나 아이롱으로 연출한 후, 글로스 왁스를 고르게 바르고 빗질하여 스타일링을 합니다.

Woman Short Hair Style Design

S-2021-163-1

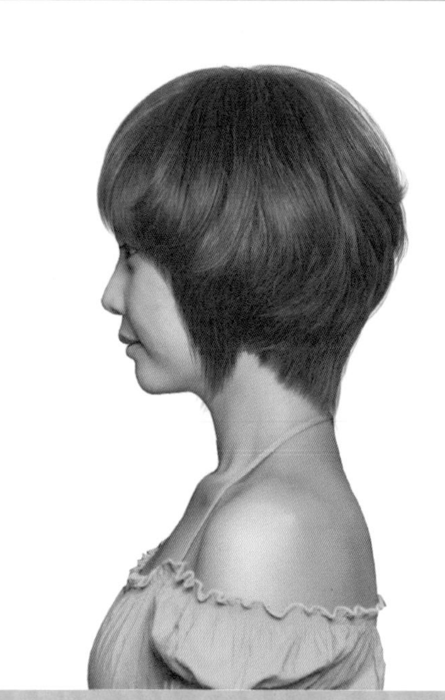

S-2021-163-2

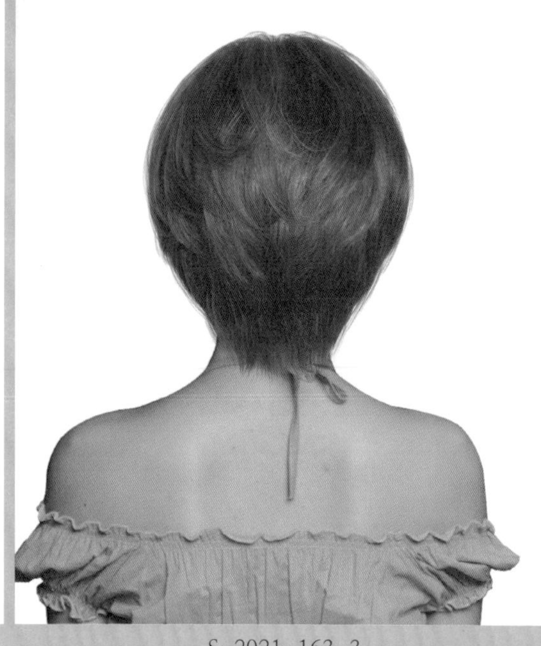

S-2021-163-3

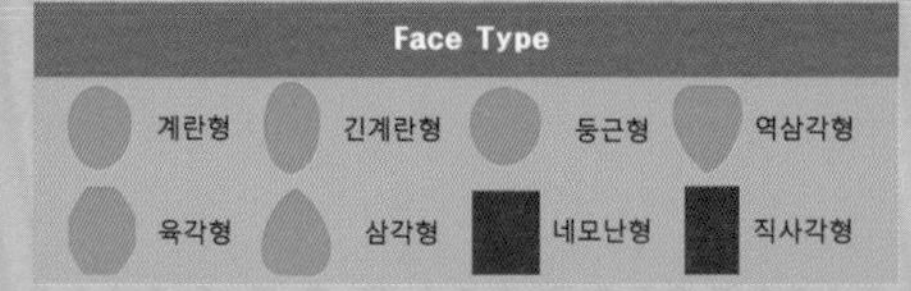

Hair Cut Method-
Technology Manual 093 Page 참고

나만의 스타일! 나만의 개성을 표현하고 싶은 창조적 감성파 여성들의 선택!

- 보송보송 윤기를 머금은 듯 살랑거리며 율동하는 웨이브 컬의 흐름이 감미롭고 사랑스러운 독특한 캐릭터가 디자인된 아름다운 헤어스타일입니다.
- 언더에서 하이 그러데이션을 커트하여 목선의 여성스러움을 강조하고 톱 쪽으로 레이어드를 넣어서 부드러운 실루엣을 연출하고 프런트와 사이드에서 앞머리를 사이드로 내려 주고 둥글게 얼굴을 감싸는 층을 만들고 틴닝과 슬라이딩 커트로 가볍고 가늘어지는 질감을 표현합니다.
- 굵은 롤로 1~1.5컬의 웨이브 파마를 합니다.
- 헤어 드라이기로 뿌리부터 말리면서 70%를 말린 후 글로스 왁스를 고르게 바르고 스크런치 드라이하고 손가락 빗질하여 자연스러운 컬의 움직임을 연출합니다.

Woman Short Hair Style Design

S-2021-164-1

S-2021-164-2

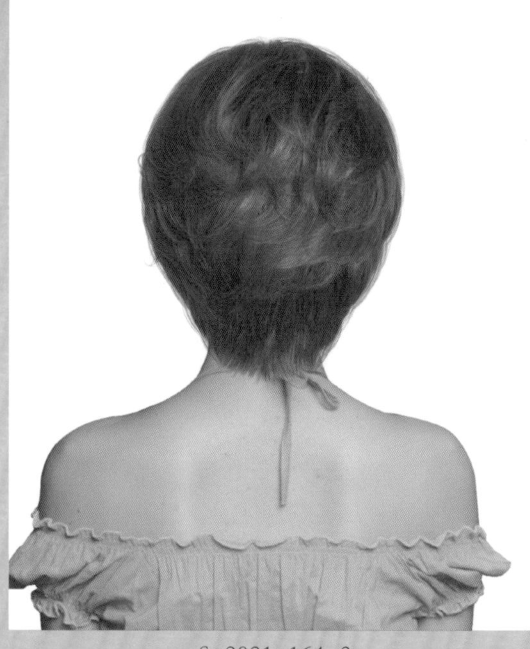

S-2021-164-3

Face Type

계란형 · 긴계란형 · 둥근형 · 역삼각형
육각형 · 삼각형 · 네모난형 · 직사각형

Hair Cut Method-
Technology Manual 093 Page 참고

아름다워지고 싶고 주목받고 싶은 아름다운 여성들의 감성 표출!

- 투명한 윤기감과 바닷바람에 흩날릴 듯 속삭이며 율동하는 실루엣이 맑고 청순한 이미지에 러블리한 섹시감이 살아나는 아름다운 헤어스타일입니다.
- 언더에서 하이 그러데이션을 커트하여 목선의 여성스러움을 강조하고 톱 쪽으로 레이어드를 넣어서 부드러운 실루엣을 연출하고 프런트와 사이드에서 앞머리를 사이드로 내려주고 페이스 라인의 부드러운 층을 만들어 틴닝과 슬라이딩 커트로 가볍고 가늘어지는 질감을 표현합니다.
- 굵은 롤로 1~1.5컬의 웨이브 파마를 합니다.
- 헤어 드라이기로 뿌리부터 말리면서 70%를 말린 후 글로스 왁스를 고르게 바르고 스크런치 드라이하고 손가락 빗질하여 자연스러운 컬의 움직임을 연출합니다.

Woman Short Hair Style Design

S-2021-165-1

S-2021-165-2

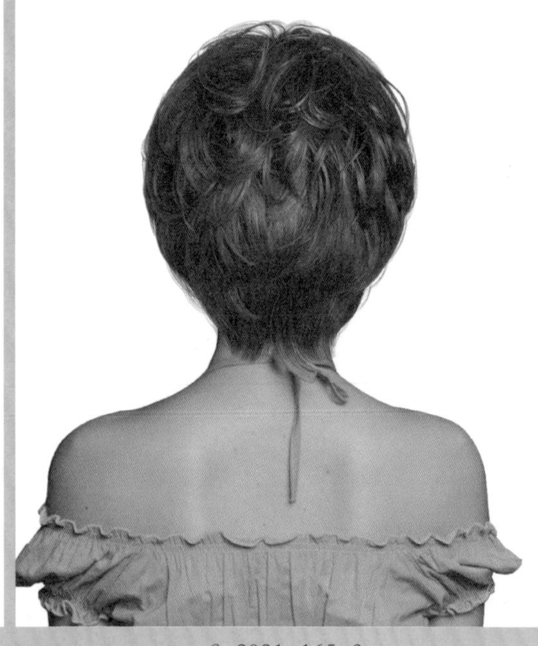

S-2021-165-3

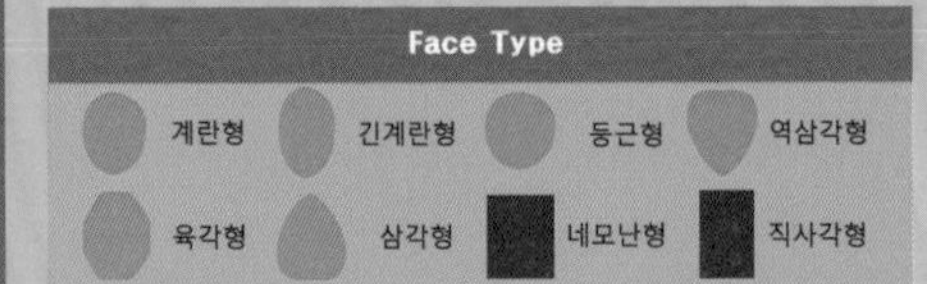

Hair Cut Method-
Technology Manual 093 Page 참고

춤을 추듯 율동하는 웨이브 컬과 부드러운 곡선의 실루엣이 신비롭고 환상적인 헤어스타일!

- 부드러운 S컬의 흐름이 부드러운 실루엣과 매칭되어 러블리하고 큐트한 이미지에 환상적인 파티처럼 화려한 분위기가 더해지는 아름다운 헤어스타일입니다.
- 언더에서 하이 그러데이션을 커트하여 목선의 여성스러움을 강조하고 톱 쪽으로 레이어드를 넣어서 부드러운 실루엣을 연출합니다.
- 프런트와 사이드에서 앞머리를 사이드로 내려주고 얼굴의 표정을 연출하는 층을 만들어 틴닝과 슬라이딩 커트로 가볍고 가늘어지는 질감을 표현합니다.
- 굵은 롤로 1.5~2컬의 웨이브 파마를 합니다.
- 헤어 드라이기로 뿌리부터 말리면서 70%를 말린 후 글로스 왁스를 고르게 바르고 스크런치 드라이하고 손가락 빗질하여 자연스러운 컬의 움직임을 연출합니다.

Woman Short Hair Style Design

S-2021-165-1

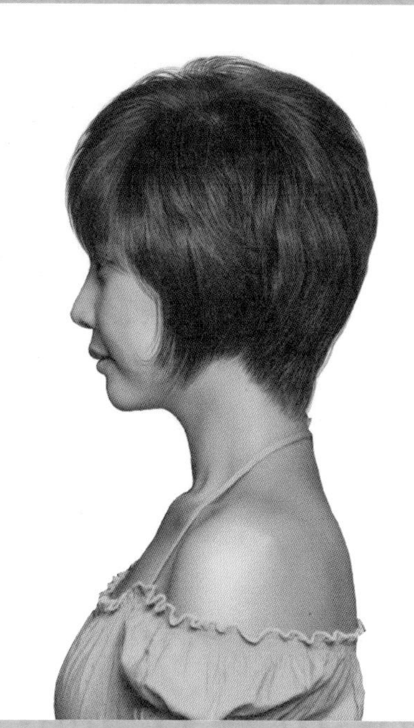

S-2021-165-2

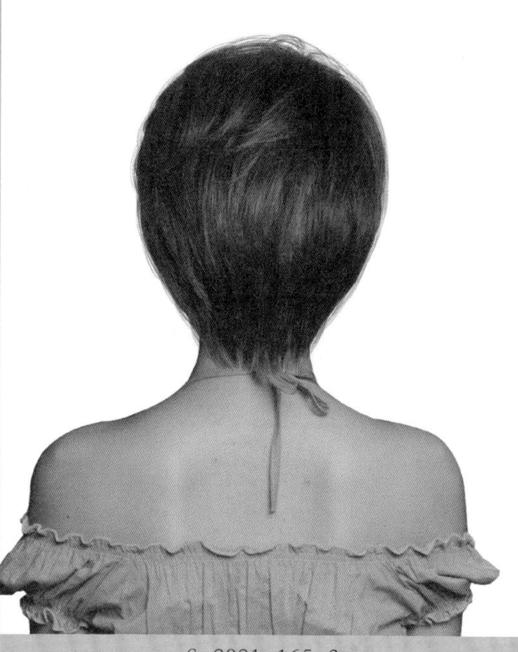

S-2021-165-3

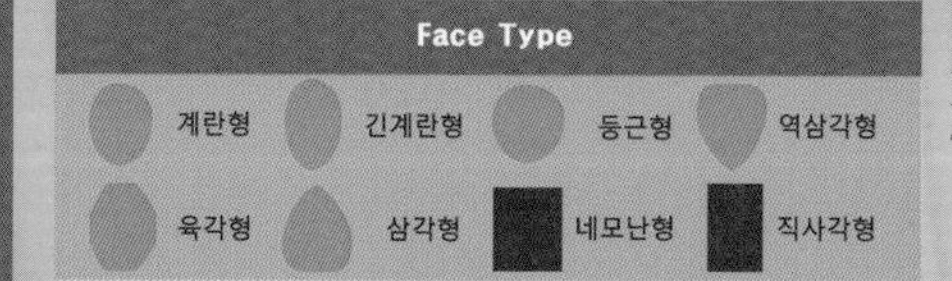

Hair Cut Method-
Technology Manual 093Page 참고

바람결에 살랑거리고 속삭이듯 율동하는 컬의 흐름이 사랑스러운 시크한 헤어스타일!

- 차분하면서 부드러운 C컬의 흐름이 바람결에 날리듯 자연스러운 흐름이 청초하고 청순한 소녀 감성이 느껴지는 아름다운 헤어스타일입니다.
- 언더에서 하이 그러데이션을 커트하여 목선의 여성스러움을 강조하고 톱 쪽으로 레이어드를 넣어서 부드러운 실루엣을 연출합니다.
- 굵은 롤로 1~1.5컬의 웨이브 파마를 합니다.
- 헤어 드라이기로 뿌리부터 말리면서 70%를 말린 후 글로스 왁스를 고르게 바르고 스크런치 드라이하고 손가락 빗질하여 자연스러운 컬의 움직임을 연출합니다.

Woman Short Hair Style Design

S-2021-167-1

S-2021-167-2

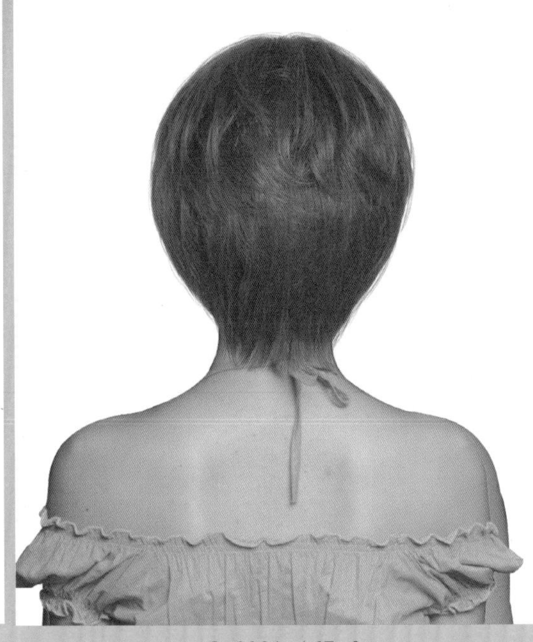

S-2021-167-3

Face Type			
계란형	긴계란형	둥근형	역삼각형
육각형	삼각형	네모난형	직사각형

Hair Cut Method-
Technology Manual 093 Page 참고

투명한 윤기감과 부드러운 웨이브 컬이 믹싱되어 청순하고 소녀 감성의 헤어스타일!

- 윤기 있고 부드러운 컬의 숏 헤어스타일은 차분하고 단정하면서도 청순한 소녀 감성이 느껴지는 아름다운 헤어스타일입니다.
- 언더에서 하이 그러데이션을 커트하여 목선의 여성스러움을 강조하고 톱 쪽으로 레이어드를 넣어서 부드러운 실루엣을 연출하고, 프런트와 사이드에서 앞머리를 사이드로 내려주고 페이스 라인의 가늘어지고 가벼운 표정을 연출합니다.
- 틴닝과 슬라이딩 커트로 가볍고 가늘어지는 질감을 표현합니다.
- 굵은 롤로 1~1.5컬의 웨이브 파마를 합니다.
- 헤어 드라이기로 뿌리부터 말리면서 70%를 말린 후 글로스 왁스를 고르게 바르고 스크런치 드라이하고 손가락 빗질하여 자연스러운 컬의 움직임을 연출합니다.

Woman Short Hair Style Design

S-2021-168-1

S-2021-168-2

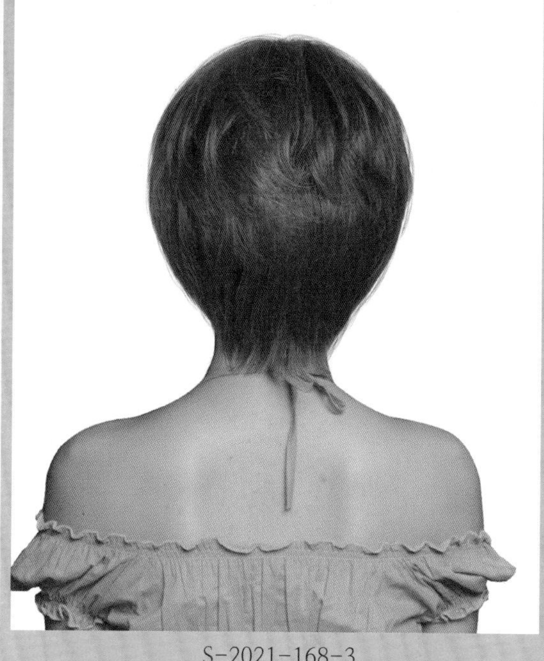

S-2021-168-3

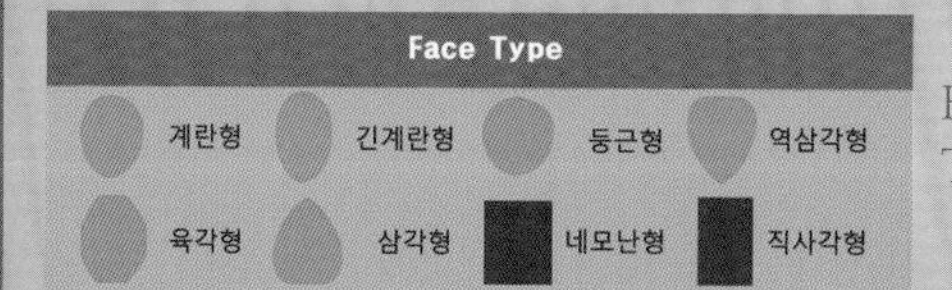

Hair Cut Method-
Technology Manual 093 Page 참고

바람에 휘날리듯 자연스러운 모류와 실루엣이 꾸밈없이 발랄해 보이는 나만의 개성 연출!

- 바람에 살랑거리듯 춤을 추며 율동하는 모류와 디자인된 독특한 모선 라인이 황금 밸런스를 이루어 귀엽고 달콤한 시크 감성의 헤어스타일입니다.
- 언더에서 하이 그러데이션을 커트하여 목선의 여성스러움을 강조하고 톱 쪽으로 레이어드를 넣어서 부드러운 실루엣을 연출하고 프런트와 사이드에서 앞머리를 사이드로 내려주고 페이스 라인의 가늘어지고 가벼운 표정을 연출합니다.
- 틴닝과 슬라이딩 커트로 가볍고 가늘어지는 질감을 표현합니다.
- 굵은 롤로 1~1.5컬의 웨이브 파마를 합니다.
- 헤어 드라이기로 뿌리부터 말리면서 70%를 말린 후 글로스 왁스를 고르게 바르고 스크런치 드라이하고 손가락 빗질하여 자연스러운 컬의 움직임을 연출합니다.

Woman Short Hair Style Design

S-2021-169-1

S-2021-169-2

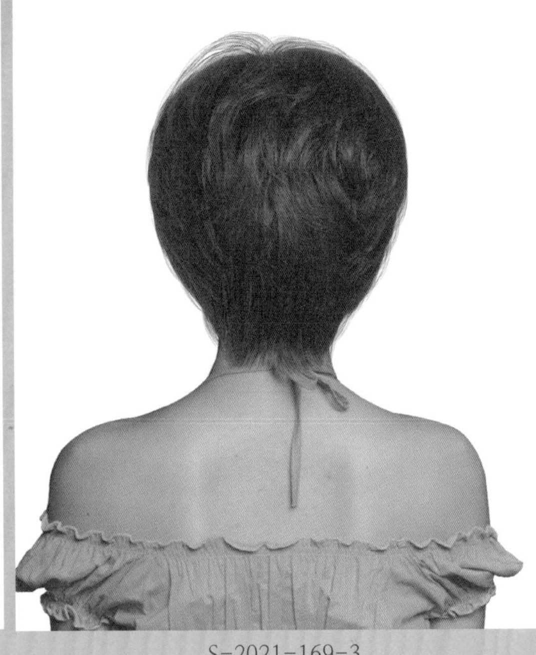

S-2021-169-3

Face Type

계란형 긴계란형 둥근형 역삼각형
육각형 삼각형 네모난형 직사각형

Hair Cut,Permament Wave Method-
Technology Manual 35Page 참고

소녀 감성과 소년의 이미지가 떠오르는 독특한 개성미의 앤드로지너스 헤어스타일!

- 차분하고 부드러운 모류의 질감과 실루엣이 댄디 감각의 뉘앙스가 살아나는 매혹적인 소녀 감성의 아름다운 헤어스타일입니다.
- 언더에서 하이 그러데이션을 커트하여 목선의 여성스러움을 강조하고 톱 쪽으로 레이어드를 넣어서 부드러운 실루엣을 연출하고, 프런트와 사이드에서 앞머리를 사이드로 내려주고 페이스 라인은 가늘어지고 가벼운 표정을 연출합니다.
- 틴닝과 슬라이딩 커트로 가볍고 가늘어지는 질감을 표현합니다.
- 굵은 롤로 1.2~1.5컬의 웨이브 파마를 합니다.
- 헤어 드라이기로 뿌리부터 말리면서 70%를 말린 후 글로스 왁스를 고르게 바르고 스크런치 드라이하고 손가락 빗질하여 자연스러운 컬의 움직임을 연출합니다.

Woman Short Hair Style Design

S-2021-170-1

S-2021-170-2

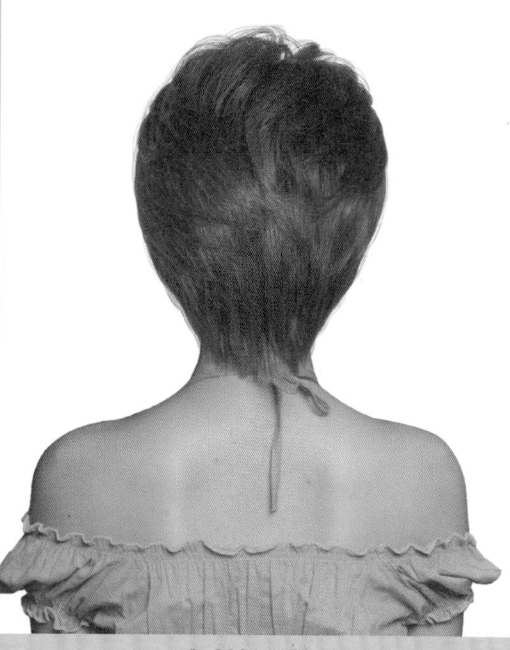

S-2021-170-3

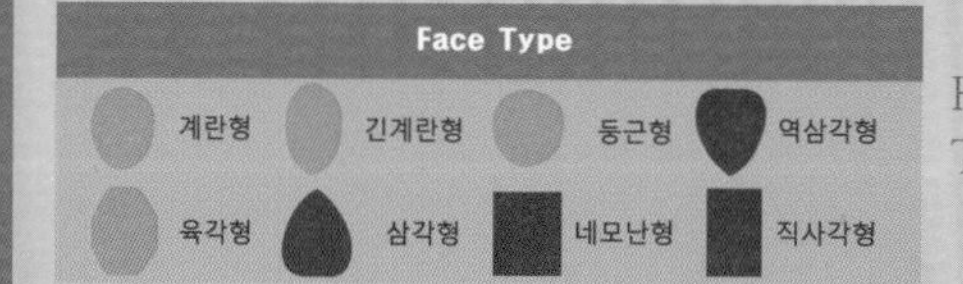

Hair Cut Method-
Technology Manual 093 Page 참고

이마를 시원하게 드러내어 지성미와 품격이 느껴지는 헤어스타일!

- 풍성한 볼륨으로 업시켜 시원스럽게 이마를 드러내고 부드럽게 빗어 넘긴 컬의 흐름이 지적이고 자신감과 엄격성, 품격이 느껴지는 매니시 감성의 아름다운 헤어스타일입니다.
- 언더에서 하이 그러데이션을 커트하여 목선의 여성스러움을 강조하고 톱 쪽으로 레이어드를 넣어서 부드러운 실루엣을 연출하고, 틴닝과 슬라이딩 커트로 가볍고 가늘어지는 질감을 표현합니다.
- 굵은 롤로 1~1.5컬의 웨이브 파마를 합니다.
- 헤어 드라이기로 뿌리부터 말리면서 70%를 말린 후 글로스 왁스를 고르게 바르고 스크런치 드라이하고 손가락 빗질하여 자연스러운 컬의 움직임을 연출합니다.

Woman Short Hair Style Design

S-2021-171-1

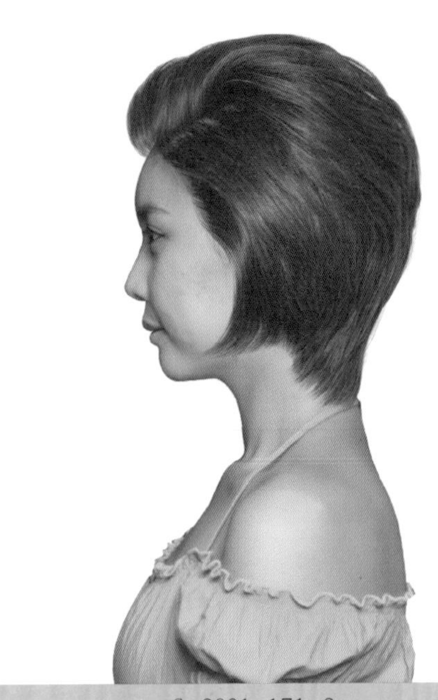

S-2021-171-2

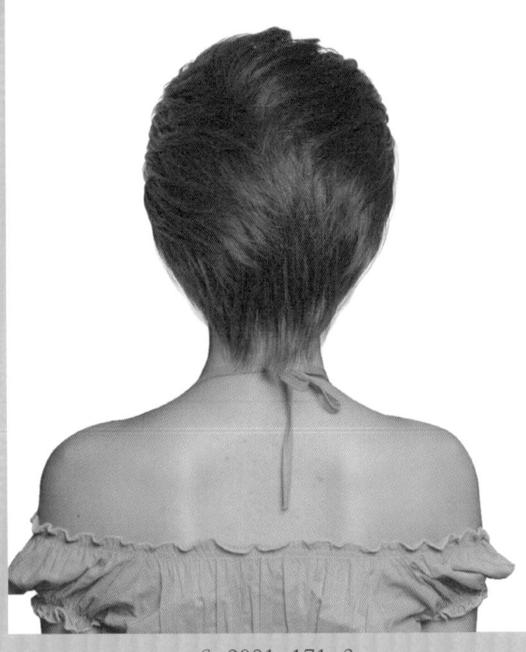

S-2021-171-3

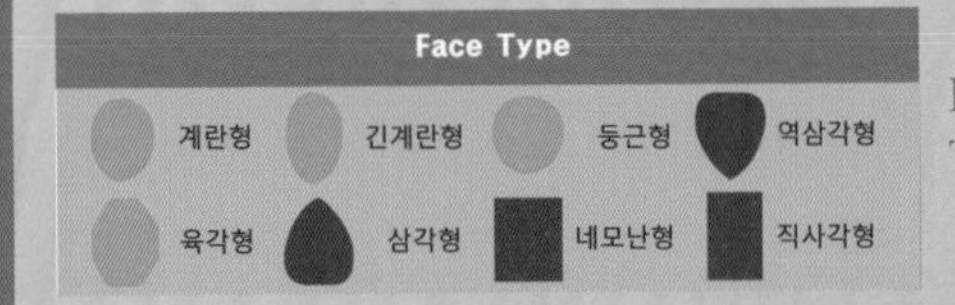

Hair Cut Method-
Technology Manual 093 Page 참고

가르마로 이미지를 변신한 댄디 감성의 앤드로지너스 헤어스타일!

- 가르마를 타고 높은 볼륨으로 올백으로 빗어 넘긴 헤어스타일로 격조와 품위가 느껴지는 이미지에 지성미가 더해지는 아름다운 헤어스타일입니다.
- 언더에서 하이 그러데이션을 커트하여 목선의 여성스러움을 강조하고 톱 쪽으로 하이 레이어드를 넣어서 부드러운 실루엣을 연출합니다.
- 틴닝과 슬라이딩 커트로 가볍고 가늘어지는 질감을 표현합니다.
- 굵은 롤로 1~1.5컬의 웨이브 파마를 합니다.
- 헤어 드라이기로 뿌리부터 말리면서 80%를 말린 후 세팅력이 있는 글로스 왁스를 고르게 바르고 손가락 빗질로 넘겨 스타일링합니다.

Woman Short Hair Style Design

S-2021-172-1

S-2021-172-2

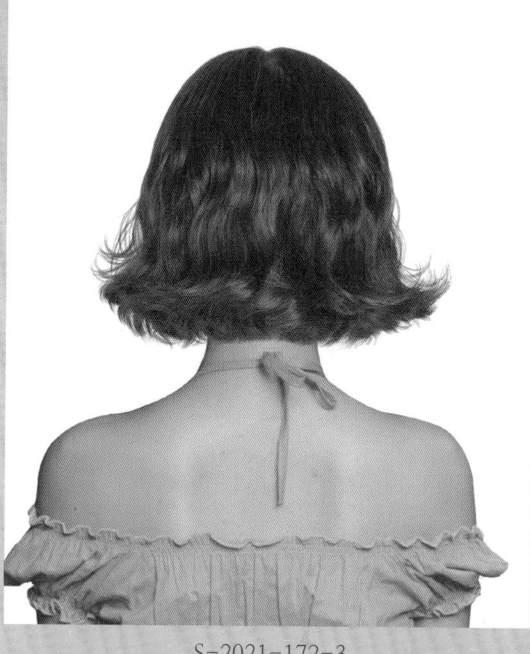

S-2021-172-3

Face Type

계란형 긴계란형 둥근형 역삼각형
육각형 삼각형 네모난형 직사각형

Hair Cut Method-
Technology Manual 071Page 참고

부드러운 물결 웨이브가 모선에서 자유롭게 율동하는 신비롭고 여성스러운 로맨틱 헤어스타일!

- 부드럽고 차분한 물결 웨이브가 모선에서 바람에 살랑거리듯 자유로운 흐름이 사랑스럽고 감미로운 러블리 헤어스타일입니다.
- 언더에서 원랭스를 커트하여 슬라이딩 커트로 가늘어지고 가벼운 질감 커트를 합니다.
- 굵은 롤로 전체 웨이브 파마를 합니다.
- 헤어 드라이기로 뿌리부터 말리면서 70%를 말린 후 글로스 왁스를 고르게 바르고 스크런치 드라이하고 손가락 빗질하면서 모선 부분을 훑어 주어 뻗치는 자연스러운 컬의 움직임을 연출합니다.

Woman Short Hair Style Design

S-2021-173-1

S-2021-173-2

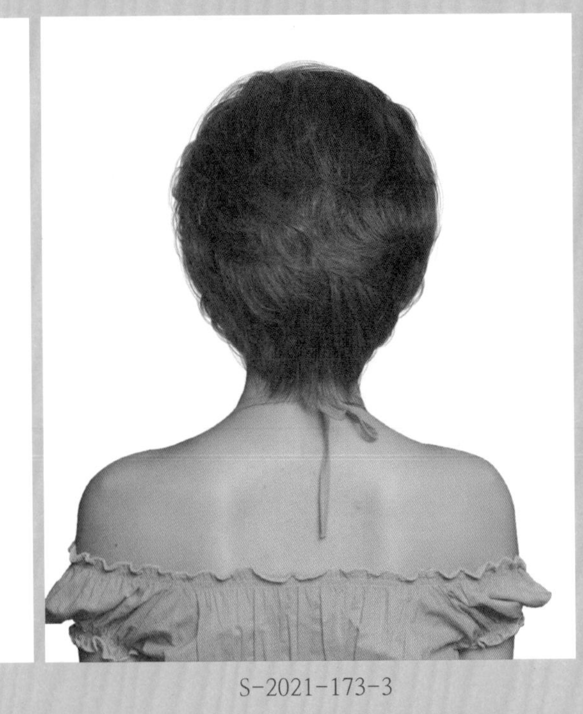

S-2021-173-3

Face Type

계란형 긴계란형 둥근형 역삼각형
육각형 삼각형 네모난형 직사각형

Hair Cut Method-
Technology Manual 093 Page 참고

부드러운 C컬의 흐름과 곡선의 실루엣이 디자인되어 사랑스럽고 매혹적인 감성의 헤어스타일!

- 부드러운 웨이브 컬과 곡선의 실루엣이 밸런스를 이루어 우아하고 세련된 여성미를 표현해 주는 헤어스타일입니다.
- 언더에서 하이 그러데이션을 커트하여 목선의 여성스러움을 강조하고 톱 쪽으로 하이 레이어드를 넣어서 부드럽운 실루엣을 연출하고 프런트와 사이드에서 앞머리를 시스루 뱅으로 사이드로 내려주고 페이스 라인의 가늘어지고 가벼운 표정을 연출합니다.
- 틴닝과 슬라이딩 커트로 가볍고 가늘어지는 질감을 표현합니다.
- 굵은 롤로 1~1.5컬의 웨이브 파마를 합니다.
- 헤어 드라이기로 뿌리부터 말리면서 70%를 말린 후 글로스 왁스를 고르게 바르고 스크런치 드라이하고 손가락 빗질하여 자연스러운 컬의 움직임을 연출합니다.

Woman Short Hair Style Design

S-2021-174-1

S-2021-174-2

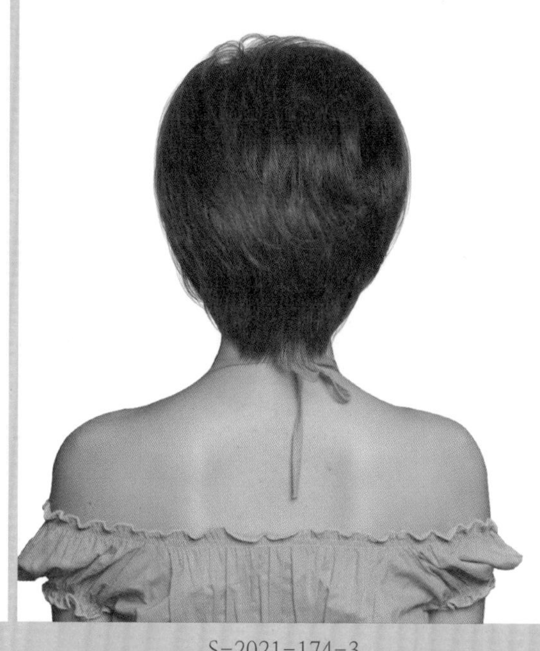

S-2021-174-3

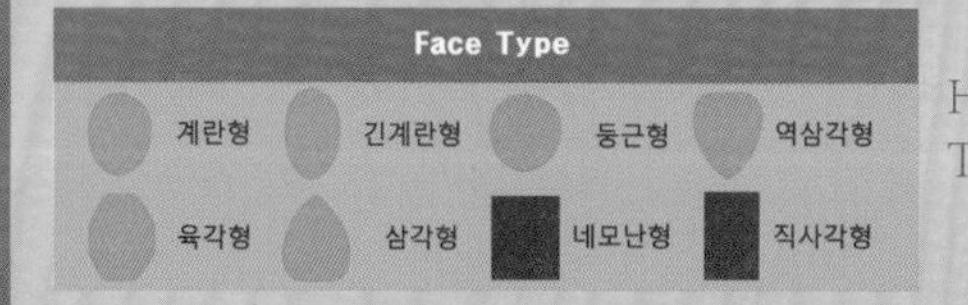

Hair Cut Method-
Technology Manual 093 Page 참고

차분하고 단정한 생머리의 흐름이 청순하고 생기 있는 소녀 감성의 로맨틱 헤어스타일!

- 부드러운 모류와 곡선의 실루엣이 밸런스를 이루어 맑고 깨끗한 소녀 감성이 느껴지는 이노센트 감성의 헤어스타일입니다.
- 언더에서 하이 그러데이션을 커트하여 목선의 여성스러움을 강조하고 톱 쪽으로 레이어드를 넣어서 부드러운 실루엣을 연출합니다.
- 헤어 드라이기로 뿌리부터 말리면서 70%를 말린 후 글로스 왁스를 고르게 바르고 손가락 빗질하면서 드라이하여 자연스러운 컬의 움직임을 연출합니다.
- 틴닝과 슬라이딩 커트로 가볍고 가늘어지는 질감을 표현합니다.

Woman Short Hair Style Design

S-2021-175-1

S-2021-175-2

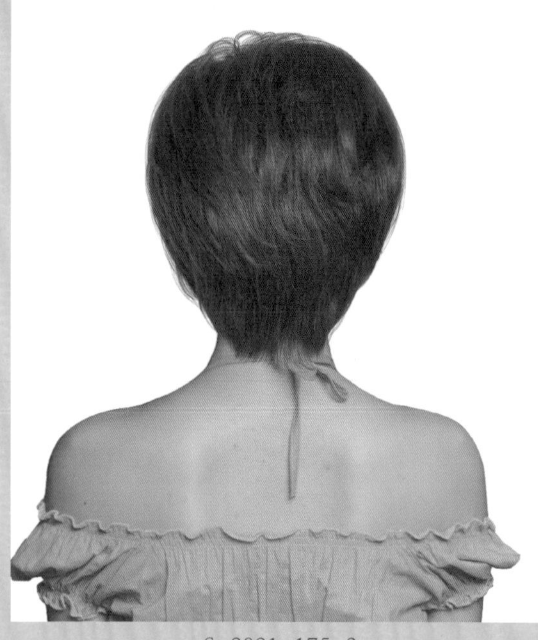

S-2021-175-3

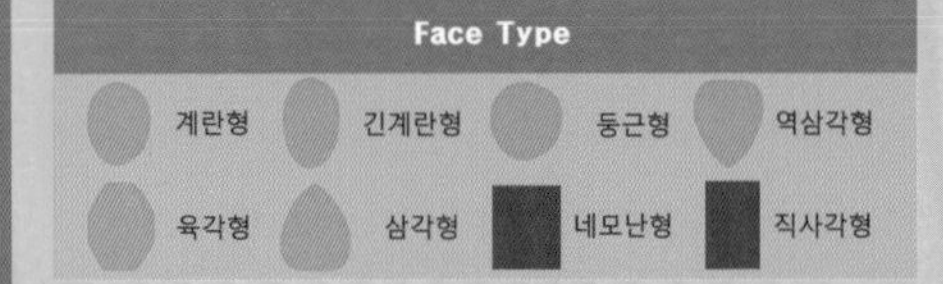

Hair Cut Method-
Technology Manual 093 Page 참고

부드러운 컬의 흐름과 풍성한 곡선의 실루엣이 차분하고 단정한 느낌의 헤어스타일!

- 바람머리 스타일처럼 부드럽게 손가락 빗질하여 빗어 넘기는 모발 흐름이 차분하고 단정하며 지적인 여성스러움을 주는 헤어스타일입니다.
- 언더에서 하이 그러데이션을 커트하여 목선에서 부드러운 흐름을 연출하고 톱 쪽으로 레이어드를 넣어서 풍성한 형태를 만듭니다.
- 틴닝과 슬라이딩 커트로 가볍고 가늘어지는 질감을 표현합니다.
- 굵은 롤로 1~1.5컬의 웨이브 파마를 합니다.
- 헤어 드라이기로 뿌리부터 말리면서 70%를 말린 후 글로스 왁스를 고르게 바르고 손가락 빗질하면서 드라이하여 자연스러운 컬의 움직임을 연출합니다.

Woman Short Hair Style Design

S-2021-176-1

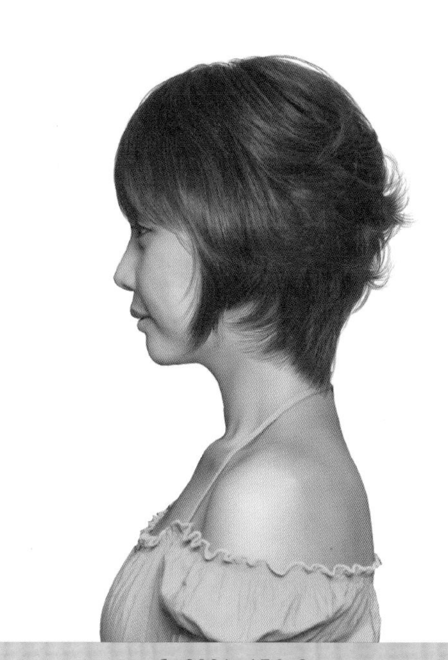

S-2021-176-2

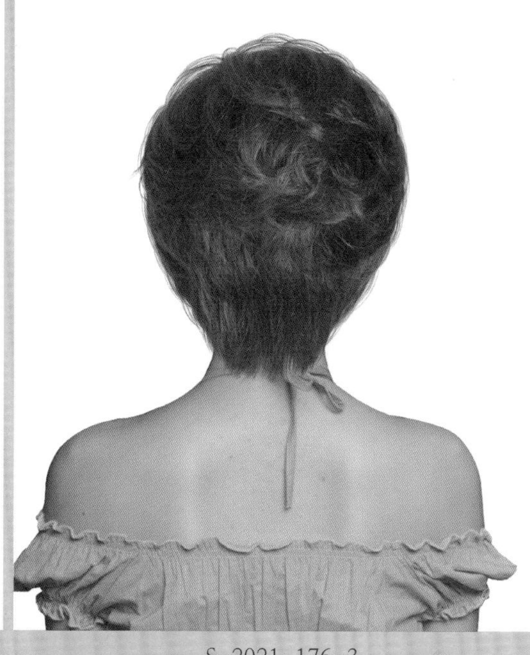

S-2021-176-3

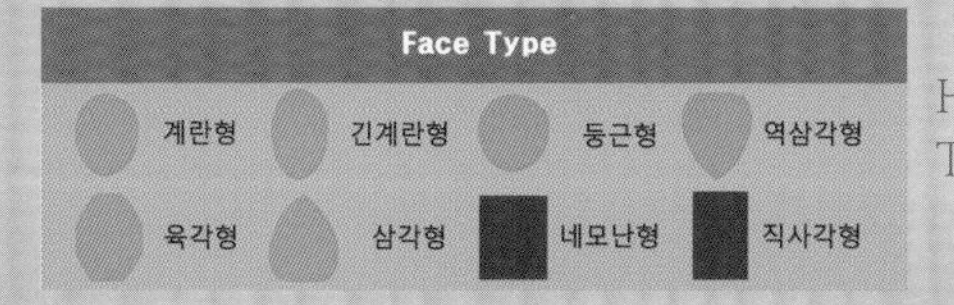

Hair Cut Method-
Technology Manual 093 Page 참고

차분하고 단정한 흐름의 웨이브 컬의 율동이 사랑스럽고 소녀 감성이 느껴지는 헤어스타일!

- 부드러운 C컬의 자유로운 모발 흐름이 발랄하고 큐트한 느낌을 주는 소녀티가 나는 이노센트 감성의 아름다운 헤어스타일입니다.
- 언더에서 하이 그러데이션을 커트하여 목선의 여성스러움을 강조하고 톱 쪽으로 레이어드를 넣어서 부드러운 실루엣을 연출하고,
- 틴닝과 슬라이딩 커트로 가볍고 가늘어지는 질감을 표현합니다.
- 굵은 롤로 1~1.5컬의 웨이브 파마를 합니다.
- 헤어 드라이기로 뿌리부터 말리면서 70%를 말린 후 글로스 왁스를 고르게 바르고 손가락 빗질하면서 드라이하여 자연스러운 컬의 움직임을 연출합니다.

Woman Short Hair Style Design

S-2021-177-1

S-2021-177-2

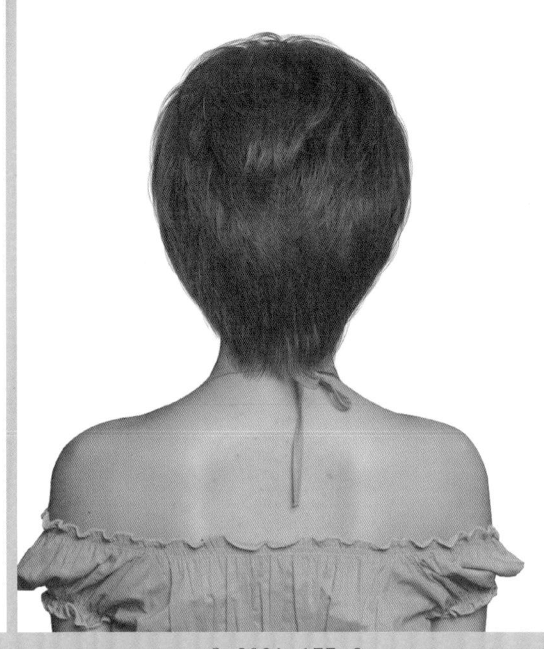

S-2021-177-3

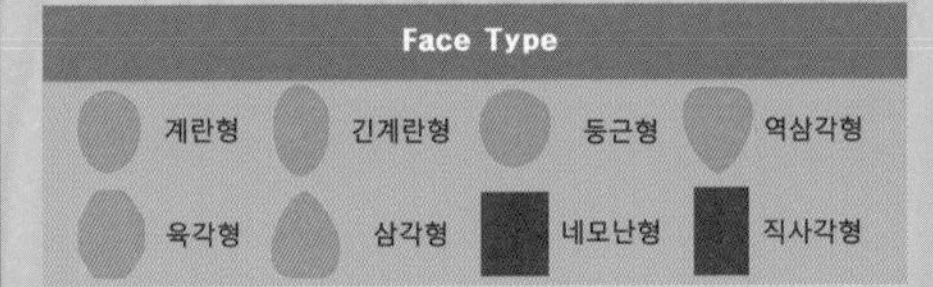

Hair Cut Method-
Technology Manual 093 Page 참고

차분하고 부드러운 모발 흐름이 맑고 청순한 소녀 감성이 느껴지는 헤어스타일!

- 자연스럽고 부드러운 C컬의 흐름이 자유롭게 율동하는 흐름이 맑고 청순한 소녀 감성의 이노센트가 느껴지는 헤어스타일입니다.
- 언더에서 하이 그러데이션을 커트하여 목선의 부드럽고 깨끗한 느낌을 표현하고 톱 쪽으로 레이어드를 넣어서 부드러운 실루엣을 연출하고, 틴닝과 슬라이딩 커트로 가볍고 가늘어지는 질감을 표현합니다.
- 굵은 롤로 1~1.5컬의 웨이브 파마를 합니다.
- 헤어 드라이기로 뿌리부터 말리면서 70%를 말린 후 글로스 왁스를 고르게 바르고 손가락 빗질하면서 드라이하여 자연스러운 컬의 움직임을 연출합니다.

Woman Short Hair Style Design

S-2021-178-1

S-2021-178-2

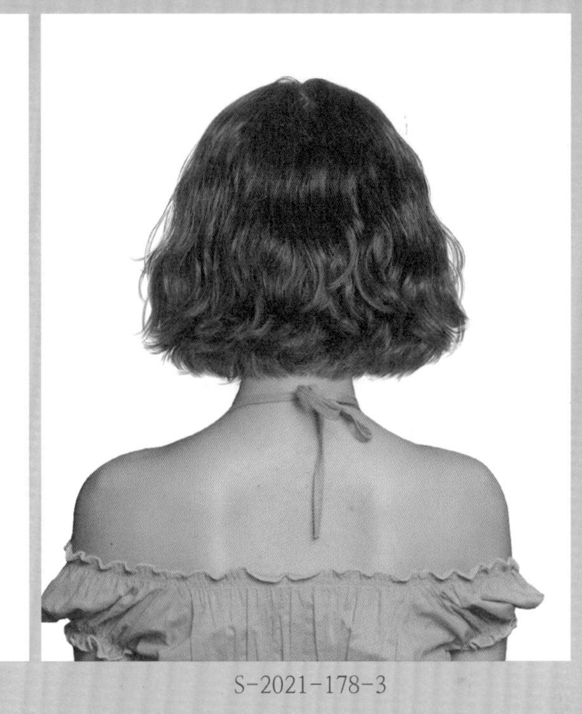

S-2021-178-3

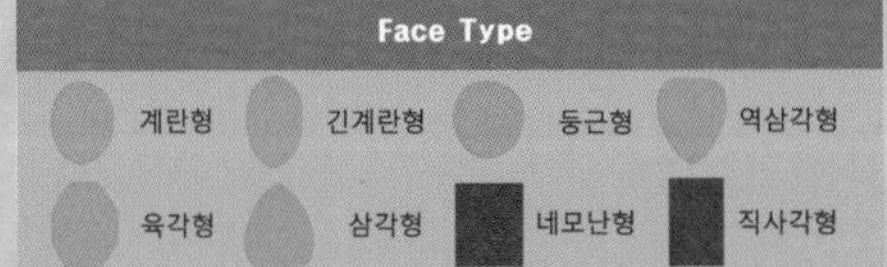

Hair Cut Method-
Technology Manual 071Page 참고

직선의 언더라인과 부드럽게 율동하는 웨이브 컬이 귀엽고 발랄한 느낌의 헤어스타일!

- 직선의 모선 라인과 출렁거리는 웨이브 컬이 믹싱되어 특별한 개성미를 느끼게 하고 발랄하고 큐트한 이미지가 느껴지는 심쿵 헤어스타일입니다.
- 언더에서 원랭스 커트로 직선의 언더라인을 만들고 톱 쪽으로 레이어드를 살짝 넣어서 부드러운 흐름을 연출합니다.
- 모발 길이의 중간, 끝부분에서 틴닝을 하여 가볍게 하고 슬라이딩 커트로 가늘어지는 질감을 표현합니다.
- 굵은 롤로 전체 웨이브 파마를 합니다.
- 헤어 드라이기로 뿌리부터 말리면서 70%를 말린 후 글로스 왁스를 고르게 바르고 스크런칭 드라이 기법으로 손가락 빗질을 하고 털어서 자연스러운 컬의 움직임을 연출합니다.

Woman Short Hair Style Design

S-2021-179-1

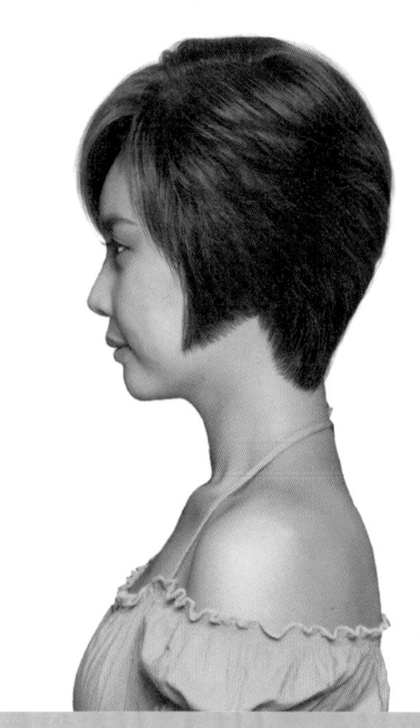
S-2021-179-2

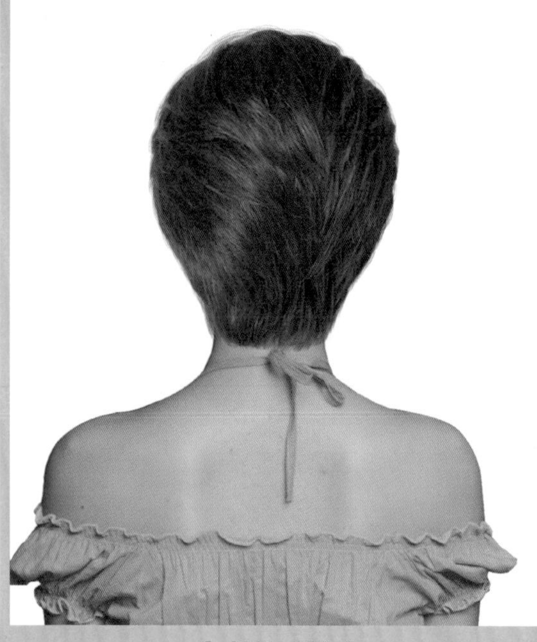
S-2021-179-3

Face Type

계란형 긴계란형 둥근형 역삼각형
육각형 삼각형 네모난형 직사각형

Hair Cut Method-
Technology Manual 071Page 참고

부드러운 컬의 흐름이 차분하고 단정한 느낌을 주는 클래식 그러데이션 헤어스타일!

- 살짝 이마를 드러내면서 사이드로 빗어 넘긴 C컬과 실루엣이 차분하고 단정하고 지적인 여성스러움과 댄디 감성의 향기가 느껴지는 헤어스타일입니다.
- 언더에서 하이 그러데이션을 커트하여 목선의 부드럽고 깨끗한 느낌을 표현하고 톱 쪽으로 레이어드를 넣어서 부드러운 실루엣을 연출합니다.
- 틴닝과 슬라이딩 커트로 가볍고 가늘어지는 질감을 표현합니다.
- 굵은 롤로 1~1.5컬의 웨이브 파마를 합니다.
- 헤어 드라이기로 뿌리부터 말리면서 70%를 말린 후 글로스 왁스를 고르게 바르고 손가락 빗질하면서 드라이하여 자연스러운 컬의 움직임을 연출합니다.

Woman Short Hair Style Design

S-2021-180-1

S-2021-180-2

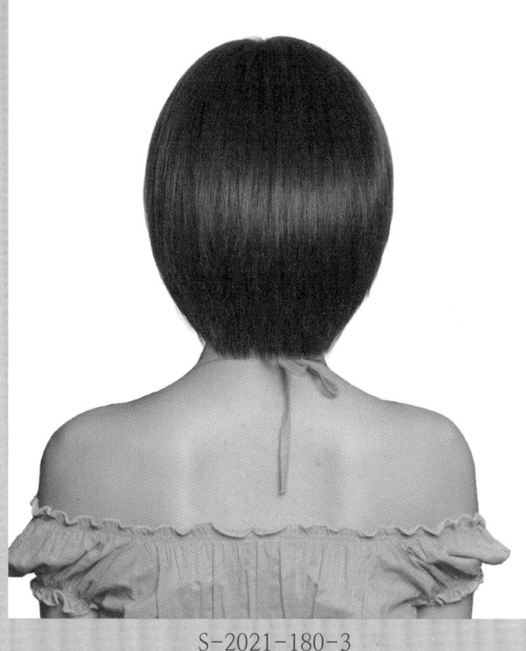

S-2021-180-3

Face Type			
계란형	긴계란형	둥근형	역삼각형
육각형	삼각형	네모난형	직사각형

Hair Cut Method-
Technology Manual 131Page 참고

투명감 있는 윤기감과 차분한 스트레이트 질감이 맑고 깨끗한 이노센트 감성의 헤어스타일!

- 차분하고 단정한 흐름의 스트레이트 흐름이 맑고 깨끗하고 청초한 소녀 감성이 느껴지는 헤어스타일입니다.
- 언더에서 미디엄 그러데이션을 커트하여 가벼운 흐름을 만들고 톱 쪽으로 레이어드를 넣어서 부드러운 실루엣을 연출합니다.
- 프런트와 사이드에서 앞머리를 내려주고 페이스 라인의 둥근 라인으로 가늘어지고 가벼운 표정을 연출합니다.
- 틴닝과 슬라이딩 커트로 가볍고 가늘어지는 질감을 표현합니다.
- 곱슬머리는 원컬 스트레이트 파마를 합니다.
- 헤어 드라이기로 뿌리부터 말리면서 80%를 말린 후 글로스 왁스를 고르게 바르고 빗질하여 스타일링합니다.

Woman Short Hair Style Design

S-2021-181-1

S-2021-181-2

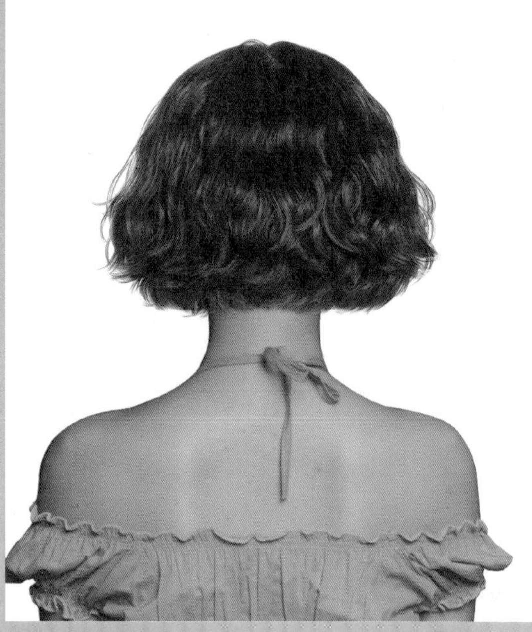

S-2021-181-3

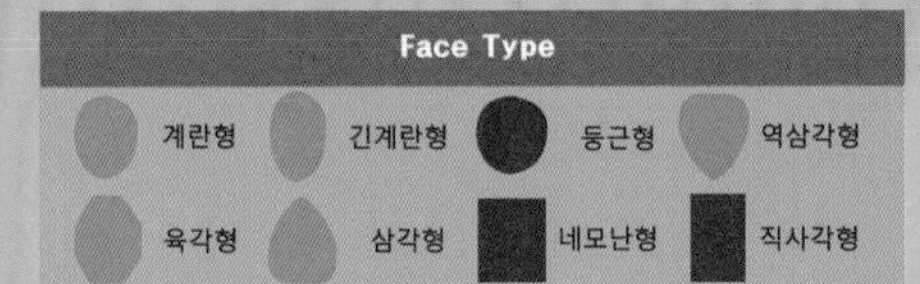

Hair Cut Method-
Technology Manual 071 Page 참고

짧은 단발 스타일에 부드럽게 율동하는 사랑스럽고 여성스러운 컬이 개성미를 주는 헤어스타일!

- 짧은 단발 헤어에 자유롭게 출렁이는 웨이브 컬이 발랄하고 귀여운 느낌을 주는 러블리 헤어스타일입니다.
- 언더에서 원랭스 커트로 직선의 언더라인을 만들고 톱 쪽으로 레이어드를 살짝 넣어서 부드러운 흐름을 연출합니다,
- 모발 길이의 중간, 끝부분에서 틴닝을 하여 가볍게 하고 슬라이딩 커트로 가늘어지는 질감을 표현합니다.
- 굵은 롤로 전체 웨이브 파마를 합니다.
- 헤어 드라이기로 뿌리부터 말리면서 70%를 말린 후 글로스 왁스를 고르게 바르고 스크런칭 드라이 기법으로 손가락 빗질을 하고 털어서 자연스러운 컬의 움직임을 연출합니다.

Woman Short Hair Style Design

S-2021-182-1

S-2021-182-2

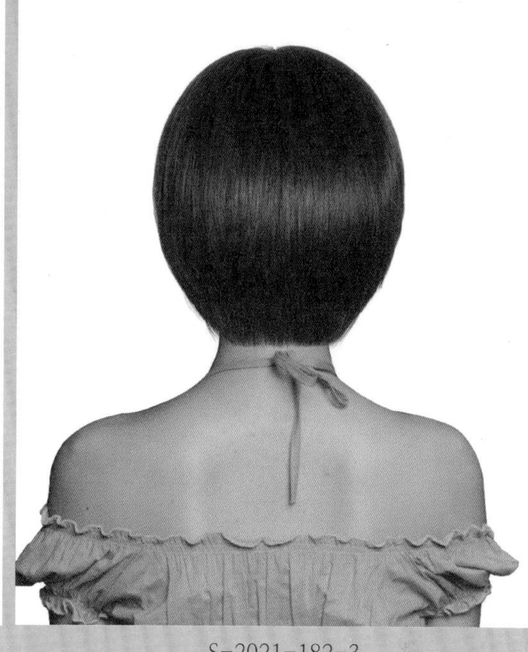

S-2021-182-3

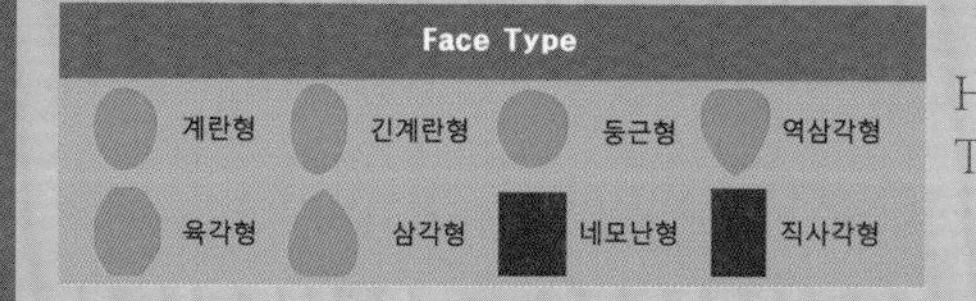

Hair Cut Method-
Technology Manual 131 Page 참고

맑고 투명감을 주는 스트레이트 질감이 깨끗하고 청순한 아름다움을 주는 헤어스타일!

- 둥근 실루엣의 차분하고 부드러운 생머리의 흐름이 청순하고 맑은 소녀 감성이 느껴지는 이노센트 감성의 헤어스타일입니다.
- 언더에서 미디엄 그러데이션을 커트하여 가벼운 흐름을 만들고 톱 쪽으로 레이어드를 넣어서 부드러운 실루엣을 연출합니다.
- 프런트와 사이드에서 앞머리를 내려주고 페이스 라인의 둥근 라인으로 가늘어지고 가벼운 표정을 연출합니다.
- 틴닝과 슬라이딩 커트로 가볍고 가늘어지는 질감을 표현합니다.
- 곱슬머리는 원컬 스트레이트 파마를 합니다.
- 헤어 드라이기로 뿌리부터 말리면서 80%를 말린 후 글로스 왁스를 고르게 바르고 빗질하여 스타일링합니다.

Woman Short Hair Style Design

S-2021-183-1

S-2021-183-2

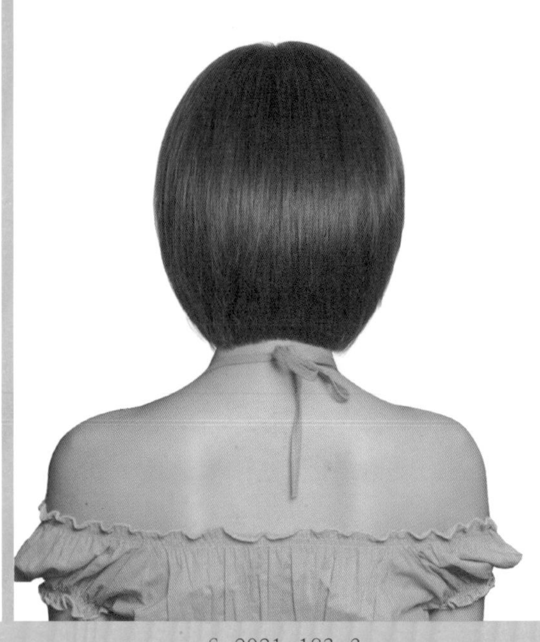

S-2021-183-3

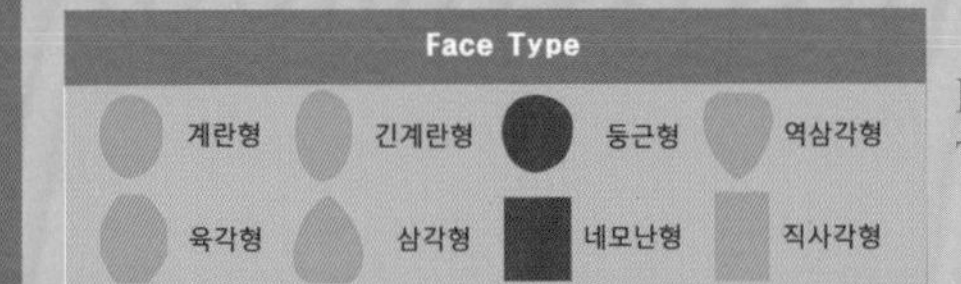

Hair Cut Method-
Technology Manual 116 Page 참고

찰랑거리고 윤기 나는 질감을 즐기고 싶다면 콘케이브 라인의 스트레이트 헤어스타일 변신!

- 여성들이 사랑하고 좋아하는 것은 달콤하고 사랑스러운 헤어스타일입니다.
- 콘케이브 라인의 그러데이션 보브 헤어스타일로 얼굴을 작아 보이게 하고 신비롭고 큐트한 러블리 헤어스타일입니다.
- 언더에서 미디엄 그러데이션을 커트하여 가벼운 흐름을 만들고 톱 쪽으로 레이어드를 넣어서 부드러운 실루엣을 연출합니다.
- 프런트와 사이드에서 앞머리를 내려주고 페이스 라인의 둥근 라인으로 가늘어지고 가벼운 표정을 연출합니다.
- 틴닝과 슬라이딩 커트로 가볍고 가늘어지는 질감을 표현합니다.
- 곱슬머리는 원컬 스트레이트 파마를 합니다.
- 헤어 드라이기로 뿌리부터 말리면서 80%를 말린 후 글로스 왁스를 고르게 바르고 빗질하여 스타일링합니다.

Woman Short Hair Style Design

S-2021-184-1

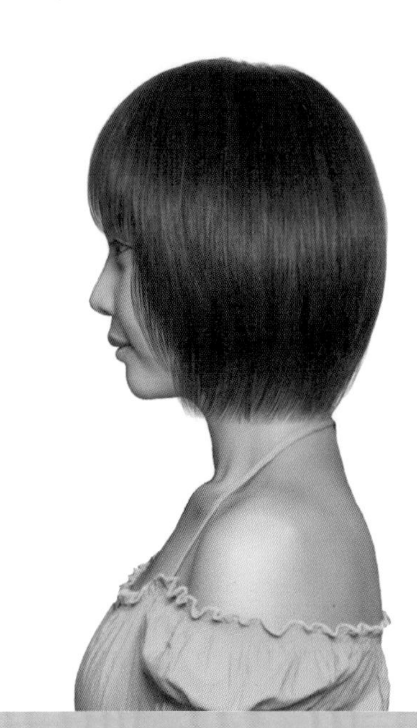

S-2021-184-2

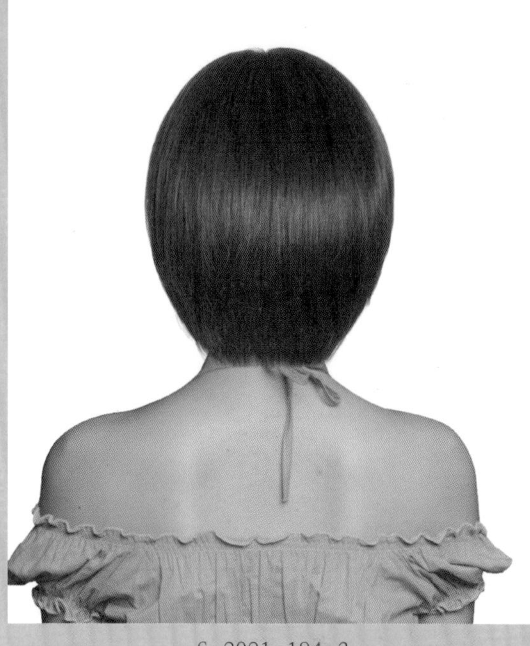

S-2021-184-3

Face Type			
계란형	긴계란형	둥근형	역삼각형
육각형	삼각형	네모난형	직사각형

Hair Cut Method-
Technology Manual 108 Page 참고

부드럽고 차분한 스트레이트 흐름이 맑고 청순한 소녀 감성이 느껴지는 헤어스타일!

- 부드럽고 빛나는 머릿결의 스트레이트 스타일은 청순하고 깨끗한 느낌을 주어 젊고 발랄한 이미지가 더해서 여성들에게 사랑받는 헤어스타일입니다.
- 언더에서 미디엄 그러데이션을 커트하여 가벼운 흐름을 만들고 톱 쪽으로 레이어드를 넣어서 부드러운 실루엣을 연출합니다.
- 프런트와 사이드에서 앞머리를 내려주고 둥근 라인으로 가늘어지고 가벼운 표정을 연출합니다.
- 틴닝과 슬라이딩 커트로 가볍고 가늘어지는 질감을 표현합니다.
- 곱슬머리는 원컬 스트레이트 파마를 합니다.
- 헤어 드라이기로 뿌리부터 말리면서 80%를 말린 후 글로스 왁스를 고르게 바르고 빗질하여 스타일링을 합니다.

Woman Short Hair Style Design

S-2021-185-1

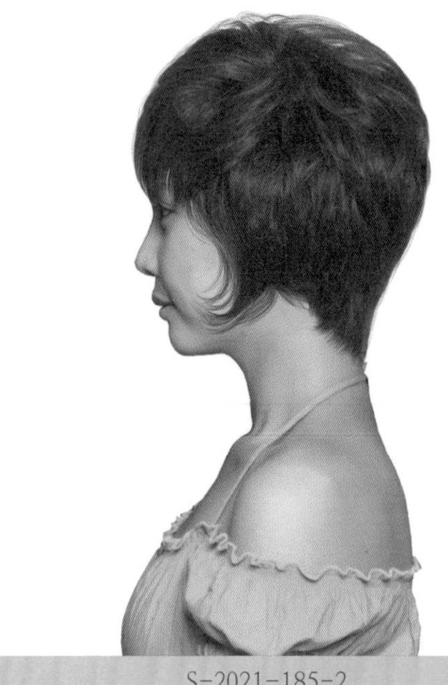

S-2021-185-2

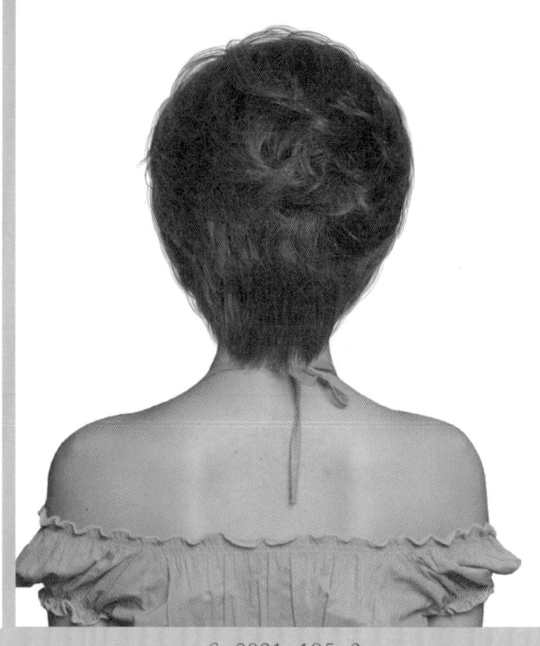

S-2021-185-3

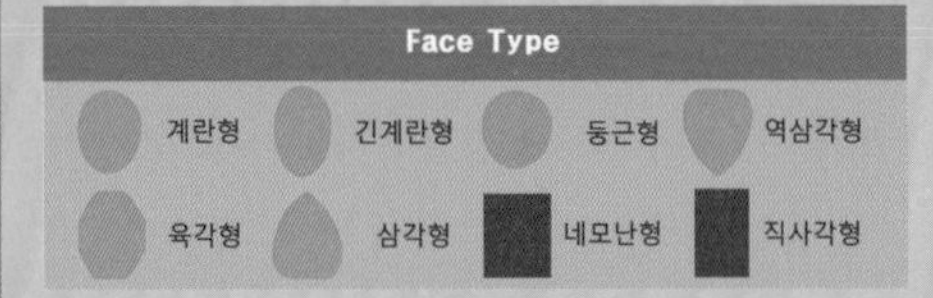

Hair Cut Method-
Technology Manual 093 Page 참고

차분하고 부드러운 컬이 자연스럽게 흐르는 느낌이 사랑스럽고 여성스러운 헤어스타일!

- 두정부에서 풍성한 볼륨으로 얼굴을 감싸는 컬의 흐름이 사랑스럽고 감미로운 느낌에 이미지가 더해지는 아름다운 헤어스타일입니다.
- 언더에서 하이 그러데이션을 커트하여 목선에서 부드러운 흐름을 연출하고 톱 쪽으로 레이어드를 넣어서 풍성한 실루엣을 연출합니다.
- 틴닝과 슬라이딩 커트로 가볍고 가늘어지는 질감을 표현합니다.
- 굵은 롤로 1~1.5컬의 웨이브 파마를 합니다.
- 헤어 드라이기로 뿌리부터 말리면서 70%를 말린 후 글로스 왁스를 고르게 바르고 손가락 빗질하면서 드라이하여 자연스러운 컬의 움직임을 연출합니다.

Woman Short Hair Style Design

S-2021-186-1

S-2021-186-2

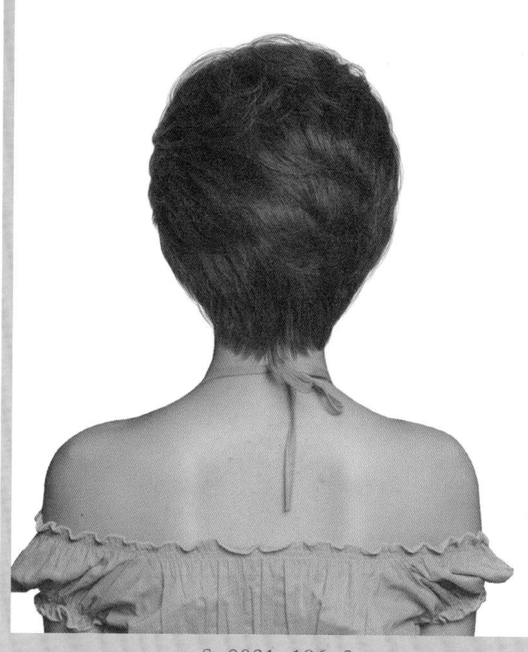

S-2021-186-3

Face Type			
계란형	긴계란형	둥근형	역삼각형
육각형	삼각형	네모난형	직사각형

Hair Cut Method-
Technology Manual 093 Page 참고

부드럽고 단정한 흐름의 웨이브 컬이 사랑스럽고 지적인 이미지가 더해지는 헤어스타일!

- 사이드 가르마를 타고 단정하게 빗어 넘긴 웨이브 컬의 흐름이 지적인 여성스러움을 주는 트레디셔널 감성의 헤어스타일입니다.
- 언더에서 하이 그러데이션을 커트하여 목선의 부드러운 흐름을 표현하고 톱 쪽으로 레이어드를 넣어서 풍성한 실루엣을 연출하고, 틴닝과 슬라이딩 커트로 가볍고 가늘어지는 질감을 표현합니다.
- 굵은 롤로 1~1.5컬의 웨이브 파마를 합니다.
- 헤어 드라이기로 뿌리부터 말리면서 70%를 말린 후 글로스 왁스를 고르게 바르고 손가락 빗질하면서 드라이하여 자연스러운 컬의 움직임을 연출합니다.

Woman Short Hair Style Design

S-2021-187-1

S-2021-187-2

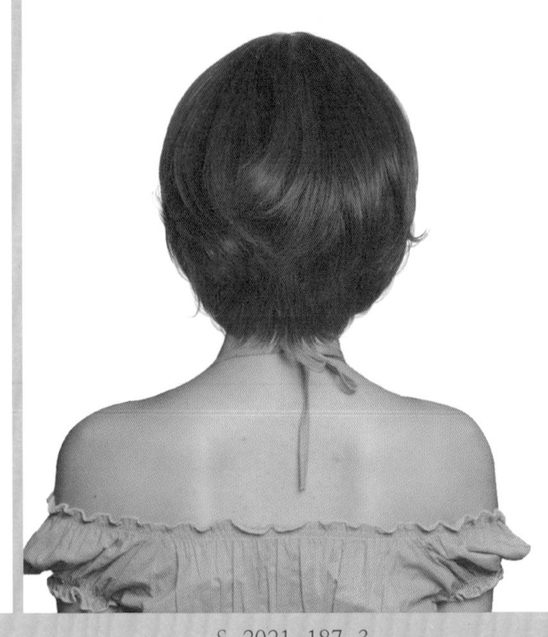

S-2021-187-3

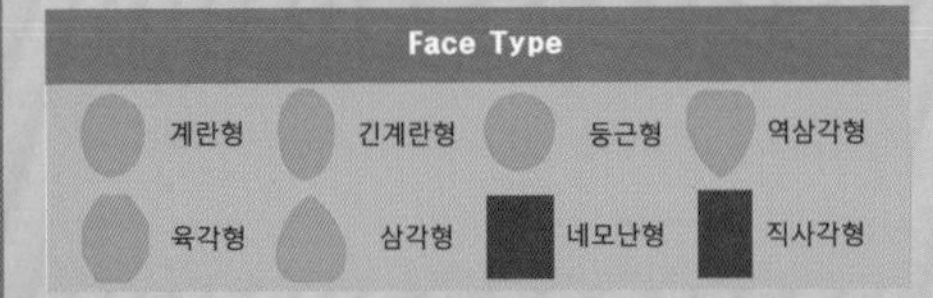

Hair Cut Method–
Technology Manual 100 Page 참고

차분하면서 곡선으로 흐르는 웨이브 컬이 여성스럽고 사랑스러운 러블리 헤어스타일!

- 둥그스럽고 풍성함 볼륨과 언더에서의 부드러운 실루엣이 밸런스를 이루어 여성스럽고 청순하면서 발랄한 이미지가 느껴지는 로맨틱 헤어스타일 입니다.
- 언더에서 미디엄 그러데이션을 커트하여 목선의 부드러운 느낌을 표현하고 톱 쪽으로 레이어드를 넣어서 부드럽고 풍성한 실루엣을 연출하고, 틴닝과 슬라이딩 커트로 가볍고 가늘어지는 질감을 표현합니다.
- 굵은 롤로 1~1.5컬의 웨이브 파마를 합니다.
- 헤어 드라이기로 뿌리부터 말리면서 70%를 말린 후 글로스 왁스를 고르게 바르고 손가락 빗질하면서 드라이하여 자연스러운 컬의 움직임을 연출합니다.

Woman Short Hair Style Design

S-2021-188-1

S-2021-188-2

S-2021-188-3

Face Type

계란형	긴계란형	둥근형	역삼각형
육각형	삼각형	네모난형	직사각형

Hair Cut Method-
Technology Manual 108 Page 참고

윤기를 머금은 듯 투명감 있는 건강한 모발 질감이 사랑스러운 큐트 감각의 헤어스타일!

- 짧으면서 부드러운 실루엣의 모발 흐름은 발랄하고 생기 있는 느낌과 청순하고 맑은 소녀 감성이 느껴지는 헤어스타일입니다.
- 언더에서 미디엄 그러데이션을 커트하여 가벼운 흐름을 만들고 톱 쪽으로 레이어드를 넣어서 부드러운 실루엣을 연출합니다.
- 프런트와 사이드에서 앞머리를 내려주고 수평 라인으로 가늘어지고 가벼운 표정을 연출합니다.
- 틴닝과 슬라이딩 커트로 가볍고 가늘어지는 질감을 표현합니다.
- 곱슬머리는 원컬 스트레이트 파마를 합니다.
- 헤어 드라이기로 뿌리부터 말리면서 80%를 말린 후 글로스 왁스를 고르게 바르고 빗질하여 스타일링을 합니다.

Woman Short Hair Style Design

S-2021-189-1

S-2021-189-2

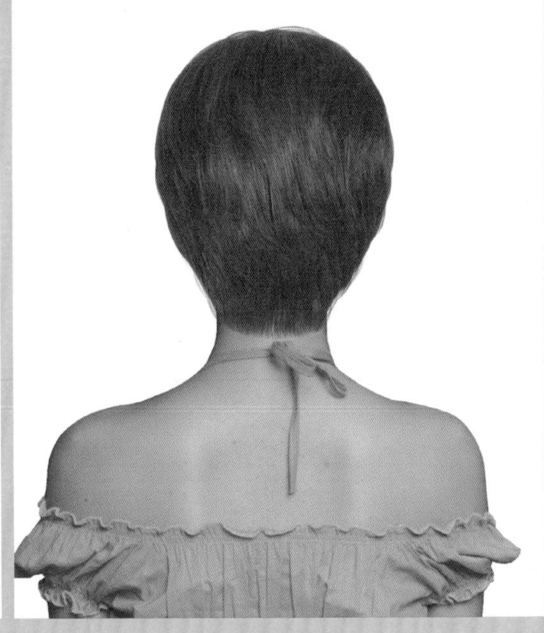

S-2021-189-3

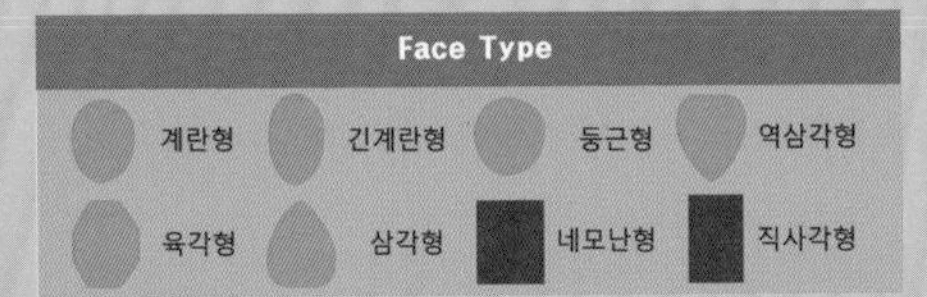

Hair Cut Method-
Technology Manual 093 Page 참고

부드러운 C컬의 흐름과 짧은 스타일 디자인이 사랑스러운 큐트 감각의 헤어스타일!

- 귓불을 살짝 드러내는 짧은 스타일과 부드러운 컬의 흐름이 믹싱되어 발랄하고 귀여운 이미지가 느껴지는 심쿵 헤어스타일입니다.
- 언더에서 하이 그러데이션을 커트하여 목선의 부드럽고 깨끗한 느낌을 표현하고 톱 쪽으로 레이어드를 넣어서 부드러운 실루엣을 연출합니다.
- 틴닝과 슬라이딩 커트로 가볍고 가늘어지는 질감을 표현합니다.
- 굵은 롤로 1~1.5컬의 웨이브 파마를 합니다.
- 헤어 드라이기로 뿌리부터 말리면서 70%를 말린 후 글로스 왁스를 고르게 바르고 손가락 빗질하면서 드라이하여 자연스러운 컬의 움직임을 연출합니다.

Woman Short Hair Style Design

S-2021-190-1

S-2021-190-2

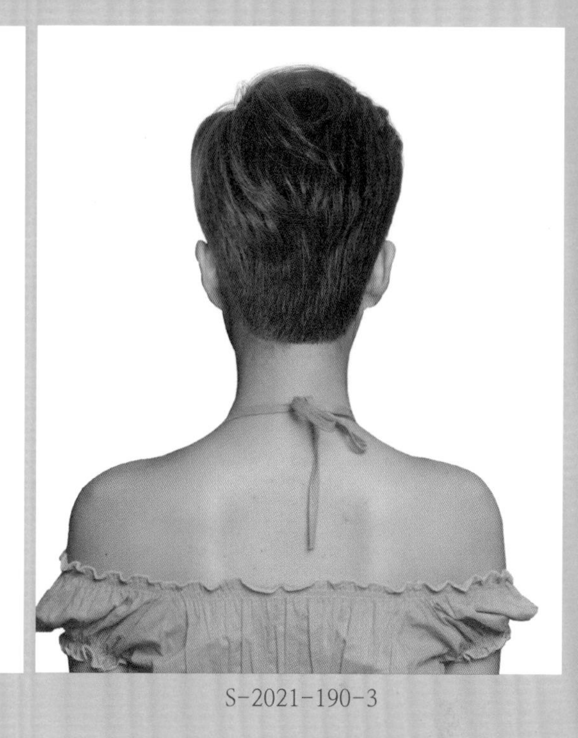

S-2021-190-3

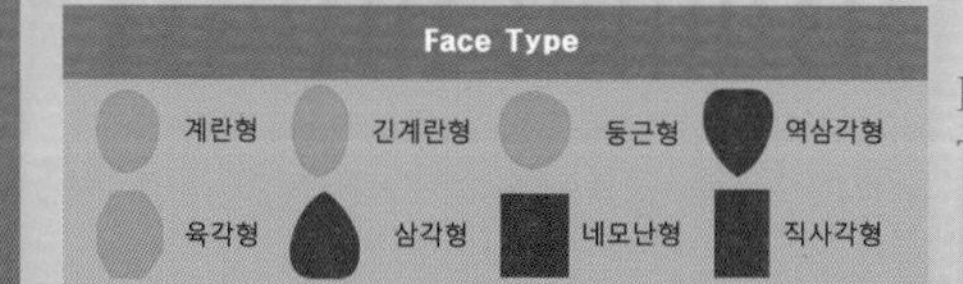

Hair Cut Method-
Technology Manual 035, 093 Page 참고

차분하고 단정하면서 소녀스러운 이미지가 느껴지는 큐트 감성의 헤어스타일!

- 곱슬머리 머릿결처럼 부드러운 웨이브 컬의 흐름이 차분하고 청순한 아름다움을 느끼게 하는 댄디 헤어스타일로 남성에게도 잘 어울리는 앤드로지너스 헤어스타일입니다.
- 언더에서 짧은 하이 그러데이션으로 커트하여 시원하게 목선과 귀선을 보이게 하고 톱 쪽에서 레이어드를 넣어서 가볍고 부드러운 실루엣을 연출합니다.
- 틴닝 커트를 모발 길이 중간 끝부분에 넣어 주어 가벼운 흐름을 연출합니다.
- 굵은 롯드로 1~1.5컬의 웨이브 파마를 합니다.
- 헤어 드라이기로 뿌리부터 말리면서 80%를 말린 후 글로스 왁스를 고르게 바르고 손가락 빗질하면서 드라이하여 자연스러운 웨이브 컬의 움직임을 연출합니다.

Woman Short Hair Style Design

S-2021-191-1

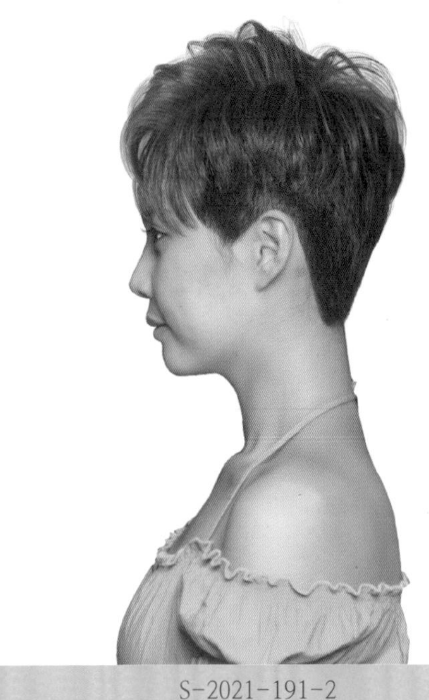

S-2021-191-2

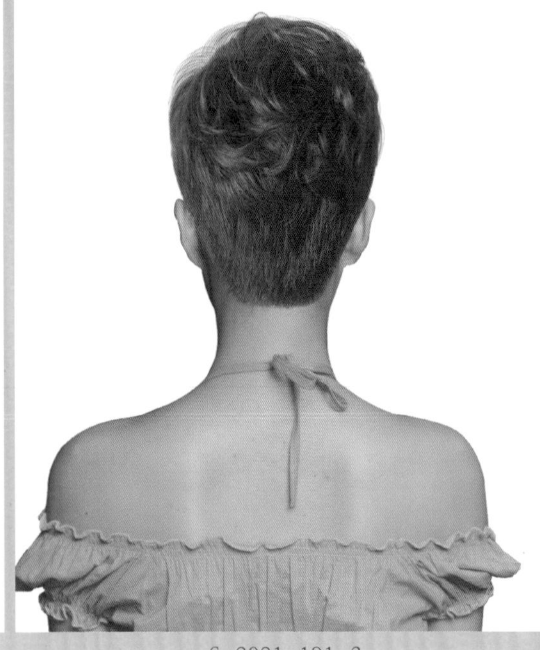

S-2021-191-3

Hair Cut Method-
Technology Manual 035, 093 Page 참고

자유롭게 율동하는 웨이브 컬이 사랑스러운 큐트 감성의 헤어스타일!

- 짧게 커트한 댄디 헤어스타일이지만 톱과 앞머리를 길게 하고 율동하는 웨이브 컬을 연출하여 사랑스럽고 자유로운 개성을 연출한 러블리 헤어스타일입니다.
- 파머를 하면서 뿌리 부분이 눌리거나 꺾이지 않도록 주의하여 파마를 하여야 손질하기 편한 헤어스타일이 연출됩니다.
- 굵은 롯드로 1~1.5컬의 웨이브 파마를 합니다.
- 헤어 드라이기로 뿌리부터 말리면서 70%를 말린 후 글로스 왁스를 고르게 바르고 손가락 빗질하면서 드라이하여 자연스러운 웨이브 컬의 움직임을 연출합니다.

Woman Short Hair Style Design

S-2021-192-1

S-2021-192-2

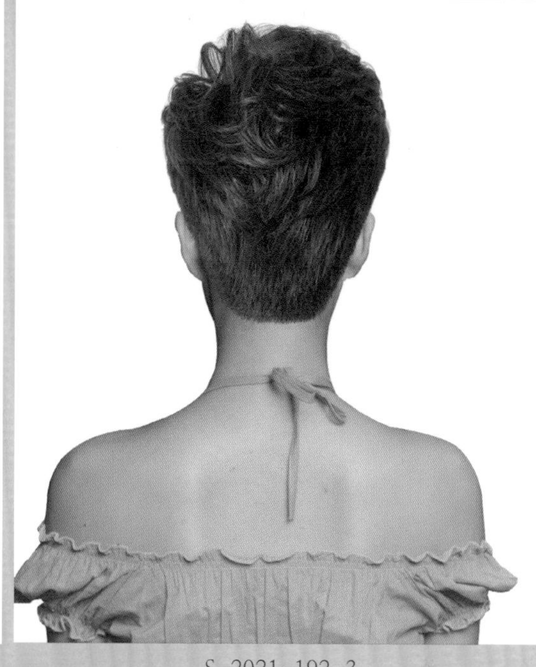
S-2021-192-3

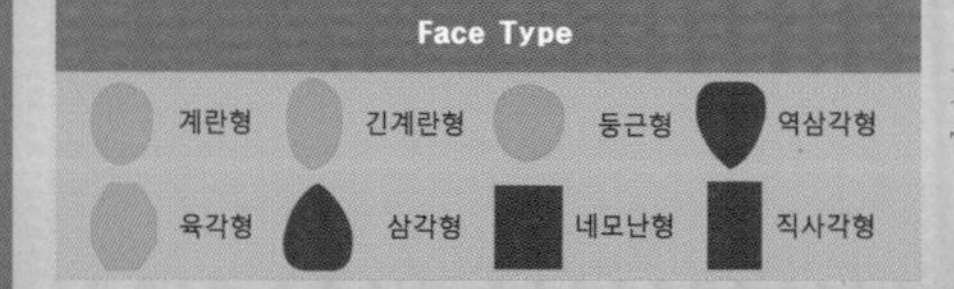

Hair Cut Method-
Technology Manual 035, 093 Page 참고

품격과 격조가 유지되면서 지성미와 발랄함도 느껴지는 매니시 감성의 댄디 헤어스타일!

- 시원하게 이마와 목선이 보이는 헤어스타일로 두정부에서 두둥실 율동하는 웨이브 컬을 연출하여 사랑스럽고 러블리한 댄디 헤어스타일입니다.
- 언더에서 짧은 하이 그러데이션으로 커트하여 시원하게 목선과 귀선을 보이게 하고 톱 쪽에서 레이어드를 넣어서 가볍고 부드러운 실루엣을 표현합니다.
- 틴닝 커트를 모발 길이 중간 끝부분에 넣어 주어 가벼운 흐름을 연출합니다.
- 굵은 롯드로 1~1.5컬의 웨이브 파마를 합니다.
- 헤어 드라이기로 뿌리부터 말리면서 70%를 말린 후 글로스 왁스를 고르게 바르고 손가락 빗질하면서 드라이하여 자연스러운 웨이브 컬의 움직임을 연출합니다.

Woman Short Hair Style Design

S-2021-193-1

S-2021-193-2

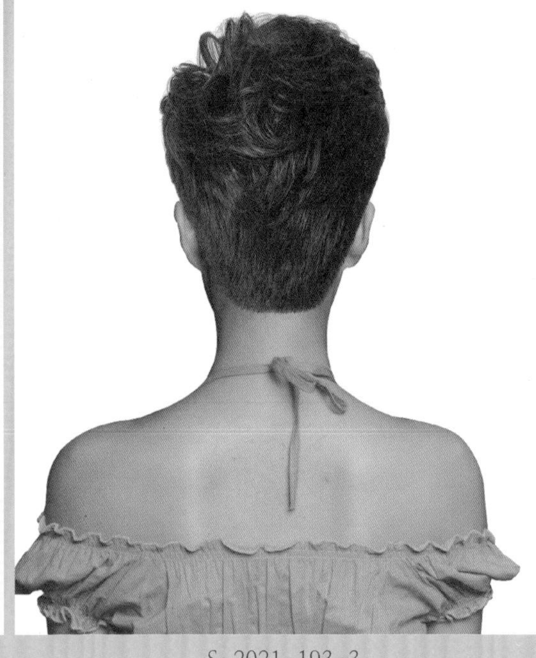

S-2021-193-3

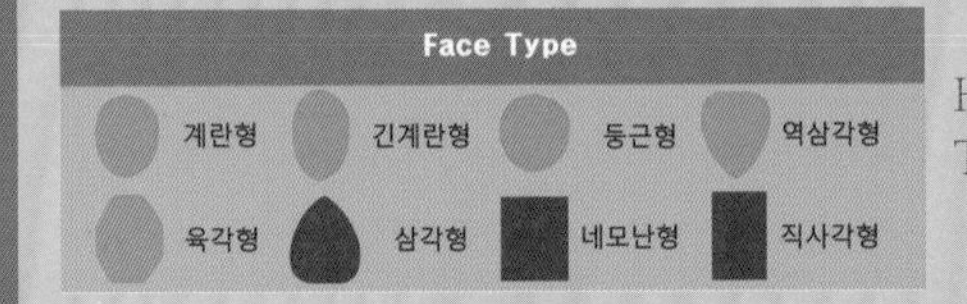

Hair Cut Method-
Technology Manual 035, 093 Page 참고

달콤하고 사랑스러운 이미지가 느껴지는 큐트 감성의 헤어스타일!

- 두정부와 앞머리에 자유롭게 율동하는 러블리 웨이브 컬이 지루하지 않고 센스 있는 여성스러운 개성을 연출한 아름다운 헤어스타일입니다.
- 언더에서 짧은 하이 그러데이션으로 커트하여 시원하게 목선과 귀선을 보이게 하고 톱 쪽에서 레이어드를 넣어서 가볍고 부드러운 실루엣을 연출합니다.
- 틴닝 커트를 모발 길이 중간, 끝부분에 넣어 주어 가벼운 흐름을 연출합니다.
- 굵은 롯드로 1~1.5컬의 웨이브 파마를 합니다.
- 헤어 드라이기로 뿌리부터 말리면서 80%를 말린 후 글로스 왁스를 고르게 바르고 손가락 빗질하면서 드라이하여 자연스러운 웨이브 컬의 움직임을 연출합니다.

Woman Short Hair Style Design

S-2021-194-1

S-2021-194-2

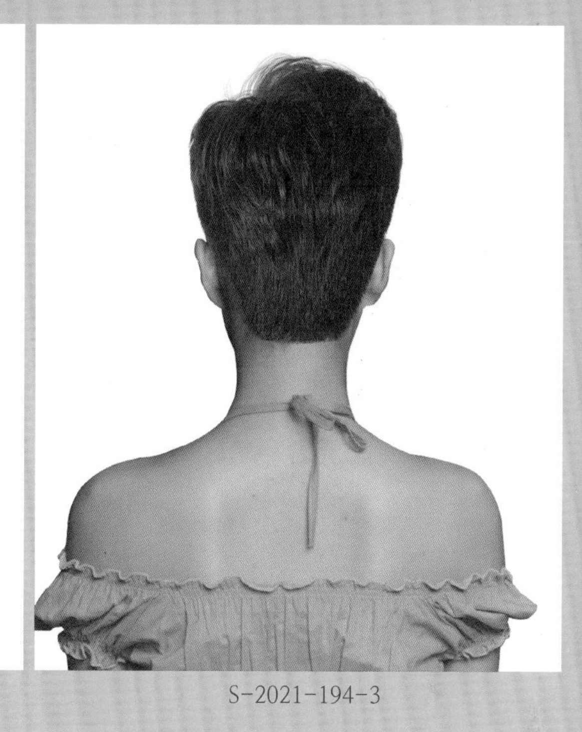

S-2021-194-3

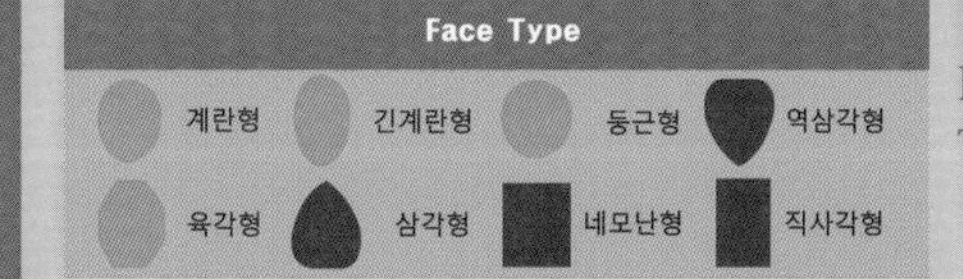

Hair Cut Method-
Technology Manual 035, 093 Page 참고

극단적으로 짧게 커트하여 스포티하고 발랄한 이미지가 느껴지는 매니시 감성의 헤어스타일!

- 짧은 댄디 헤어스타일로 부드럽고 손질하기 편한 흐름을 연출하기 위해 웨이브 파마를 해 줍니다.
- 굵은 롯드로 1~1.5컬의 웨이브 파마를 합니다.
- 헤어 드라이기로 뿌리부터 말리면서 70%를 말린 후 글로스 왁스를 고르게 바르고 손가락 빗질하면서 드라이하여 자연스러운 웨이브 컬의 움직임을 연출합니다.

Woman Short Hair Style Design

S-2021-195-1

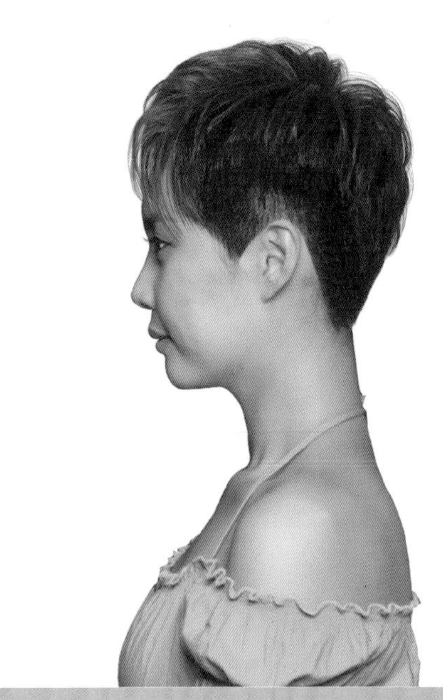

S-2021-195-2

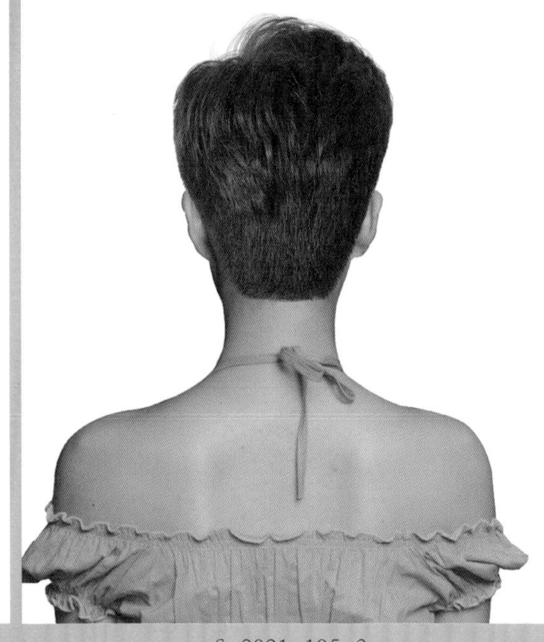

S-2021-195-3

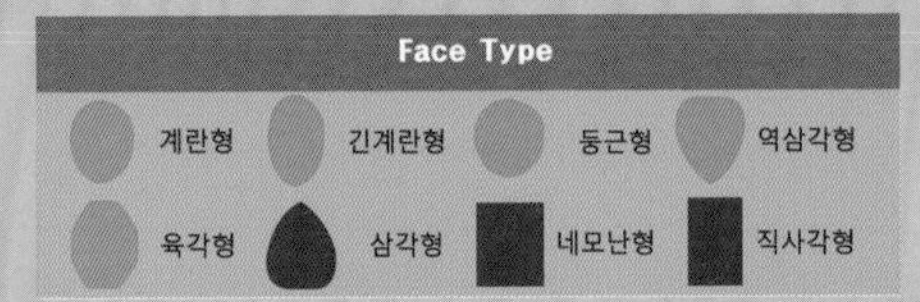

Hair Cut Method-
Technology Manual 035, 093 Page 참고

깜찍하고 발랄함이 느껴지는 앤드로지너스 헤어스타일!

- 아주 짧은 커트를 하여 시원스럽고 활동적인 이미지를 연출합니다.
- 앞머리를 길게 하고 포워드 흐름의 부드러운 웨이브 컬 파마를 하여 부드럽고 발랄함이 느껴지는 큐트 감각의 헤어스타일입니다.
- 앞머리는 슬라이딩 커트 기법으로 가늘어지고 가볍게 하여 포인트를 줍니다.
- 굵은 롯드로 1~1.5컬의 웨이브 파마를 합니다.
- 헤어 드라이기로 뿌리부터 말리면서 80%를 말린 후 글로스 왁스를 고르게 바르고 손가락 빗질하면서 드라이하여 자연스러운 웨이브 컬의 움직임을 연출합니다.

Woman Short Hair Style Design

S-2021-196-1

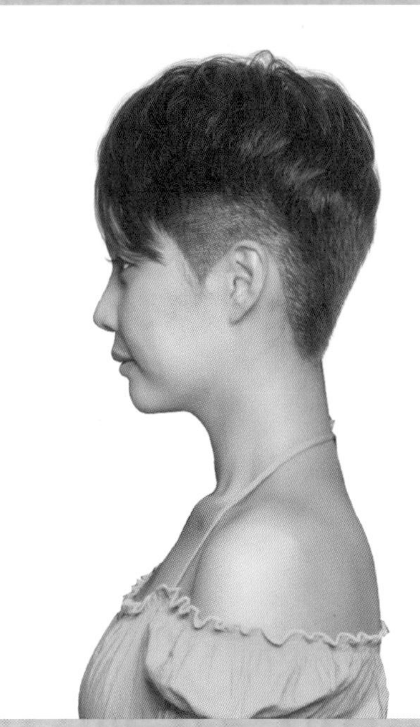

S-2021-196-2

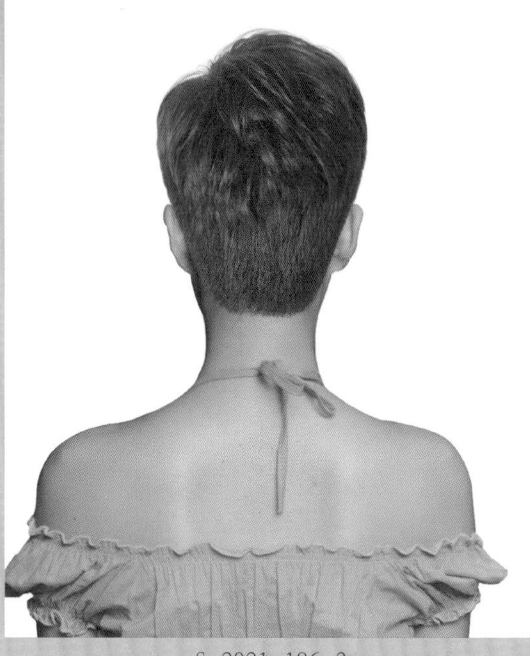

S-2021-196-3

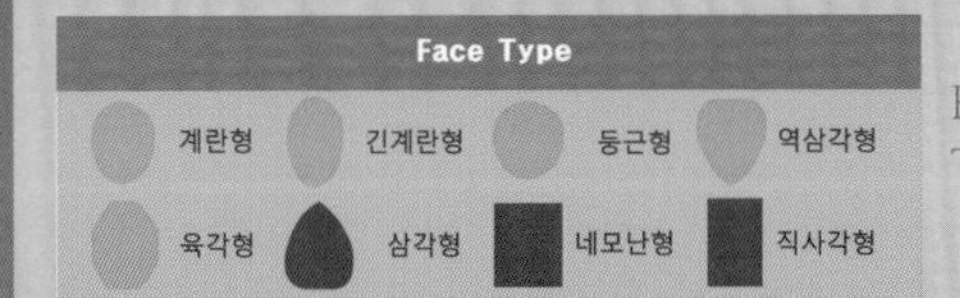

Hair Cut Method-
Technology Manual 035, 093 Page 참고

시원하게 이마를 드러내어 빗어 올려 활동적이고 깨끗함을 연출하는 앤드로지너스 헤어스타일!

- 극단적으로 짧게 커트한 헤어스타일이지만, 부드럽고 손질하기 편한 흐름을 연출하기 위해 웨이브를 만들어 줍니다.
- 굵은 롯드로 1~1.5컬의 웨이브 파마를 합니다.
- 헤어 드라이기로 뿌리부터 말리면서 80%를 말린 후 글로스 왁스를 고르게 바르고 손가락 빗질하면서 드라이하여 자연스러운 웨이브 컬의 움직임을 연출합니다.

Woman Short Hair Style Design

S-2021-197-1

S-2021-197-2

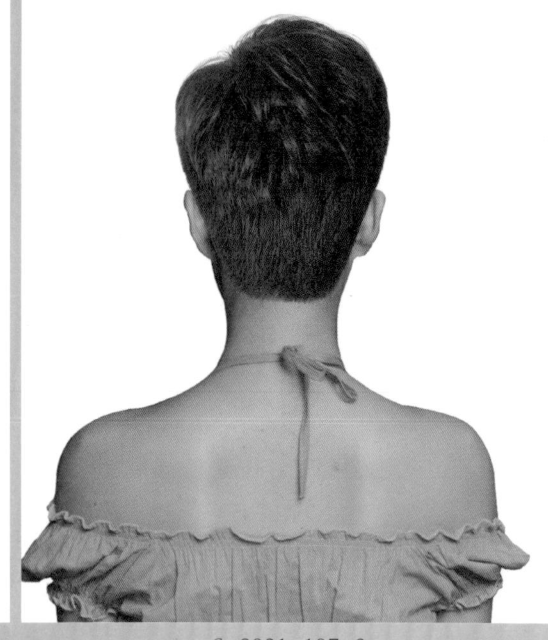

S-2021-197-3

Face Type			
계란형	긴계란형	둥근형	역삼각형
육각형	삼각형	네모난형	직사각형

Hair Cut Method-
Technology Manual 035, 095 Page 참고

시원하게 이마를 드러내는 짧은 흐름의 웨이브 컬이 사랑스러운 큐트 감성의 헤어스타일!

- 짧은 헤어스타일의 단조로움을 커버하기 위해 반짝거리는 윤기감의 컬러와 웨이브 컬을 연출하여 사랑스럽고 귀여운 감성의 댄디 헤어스타일입니다.
- 언더에서 짧은 하이 그러데이션으로 커트하여 시원하게 목선과 귀선을 보이게 하고 톱 쪽에서 레이어드를 넣어서 가볍고 부드러운 실루엣을 연출합니다.
- 틴닝 커트를 모발 길이 중간, 끝부분에 넣어 주어 가벼운 흐름을 연출합니다.
- 굵은 롯드로 1~1.5컬의 웨이브 파마를 합니다.
- 헤어 드라이기로 뿌리부터 말리면서 70%를 말린 후 글로스 왁스를 고르게 바르고 손가락 빗질하면서 드라이하여 자연스러운 웨이브 컬의 움직임을 연출합니다.

Woman Short Hair Style Design

S-2021-198-1

S-2021-198-2

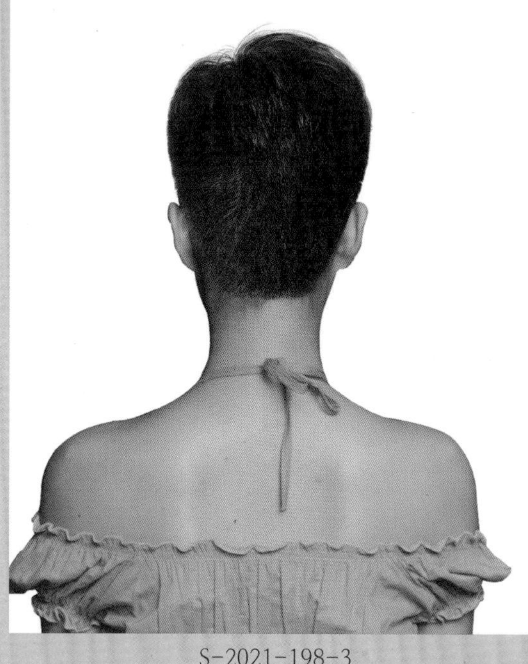

S-2021-198-3

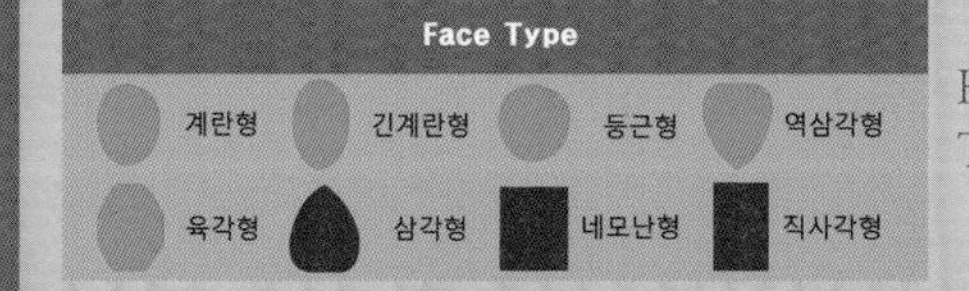

Hair Cut,Permament Wave Method-
Technology Manual 35Page 참고

극단적인 짧은 커트로 시원스럽고 활동적인 이미지가 느껴지는 매니시 감성의 헤어스타일!

- 언더에서 극단적으로 짧은 커트를 하고 톱에서 짧은 레이어드 커트를 하여 깨끗하고 활동적인 쿠튀르 감성을 연출합니다.
- 틴닝 커트를 모발 길이 중간, 끝부분에 넣어 주어 가벼운 흐름을 연출합니다.
- 굵은 롯드로 1컬의 웨이브 파마를 합니다.
- 헤어 드라이기로 뿌리부터 말리면서 80%를 말린 후 글로스 왁스를 고르게 바르고 손가락 빗질하면서 드라이하여 자연스러운 웨이브 컬의 움직임을 연출합니다.

Woman Short Hair Style Design

S-2021-199-1

S-2021-199-2

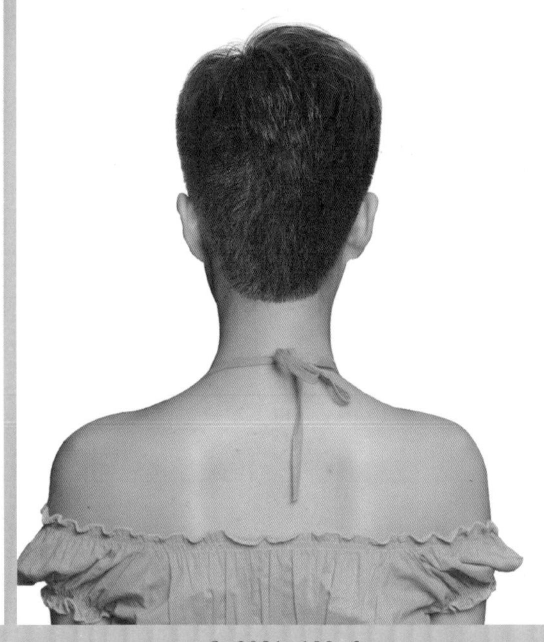

S-2021-199-3

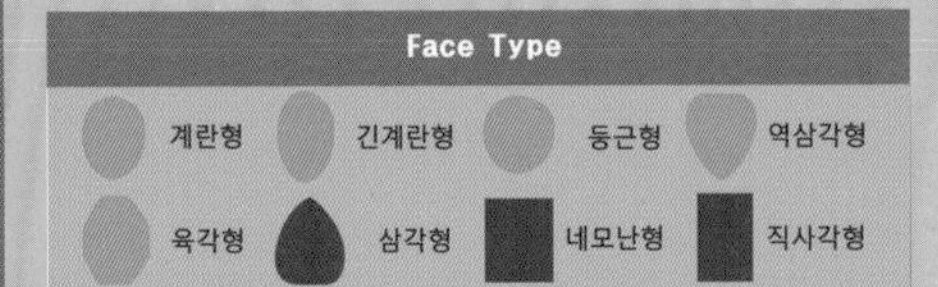

Hair Cut Method-
Technology Manual 035, 093 Page 참고

단정하고 깨끗한 이미지를 주는 앤드로지너스 감성의 헤어스타일!

- 극단적인 짧은 커트로 단정하고 깨끗한 이미지를 살려 주는 쿠튀르 감성의 매니시 헤어스타일입니다.
- 짧으면서 깨끗하게 다듬어진 면처리 커트를 하여야 합니다.
- 톱 쪽에 굵은 롯드로 1컬의 웨이브 파마를 합니다.
- 헤어 드라이기로 뿌리부터 말리면서 80%를 말린 후 소프트 왁스를 고르게 바르고 손가락 빗질하면서 드라이하여 자연스러운 웨이브 컬의 움직임을 연출합니다.

Woman Short Hair Style Design

S-2021-200-1

S-2021-200-2

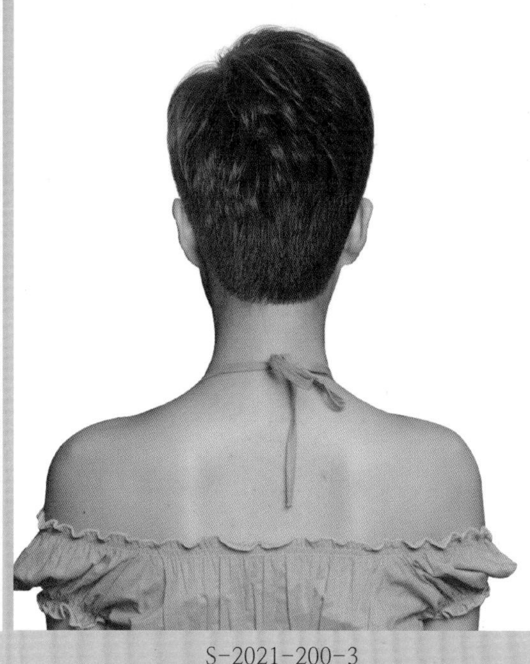

S-2021-200-3

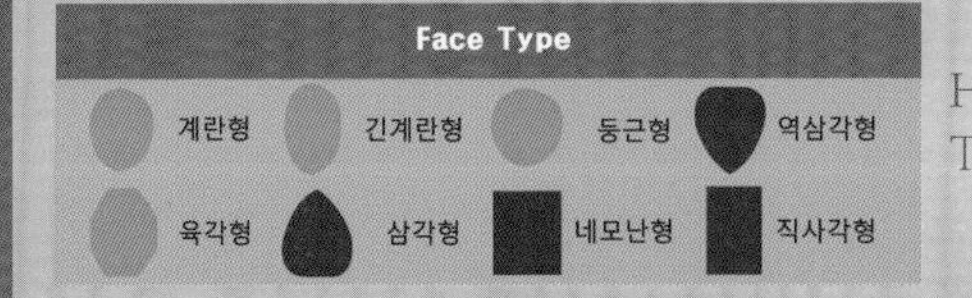

Hair Cut Method-
Technology Manual 035, 093 Page 참고

심플하면서 청순하고 깨끗한 여성스러움이 느껴지는 쿠튀르 감각의 헤어스타일!

- 이마를 시원스럽게 드러내고 차분하고 단정하면서 곱게 빗어 넘긴 흐름이 깨끗하고 품격과 격조가 느껴지는 앤드로지너스 감성의 헤어스타일입니다.
- 굵은 롯드로 1~1.5컬의 웨이브 파마를 합니다.
- 헤어 드라이기로 뿌리부터 말리면서 80%를 말린 후 글로스 왁스를 고르게 바르고 손가락 빗질하면서 드라이하여 자연스러운 웨이브 컬의 움직임을 연출합니다.

Woman Short Hair Style Design

S-2021-201-1

S-2021-201-2

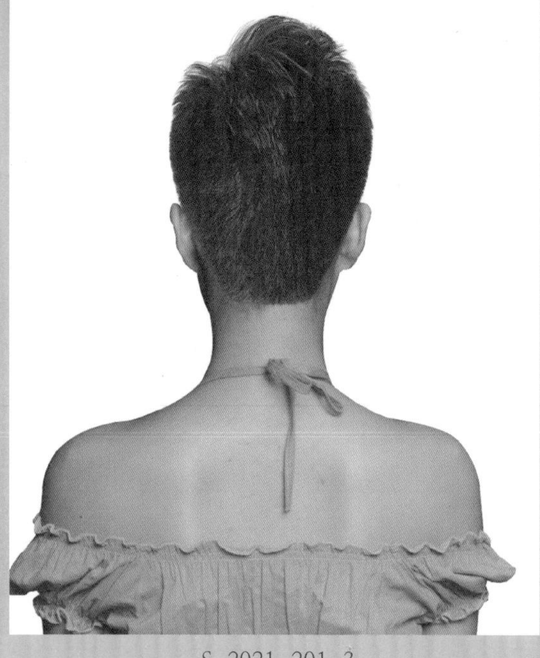

S-2021-201-3

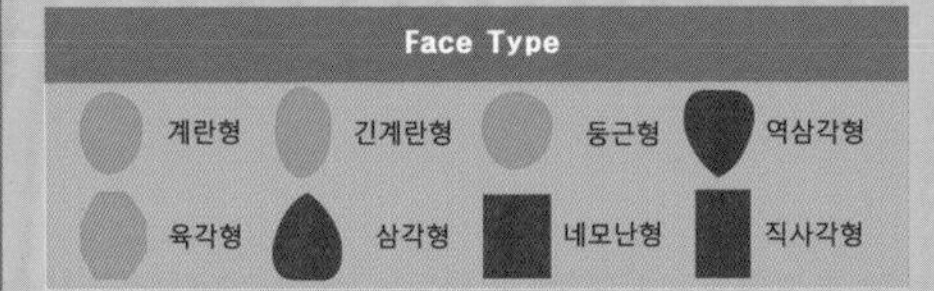

Hair Cut Method-
Technology Manual 035, 093 Page 참고

자유롭게 손질하지 않는 듯 연출한 트렌디한 감성의 큐트 헤어스타일!

- 극단적으로 짧게 커트하고 두정부에서 앞머리 길이보다 길게 하여 자유로운 느낌으로 손질하지 않는 듯 둥둥 떠 있는 느낌을 연출합니다.
- 사이드와 백에서 짧으면서 깨끗하게 다듬어진 면처리 커트를 하여야 합니다.
- 톱 쪽에 굵은 롯드로 살짝 웨이브 파마를 합니다.
- 헤어 드라이기로 뿌리부터 말리면서 80%를 말린 후 소프트 왁스를 고르게 바르고 손가락 빗질하면서 드라이하여 자연스러운 웨이브 컬의 움직임을 연출합니다.

Woman Short Hair Style Design

S-2021-202-1

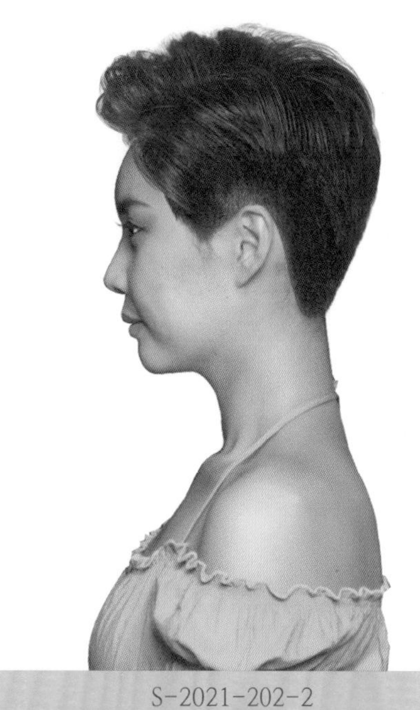

S-2021-202-2

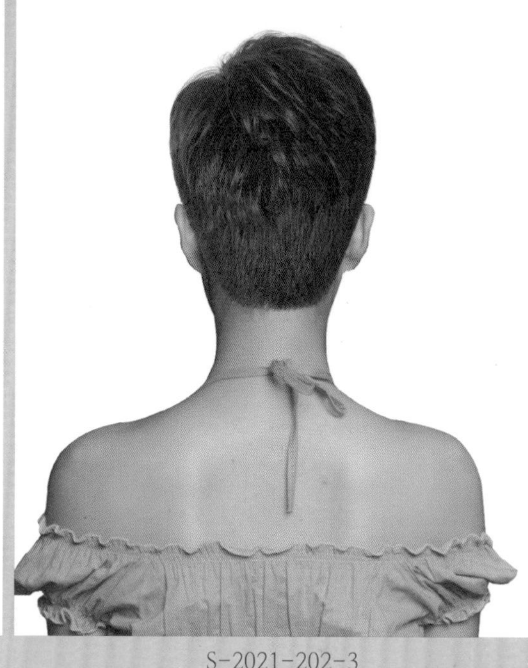

S-2021-202-3

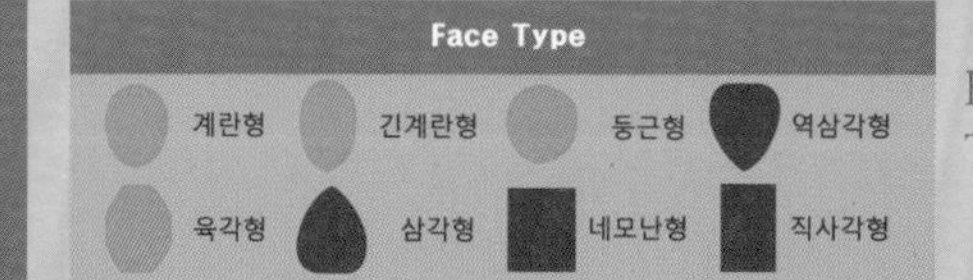

Hair Cut Method-
Technology Manual 035, 093 Page 참고

시원하게 이마를 드러내고 단정하게 빗은 흐름이 활동적이고 격조가 느껴지는 댄디 헤어스타일!

- 신사복 스타일의 멋쟁이 여성과 잘 어울릴 것 같은 앤드로지너스 감성의 헤어스타일로 활동적이고 시크 감성의 댄디 헤어스타일입니다.
- 언더에서 짧은 하이 그러데이션으로 커트하여 시원하게 목선과 귀선을 보이게 하고 톱 쪽에서 레이어드를 넣어서 가볍고 부드러운 실루엣을 연출합니다.
- 틴닝 커트를 모발 길이 중간 끝부분에 넣어 주어 가벼운 흐름을 연출합니다.
- 굵은 롯드로 1~1.5컬의 웨이브 파마를 합니다.
- 헤어 드라이기로 뿌리부터 말리면서 80%를 말린 후 글로스 왁스를 고르게 바르고 손가락 빗질하면서 드라이하여 자연스러운 웨이브 컬의 움직임을 연출합니다.

Woman Short Hair Style Design

S-2021-203-1

S-2021-203-2

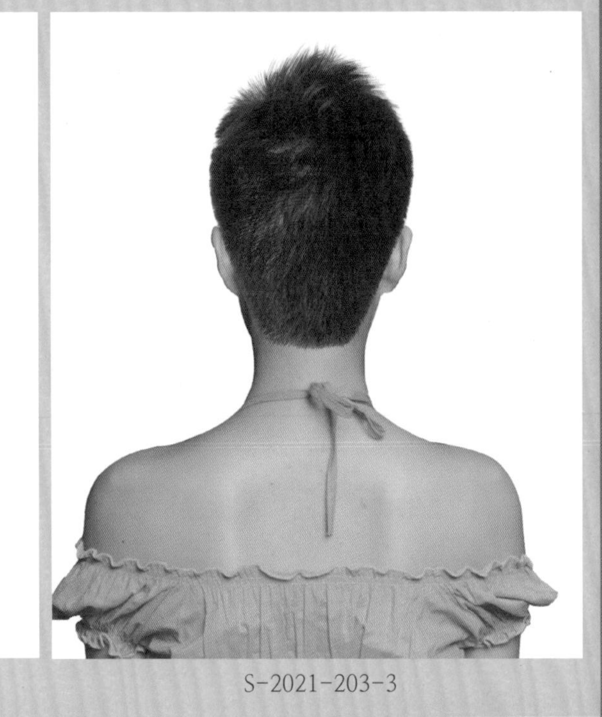

S-2021-203-3

Face Type			
계란형	긴계란형	둥근형	역삼각형
육각형	삼각형	네모난형	직사각형

Hair Cut Method-
Technology Manual 035, 093 Page 참고

극단적으로 짧게 커트하여 시원함과 활동성을 표현한 앤드로지너스 감성의 헤어스타일!

- 사이드와 백을 시원스럽게 거칠어 보이지 않도록 면을 다듬으면서 커트하고 앞머리와 톱은 뾰족뾰족하고 끝부분이 가늘어지도록 대담하게 바이어스 브런트 커트를 합니다.
- 틴닝으로 모발 끝이 가볍도록 커트를 하고 슬라이딩 커트로 헤어스타일의 표정을 연출합니다.
- 헤어 드라이기로 뿌리부터 말리면서 80%를 말린 후 소프트 왁스를 고르게 바르고 손가락으로 자유롭게 연출합니다.

Woman Short Hair Style Design

S-2021-204-1

S-2021-204-2

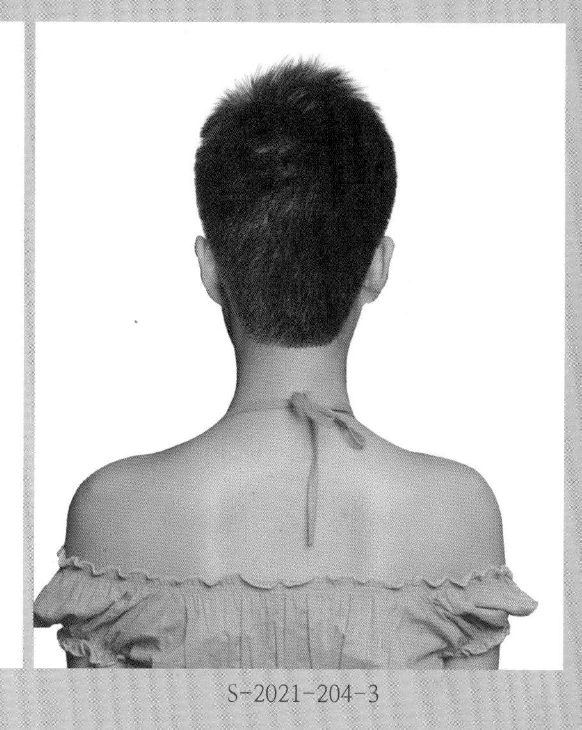

S-2021-204-3

Face Type

계란형	긴계란형	둥근형	역삼각형
육각형	삼각형	네모난형	직사각형

Hair Cut Method-
Technology Manual 035, 093 Page 참고

단정하고 차분하면서 활동적인 이미지가 느껴지는 앤드로지너스 감성의 헤어스타일!

- 앤드로지너스는 양성을 지녔다는 뜻이며 여성이 남성적인 의상이나 헤어스타일을 하면, 반대로 남성이 여성적인 스타일을 하면 기분이 좋아지는 느낌이 있습니다.
- 댄디 스타일은 여성도 남성에게도 잘 어울리고 소화할 수 있는 헤어스타일입니다.
- 사이드와 백을 시원스럽게 거칠어 보이지 않도록 면을 다듬으면서 커트하고 앞머리와 톱은 뾰족뾰족하고 끝부분이 가늘어지도록 대담하게 바이어스 브런트 커트를 합니다.
- 틴닝으로 모발 끝이 가볍도록 커트를 하고 슬라이딩 커트로 헤어스타일의 표정을 연출합니다.
- 헤어 드라이기로 뿌리부터 말리면서 80%를 말린 후 소프트 왁스를 고르게 바르고 손가락으로 자유롭게 스타일링합니다.

Woman Short Hair Style Design

S-2021-205-1

S-2021-205-2

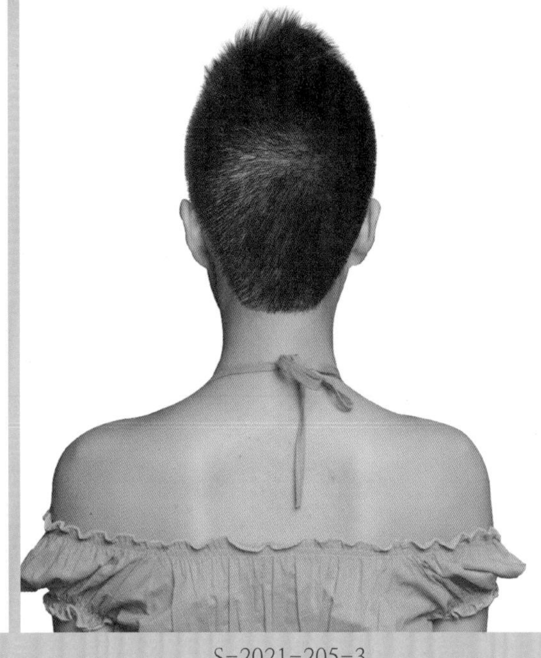

S-2021-205-3

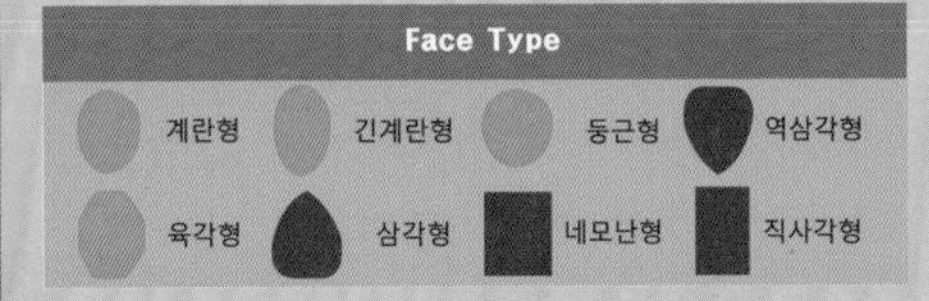

Hair Cut Method-
Technology Manual 035, 093 Page 참고

극단적으로 짧고 자유로운 흐름이 발랄하고 트렌디한 감성을 주는 앤드로지너스 감성의 헤어스타일!

- 사이드와 백을 시원스럽게 거칠어 보이지 않도록 면을 다듬으면서 커트하고 앞머리와 톱은 뾰족뾰족하고 끝부분이 가늘어지도록 대담하게 바이어스 브런트 커트를 합니다.
- 틴닝으로 모발 끝이 가볍도록 커트를 하고 슬라이딩 커트로 헤어스타일의 표정을 연출합니다.
- 헤어 드라이기로 뿌리부터 말리면서 80%를 말린 후 소프트 왁스를 고르게 바르고 손가락으로 자유롭게 연출합니다.

Woman Short Hair Style Design

S-2021-206-1

S-2021-206-2

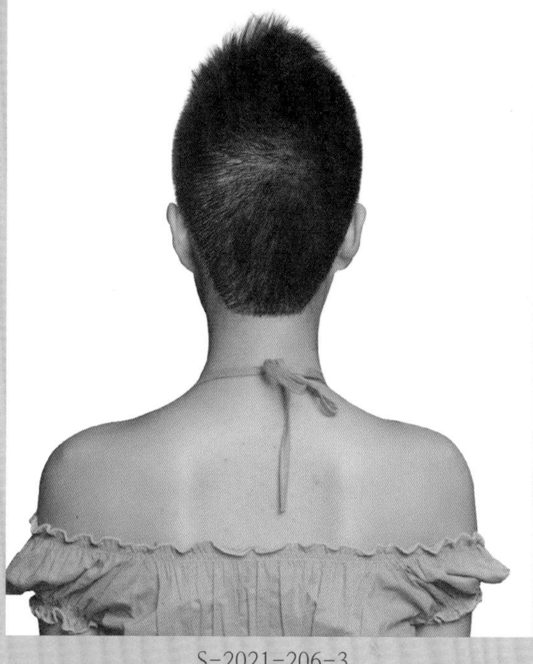

S-2021-206-3

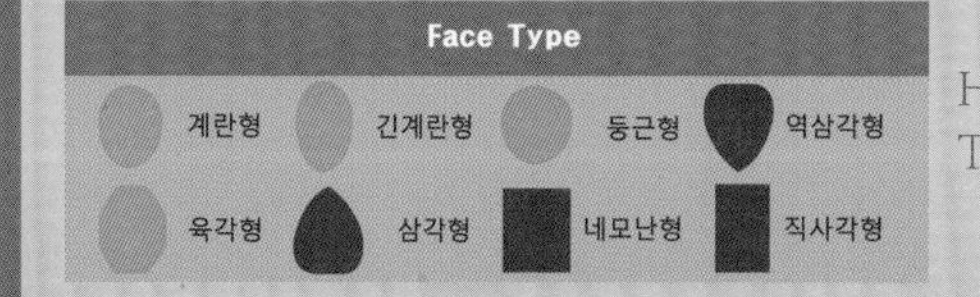

Hair Cut Method-
Technology Manual 035, 093 Page 참고

자유롭고 나만의 개성을 독특하게 표현한 개성파 여성의 밀리터리 감성의 헤어스타일!

- 극단적이고 파격적으로 앞머리는 없고 두정부 쪽으로 길어지고 뾰족뾰족하고 가늘어지는 흐름을 연출한 헤어스타일입니다.
- 사이드와 백을 시원스럽게 거칠어 보이지 않도록 면을 다듬으면서 커트하고 앞머리와 톱은 뾰족뾰족하고 끝부분이 가늘어지도록 대담하게 바이어스 브런트 커트를 합니다.
- 틴닝으로 모발 끝이 가볍도록 커트를 하고 슬라이딩 커트로 헤어스타일의 표정을 연출합니다.
- 헤어 드라이기로 뿌리부터 말리면서 80%를 말린 후 소프트 왁스를 고르게 바르고 손가락으로 자유롭게 연출합니다.

Woman Short Hair Style Design

S-2021-207-1

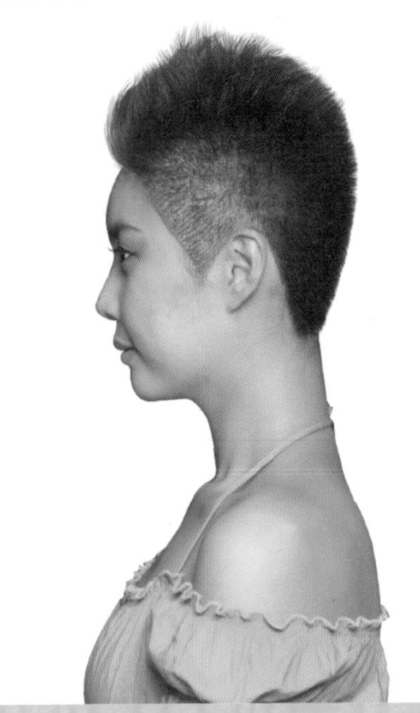

S-2021-207-2

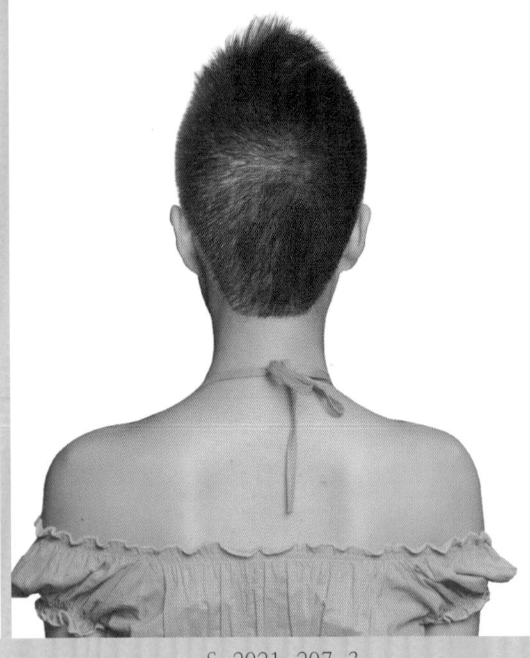

S-2021-207-3

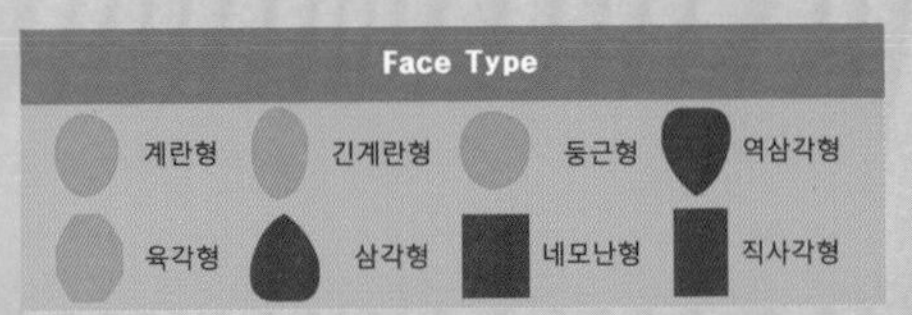

Hair Cut Method-
Technology Manual 035, 093 Page 참고

평범함을 싫어하는 개성파 여성의 밀리터리 감각의 헤어스타일!

- 앤드로지너스 감성의 헤어스타일로 남성에게도 잘어울리는 밀리터리 감각의 개성 있고 파격적이고 실험적인 헤어스타일입니다.
- 사이드와 백을 시원스럽게 거칠어 보이지 않도록 면을 다듬으면서 커트하고 앞머리와 톱은 뾰족뾰족하고 끝부분이 가늘어지도록 대담하게 바이어스 브런트 커트를 합니다.
- 틴닝으로 모발 끝이 가볍도록 커트를 하고 슬라이딩 커트로 헤어스타일의 표정을 연출합니다.
- 헤어 드라이기로 뿌리부터 말리면서 80%를 말린 후 소프트 왁스를 고르게 바르고 손가락으로 자유롭게 연출합니다.

Woman Short Hair Style Design

S-2021-208-1

S-2021-208-2

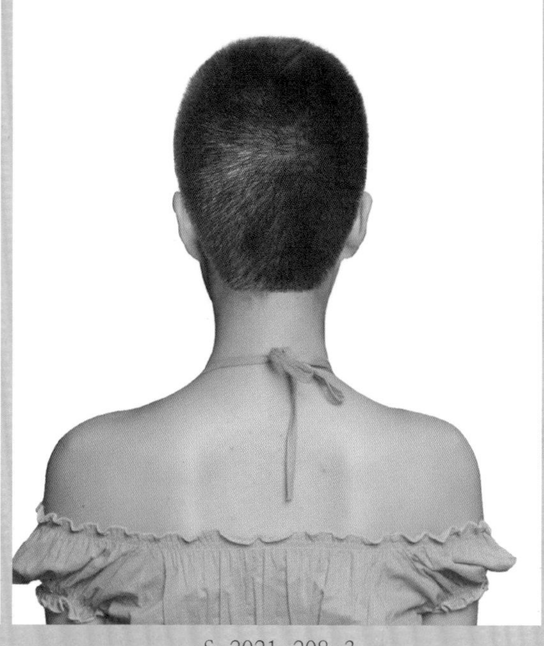

S-2021-208-3

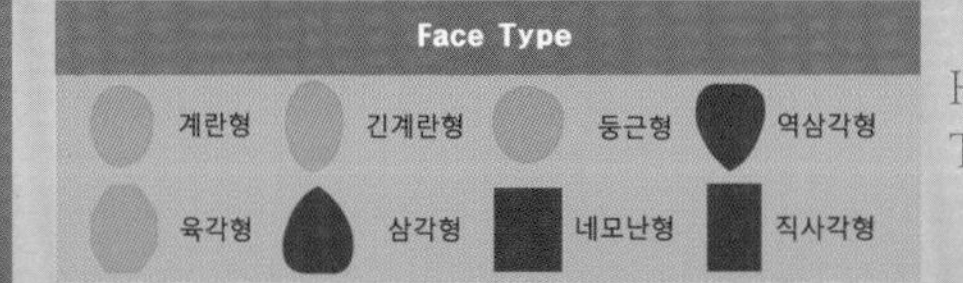

Hair Cut Method-
Technology Manual 035, 093 Page 참고

시원하고 깨끗한 밀리터리 감각의 헤어스타일!

- 다양하고 수많은 헤어스타일 중에서 가장 짧은 헤어스타일입니다.
- 긴 가위로 섬세하게 커트하여 곡선의 부드럽고 깨끗한 면을 잘 다듬어야 멋스러움의 밀리터리 헤어스타일이 완성됩니다.

Woman Short Hair Style Design

S-2021-209-1

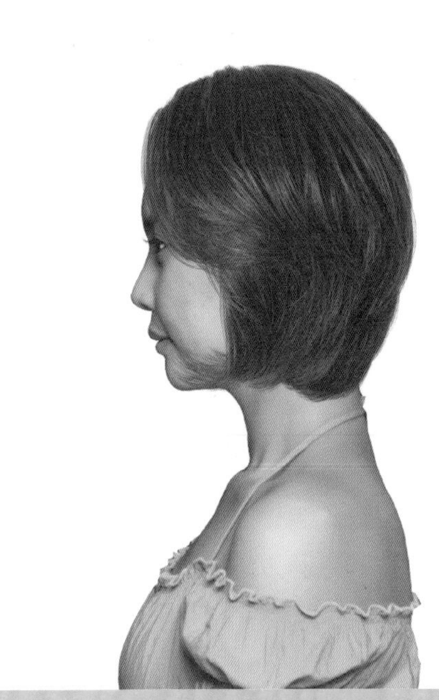

S-2021-209-2

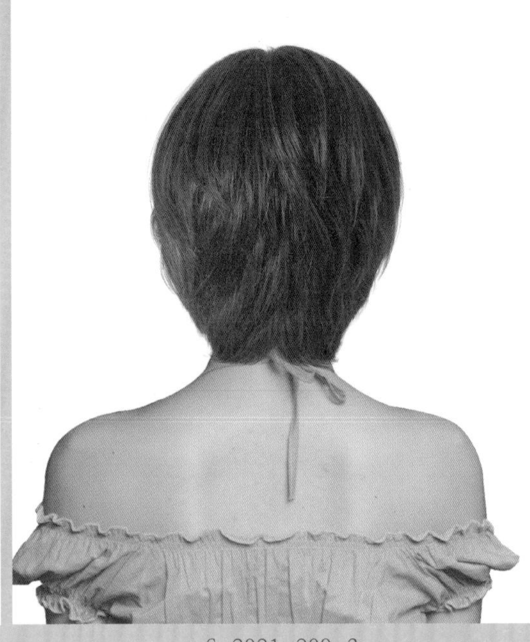

S-2021-209-3

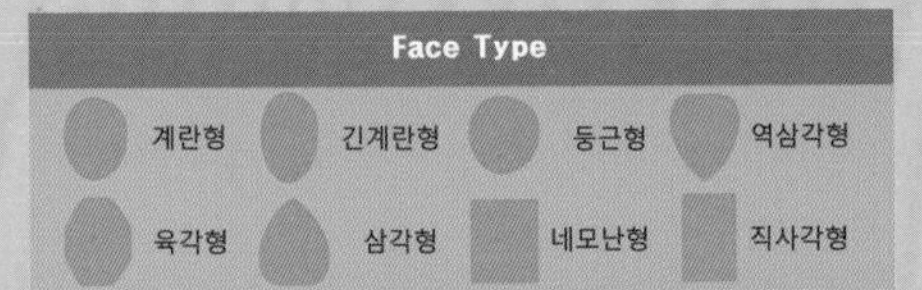

Hair Cut Method-
Technology Manual 100 Page 참고

부드러운 실루엣과 춤을 추듯 자연스럽게 율동하는 웨이브 컬이 아름다운 헤어스타일!

- 언더에서 그러데이션 커트로 볼륨을 만들고 톱 쪽으로 레이어드를 넣어서 부드러운 곡선의 실루엣을 연출합니다.
- 틴닝으로 모발 길이 중간, 끝부분에서 커트하여 가벼운 흐름을 만들고 슬라이딩 커트로 헤어스타일의 표정을 연출합니다.
- 굵은 롯드로 1.2~1.7컬의 웨이브 파마를 합니다.
- 헤어 드라이기로 뿌리부터 말리면서 80%를 말린 후 글로스 왁스를 고르게 바르고 손가락 빗질하면서 드라이하여 자연스러운 웨이브 컬의 움직임을 연출합니다.

Woman Short Hair Style Design

S-2021-210-1

S-2021-210-2

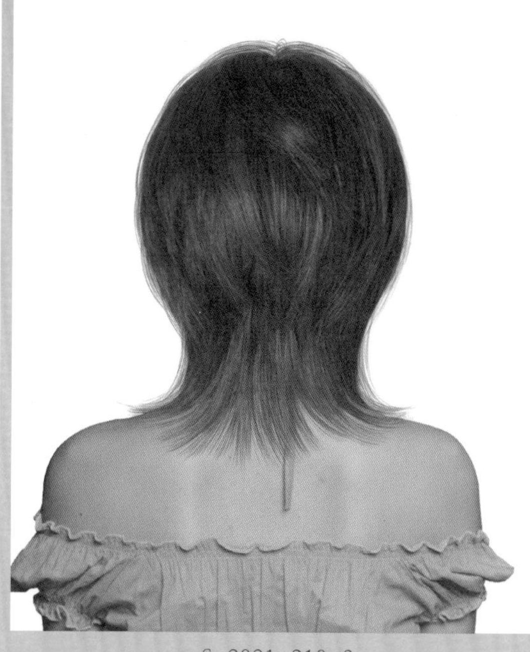

S-2021-210-3

Face Type			
계란형	긴계란형	둥근형	역삼각형
육각형	삼각형	네모난형	직사각형

Hair Cut Method-
Technology Manual 196 Page 참고

나만의 개성과 창조적인 스타일을 즐기고 싶은 개성파 여성들의 선택!

- 바람결에 살랑거리면서 춤을 추듯 율동하는 생머리의 흐름이 자유롭고 환상적인 이미지가 더해지는 개성 있는 헤어스타일입니다.
- 언더에서 인크리스 레이어드를 커트하여 가늘어지고 가벼운 느낌을 표현하고 톱 쪽으로 그러데이션과 레이어드를 넣어서 풍성하고 부드러운 실루엣을 연출합니다.
- 앞머리를 내려주고 사이드에서 층지게 커트하고, 틴닝과 슬라이딩 커트로 가볍고 가늘어지는 질감을 표현합니다.
- 곱슬머리는 원컬 스트레이트 파마를 합니다.
- 헤어 드라이기로 뿌리부터 말리면서 80%를 말린 후 글로스 왁스를 고르게 바르고 손가락 빗질하면서 드라이하여 자연스러운 컬의 움직임을 연출합니다.

Woman Short Hair Style Design

S-2021-211-1

S-2021-211-2

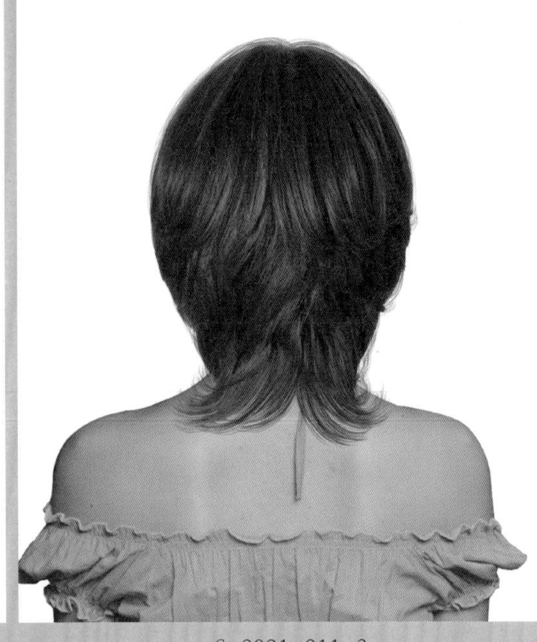

S-2021-211-3

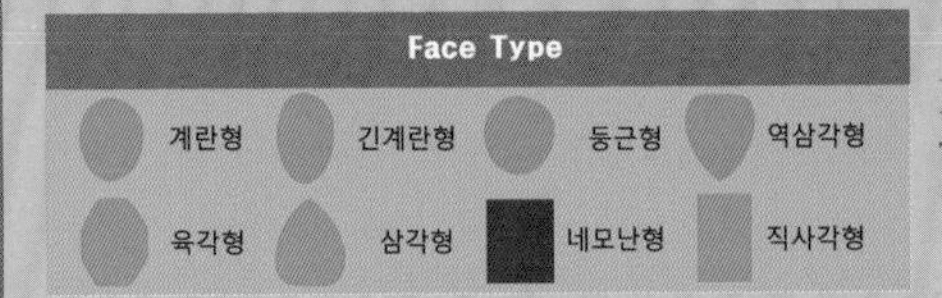

Hair Cut Method-
Technology Manual 196 Page 참고

바람결에 흩날리듯 율동하는 컬과 곡선의 실루엣이 믹싱 되는 사랑스러운 시크 감성의 헤어스타일!

- 풍성한 흐름의 실루엣과 웨이브 컬이 어깨선을 타고 뻗치고 얼굴을 감싸는 흐름이 얼굴을 작아 보이게 하고 귀엽고 발랄한 이미지를 느끼게 하는 헤어스타일입니다.
- 언더에서 인크리스 레이어드를 커트하여 가늘어지고 가벼운 느낌을 표현하고 톱 쪽으로 그러데이션과 레이어드를 넣어서 풍성하고 부드러운 실루엣을 연출합니다.
- 앞머리를 내려주고 사이드에서 층지게 커트하고, 틴닝과 슬라이딩 커트로 가볍고 가늘어지는 질감을 표현합니다.
- 곱슬머리는 원컬 스트레이트 파마를 합니다.
- 헤어 드라이기로 뿌리부터 말리면서 80%를 말린 후 글로스 왁스를 고르게 바르고 손가락 빗질하면서 드라이하여 자연스러운 컬의 움직임을 연출합니다.

Woman Short Hair Style Design

S-2021-212-1

S-2021-212-2

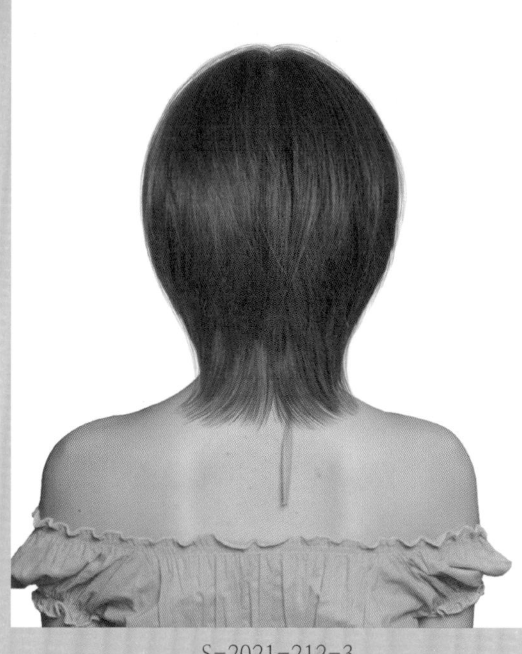

S-2021-212-3

Face Type			
계란형	긴계란형	둥근형	역삼각형
육각형	삼각형	네모난형	직사각형

Hair Cut Method-
Technology Manual 196 Page 참고

바닷바람에 흩날리듯 자유로운 스트레이트 흐름이 사랑스럽고 감미로운 러블리 헤어스타일!

- 가늘어지고 가벼운 모발이 바람에 흩날리듯 자유롭게 율동하는 흐름과 곡선의 실루엣이 어우러져 발랄하고 깜찍하고 말괄량이 뉘앙스가 살아있는 개성 있는 헤어스타일입니다.
- 언더에서 인크리스 레이어드를 커트하여 가늘어지고 가벼운 느낌을 표현하고 톱 쪽으로 그러데이션과 레이어드를 넣어서 풍성하고 부드러운 실루엣을 연출합니다.
- 앞머리를 내려주고 사이드에서 층지게 커트하고, 틴닝과 슬라이딩 커트로 가볍고 가늘어지는 질감을 표현합니다.
- 곱슬머리는 원컬 스트레이트 파마를 합니다.
- 헤어 드라이기로 뿌리부터 말리면서 80%를 말린 후 글로스 왁스를 고르게 바르고 손가락 빗질하면서 드라이하여 자연스러운 컬의 움직임을 연출합니다.

Woman Short Hair Style Design

S-2021-213-1

S-2021-213-2

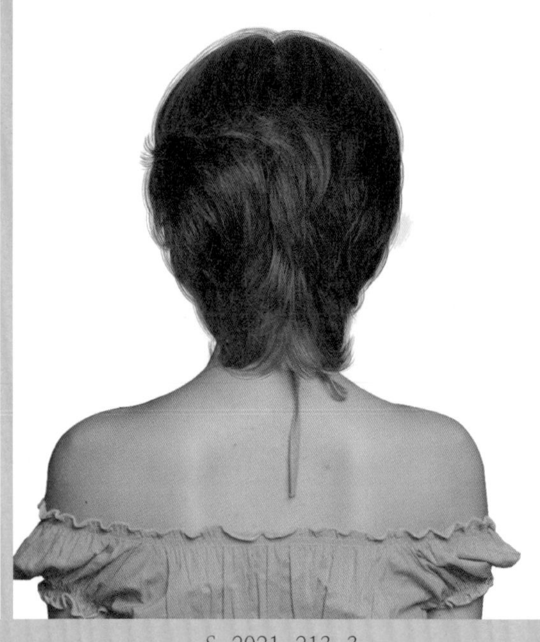

S-2021-213-3

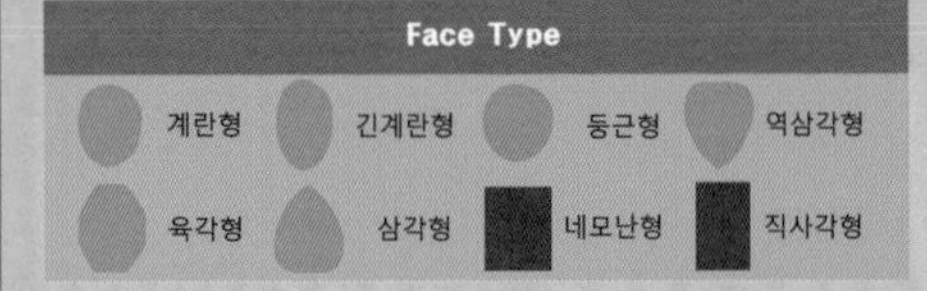

Hair Cut Method-
Technology Manual 100 Page 참고

부드럽게 흐르는 모류가 단정하고 차분하며 여성스러운 느낌을 주는 헤어스타일!

- 부드러운 컬의 흐름과 그러데이션의 곡선의 실루엣이 어우러지는 헤어스타일로 차분하고 단정하면서 지적인 이미지가 더해지는 활동적인 헤어스타일입니다.
- 언더에서 하이 그러데이션을 커트하여 목선을 부드럽고 깨끗한 느낌을 표현하고 톱 쪽으로 레이어드를 넣어서 부드러운 실루엣을 연출합니다.
- 틴닝과 슬라이딩 커트로 가볍고 가늘어지는 질감을 표현합니다.
- 굵은 롤로 1~1.5컬의 웨이브 파마를 합니다.
- 헤어 드라이기로 뿌리부터 말리면서 70%를 말린 후 글로스 왁스를 고르게 바르고 손가락 빗질하면서 드라이하여 자연스러운 컬의 움직임을 연출합니다.

Woman Short Hair Style Design

S-2021-214-1

S-2021-214-2

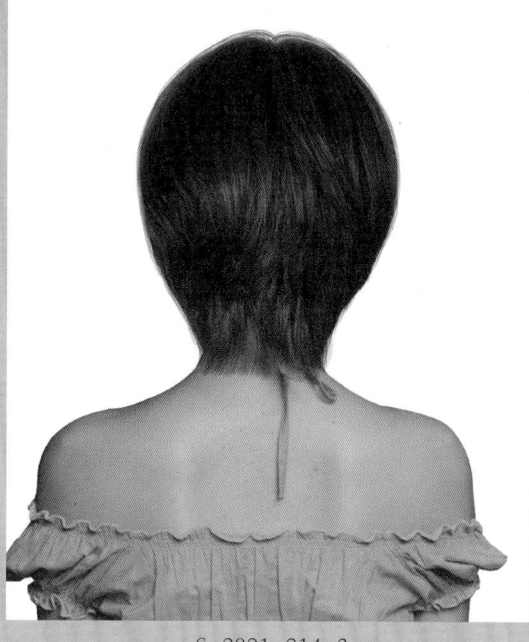

S-2021-214-3

Face Type			
계란형	긴계란형	둥근형	역삼각형
육각형	삼각형	네모난형	직사각형

Hair Cut Method–
Technology Manual 093Page 참고

부드럽고 율동하는 선의 흐름이 아름답고 매혹적인 미디엄 그러데이션 헤어스타일!

- 부드럽고 풍성한 볼륨의 실루엣과 컬의 흐름이 조화되어 환상적이고 매혹적인 감성을 주는 베이직 그러데이션 헤어스타일입니다.
- 언더에서 하이 그러데이션을 커트하여 목선의 부드럽고 깨끗한 느낌을 표현하고 톱 쪽으로 레이어드를 넣어서 부드러운 실루엣을 연출합니다.
- 틴닝과 슬라이딩 커트로 가볍고 가늘어지는 질감을 표현합니다.
- 굵은 롤로 1~1.5컬의 웨이브 파마를 합니다.
- 헤어 드라이기로 뿌리부터 말리면서 80%를 말린 후 글로스 왁스를 고르게 바르고 손가락 빗질하면서 드라이하여 자연스러운 컬의 움직임을 연출합니다.

Woman Short Hair Style Design

S-2021-215-1

S-2021-215-2

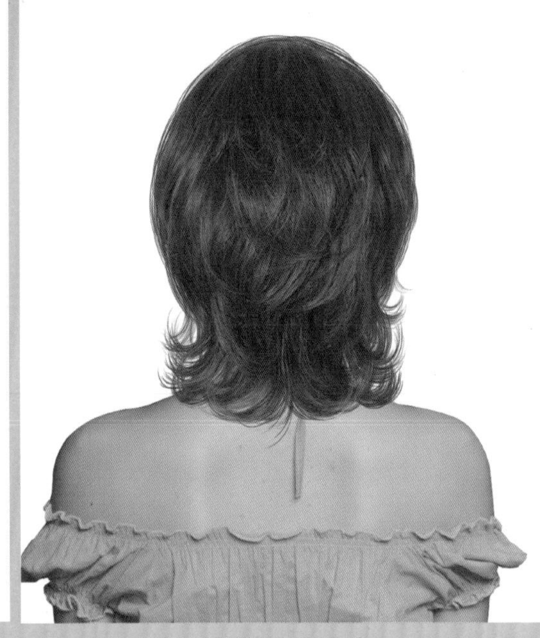

S-2021-215-3

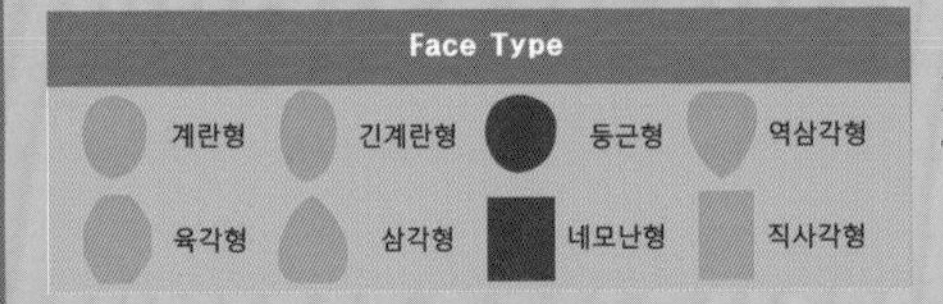

Hair Cut Method-
Technology Manual 196 Page 참고

바람결에 살랑거리듯 춤추듯 웨이브 컬이 사랑스럽고 매혹적인 러블리 헤어스타일!

- 풍성한 볼륨의 웨이브 컬이 곡선의 실루엣으로 언더에서 얼굴을 깜싸고 어깨선을 타고 뻗치는 흐름이 변화무쌍한 디자인 헤어스타일입니다.
- 언더에서 인크리스 레이어드를 커트하여 가늘어지고 가벼운 느낌을 표현하고 톱 쪽으로 그러데이션과 레이어드를 넣어서 풍성하고 부드러운 실루엣을 연출합니다.
- 앞머리를 시스루뱅으로 내려주고 사이드에서 층지게 커트하고, 틴닝과 슬라이딩 커트로 가볍고 가늘어지는 질감을 표현합니다.
- 곱슬머리는 1.3~1.7의 웨이브 파마를 합니다.
- 헤어 드라이기로 뿌리부터 말리면서 70%를 말린 후 글로스 왁스를 고르게 바르고 스크런치 드라이하고 손가락 빗질하면서 자연스러운 컬의 움직임을 연출합니다.

Woman Short Hair Style Design

S-2021-216-1

S-2021-216-2

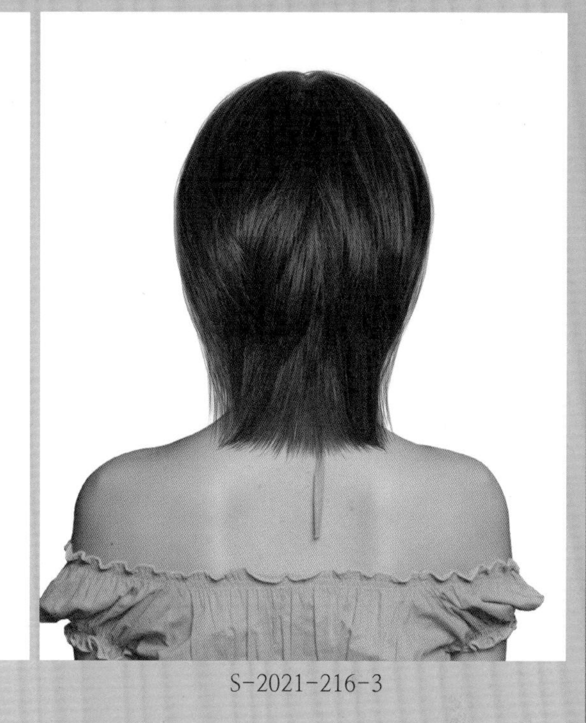

S-2021-216-3

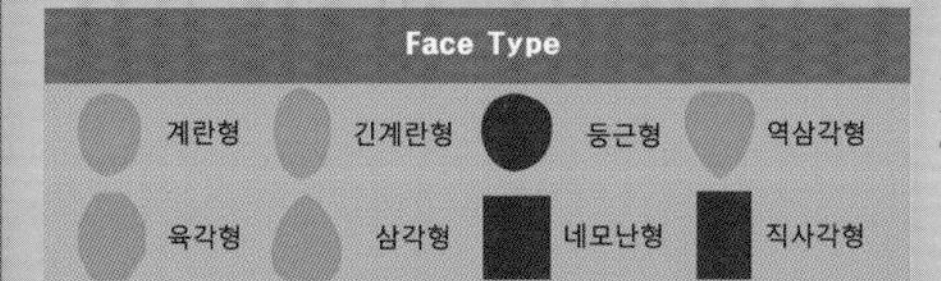

Hair Cut Method-
Technology Manual 196 Page 참고

가늘어지고 부드러운 스트레이트 질감과 곡선의 실루엣이 예쁜 심쿵 주의 헤어스타일!

- 바람에 흩날리듯 살랑거리는 스트레이트 흐름과 곡선의 형태가 어울어져 발랄하고 청순하면서 트렌드를 리드하는 개성적인 아름다운 헤어스타일입니다.
- 언더에서 하이 레이어드를 커트하여 가늘어지고 가벼운 느낌을 표현하고 톱 쪽으로 그러데이션과 레이어드를 넣어서 풍성하고 부드러운 실루엣을 연출합니다.
- 앞머리를 시스루 뱅으로 내려주고 사이드에서 층지게 커트하고, 틴닝과 슬라이딩 커트로 가볍고 가늘어지는 질감을 표현합니다.
- 곱슬머리는 원컬 스트레이트 파마를 합니다.
- 헤어 드라이기로 뿌리부터 말리면서 80%를 말린 후 글로스 왁스를 고르게 바르고 손가락 빗질하면서 드라이하여 자연스러운 컬의 움직임을 연출합니다.

Woman Short Hair Style Design

S-2021-217-1

S-2021-217-2

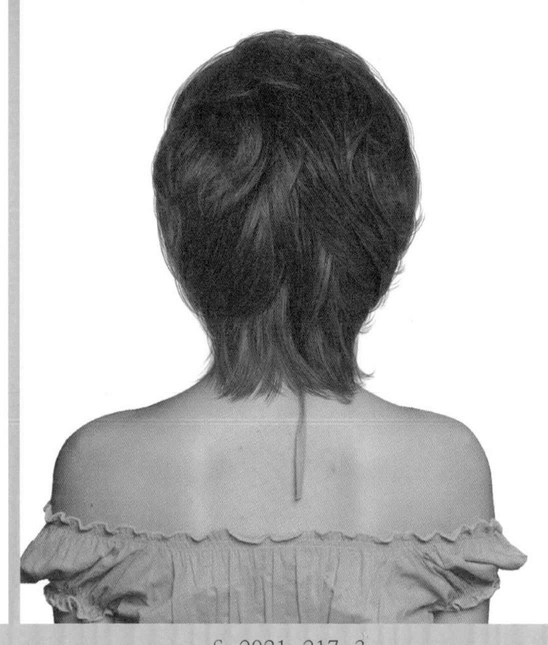

S-2021-217-3

Face Type			
계란형	긴계란형	둥근형	역삼각형
육각형	삼각형	네모난형	직사각형

Hair Cut Method-
Technology Manual 196 Page 참고

부드러운 곡선의 실루엣과 웨이브 컬이 발랄하고 청순한 느낌을 주는 헤어스타일!

- 부드러운 컬의 율동과 곡선으로 디자인된 실루엣의 흐름이 차분하고 지적인 여성스러움을 주는 트레디셔널 감각의 헤어스타일입니다.
- 언더에서 하이 레이어드를 커트하여 가늘어지고 가벼운 느낌을 표현하고 톱 쪽으로 그러데이션과 레이어드를 넣어서 풍성하고 부드러운 실루엣을 연출합니다.
- 앞머리를 시스루 뱅으로 내려주고 사이드에서 층지게 커트하고, 틴닝과 슬라이딩 커트로 가볍고 가늘어지는 질감을 표현합니다.
- 굵은 롤로 1.2~1.5컬의 웨이브 파마를 합니다.
- 헤어 드라이기로 뿌리부터 말리면서 80%를 말린 후 글로스 왁스를 고르게 바르고 손가락 빗질하면서 드라이하여 자연스러운 컬의 움직임을 연출합니다.

Woman Short Hair Style Design

S-2021-218-1

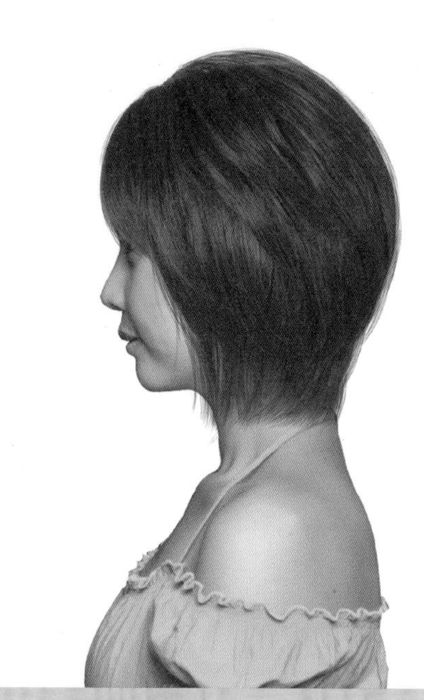

S-2021-218-2

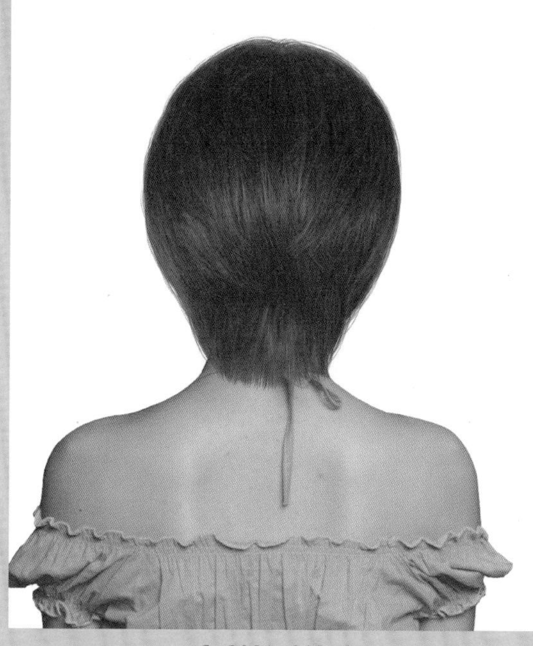

S-2021-218-3

Face Type			
계란형	긴계란형	둥근형	역삼각형
육각형	삼각형	네모난형	직사각형

Hair Cut Method-
Technology Manual 100 Page 참고

부드러운 층과 가늘어지고 가벼운 모발 흐름이 감미롭고 매혹적인 큐트 감각의 러블리 헤어스타일!

- 가늘어지고 부드러움 모류와 섬세하게 커트되어 곡선으로 율동하는 실루엣이 프로페셔널의 여성스러운 이미지를 느끼게 하는 헤어스타일입니다.
- 언더에서 미디엄 그러데이션을 커트하여 가늘어지고 가벼운 느낌을 표현하고 톱 쪽으로 레이어드를 넣어서 풍성하고 부드러운 실루엣을 연출합니다.
- 앞머리를 시스루 뱅으로 내려주고 사이드에서 층지게 커트하고, 틴닝과 슬라이딩 커트로 가볍고 가늘어지는 질감을 표현합니다.
- 곱슬머리는 원컬 스트레이트 파마를 합니다.
- 헤어 드라이기로 뿌리부터 말리면서 80%를 말린 후 글로스 왁스를 고르게 바르고 손가락 빗질하면서 드라이하여 자연스러운 컬의 움직임을 연출합니다.

Woman Short Hair Style Design

S-2021-219-1

S-2021-219-2

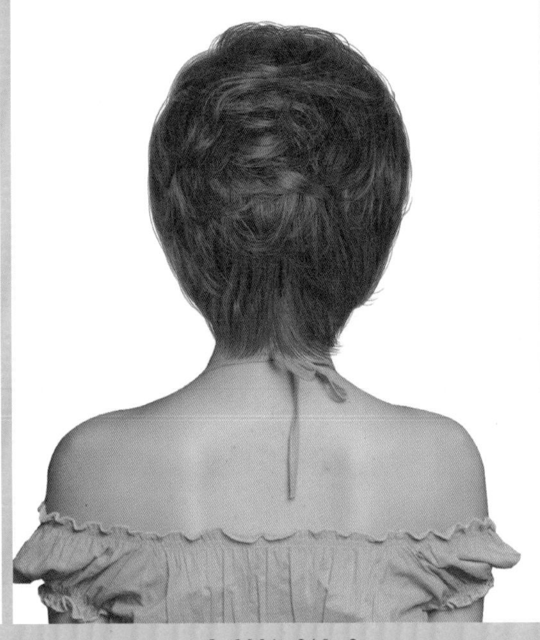
S-2021-219-3

Face Type							
	계란형		긴계란형		둥근형		역삼각형
	육각형		삼각형		네모난형		직사각형

Hair Cut Method-
Technology Manual 100 Page 참고

차분하고 부드러운 웨이브 컬이 청순하고 단정한 느낌을 주는 트레디셔널 감각의 헤어스타일!

- 섬세하게 부드러운 실루엣으로 디자인된 형태에 춤을 추듯 율동하는 컬이 믹싱 되어 싱그러우면서 지적인 이미지가 더해지는 아름다운 헤어스타일입니다.
- 언더에서 하이 레이어드를 커트하여 가늘어지고 가벼운 느낌을 표현하고 톱 쪽으로 미디엄 그러데이션과 레이어드를 넣어서 풍성하고 부드러운 실루엣을 연출합니다.
- 앞머리를 시스루뱅으로 내려주고 사이드에서 층지게 커트하고,틴닝과 슬라이딩 커트로 가볍고 가늘어지는 질감을 표현합니다.
- 굵은 롤로 1.2~1.5컬의 웨이브 파마를 합니다.
- 헤어 드라이기로 뿌리부터 말리면서 70%를 말린 후 글로스 왁스를 고르게 바르고 손가락 빗질하면서 드라이하여 자연스러운 컬의 움직임을 연출합니다.

Woman Short Hair Style Design

S-2021-220-1

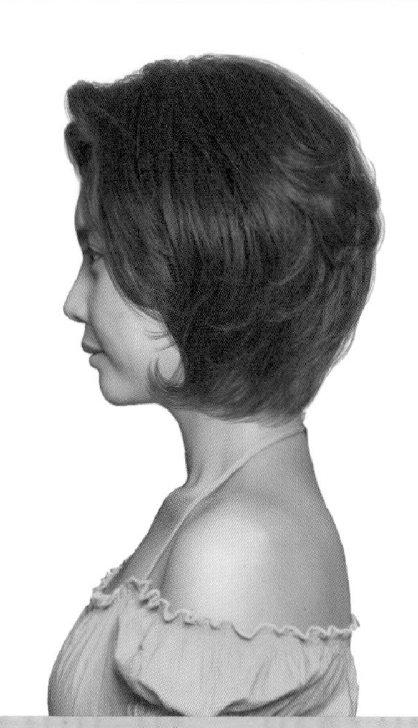

S-2021-220-2

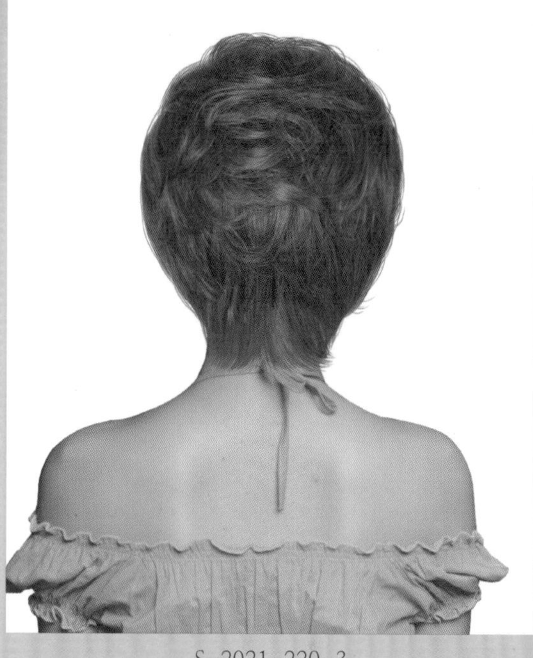

S-2021-220-3

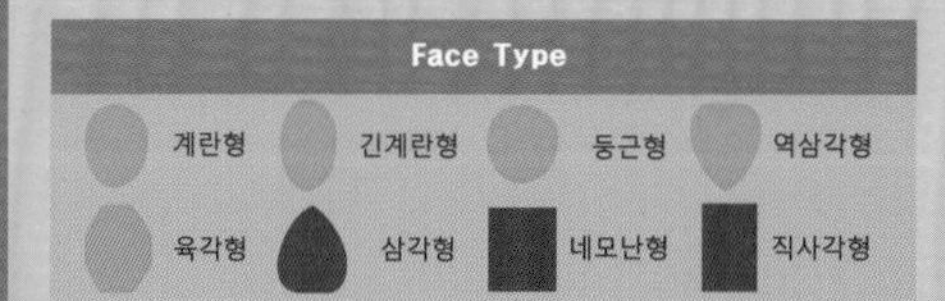

Hair Cut Method-
Technology Manual 100 Page 참고

풍성한 볼륨과 부드러운 웨이브 컬이 우아하고 지적인 여성스러움을 주는 헤어스타일!

- 이마를 시원하게 드러내고 높은 볼륨으로 빗어 올려 사이드로 내린 베이직 그러데이션 헤어스타일로 지적이면서 굳은 심지가 느껴지는 헤어스타일입니다.
- 언더에서 미디엄 그러데이션을 커트하여 가벼운 느낌을 표현하고 톱 쪽으로 레이어드를 넣어서 풍성하고 부드러운 실루엣을 연출합니다.
- 앞머리와 사이드에서 길이를 조절하여 층지게 커트하고, 틴닝과 슬라이딩 커트로 가볍고 가늘어지는 질감을 표현합니다.
- 굵은 롤로 1.2~1.5컬의 웨이브 파마를 합니다.
- 헤어 드라이기로 뿌리부터 말리면서 70%를 말린 후 글로스 왁스를 고르게 바르고 손가락 빗질하면서 드라이하여 자연스러운 컬의 움직임을 연출합니다.

Woman Short Hair Style Design

S-2021-221-1

S-2021-221-2

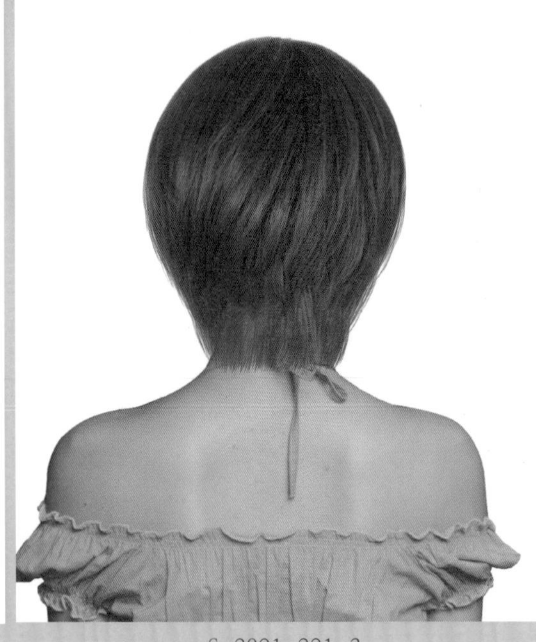

S-2021-221-3

Face Type

계란형 · 긴계란형 · 둥근형 · 역삼각형
육각형 · 삼각형 · 네모난형 · 직사각형

Hair Cut Method-
Technology Manual 100 Page 참고

부드러운 곡선의 실루엣과 스트레이트 흐름이 믹싱 되어 싱그럽고 청순한 헤어스타일!

- 앞머리를 사이드로 차분하고 곱게 빗은 흐름과 곡선의 실루엣으로 바람결에 율동하는 스트레이트 질감이 잘 어울어지는 청순하고 발랄한 소녀 감성의 헤어스타일입니다.
- 언더에서 미디엄 그러데이션을 커트하여 가벼운 느낌을 표현하고 톱 쪽으로 레이어드를 넣어서 풍성하고 부드러운 실루엣을 연출합니다.
- 앞머리와 사이드에서 길이를 조절하여 층지게 커트하고, 틴닝과 슬라이딩 커트로 가볍고 가늘어지는 질감을 표현합니다.
- 곱슬머리는 원컬 스트레이트 파마를 합니다.
- 헤어 드라이기로 뿌리부터 말리면서 80%를 말린 후 글로스 왁스를 고르게 바르고 손가락 빗질하면서 드라이하여 자연스러운 컬의 움직임을 연출합니다.

Woman Short Hair Style Design

S-2021-222-1

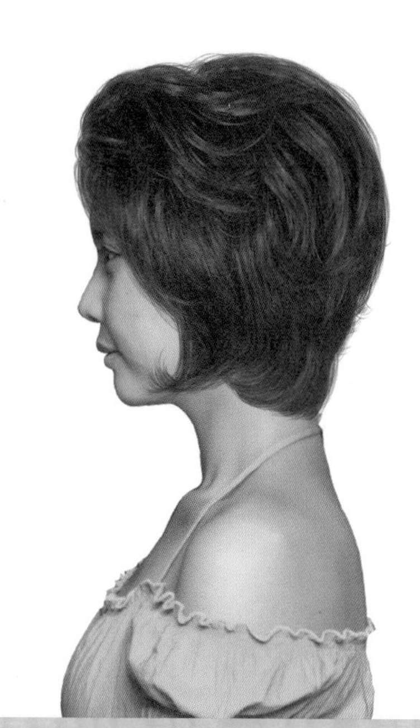

S-2021-222-2

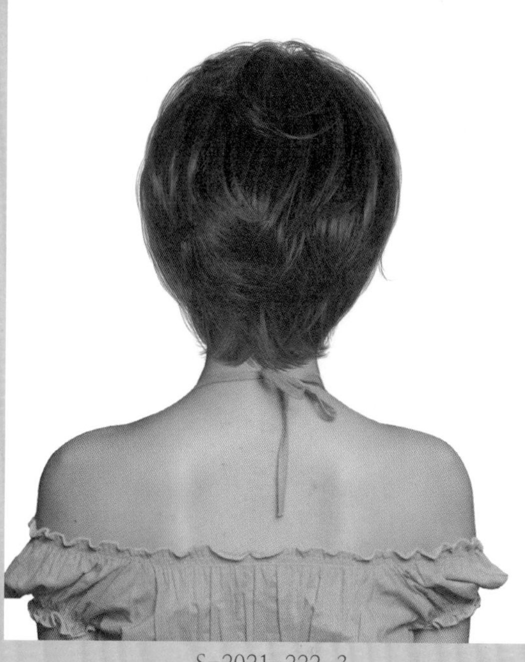

S-2021-222-3

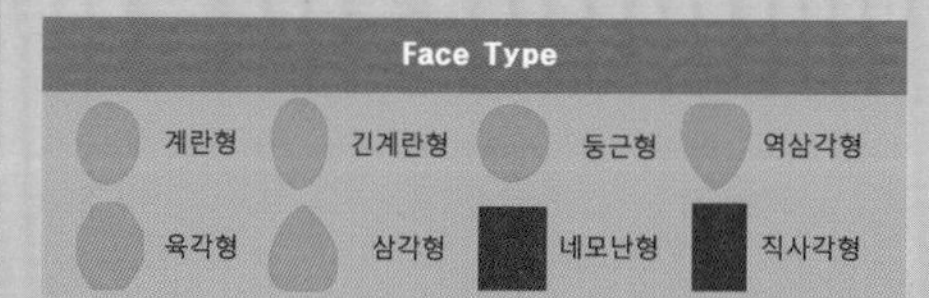

Hair Cut Method-
Technology Manual 093Page 참고

풍성한 볼륨과 부드러운 실루엣, 웨이브 컬이 사랑스럽고 지적인 이미지의 헤어스타일!

- 전체 흐름이 부드럽고 움직임 있는 라인으로 실루엣과 부드러운 웨이브 컬이 조화되어 사랑스럽고 우아하고 지적인 여성스러운 이미지를 주는 헤어스타일입니다.
- 언더에서 미디엄 그러데이션을 커트하여 가벼운 느낌을 표현하고 톱 쪽으로 레이어드를 넣어서 풍성하고 부드러운 실루엣을 연출합니다.
- 앞머리와 사이드에서 길이를 조절하여 층지게 커트하고, 틴닝과 슬라이딩 커트로 가볍고 가늘어지는 질감을 표현합니다.
- 굵은 롤로 1.2~1.5컬의 웨이브 파마를 합니다.
- 헤어 드라이기로 뿌리부터 말리면서 70%를 말린 후 글로스 왁스를 고르게 바르고 손가락 빗질하면서 드라이하여 자연스러운 컬의 움직임을 연출합니다.

Woman Short Hair Style Design

S-2021-223-1

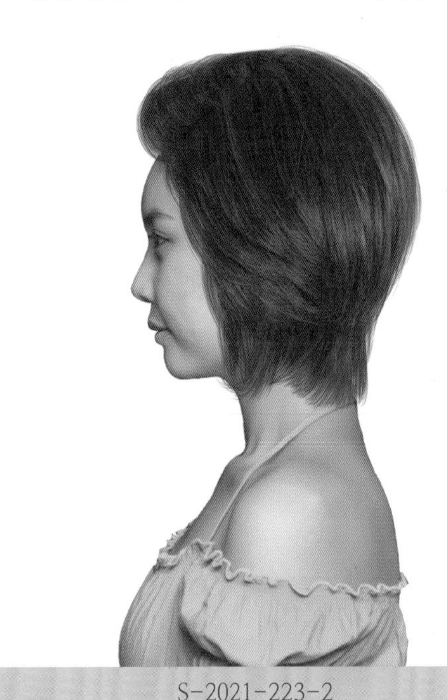

S-2021-223-2

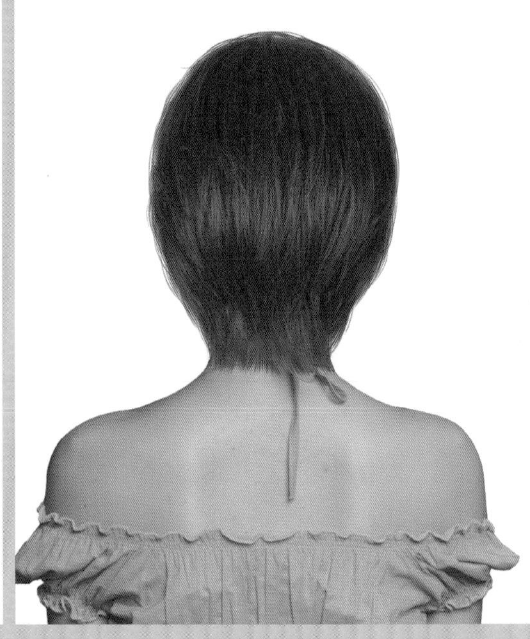

S-2021-223-3

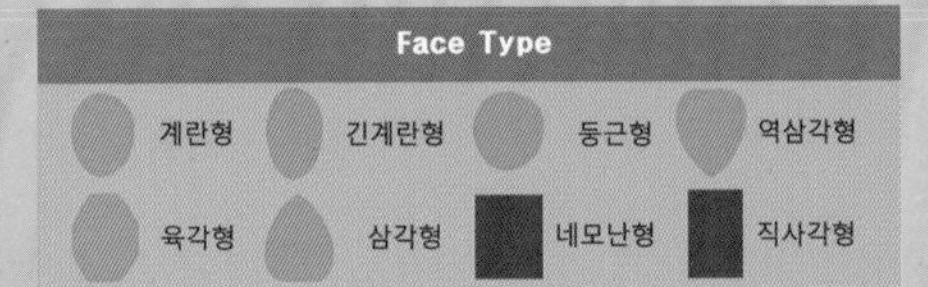

Hair Cut Method-
Technology Manual 100 Page 참고

부드러운 컬의 흐름과 단정한 실루엣이 조화된 지적이고 청순한 트레디셔널 감각의 헤어스타일!

- 차분하고 부드러운 생머리 흐름으로 이마를 시원하게 드러내고 빗어 올린 차분하고 단정한 실루엣으로 디자인된 헤어스타일로 격조와 품위가 느껴지는 매니시 감성이 느껴지는 헤어스타일입니다.
- 언더에서 미디엄 그러데이션을 커트하여 가벼운 느낌을 표현하고 톱 쪽으로 레이어드를 넣어서 풍성하고 부드러운 실루엣을 연출합니다.
- 앞머리와 사이드에서 길이를 조절하여 층지게 커트하고, 틴닝과 슬라이딩 커트로 가볍고 가늘어지는 질감을 표현합니다.
- 굵은 롤로 1.2~1.5컬의 웨이브 파마를 합니다.
- 헤어 드라이기로 뿌리부터 말리면서 70%를 말린 후 글로스 왁스를 고르게 바르고 손가락 빗질하면서 드라이하여 자연스러운 생머리 컬의 움직임을 연출합니다.

Woman Short Hair Style Design

S-2021-224-1

S-2021-224-2

S-2021-224-3

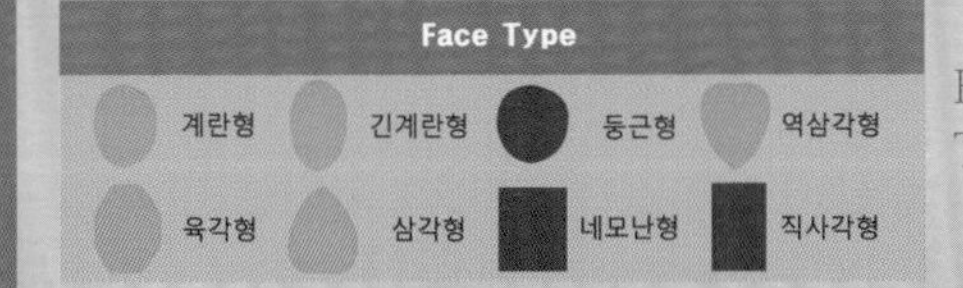

Hair Cut Method-
Technology Manual 100 Page 참고

가늘어지고 가벼운 텍스처와 춤을 추듯 율동하는 컬이 섹시하고 감미로운 러블리 헤어스타일!

- 보송보송 여성스러운 컬이 바닷바람에 춤을 추듯 율동하는 웨이브 컬의 흐름이 매혹적이고 환상적인 느낌과 섹시감이 더해지는 아름다운 헤어스타일입니다.
- 언더에서 미디엄 그러데이션을 커트하여 가벼운 느낌을 표현하고 톱 쪽으로 레이어드를 넣어서 풍성하고 부드러운 실루엣을 연출합니다.
- 앞머리와 사이드에서 길이를 조절하여 층지게 커트하고, 틴닝과 슬라이딩 커트로 가볍고 가늘어지는 질감을 표현합니다.
- 굵은 롤로 1.5~2컬의 웨이브 파마를 합니다.
- 헤어 드라이기로 뿌리부터 말리면서 70%를 말린 후 글로스 왁스를 고르게 바르고 손가락 빗질하면서 드라이하여 자연스러운 컬의 움직임을 연출합니다.

Woman Short Hair Style Design

S-2021-225-1

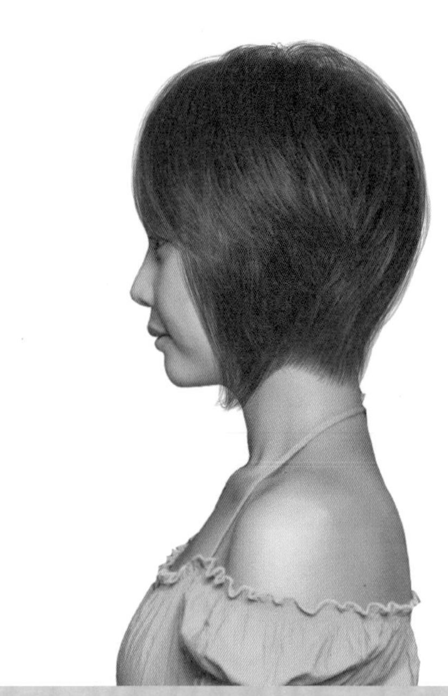

S-2021-225-2

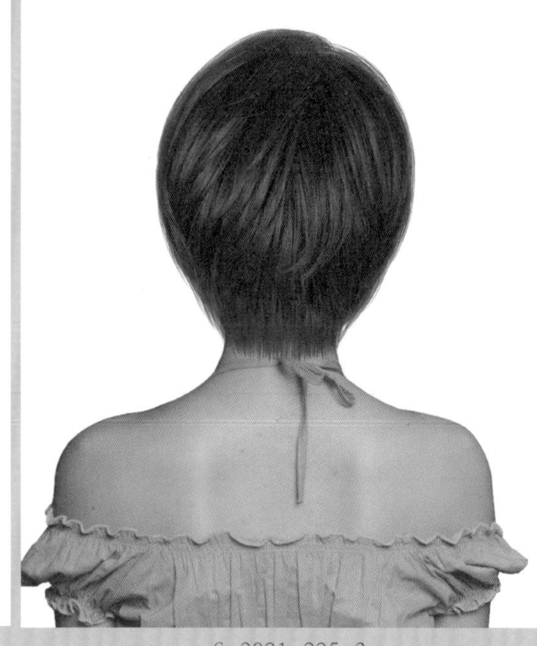

S-2021-225-3

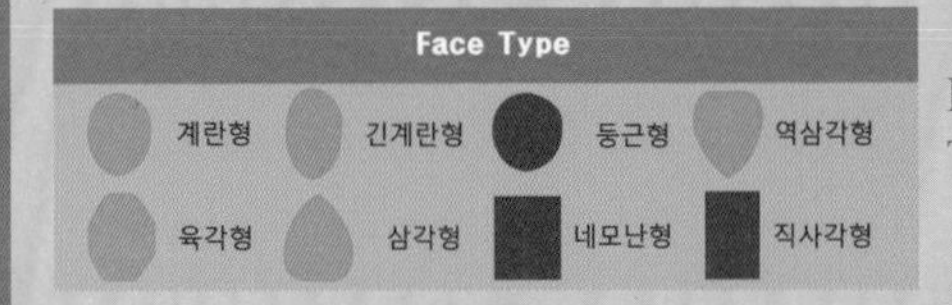

Hair Cut Method-
Technology Manual 100 Page 참고

차분하고 단정하면서 청순한 이미지를 주는 그러데이션 보브 헤어스타일!

- 섬세한 커트로 가늘어지고 부드러운 스트레이트 질감이 그러데이션 보브 헤어스타일의 실루엣과 잘 어울리는, 청순하고 지적인 느낌을 주는 헤어스타일입니다.
- 언더에서 미디엄 그러데이션을 커트하여 가벼운 느낌을 표현하고 톱 쪽으로 레이어드를 넣어서 풍성하고 부드러운 실루엣을 연출합니다.
- 앞머리는 내려주고 사이드에서 길이를 조절하여 층지게 커트하고, 틴닝과 슬라이딩 커트로 가볍고 가늘어지는 질감을 표현합니다.
- 굵은 롤로 1.2~1.5컬의 웨이브 파마를 합니다.
- 헤어 드라이기로 뿌리부터 말리면서 70%를 말린 후 글로스 왁스를 고르게 바르고 손가락 빗질하면서 드라이하여 자연스러운 생머리 컬의 움직임을 연출합니다.

Woman Short Hair Style Design

S-2021-226-1

S-2021-226-2

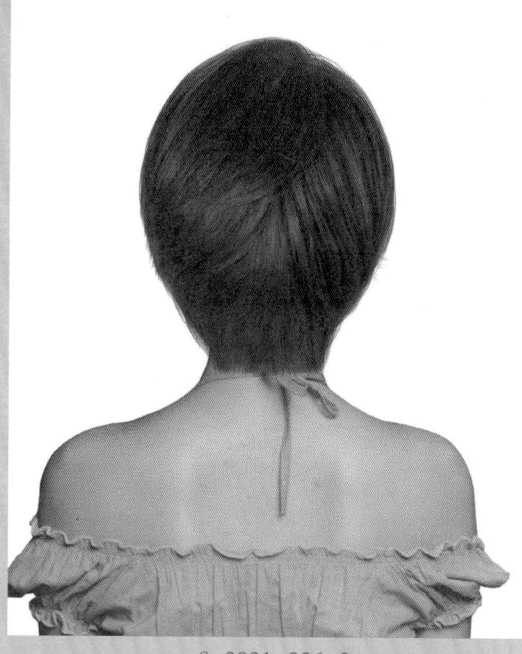

S-2021-226-3

Face Type			
계란형	긴계란형	둥근형	역삼각형
육각형	삼각형	네모난형	직사각형

Hair Cut Method-
Technology Manual 100 Page 참고

섬세하게 디자인된 실루엣과 율동하는 생머리 흐름이 청순하고 여성미가 느껴지는 헤어스타일!

- 가르마를 타고 앞머리를 시스루 뱅으로 내리고 톱에서 풍성한 볼륨으로 손가락 빗질되어 사이드로 넘긴 흐름이 지적이면서 청순한 아름다움이 느껴지는 헤어스타일입니다.
- 언더에서 미디엄 그러데이션을 커트하여 가벼운 느낌을 표현하고 톱 쪽으로 레이어드를 넣어서 풍성하고 부드러운 실루엣을 연출합니다.
- 앞머리와 사이드에서 길이를 조절하여 층지게 커트하고, 틴닝과 슬라이딩 커트로 가볍고 가늘어지는 질감을 표현합니다.
- 굵은 롤로 1.2~1.5컬의 웨이브 파마를 합니다.
- 헤어 드라이기로 뿌리부터 말리면서 70%를 말린 후 글로스 왁스를 고르게 바르고 손가락 빗질하면서 드라이하여 자연스러운 컬의 움직임을 연출합니다.

Woman Short Hair Style Design

S-2021-227-1

S-2021-227-2

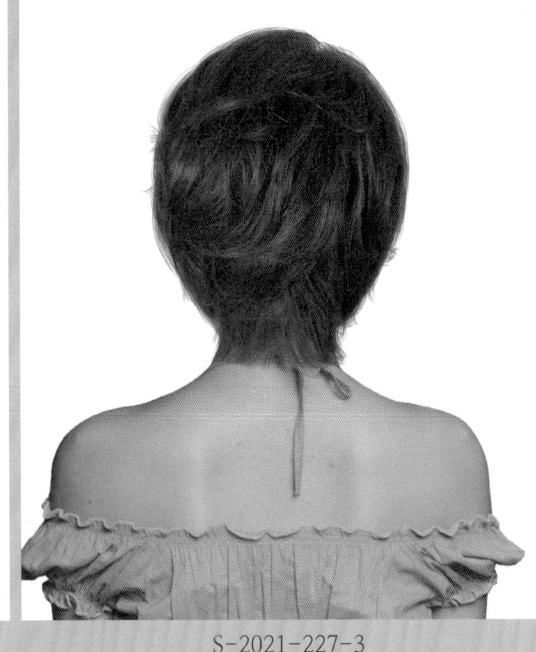

S-2021-227-3

Face Type

계란형 긴계란형 둥근형 역삼각형

육각형 삼각형 네모난형 직사각형

Hair Cut Method-
Technology Manual 100 Page 참고

부드러운 곡선의 실루엣과 러블리 웨이브 컬이 사랑스럽고 감미로운 심쿵 헤어스타일!

- 부드러운 곡선의 헤어라인으로 디자인된 실루엣과 러블리 컬의 움직임이 믹싱 되어 사랑스럽고 매혹적인 어름다움을 주는 헤어스타일입니다.
- 언더에서 미디엄 그러데이션을 커트하여 가벼운 느낌을 표현하고 톱 쪽으로 레이어드를 넣어서 풍성하고 부드러운 실루엣을 연출합니다.
- 앞머리와 사이드에서 길이를 조절하여 층지게 커트하고, 틴닝과 슬라이딩 커트로 가볍고 가늘어지는 질감을 표현합니다.
- 굵은 롤로 1.5~1.8컬의 웨이브 파마를 합니다.
- 헤어 드라이기로 뿌리부터 말리면서 70%를 말린 후 글로스 왁스를 고르게 바르고 손가락 빗질하면서 드라이하여 자연스러운 컬의 움직임을 연출합니다.

Woman Short Hair Style Design

S-2021-228-1

S-2021-228-2

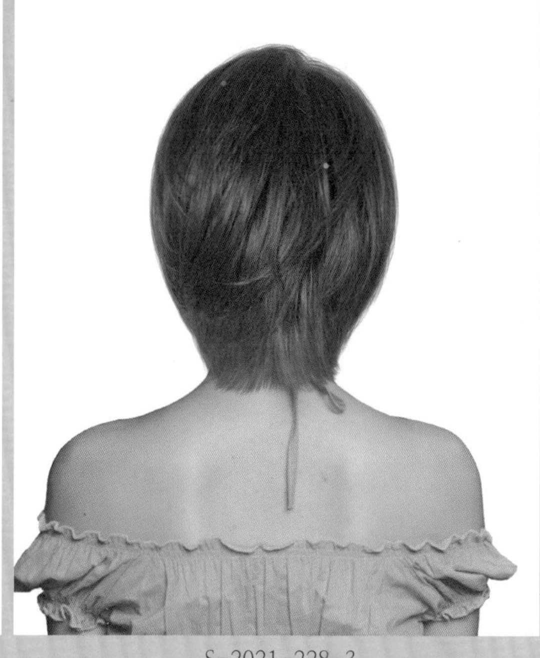

S-2021-228-3

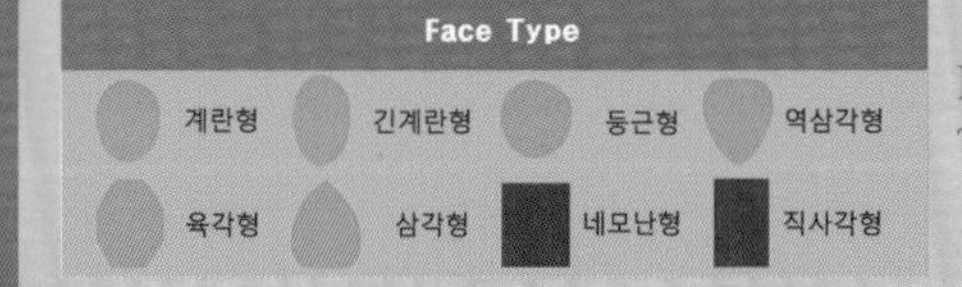

Hair Cut Method-
Technology Manual 100Page 참고

차분하고 청순하면서 프로페셔널 개성미가 느껴지는 이노센트 감성의 헤어스타일!

- 부드러우면서 매혹적인 실루엣으로 디자인된 헤어스타일로 맑고 깨끗하고 청순한 이미지에 자신감이 더해지는 매니시 감성도 느껴지는 프로페셔널 감각의 아름다운 헤어스타일입니다.
- 언더에서 미디엄 그러데이션을 커트하여 가벼운 느낌을 표현하고 톱 쪽으로 레이어드를 넣어서 풍성하고 부드러운 실루엣을 연출합니다.
- 앞머리는 시스루 뱅으로 내려주고 사이드에서 길이를 조절하여 층지게 커트하고, 틴닝과 슬라이딩 커트로 가볍고 가늘어지는 질감을 표현합니다.
- 굵은 롤로 1.2~1.5컬의 웨이브 파마를 합니다.
- 헤어 드라이기로 뿌리부터 말리면서 70%를 말린 후 글로스 왁스를 고르게 바르고 손가락 빗질하면서 드라이하여 자연스러운 컬의 움직임을 연출합니다.

Woman Short Hair Style Design

S-2021-229-1

S-2021-229-2

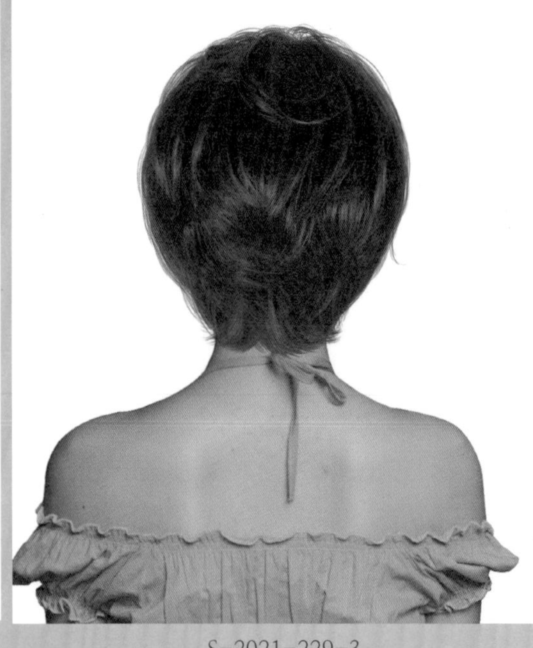

S-2021-229-3

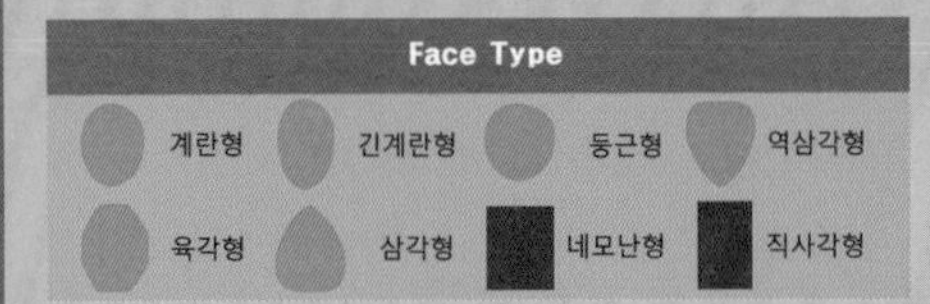

Hair Cut Method-
Technology Manual 093 Page 참고

풍성한 볼륨과 춤을 추듯 율동하는 C컬이 우아하고 여성스러운 이미지의 헤어스타일!

- 사이드 가르마를 나누고 풍성한 볼륨의 웨이브 컬이 율동하는 흐름으로 연출하여 지적이고 우아하며 안정된 이미지를 주는 헤어스타일입니다.
- 언더에서 미디엄 그러데이션을 커트하여 가벼운 느낌을 표현하고 톱 쪽으로 레이어드를 넣어서 풍성하고 부드러운 실루엣을 연출합니다.
- 앞머리와 사이드에서 길이를 조절하여 층지게 커트하고,틴닝과 슬라이딩 커트로 가볍고 가늘어지는 질감을 표현합니다.
- 굵은 롤로 1.2~1.5컬의 웨이브 파마를 합니다.
- 헤어 드라이기로 뿌리부터 말리면서 70%를 말린 후 글로스 왁스를 고르게 바르고 손가락 빗질하면서 드라이하여 자연스러운 컬의 움직임을 연출합니다.

Woman Short Hair Style Design

S-2021-230-1

S-2021-230-2

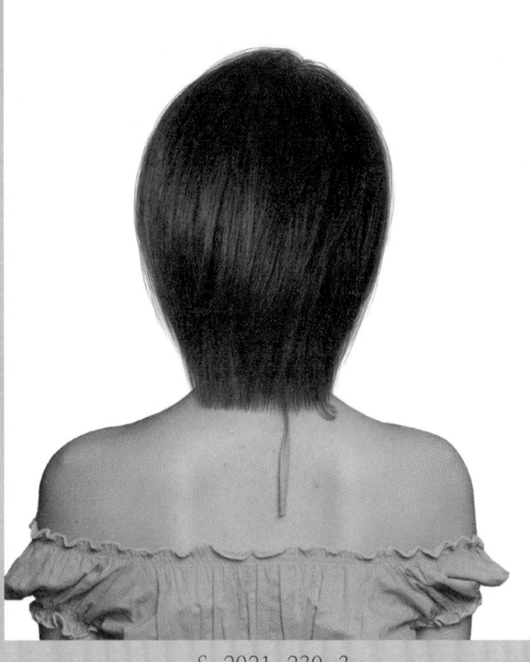

S-2021-230-3

Face Type			
계란형	긴계란형	둥근형	역삼각형
육각형	삼각형	네모난형	직사각형

Hair Cut Method-
Technology Manual 108 Page 참고

율동하는 직선의 스트레이트 흐름이 자유롭고 발랄한 개성미가 느껴지는 헤어스타일!

- 가늘고 가벼운 스트레이트 흐름이 자유롭고 발랄한 이미지에 청순하고 깜찍한 감성이 느껴지는 헤어스타일입니다.
- 언더에서 하이 그러데이션을 커트하여 가벼운 느낌을 표현하고 톱 쪽으로 레이어드를 넣어서 풍성하고 부드러운 실루엣을 연출합니다.
- 앞머리와 사이드에서 길이를 조절하여 층지게 커트하고, 틴닝과 슬라이딩 커트로 가볍고 가늘어지는 질감을 표현합니다.
- 곱슬머리는 스트레이트 파마를 합니다.
- 헤어 드라이기로 뿌리부터 말리면서 80%를 말린 후 글로스 왁스를 고르게 바르고 손가락 빗질하면서 드라이하여 자연스러운 스트레이트 움직임을 연출합니다.

Woman Short Hair Style Design

S-2021-231-1

S-2021-231-2

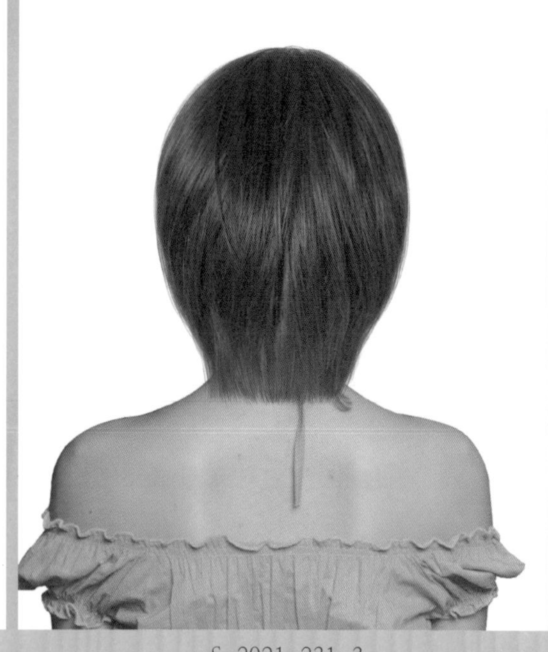

S-2021-231-3

Face Type			
계란형	긴계란형	둥근형	역삼각형
육각형	삼각형	네모난형	직사각형

Hair Cut Method-
Technology Manual 108 Page 참고

깃털처럼 가벼운 질감의 흐름이 자유롭게 율동하여 발랄하고 청순한 이미지의 헤어스타일!

- 가볍고 부드러운 스트레이트 질감이 바람에 흩날리듯 율동하는 흐름이 자유롭고 발랄한 청순한 소녀 같은 감성이 느껴지는 이노센트 감각의 헤어스타일입니다.
- 언더에서 하이 그러데이션을 커트하여 가벼운 느낌을 표현하고 톱 쪽으로 레이어드를 넣어서 풍성하고 부드러운 실루엣을 연출합니다.
- 앞머리와 사이드에서 길이를 조절하여 층지게 커트하고, 틴닝과 슬라이딩 커트로 가볍고 가늘어지는 질감을 표현합니다.
- 곱슬머리는 스트레이트 파마를 합니다.
- 헤어 드라이기로 뿌리부터 말리면서 80%를 말린 후 글로스 왁스를 고르게 바르고 손가락 빗질하면서 드라이하여 자연스러운 스트레이트 움직임을 연출합니다.

Woman Short Hair Style Design

S-2021-232-1

S-2021-22-2

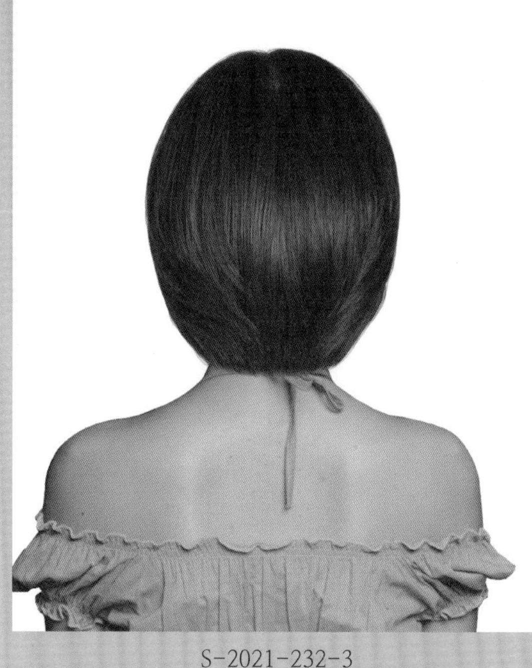

S-2021-232-3

Face Type			
계란형	긴계란형	둥근형	역삼각형
육각형	삼각형	네모난형	직사각형

Hair Cut Method-
Technology Manual 131 Page 참고

부드럽게 안말음 되는 흐름이 지적이고 청순한 이미지가 느껴지는 보브 헤어스타일!

- 둥근 라인의 보브 헤어스타일은 청순하고 맑고 순수한 소녀 감성을 느끼게 하는 헤어스타일로 뻗치지 않게 안말음 운동이 잘 되도록 연결성이 좋은 커트를 하는 것이 중요합니다.
- 언더에서 그러데이션을 커트하고 톱 쪽으로 레이어드를 커트하여 풍성하고 둥근 형태의 실루엣을 만듭니다.
- 끝부분에서 틴닝 커트로 가볍고 부드러운 커트를 하고 원컬 스트레이트 파마를 하면 손질이 편해집니다.
- 헤어 드라이기로 뿌리부터 말리면서 80%를 말린 후 글로스 왁스를 고르게 바르고 손가락 빗질하면서 드라이하여 자연스러운 스트레이트 움직임을 연출합니다.

Woman Short Hair Style Design

S-2021-233-1

S-2021-233-2

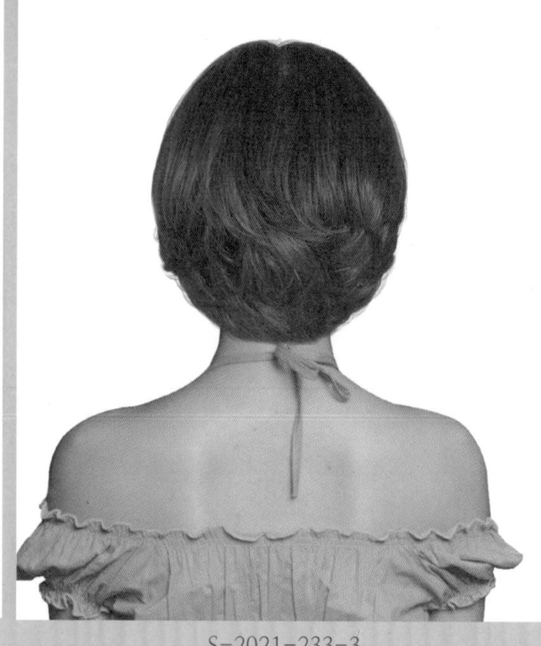
S-2021-233-3

Face Type

계란형 긴계란형 둥근형 역삼각형
육각형 삼각형 네모난형 직사각형

Hair Cut Method-
Technology Manual 131 Page 참고

부드러운 C컬의 율동감이 낭만적이고 청순한 아름다움을 주는 페미닌 감성의 헤어스타일!

- 보브 헤어스타일에 C컬의 웨이브 펌은 손질하기 편하고 청순하면서 여성스러운 이미지를 주는 헤어스타일입니다.
- 언더에서 미디엄 그러데이션을 커트하여 가벼운 느낌을 표현하고 톱 쪽으로 레이어드를 넣어서 풍성하고 부드러운 실루엣을 연출합니다.
- 앞머리는 시스루 뱅으로 내려주고 사이드에서 길이를 조절하여 층지게 커트하고, 틴닝과 슬라이딩 커트로 가볍고 가늘어지는 질감을 표현합니다.
- 굵은 롤로 1.2~1.5컬의 웨이브 파마를 합니다.
- 헤어 드라이기로 뿌리부터 말리면서 70%를 말린 후 글로스 왁스를 고르게 바르고 손가락 빗질하면서 드라이하여 자연스러운 컬의 움직임을 연출합니다.

Woman Short Hair Style Design

S-2021-234-1

S-2021-234-2

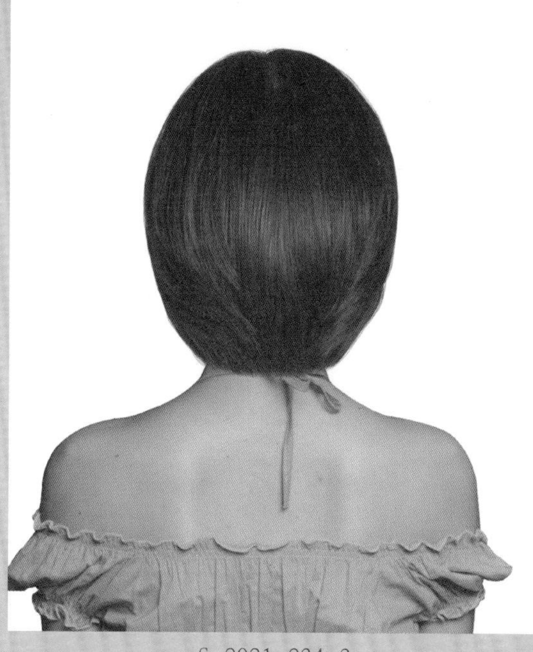

S-2021-234-3

Face Type			
계란형	긴계란형	둥근형	역삼각형
육각형	삼각형	네모난형	직사각형

Hair Cut Method–
Technology Manual 131 Page 참고

부드럽게 안말음 되는 스트레이트 흐름이 지적이고 청순한 느낌의 트레디셔널 감성의 헤어스타일!

- 둥근라인의 생머리 보브 헤어스타일은 오래도록 사랑받아온 클래식 헤어스타일로 길이, 라인의 변화, 앞머리에 포인트를 주면 시대를 초월하여 트렌디한 유행 스타일이 되기도 합니다.
- 언더에서 그러데이션을 커트하고 톱 쪽으로 레이어드 커트를 하여 풍성하고 둥근 형태의 실루엣을 만듭니다.
- 끝부분에서 틴닝 커트로 가볍고 부드러운 커트를 하고 원컬 스트레이트 파마를 하면 손질이 편해집니다.
- 헤어 드라이기로 뿌리부터 말리면서 80%를 말린 후 글로스 왁스를 고르게 바르고 손가락 빗질하면서 드라이하여 자연스러운 스트레이트 움직임을 연출합니다.

Woman Short Hair Style Design

S-2021-235-1

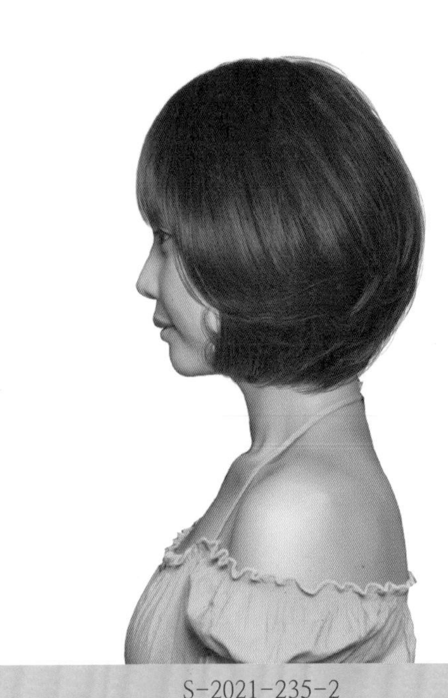

S-2021-235-2

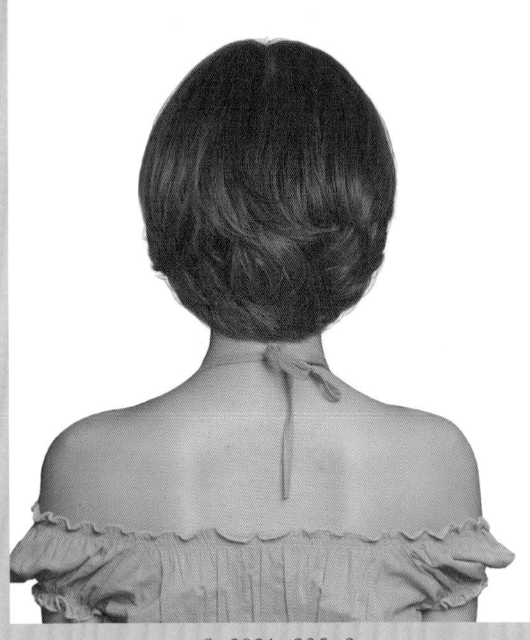

S-2021-235-3

Face Type			
계란형	긴계란형	둥근형	역삼각형
육각형	삼각형	네모난형	직사각형

Hair Cut Method-
Technology Manual 131 Page 참고

부드러운 C컬의 흐름이 차분하고 청순한 아름다움을 느끼게 하는 이노센트 감성의 헤어스타일!

- 짧은 그러데이션 보브 헤어스타일은 발랄하고 청순한 아름다움을 주는 큐트 감각의 헤어스타일입니다.
- 언더에서 미디엄 그러데이션을 커트하여 가벼운 느낌을 표현하고 톱 쪽으로 레이어드를 넣어서 풍성하고 부드러운 실루엣을 연출합니다.
- 앞머리는 가볍게 내려주고 사이드에서 길이를 조절하여 층지게 커트하고, 틴닝과 슬라이딩 커트로 가볍고 가늘어지는 질감을 표현합니다.
- 굵은 롤로 원컬 스트레이트 파마를 합니다.
- 헤어 드라이기로 뿌리부터 말리면서 70%를 말린 후 글로스 왁스를 고르게 바르고 손가락 빗질하면서 드라이하여 자연스러운 컬의 움직임을 연출합니다.

Woman Short Hair Style Design

S-2021-236-1

S-2021-236-2

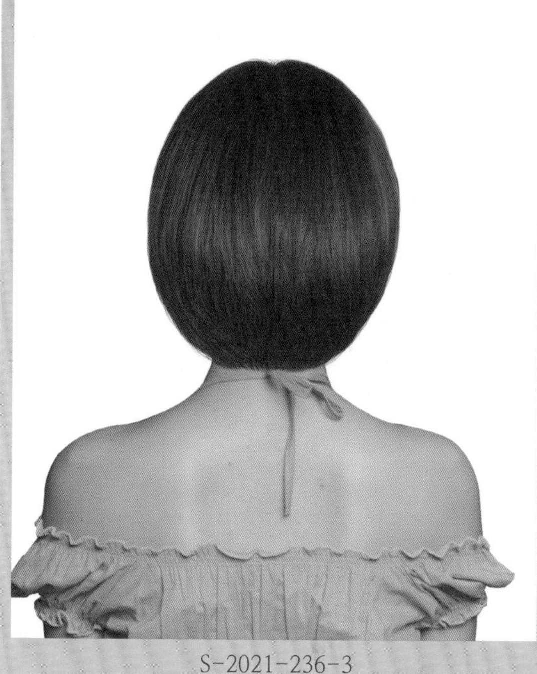
S-2021-236-3

Face Type			
계란형	긴계란형	둥근형	역삼각형
육각형	삼각형	네모난형	직사각형

Hair Cut Method-
Technology Manual 154 Page 참고

윤기를 머금은 듯 차분하고 단정한 흐름이 청초한 패션 감각을 느끼게 하는 큐트 헤어스타일!

- 얼굴 쪽으로 급격히 짧아지는 둥근 라인의 머시룸 헤어스타일은 오래전부터 사랑받아온 클래식 감성의 전통 헤어스타일로 현대에도 자신만의 개성과 트렌디한 감성을 주는 헤어스타일입니다.
- 언더에서 급격이 짧아지는 둥근 라인으로 그러데이션 커트를 하고 톱 쪽으로 레이어드를 연결하여 둥글고 부드러운 실루엣을 연출합니다.
- 모발 중간, 끝부분에서 틴닝 커트로 모발량을 조절하여 부드러운 질감을 표현합니다.
- 곱슬머리는 원컬 스트레이트 파마를 합니다.
- 헤어 드라이기로 뿌리부터 말리면서 80%를 말린 후 글로스 왁스를 고르게 바르고 손가락 빗질하면서 드라이하여 자연스러운 스트레이트 움직임을 연출합니다.

Woman Short Hair Style Design

S-2021-237-1

S-2021-237-2

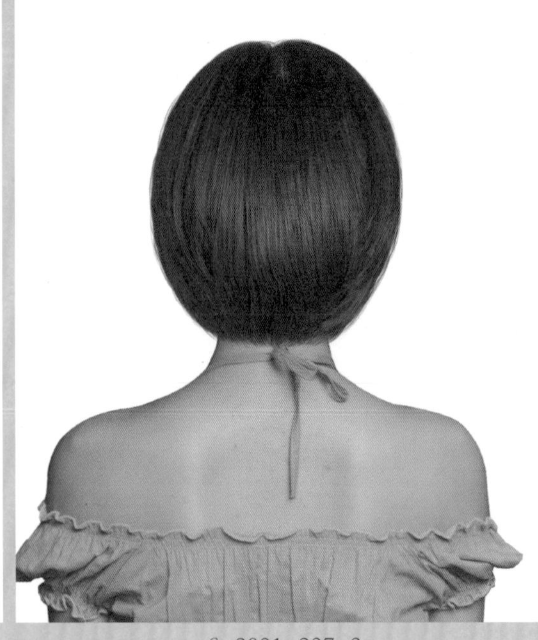

S-2021-237-3

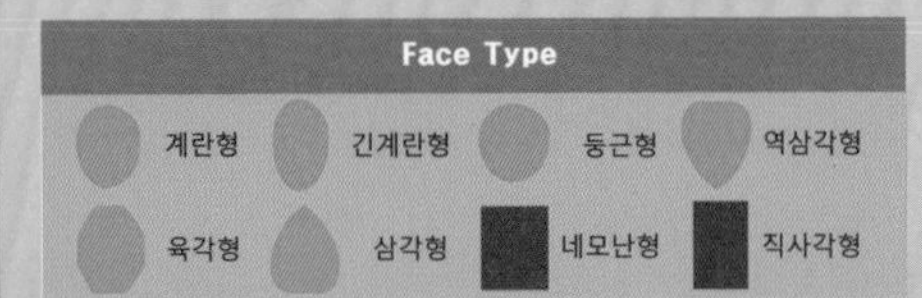

Hair Cut Method-
Technology Manual 108 Page 참고

바람결에 흩날리듯 부드러운 머릿결의 흐름이 단정하고 청순한 아름다움을 주는 헤어스타일!

- 짧은 그러데이션 보브 헤어스타일은 차분하고 단정한 소녀 감성이 느껴지는 헤어스타일입니다.
- 언더에서 미디엄 그러데이션을 커트하여 가벼운 느낌을 표현하고 톱 쪽으로 레이어드를 넣어서 부드러운 실루엣을 연출합니다.
- 앞머리는 가볍게 내려주고 사이드에서 길이를 조절하여 층지게 커트하고, 틴닝과 슬라이딩 커트로 가볍고 가늘어지는 질감을 표현합니다.
- 굵은 롤로 원컬 스트레이트 파마를 합니다.
- 헤어 드라이기로 뿌리부터 말리면서 80%를 말린 후 글로스 왁스를 고르게 바르고 손가락 빗질하면서 드라이하여 자연스러운 컬의 움직임을 연출합니다.

Woman Short Hair Style Design

S-2021-238-1

S-2021-238-2

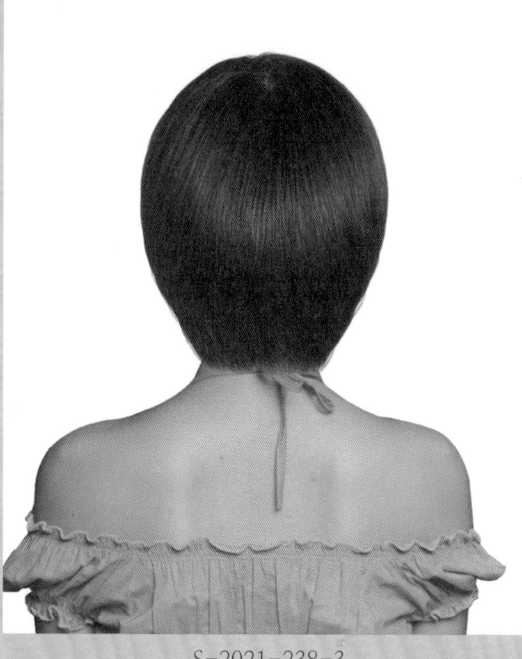

S-2021-238-3

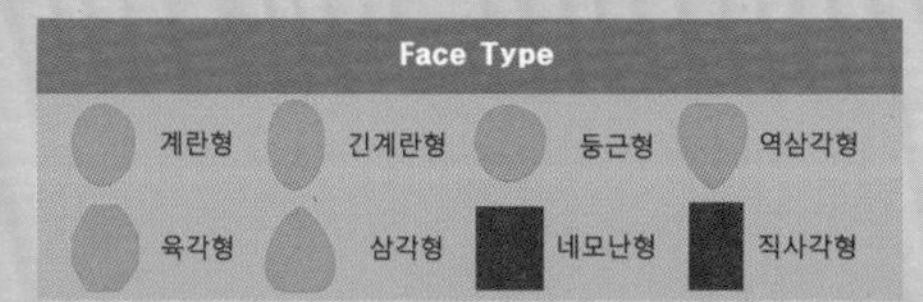

Hair Cut Method-
Technology Manual 154Page 참고

나만의 개성을 표현하고 싶고 앞서가고 싶은 어드밴스드 감성의 헤어스타일!

- 얼굴 쪽으로 급격하게 짧아지는 둥근 라인의 머슈룸 헤어스타일은 오래전부터 해왔던 전통적인 클래식 감성의 헤어스타일이지만 현재에도 독특한 개성과 트렌디 감각을 느끼게 하는 헤어스타일입니다.
- 언더에서 급격이 짧아지는 둥근 라인으로 그러데이션 커트를 하고 톱 쪽으로 레이어드를 연결하여 둥글고 부드러운 실루엣을 연출합니다.
- 모발 중간, 끝부분에서 틴닝 커트로 모발량을 조절하여 부드러운 질감을 표현합니다.
- 곱슬머리는 원컬 스트레이트 파마를 합니다.
- 헤어 드라이기로 뿌리부터 말리면서 80%를 말린 후 글로스 왁스를 고르게 바르고 손가락 빗질하면서 드라이하여 자연스러운 스트레이트 움직임을 연출합니다.

Woman Short Hair Style Design

S-2021-239-1

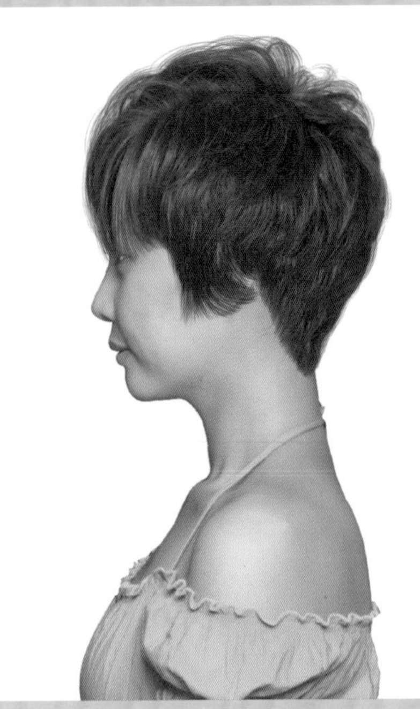

S-2021-239-2

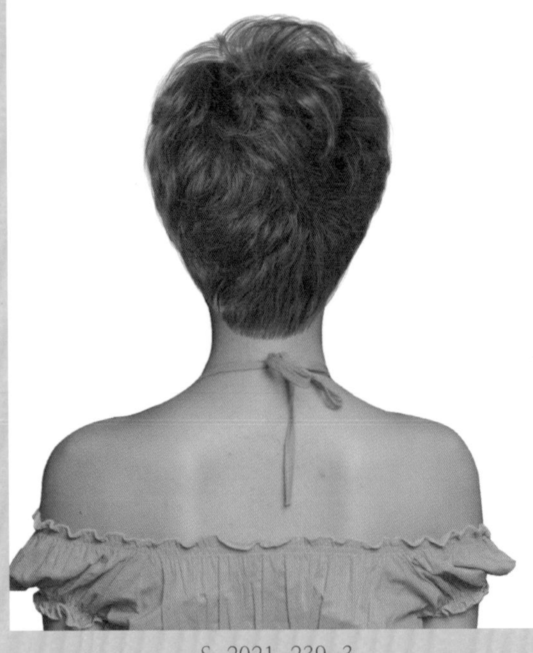

S-2021-239-3

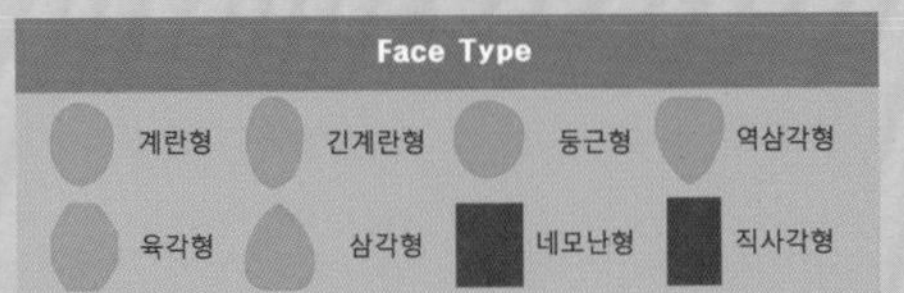

Hair Cut Method-
Technology Manual 093 Page 참고

두둥실 춤을 추듯 율동하는 컬이 자유롭고 귀여운 감성을 느끼게 하는 스포티 헤어스타일!

- 자유롭게 율동하는 컬이 아름다운 숏 헤어스타일은 스포티한 느낌을 주면서 사랑스럽고 발랄하고 귀여운 이미지를 선사하는 아름다운 헤어스타일입니다.
- 네이프에서 부드럽고 여성스러운 텍스처를 만드는 짧은 그러데이션을 커트하고 톱 쪽으로 레이어드를 연결합니다.
- 틴닝과 슬라이딩 커트로 끝부분을 부드럽고 가벼운 흐름을 연출하고 굵은 롯드로 1.2~1.5컬의 웨이브 파마를 해 줍니다.
- 헤어 드라이기로 뿌리부터 말리면서 70%를 말린 후 글로스 왁스를 고르게 바르고 손가락 빗질하면서 드라이하여 자연스러운 컬의 움직임을 연출합니다.

Woman Short Hair Style Design

S-2021-240-1

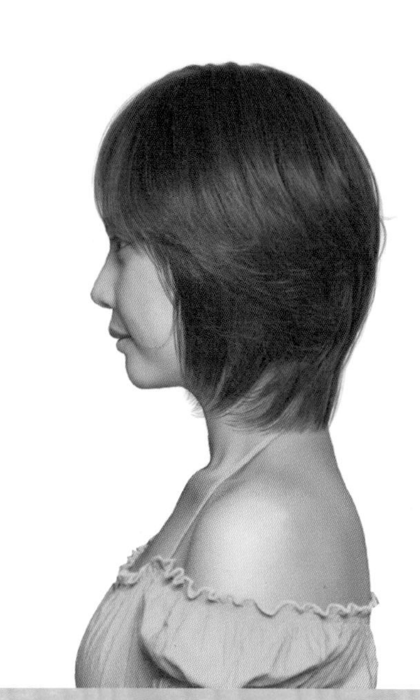

S-2021-240-2

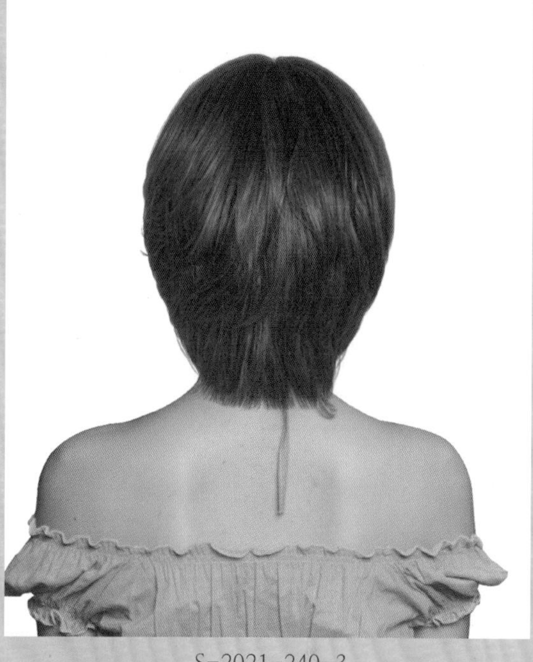

S-2021-240-3

Face Type			
계란형	긴계란형	둥근형	역삼각형
육각형	삼각형	네모난형	직사각형

Hair Cut Method-
Technology Manual 196 Page 참고

부드러운 생머리의 흐름이 율동하는 발랄하고 청순한 이미지의 로맨틱 헤어스타일!

- 언더 부분이 목선을 걸쳐서 부드럽게 움직이는 율동감이 청순하고 발랄한 소녀 감성을 느끼게 하는 헤어스타일입니다.
- 언더에서 하이 그러데이션을 커트하여 가벼운 느낌을 표현하고 톱 쪽으로 레이어드를 넣어서 부드러운 실루엣을 연출합니다.
- 앞머리는 가볍게 내려주고 사이드에서 길이를 조절하여 층지게 커트하고, 틴닝과 슬라이딩 커트로 가볍고 가늘어지는 질감을 표현합니다.
- 굵은 롤로 원컬 스트레이트 파마를 합니다.
- 헤어 드라이기로 뿌리부터 말리면서 80%를 말린 후 글로스 왁스를 고르게 바르고 손가락 빗질하면서 드라이하여 자연스러운 컬의 움직임을 연출합니다.

Woman Short Hair Style Design

S-2021-241-1

S-2021-241-2

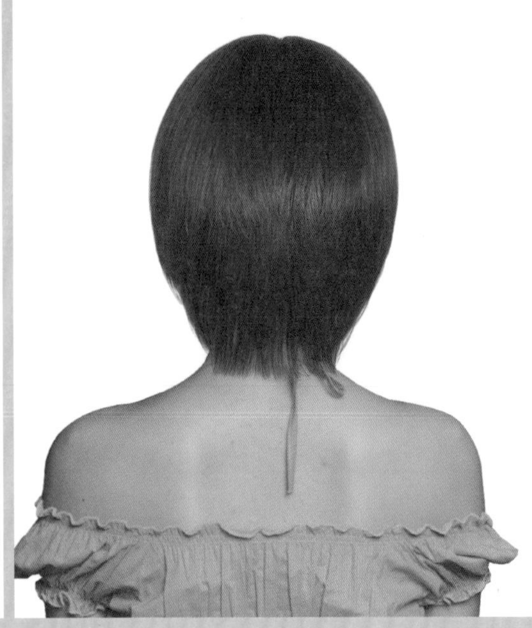

S-2021-241-3

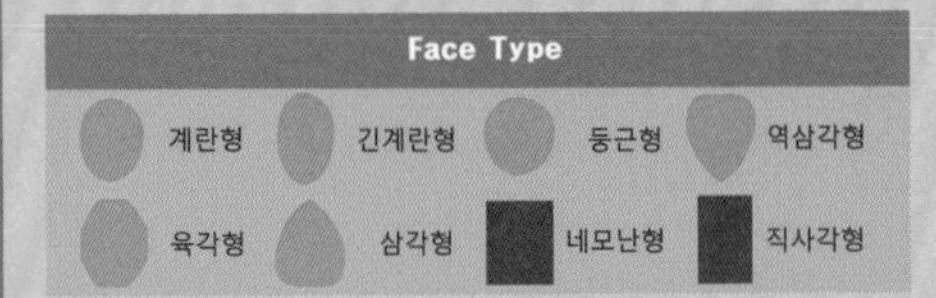

Hair Cut Method-
Technology Manual 154 Page 참고

윤기를 머금은 듯 찰랑거리는 스트레이트 흐름이 지적이고 차분한 아름다움을 주는 헤어스타일!

- 찰랑거리며 차분하고 윤기 있는 보브 헤어스타일은 맑고 청순하고 여성스러운 아름다움을 주는 헤어스타일입니니다.
- 언더에서 미디엄 그러데이션을 커트하여 가벼운 느낌을 표현하고 톱 쪽으로 레이어드를 넣어서 부드러운 실루엣을 연출합니다.
- 앞머리는 가볍게 내려주고 사이드에서 길이를 조절하여 층지게 커트하고, 틴닝과 슬라이딩 커트로 가볍고 가늘어지는 질감을 표현합니다.
- 굵은 롤로 원컬 스트레이트 파마를 합니다.
- 헤어 드라이기로 뿌리부터 말리면서 80%를 말린 후 글로스 왁스를 고르게 바르고 손가락 빗질하면서 드라이하여 자연스러운 컬의 움직임을 연출합니다.

Woman Short Hair Style Design

S-2021-242-1

S-2021-242-2

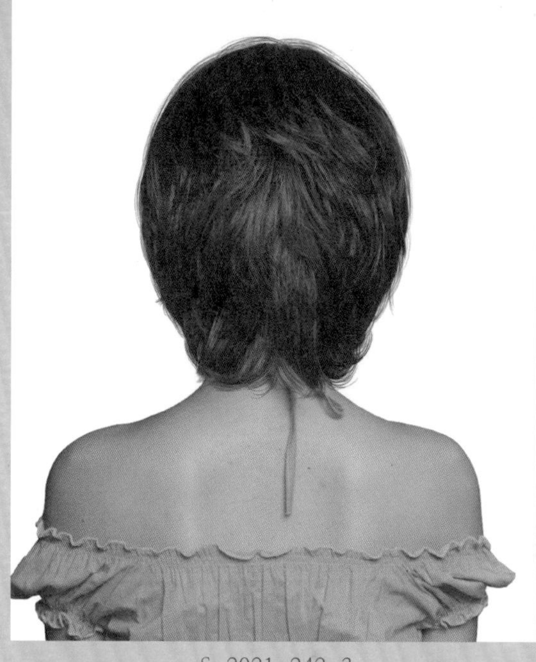

S-2021-242-3

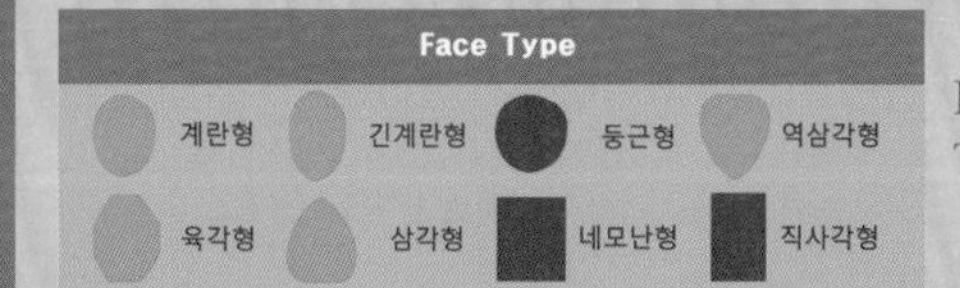

Hair Cut Method-
Technology Manual 100 Page 참고

두둥실 춤을 추듯 율동하는 웨이브 컬이 사랑스럽고 귀여운 로맨틱 감성의 헤어스타일!

- 부드러운 웨이브 컬이 풍성하면서 율동하는 흐름의 보브 헤어스타일은 사랑스럽고 감미로운 여성스러운 이미지의 헤어스타일입니다.
- 언더에서 미디엄 그러데이션 커트로 부드러운 흐름을 만들고 톱 쪽으로 레이어드를 넣어서 가벼운 움직임을 연출합니다,
- 모발 길이의 중간, 끝부분에서 틴닝을 하여 가볍게 하고 슬라이딩 커트로 가늘어지는 질감을 표현합니다.
- 굵은 롤로 1.5~2컬의 웨이브 파마를 합니다.
- 헤어 드라이기로 뿌리부터 말리면서 70%를 말린 후 글로스 왁스를 고르게 바르고 스크런칭 드라이 기법으로 손가락 빗질을 하고 털어서 자연스러운 컬의 움직임을 연출합니다.

Woman Short Hair Style Design

S-2021-243-1

S-2021-243-2

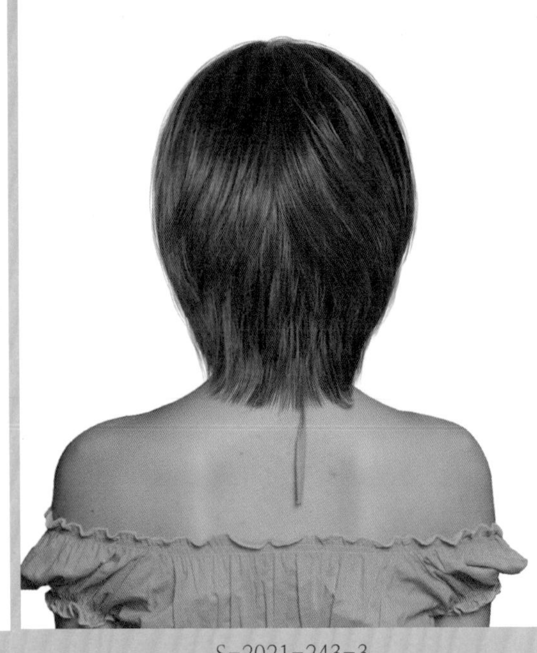

S-2021-243-3

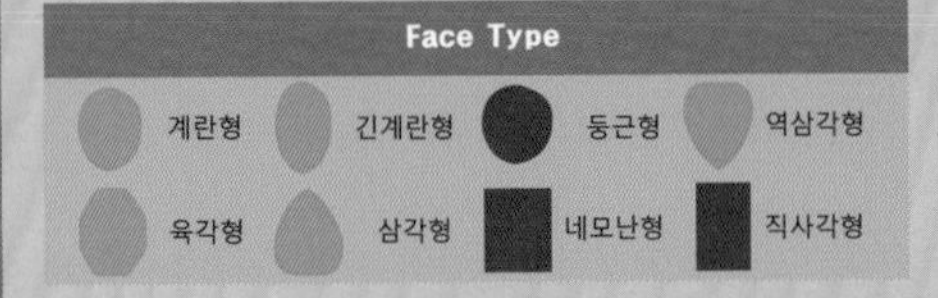

Hair Cut Method-
Technology Manual 123 Page 참고

부드럽고 자유롭게 율동하는 스트레이트 흐름이 사랑스럽고 섹시한 시크 감각의 헤어스타일!

- 얼굴 방향으로 사선으로 짧아지는 부드럽고 가벼운 스트레이트 흐름이 발랄하고 청순하면서 독특한 개성미와 트렌디한 느낌을 주는 헤어스타일입니다.
- 언더에서 하이 그러데이션을 커트하여 가벼운 느낌을 표현하고 톱 쪽으로 레이어드를 넣어서 부드러운 실루엣을 연출합니다.
- 앞머리는 가볍게 내려주고 사이드에서 길이를 조절하여 층지게 커트하고, 틴닝과 슬라이딩 커트로 가볍고 가늘어지는 질감을 표현합니다.
- 굵은 롤로 원컬 스트레이트 파마를 합니다.
- 헤어 드라이기로 뿌리부터 말리면서 80%를 말린 후 글로스 왁스를 고르게 바르고 손가락 빗질하면서 드라이하여 자연스러운 컬의 움직임을 연출합니다.

Woman Short Hair Style Design

S-2021-244-1

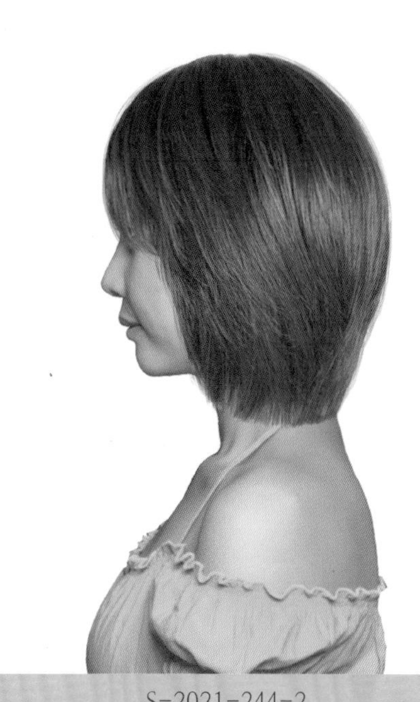

S-2021-244-2

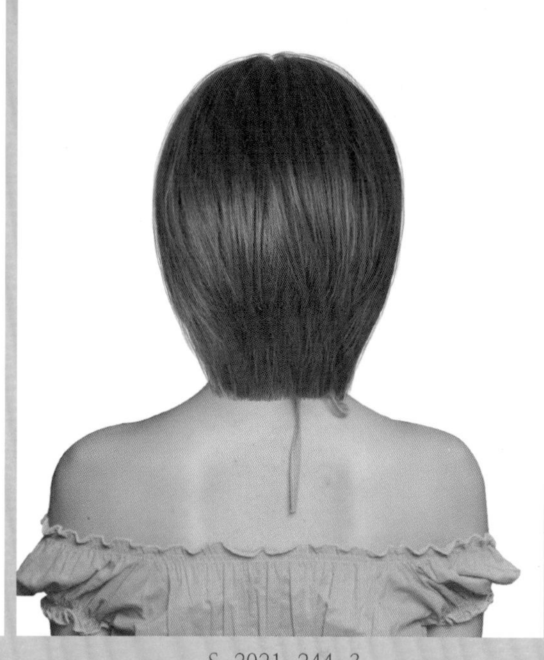

S-2021-244-3

Face Type			
계란형	긴계란형	둥근형	역삼각형
육각형	삼각형	네모난형	직사각형

Hair Cut Method-
Technology Manual 131Page 참고

깃털처럼 부드럽고 가벼운 스트레이트 흐름이 청순하면서 자유로운 개성미를 주는 헤어스타일!

- 페이스 라인에서 빰을 감싸듯 가볍고 부드러운 움직임이 독특한 개성미와 사랑스럽고 섹시한 아름다움을 주는 헤어스타일입니다.
- 언더에서 하이 그러데이션을 커트하여 가벼운 느낌을 표현하고 톱 쪽으로 레이어드를 넣어서 부드러운 실루엣을 연출합니다.
- 앞머리는 가볍게 내려주고 사이드에서 길이를 조절하여 들쭉날쭉 가늘어지고 가벼운 층을 만들고, 틴닝과 슬라이딩 커트로 가볍고 대담하게 가늘어지는 질감을 표현합니다.
- 굵은 롤로 원컬 스트레이트 파마를 합니다.
- 헤어 드라이기로 뿌리부터 말리면서 80%를 말린 후 글로스 왁스를 고르게 바르고 손가락 빗질하면서 드라이하여 자연스러운 컬의 움직임을 연출합니다.

Woman Short Hair Style Design

S-2021-245-1

S-2021-245-2

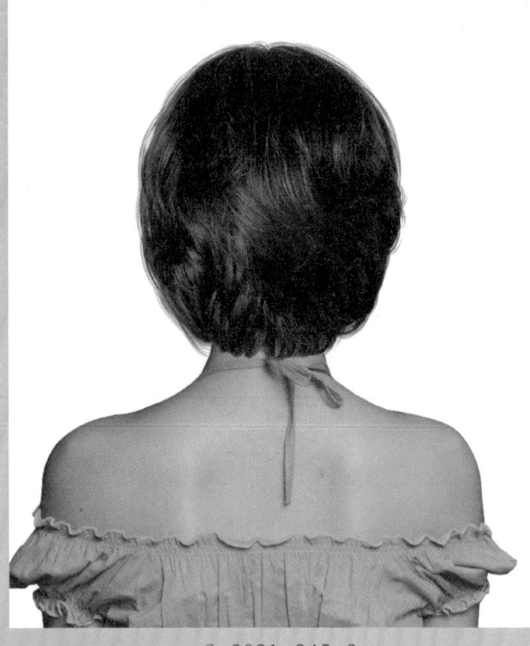

S-2021-245-3

Face Type			
계란형	긴계란형	둥근형	역삼각형
육각형	삼각형	네모난형	직사각형

Hair Cut Method-
Technology Manual 131 Page 참고

춤을 추듯 부드럽게 율동하는 웨이브 컬이 사랑스럽고 달콤한 로맨틱 헤어스타일!

- 가볍고 부드러운 텍스처와 춤을 추듯 율동하는 웨이브 컬의 헤어스타일은 발랄하고 섹시한 아름다움을 선사하는 헤어스타일입니다.
- 언더에서 미디엄 그러데이션 커트로 부드러운 흐름을 만들고 톱 쪽으로 레이어드를 넣어서 가벼운 움직임을 연출합니다,
- 모발 길이의 중간, 끝부분에서 틴닝을 하여 가볍게 하고 슬라이딩 커트로 가늘어지는 질감을 표현합니다.
- 굵은 롤로 1.5~2컬의 웨이브 파마를 합니다.
- 헤어 드라이기로 뿌리부터 말리면서 70%를 말린 후 글로스 왁스를 고르게 바르고 스크런칭 드라이 기법으로 손가락 빗질을 하고 털어서 자연스러운 컬의 움직임을 연출합니다.

Woman Short Hair Style Design

S-2021-246-1

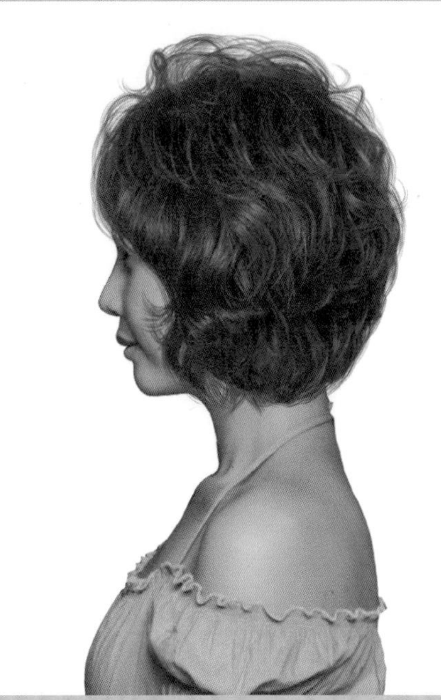

S-2021-246-2

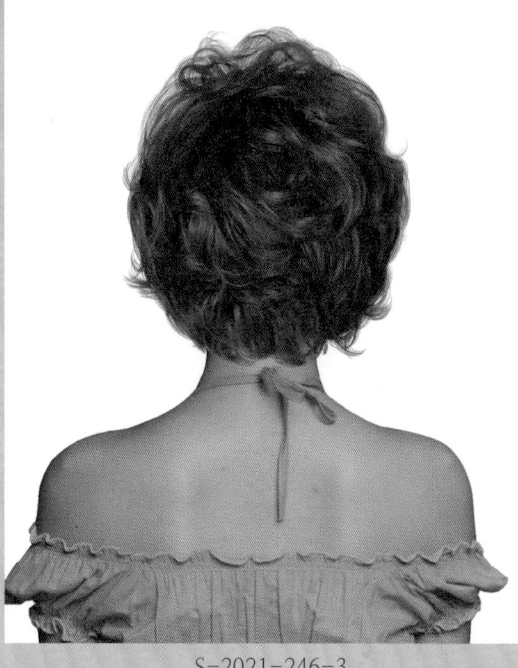

S-2021-246-3

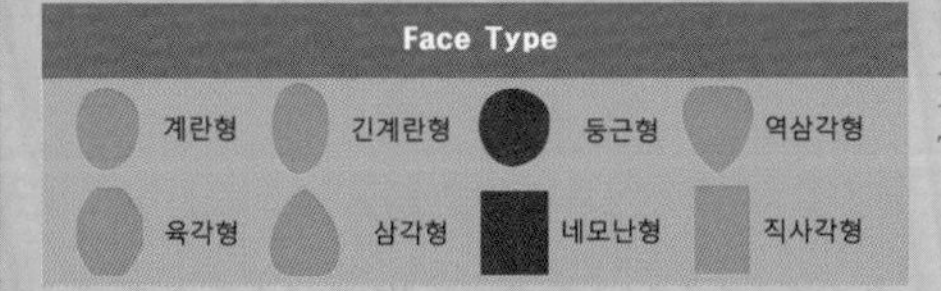

Hair Cut Method-
Technology Manual 131 Page 참고

평범한 헤어스타일은 싫다. 나를 위한 나만의 개성 연출!

- 춤을 추듯 율동하는 웨이브 컬이 사랑스럽고 발랄한 섹시한 감성을 주는 개성 있는 헤어스타일입니다.
- 언더에서 미디엄 그러데이션 커트로 부드러운 흐름을 만들고 톱 쪽으로 레이어드를 넣어서 가벼운 움직임을 연출합니다,
- 모발 길이의 중간, 끝부분에서 틴닝을 하여 가볍게 하고 슬라이딩 커트로 대담하게 가늘어지고 가벼운 질감을 연출합니다.
- 굵은 롤로 전체 웨이브 파마를 합니다.
- 헤어 드라이기로 뿌리부터 말리면서 70%를 말린 후 글로스 왁스를 고르게 바르고 스크런칭 드라이 기법으로 손가락 빗질을 하고 털어서 자연스러운 컬의 움직임을 연출합니다.

Woman Short Hair Style Design

S-2021-247-1

S-2021-247-2

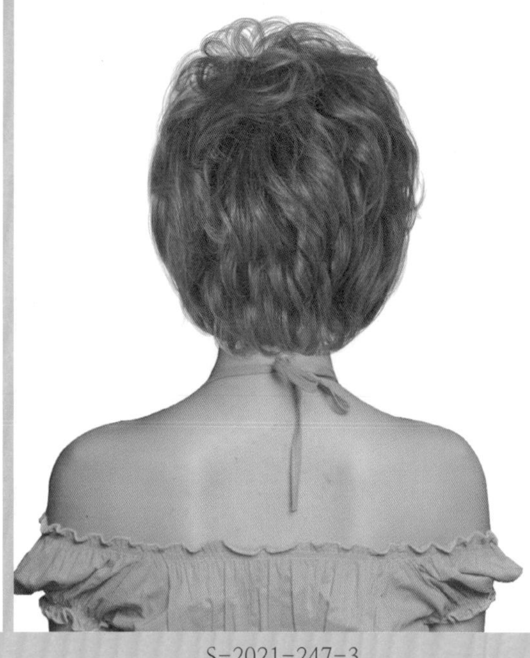

S-2021-247-3

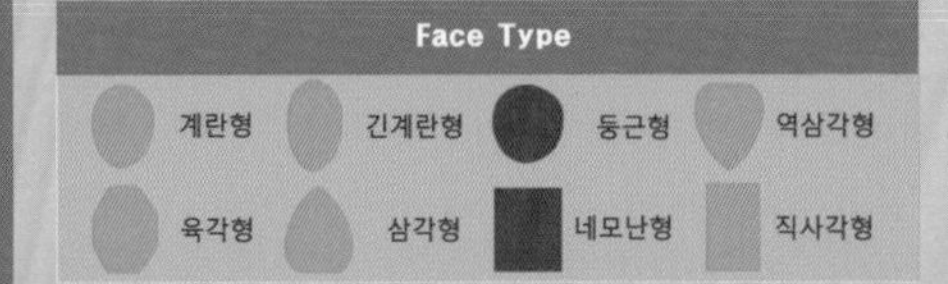

Hair Cut Method-
Technology Manual 100 Page 참고

윤기를 머금은 듯 부드러운 컬러와 웨이브 컬이 환상적이고 섹시한 느낌의 페미닌 헤어스타일!

- 풍성한 볼륨으로 율동하는 웨이브 컬이 귀엽고 사랑스러운 신비로운 감성의 헤어스타일입니다.
- 언더에서 미디엄 그러데이션 커트로 부드러운 흐름을 만들고 톱 쪽으로 레이어드를 넣어서 가벼운 움직임을 연출합니다,
- 모발 길이의 중간, 끝부분에서 틴닝을 하여 가볍게 하고 슬라이딩 커트로 대담하게 가늘어지고 가벼운 질감을 연출합니다.
- 굵은 롤로 전체 웨이브 파마를 합니다.
- 헤어 드라이기로 뿌리부터 말리면서 70%를 말린 후 글로스 왁스를 고르게 바르고 스크런칭 드라이 기법으로 손가락 빗질을 하고 털어서 자연스러운 컬의 움직임을 연출합니다.

Woman Short Hair Style Design

S-2021-248-1

S-2021-248-2

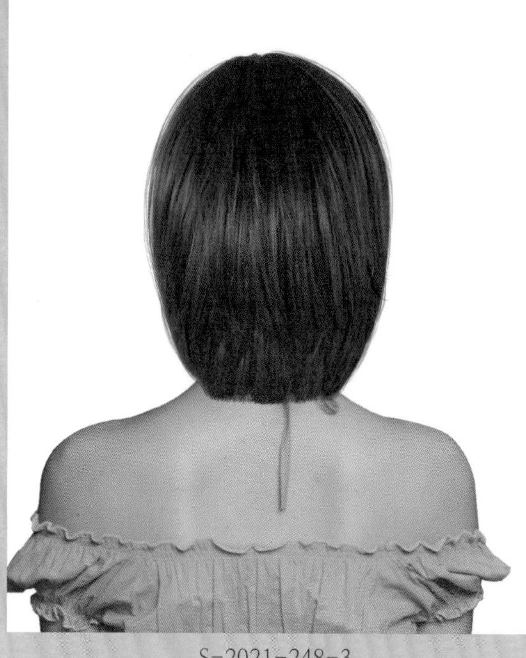

S-2021-248-3

Face Type			
계란형	긴계란형	둥근형	역삼각형
육각형	삼각형	네모난형	직사각형

Hair Cut Method-
Technology Manual 108 Page 참고

가늘어지고 불규칙한 스트레이트 흐름이 맑고 청순한 소녀 감성을 주는 이노센트 헤어스타일!

- 바람에 흐트러진 듯 가늘어지고 가벼운 질감의 스트레이트 흐름이 자유롭게 연출되는 헤어스타일로 독특하고 개성 있는 아름다움을 주는 헤어스타일입니다.
- 언더에서 하이 그러데이션을 커트하여 가벼운 느낌을 표현하고 톱 쪽으로 레이어드를 넣어서 부드러운 실루엣을 연출합니다.
- 앞머리는 가볍게 내려주고 사이드에서 길이를 조절하여 들쭉날쭉 가늘어지고 가벼운 층을 만들고, 틴닝과 슬라이딩 커트로 가볍고 대담하게 가늘어지는 질감을 표현합니다.
- 굵은 롤로 원컬 스트레이트 파마를 합니다.
- 헤어 드라이기로 뿌리부터 말리면서 80%를 말린 후 글로스 왁스를 고르게 바르고 손가락 빗질하면서 드라이하여 자연스러운 컬의 움직임을 연출합니다.

Woman Short Hair Style Design

S-2021-249-1

S-2021-249-2

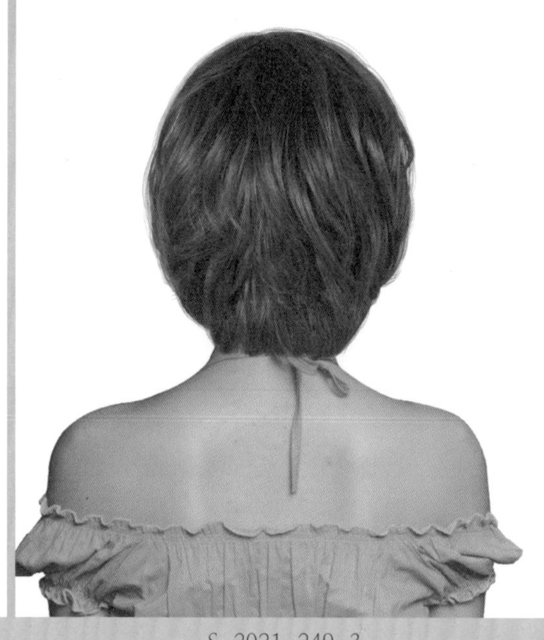

S-2021-249-3

Face Type

계란형 긴계란형 둥근형 역삼각형

육각형 삼각형 네모난형 직사각형

Hair Cut Method-
Technology Manual 131 Page 참고

바람에 살랑거리듯 율동하는 웨이브 컬이 달콤하고 사랑스러운 이노센트 감성의 헤어스타일!

- 자연스럽게 안말음 되는 웨이브 컬의 보브 헤어스타일은 언제나 사랑받고 시대를 뛰어넘어 트렌디한 감성을 느끼는 아름다운 헤어스타일입니다.
- 언더에서 미디엄 그러데이션을 커트하여 가벼운 느낌을 표현하고 톱 쪽으로 레이어드를 넣어서 부드러운 실루엣을 연출합니다.
- 앞머리는 시스루뱅으로 내려주고 사이드에서 길이를 조절하여 가벼운 층을 만들고, 틴닝과 슬라이딩 커트로 가볍고 질감을 표현합니다.
- 굵은 롤로 1.2~1.5컬의 파마를 합니다.
- 헤어 드라이기로 뿌리부터 말리면서 70%를 말린 후 글로스 왁스를 고르게 바르고 손가락 빗질하면서 드라이하여 자연스러운 컬의 움직임을 연출합니다.

Woman Short Hair Style Design

S-2021-250-1

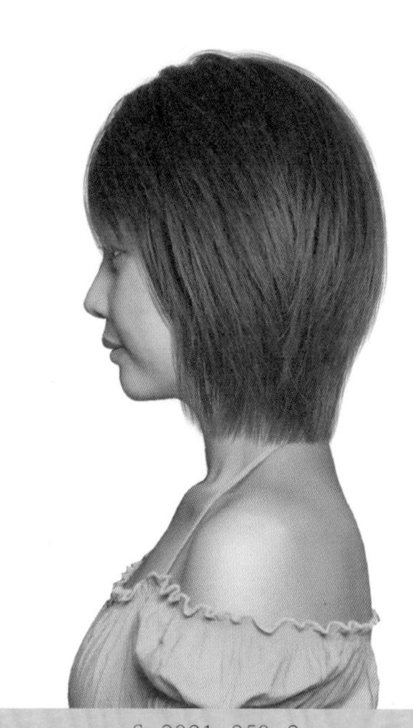

S-2021-250-2

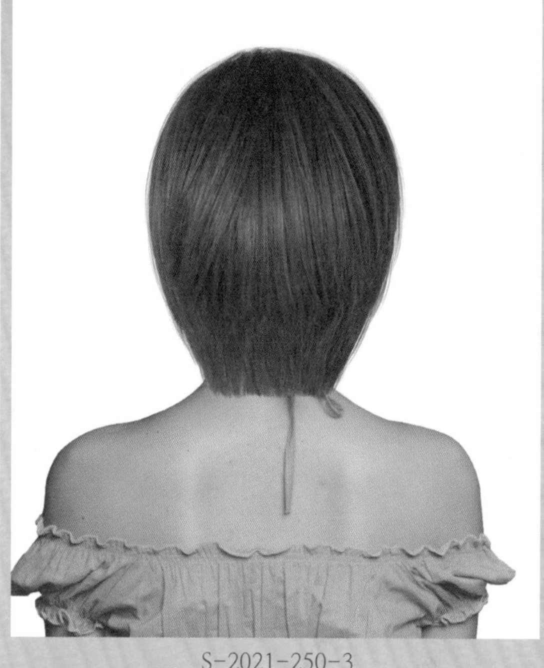

S-2021-250-3

Face Type			
계란형	긴계란형	둥근형	역삼각형
육각형	삼각형	네모난형	직사각형

Hair Cut Method-
Technology Manual 108Page 참고

바람결에 휘날리듯 가볍고 부드러운 스트레이트 흐름이 청순함을 돋보이게 하는 헤어스타일!

- 청순하면서 활동적인 느낌을 주는 헤어스타일로 맑고 발랄한 이미지를 느끼게 합니다.
- 언더에서 하이 그러데이션을 커트하여 가벼운 느낌을 표현하고 톱 쪽으로 레이어드를 넣어서 부드러운 실루엣을 연출합니다.
- 앞머리는 가볍게 내려주고 사이드에서 길이를 조절하여 가벼운 층을 만들고, 틴닝과 슬라이딩 커트로 가늘어지고 가볍운 질감을 표현합니다.
- 곱슬머리는 스트레이트 파마를 합니다.
- 헤어 드라이기로 뿌리부터 말리면서 80%를 말린 후 글로스 왁스를 고르게 바르고 손가락 빗질하면서 드라이하여 자연스러운 컬의 움직임을 연출합니다.

Woman Short Hair Style Design

S-2021-251-1

S-2021-251-2

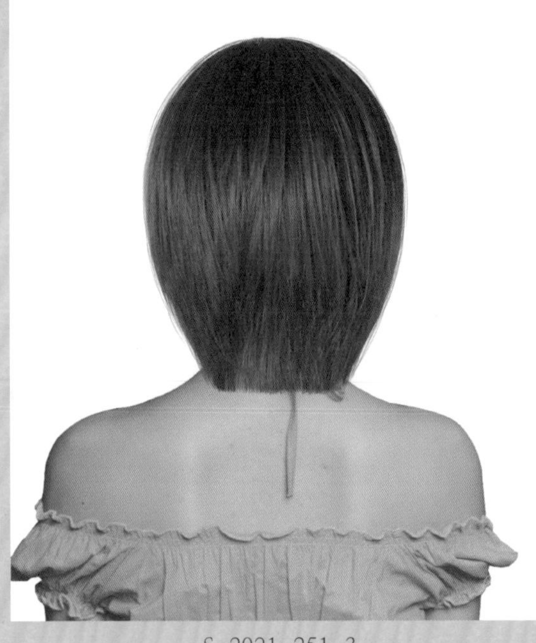

S-2021-251-3

Face Type

계란형 긴계란형 둥근형 역삼각형

육각형 삼각형 네모난형 직사각형

Hair Cut Method-
Technology Manual 108 Page 참고

윤기 있고 찰랑찰랑한 스트레이트 흐름이 맑고 청순한 이미지를 주는 시크 감성의 헤어스타일!

- 가늘어지고 가벼운 질감이 자유롭게 움직이는 스트레이트 흐름이 맑고 청순하고 청초한 패션 감각이 느껴지는 개성 있는 헤어스타일입니다.
- 언더에서 하이 그러데이션을 커트하여 가벼운 느낌을 표현하고 톱 쪽으로 레이어드를 넣어서 부드러운 율동감 있는 실루엣을 연출합니다.
- 앞머리는 가볍게 내려주고 사이드에서 길이를 조절하여 가벼운 층을 만들고, 틴닝과 슬라이딩 커트로 가늘어지고 가볍고 불규칙한 질감을 표현합니다.
- 곱슬머리는 스트레이트 파마를 합니다.
- 헤어 드라이기로 뿌리부터 말리면서 80%를 말린 후 글로스 왁스를 고르게 바르고 손가락 빗질하면서 드라이하여 자연스러운 컬의 움직임을 연출합니다.

Woman Short Hair Style Design

S-2021-252-1

S-2021-252-2

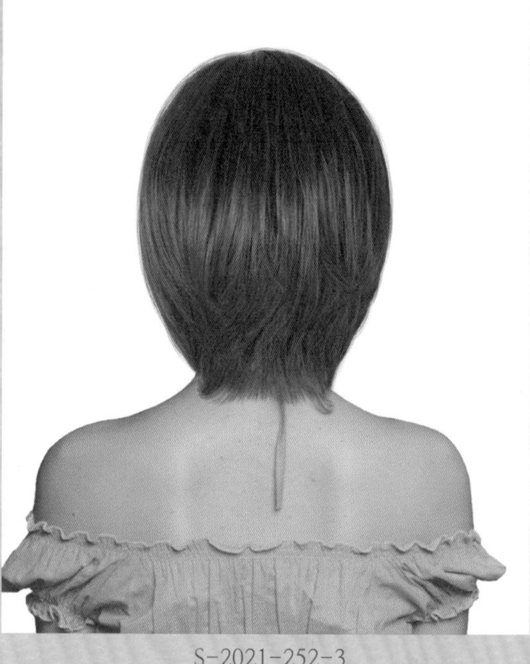

S-2021-252-3

Face Type			
계란형	긴계란형	둥근형	역삼각형
육각형	삼각형	네모난형	직사각형

Hair Cut Method-
Technology Manual 131Page 참고

부드러운 곡선의 생머리의 흐름이 지적이고 청순한 클래식 감성의 헤어스타일!

- 부드러운 곡선의 흐름으로 안말음 되는 그러데이션 보브 헤어스타일은 시대를 초월하는 가치와 보편성을 갖는, 여성들에게 오래도록 사랑받아온 헤어스타일입니다.
- 언더에서 미디엄 그러데이션을 커트하여 가벼운 느낌을 표현하고 톱 쪽으로 레이어드를 넣어서 부드러운 실루엣을 연출합니다.
- 앞머리는 사이드 뱅으로 내려주고 사이드에서 길이를 조절하여 가벼운 층을 만들고, 틴닝과 슬라이딩 커트로 가볍고 질감을 표현합니다.
- 굵은 롤로 원컬 스트레이트 파마를 합니다.
- 헤어 드라이기로 뿌리부터 말리면서 80%를 말린 후 글로스 왁스를 고르게 바르고 손가락 빗질하면서 드라이하여 자연스러운 컬의 움직임을 연출합니다.

Woman Short Hair Style Design

S-2021-253-1

S-2021-253-2

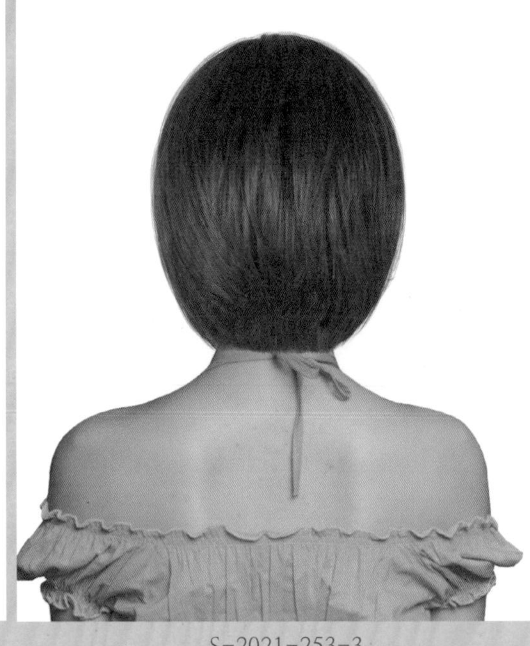

S-2021-253-3

Face Type

계란형 긴계란형 둥근형 역삼각형
육각형 삼각형 네모난형 직사각형

Hair Cut Method-
Technology Manual 108 Page 참고

차분하고 단정한 이미지에 청순하고 지적인 이미지를 더해 주는 미니멀 감성의 헤어스타일!

- 짧은 길이의 미니멀 헤어스타일은 심플하면서 도시적인 개성미와 맑고 청순하고 발랄한 이노센트 감성을 주는 아름다운 헤어스타일입니다.
- 언더에서 미디엄 그러데이션을 커트하여 가벼운 느낌을 표현하고 톱 쪽으로 레이어드를 넣어서 부드러운 실루엣을 연출합니다.
- 앞머리는 가볍게 내려주고 사이드에서 길이를 조절하여 가벼운 층을 만들고, 틴닝과 슬라이딩 커트로 가볍고 질감을 표현합니다.
- 굵은 롤로 원컬 스트레이트 파마를 합니다.
- 헤어 드라이기로 뿌리부터 말리면서 80%를 말린 후 글로스 왁스를 고르게 바르고 손가락 빗질하면서 드라이하여 자연스러운 컬의 움직임을 연출합니다.

Woman Short Hair Style Design

S-2021-254-1

S-2021-254-2

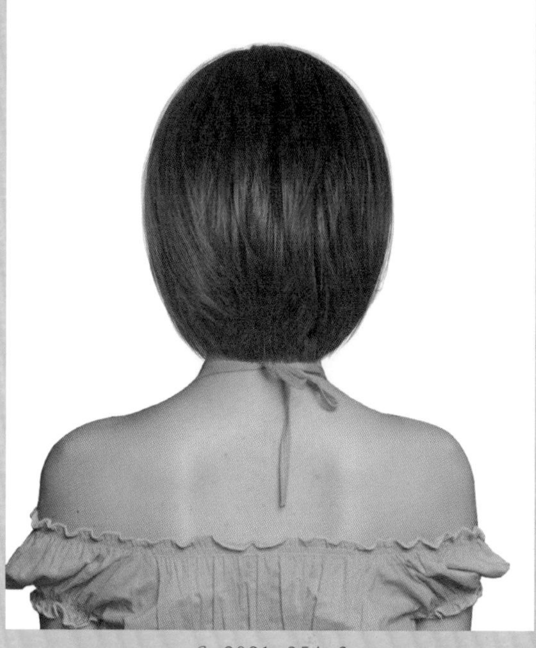

S-2021-254-3

Face Type			
계란형	긴계란형	둥근형	역삼각형
육각형	삼각형	네모난형	직사각형

Hair Cut Method-
Technology Manual 108 Page 참고

사랑스러움과 여성스러움을 극대화한 아름다운 러블리 헤어스타일!

- 부드럽게 흐르는 곡선의 실루엣과 생머리의 율동감이 어우러지는 청초하고 청순하고 지적인 이미지의 고급스런 클래식 헤어스타일입니다.
- 언더에서 미디엄 그러데이션을 커트하여 가벼운 느낌을 표현하고 톱 쪽으로 레이어드를 넣어서 부드럽고 안말음 되는 실루엣을 연출합니다.
- 앞머리는 사이드 시스루 뱅으로 내려주고 사이드에서 길이를 조절하여 가벼운 층을 만들고, 틴닝과 슬라이딩 커트로 가볍고 질감을 표현합니다.
- 굵은 롤로 원컬 스트레이트 파마를 합니다.
- 헤어 드라이기로 뿌리부터 말리면서 80%를 말린 후 글로스 왁스를 고르게 바르고 손가락 빗질하면서 드라이하여 자연스러운 컬의 움직임을 연출합니다.

Woman Short Hair Style Design

S-2021-255-1

S-2021-255-2

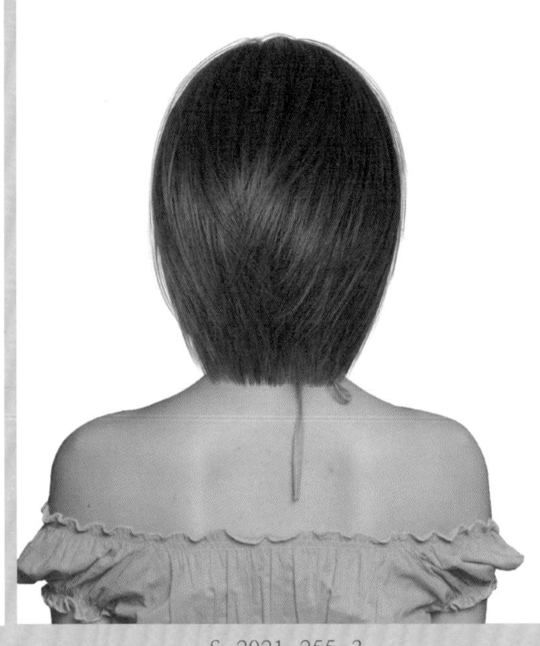

S-2021-255-3

Face Type			
계란형	긴계란형	둥근형	역삼각형
육각형	삼각형	네모난형	직사각형

Hair Cut Method-
Technology Manual 108 Page 참고

도시적이고 샤프하고 쿨한 인상을 주는 시크 감성의 헤어스타일!

- 윤기를 머금은 듯 레드브라운 컬러의 스트레이트 흐름이 발랄하고 스위트한 감성을 자극하는 시크 감성의 러블리 헤어스타일입니다.
- 언더에서 미디엄 그러데이션을 커트하여 가벼운 느낌을 표현하고 톱 쪽으로 레이어드를 넣어서 부드럽고 가벼운 흐름의 실루엣을 연출합니다.
- 앞머리는 가볍게 내려주고 사이드에서 길이를 조절하여 가늘어지고 가벼운 층을 만들고, 틴닝과 슬라이딩 커트로 가볍고 질감을 표현합니다.
- 곱슬머리는 스트레이트 파마를 합니다.
- 헤어 드라이기로 뿌리부터 말리면서 80%를 말린 후 글로스 왁스를 고르게 바르고 손가락 빗질하면서 드라이하여 자연스러운 텍스처의 움직임을 연출합니다.

Woman Short Hair Style Design

S-2021-256-1

S-2021-256-2

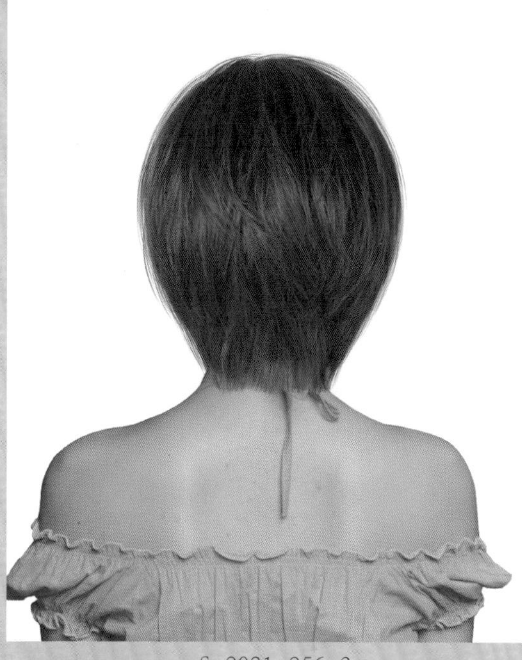

S-2021-256-3

Face Type			
계란형	긴계란형	둥근형	역삼각형
육각형	삼각형	네모난형	직사각형

Hair Cut Method-
Technology Manual 123 Page 참고

나만의 개성을 표출하고 싶은 여성들의 개성 있는 헤어스타일 감성!

- 가볍고 풍성한 실루엣으로 자유롭고 가벼운 텍스처의 흐름이 아름답고 사랑스러운 시크 감성의 러블리 헤어스타일입니다.
- 언더에서 하이 그러데이션을 커트하여 목선을 감싸는 부드럽고 가벼운 느낌을 표현하고 톱 쪽으로 레이어드를 넣어서 부드럽고 가벼운 율동감 있는 질감을 연출합니다.
- 앞머리는 가볍게 내려주고 사이드에서 길이를 조절하여 가늘어지고 가벼운 층을 만들고, 틴닝과 슬라이딩 커트로 대담하고 가늘어지는 질감을 표현합니다.
- 굵은 롤로 원컬 파마를 해 줍니다.
- 헤어 드라이기로 뿌리부터 말리면서 70%를 말린 후 글로스 왁스를 고르게 바르고 손가락 빗질하면서 드라이하여 자연스러운 텍스처의 움직임을 연출합니다.

Woman Short Hair Style Design

S-2021-257-1

S-2021-257-2

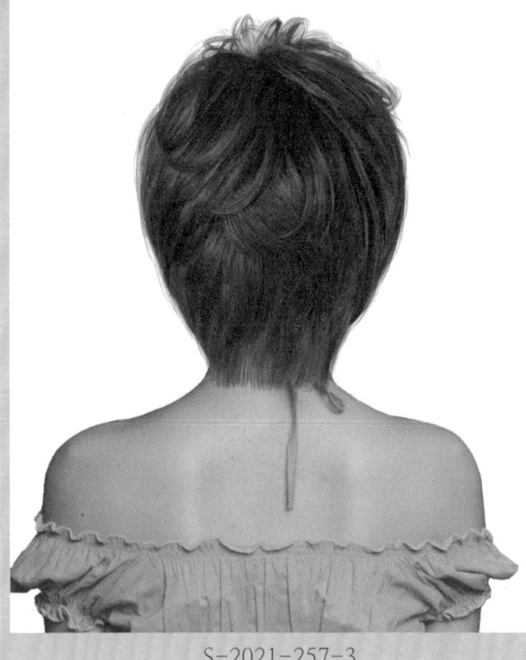

S-2021-257-3

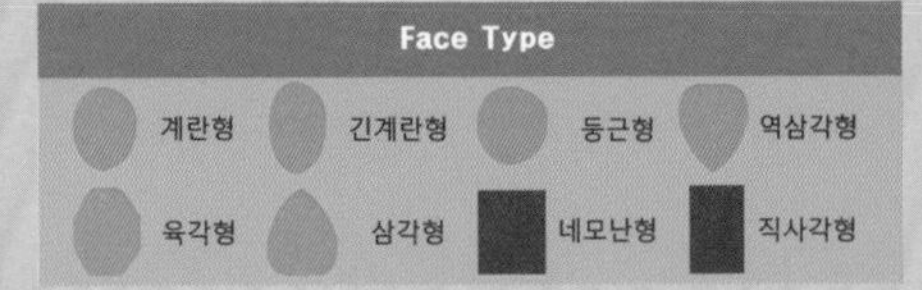

Hair Cut Method-
Technology Manual 100 Page 참고

바닷바람에 흩날리듯 러블리하게 율동하는 웨이브 컬이 사랑스러운 스위트 감성의 헤어스타일!

- 두둥실 춤을 추듯 부드러운 곡선의 실루엣과 웨이브 컬이 믹싱 되어 사랑스럽고 감미로운 감성을 자극하는 러블리 헤어스타일입니다.
- 언더에서 하이 그러데이션을 커트하여 목선을 감싸는 부드럽고 가벼운 느낌을 연출하고 톱 쪽으로 레이어드를 넣어서 풍성하고 가벼운 율동감 있는 질감을 연출합니다.
- 앞머리는 가볍게 내려주고 사이드에서 길이를 조절하여 가늘어지고 가벼운 층을 만들고, 틴닝과 슬라이딩 커트로 대담하고 가늘어지는 움직임 있는 질감을 표현합니다.
- 굵은 롤로 1.2~1.5컬의 파마를 해 줍니다.
- 헤어 드라이기로 뿌리부터 말리면서 70%를 말린 후 글로스 왁스를 고르게 바르고 손가락 빗질하면서 드라이하여 자연스러운 웨이브 컬의 움직임을 연출합니다.

Woman Short Hair Style Design

S-2021-258-1

S-2021-258-2

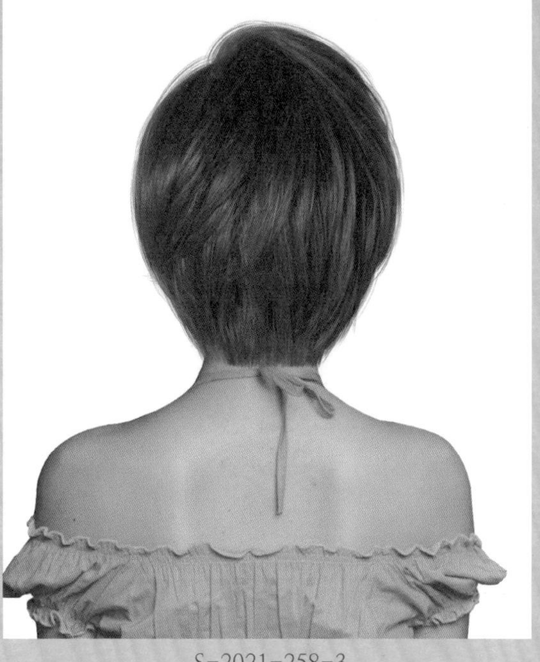

S-2021-258-3

Face Type

계란형	긴계란형	둥근형	역삼각형
육각형	삼각형	네모난형	직사각형

Hair Cut Method-
Technology Manual 100Page 참고

바람에 흩날리듯 자유롭게 율동하는 웨이브 컬이 달콤하고 사랑스러운 러블리 헤어스타일!

- 풍성한 볼륨으로 손질하지 않은 듯 자연스럽게 움직이는 모류의 흐름이 신비롭고 환상적이며 완숙한 아름다운 이미지를 느끼게 하는 헤어스타일입니다.
- 언더에서 미디엄 그러데이션을 커트하여 목선을 감싸는 부드럽고 가벼운 느낌을 연출하고 톱 쪽으로 레이어드를 넣어서 풍성하고 가벼운 율동감 있는 질감을 연출합니다.
- 앞머리는 가볍게 내려주고 사이드에서 길이를 조절하여 가늘어지고 가벼운 층을 만들고, 틴닝과 슬라이딩 커트로 대담하고 가늘어지는 움직임 있는 질감을 표현합니다.
- 굵은 롤로 1.2~1.5컬의 파마를 해 줍니다.
- 헤어 드라이기로 뿌리부터 말리면서 70%를 말린 후 글로스 왁스를 고르게 바르고 손가락 빗질하면서 드라이하여 자연스러운 웨이브 컬의 움직임을 연출합니다.

Woman Short Hair Style Design

S-2021-259-1

S-2021-259-2

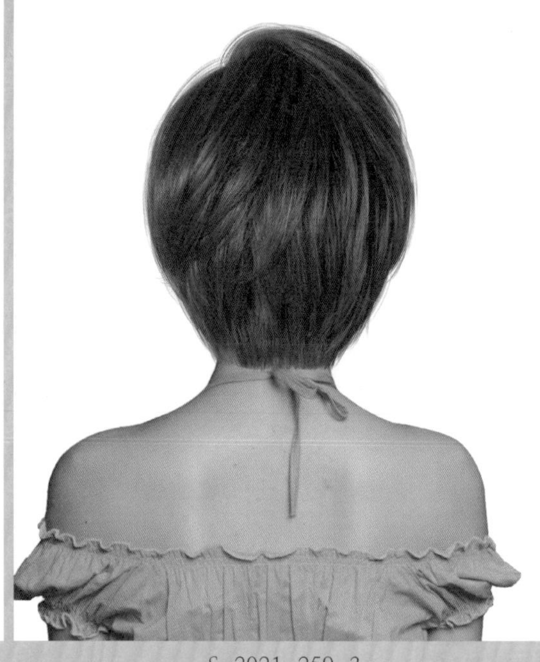
S-2021-259-3

Face Type			
계란형	긴계란형	둥근형	역삼각형
육각형	삼각형	네모난형	직사각형

Hair Cut Method-
Technology Manual 154 Page 참고

부드러운 웨이브 컬의 율동감이 사랑스러운 로맨틱 헤어스타일!

- 건강하고 부드럽고 윤기 나는 질감의 웨이브 컬이 안말음 되는 헤어스타일은 손질하기도 편하고 모든 여성이 소망하는 아름다운 헤어스타일입니다.
- 웨이브의 흐름이 안말음 되려면 커트와 웨이브 파마가 균형이 이루어져야 합니다.
- 언더에서 미디엄 그러데이션을 커트하여 목선을 부드럽고 가벼운 느낌을 연출하고 톱 쪽으로 레이어드를 넣어서 풍성하고 가벼운 율동감 있는 질감을 연출합니다.
- 앞머리는 사이드로 가볍게 내려주고 사이드에서 길이를 조절하여 가늘어지고 가벼운 층을 만들고, 틴닝과 슬라이딩 커트로 가늘어지는 가벼운 움직임을 연출합니다.
- 굵은 롤로 1.2~1.5컬의 파마를 해 줍니다.
- 헤어 드라이기로 뿌리부터 말리면서 70%를 말린 후 글로스 왁스를 고르게 바르고 손가락 빗질하면서 드라이하여 자연스러운 웨이브 컬의 움직임을 연출합니다.

Woman Short Hair Style Design

S-2021-260-1

S-2021-260-2

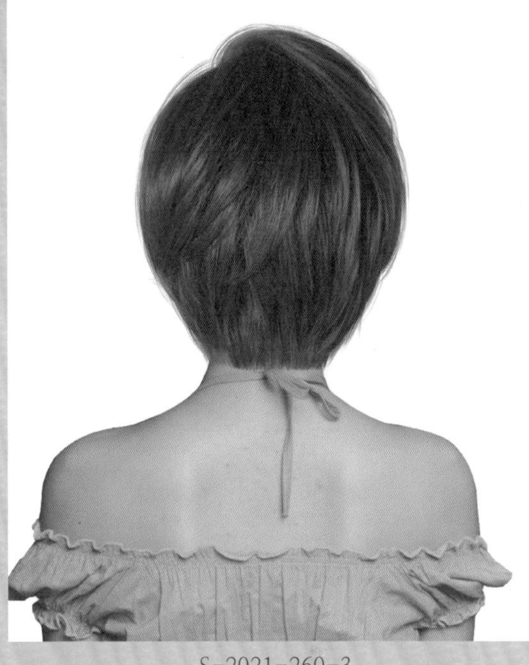

S-2021-260-3

Face Type			
계란형	긴계란형	둥근형	역삼각형
육각형	삼각형	네모난형	직사각형

Hair Cut,Permament Wave Method-
Technology Manual 100 Page 참고

풍성한 볼륨과 부드럽게 율동하는 생머리의 흐름이 차분하고 지적인 이미지의 헤어스타일!

- 풍성한 볼륨으로 약간의 웨이브 파마가 되어 있는 그러데이션 보브 헤어스타일은 단정하면서도 멋스러움을 주는 아름다운 헤어스타일입니다.
- 언더에서 미디엄 그러데이션을 커트하여 목선을 부드럽고 가벼운 느낌을 표현하고 톱 쪽으로 레이어드를 넣어서 가볍고 풍성한 볼륨 있는 질감을 연출합니다.
- 앞머리는 두정부에서 풍성한 볼륨을 만들면서 긴 길이로 사이드로 내려주고 틴닝과 슬라이딩 커트로 가늘어지고 가벼운 질감을 연출합니다.
- 굵은 롤로 원컬 스트레이트 파마를 해 줍니다.
- 헤어 드라이기로 뿌리부터 말리면서 80%를 말린 후 글로스 왁스를 고르게 바르고 손가락 빗질하면서 드라이하여 자연스러운 텍스처의 움직임을 연출합니다.

Woman Short Hair Style Design

S-2021-261-1

S-2021-261-2

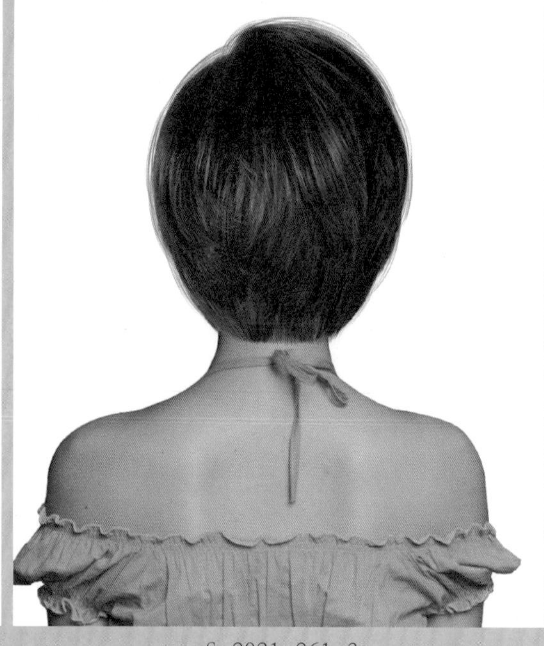
S-2021-261-3

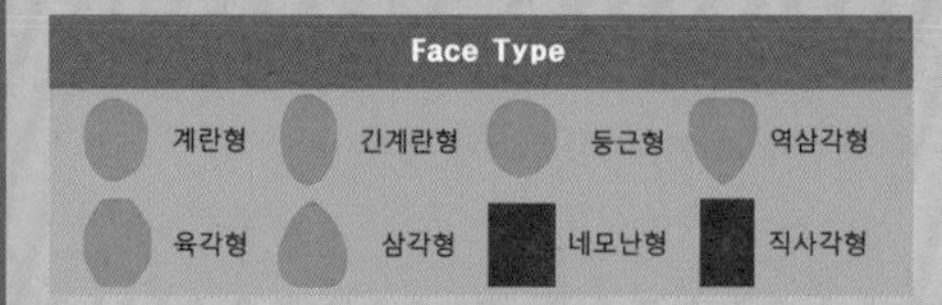

Hair Cut Method-
Technology Manual 100 Page 참고

윤기를 머금은 듯 자유롭게 움직이는 모류가 멋스럽고 사랑스러운 러블리 헤어스타일!

- 가늘어지고 가벼운 흐름이 청순하고 맑은 이노센트 감성을 주는 사랑스러운 헤어스타일입니다.
- 언더에서 미디엄 그러데이션을 커트하여 목선을 부드럽고 가벼운 느낌을 표현하고 톱 쪽으로 레이어드를 넣어서 가볍고 풍성한 볼륨 있는 질감을 연출합니다.
- 앞머리는 두정부에서 풍성한 볼륨을 만들면서 시스루 느낌으로 내려주고 전체를 틴닝과 슬라이딩 커트로 가늘어지고 가벼운 질감을 연출합니다.
- 굵은 롤로 원컬 스트레이트 파마를 해 줍니다.
- 헤어 드라이기로 뿌리부터 말리면서 80%를 말린 후 글로스 왁스를 고르게 바르고 손가락 빗질하면서 드라이하여 자연스러운 텍스처의 움직임을 연출합니다.

Woman Short Hair Style Design

S-2021-262-1

S-2021-262-2

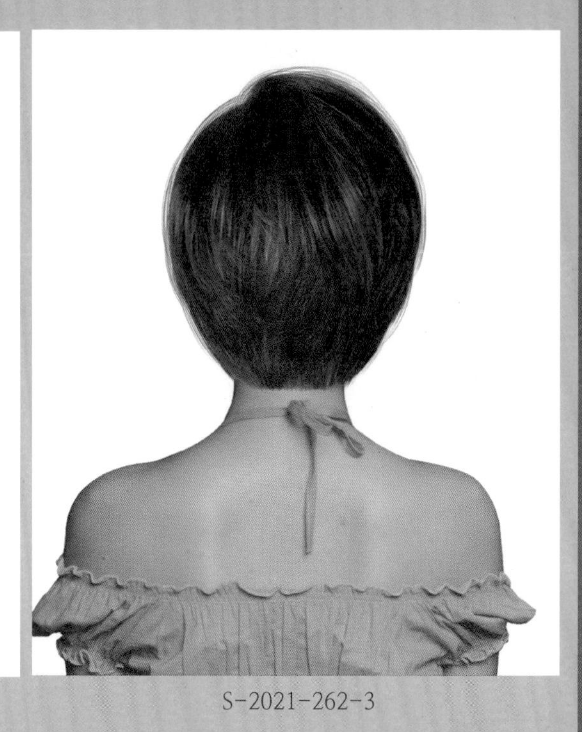

S-2021-262-3

Face Type

계란형 긴계란형 둥근형 역삼각형

육각형 삼각형 네모난형 직사각형

Hair Cut Method-
Technology Manual 100 Page 참고

부드럽고 풍성한 볼륨으로 자유럽게 움직이는 느낌이 사랑스러운 러블리 헤어스타일!

- 부드럽고 풍성한 볼륨이 자연스러움 흐름으로 안말음 되는 스타일을 연출하려면 커트가 정교하고 섬세하게 커트를 하여야 합니다.
- 언더에서 미디엄 그러데이션을 커트하여 목선을 부드럽고 가벼운 느낌을 연출하고 톱 쪽으로 레이어드를 넣어서 풍성하고 가벼운 율동감 있는 질감을 연출합니다.
- 앞머리는 가볍게 내려주고 사이드에서 길이를 조절하여 가늘어지고 가벼운 층을 만들고, 틴닝과 슬라이딩 커트로 가늘어지는 가벼운 움직임을 연출합니다.
- 굵은 롤로 1.2~1.5컬의 파마를 해 줍니다.
- 헤어 드라이기로 뿌리부터 말리면서 70%를 말린 후 글로스 왁스를 고르게 바르고 손가락 빗질하면서 드라이하여 자연스러운 웨이브 컬의 움직임을 연출합니다.

Woman Short Hair Style Design

S-2021-263-1

S-2021-263-2

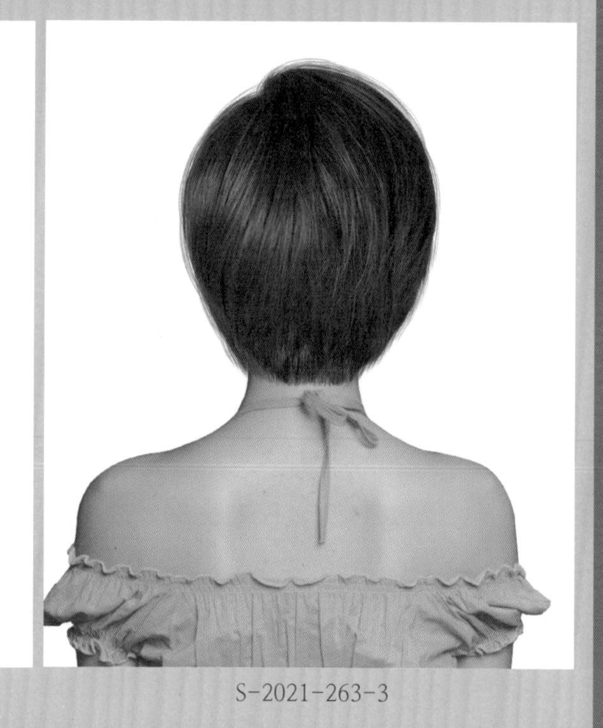

S-2021-263-3

Hair Cut Method-
Technology Manual 100 Page 참고

바람결에 휘날리듯 찰랑거리는 스트레이트 흐름이 말괄량이 뉘앙스가 살아있는 큐트 헤어스타일!

- 자유롭게 율동하는 스트레이트 흐름과 목선과 턱선을 감싸는 삼각형의 변화무쌍한 라인이 조화되어 개성 있는 독특한 트렌디 감각을 느끼게 하는 헤어스타일입니다.
- 언더에서 미디엄 그러데이션을 커트하여 목선을 부드럽고 깨끗한 라인을 연출하고 톱 쪽으로 레이어드를 넣어서 풍성하고 가벼운 율동감 있는 질감을 연출합니다.
- 앞머리는 가볍게 내려주고 사이드에서 길이를 조절하여 대담하게 가늘어지고 가벼운 층을 만들고, 틴닝과 슬라이딩 커트로 가늘어지는 가벼운 움직임을 연출합니다.
- 곱슬머리는 원컬 스트레이트 파마를 해 줍니다.
- 헤어 드라이기로 뿌리부터 말리면서 80%를 말린 후 글로스 왁스를 고르게 바르고 손가락 빗질하면서 드라이하여 자연스러운 웨이브 컬의 움직임을 연출합니다.

Woman Short Hair Style Design

S-2021-264-1

S-2021-264-2

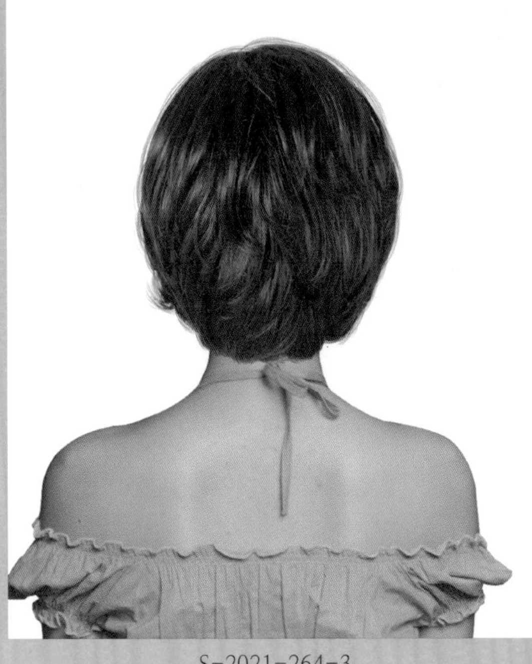

S-2021-264-3

Face Type			
계란형	긴계란형	둥근형	역삼각형
육각형	삼각형	네모난형	직사각형

Hair Cut Method-
Technology Manual 131Page 참고

춤을 추듯 율동하는 웨이브 컬이 청순하고 사랑스러운 느낌을 주는 큐트 감성의 헤어스타일!

- 안말음 되면서 부드럽게 율동하는 웨이브 컬이 사랑스럽고 귀여운 여성미를 느끼게 하는 헤어스타일로 여성스러우면서 트렌디한 개성미를 주는 헤어스타일입니다.
- 언더에서 미디엄 그러데이션을 커트하여 목선을 부드럽고 가벼운 느낌을 연출하고 톱 쪽으로 레이어드를 넣어서 풍성하고 가벼운 율동감 있는 질감을 연출합니다.
- 앞머리는 가볍게 내려주고 사이드에서 길이를 조절하여 가늘어지고 가벼운 층을 만들고, 틴닝과 슬라이딩 커트로 가늘어지고 가벼운 움직임을 연출합니다.
- 굵은 롤로 1.5~1.8컬의 파마를 해 줍니다.
- 헤어 드라이기로 뿌리부터 말리면서 70%를 말린 후 글로스 왁스를 고르게 바르고 손가락 빗질하면서 드라이하여 자연스러운 웨이브 컬의 움직임을 연출합니다.

Woman Short Hair Style Design

S-2021-265-1

S-2021-265-2

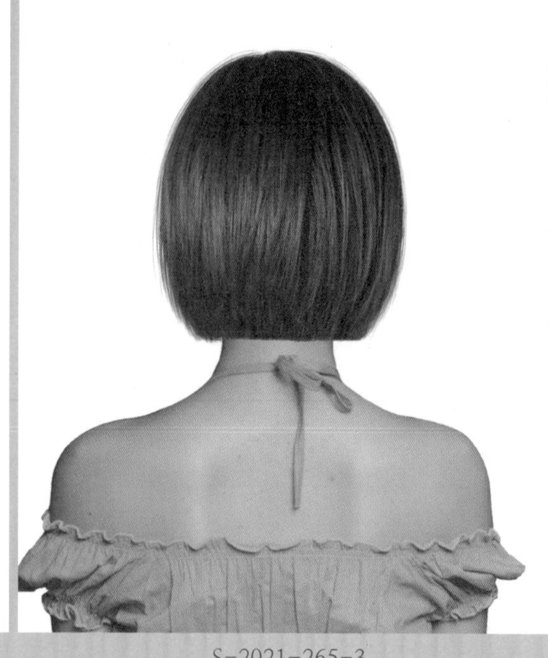

S-2021-265-3

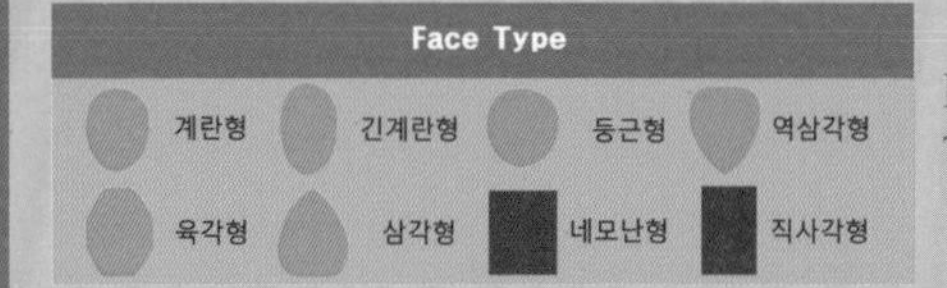

Hair Cut Method-
Technology Manual 108 Page 참고

나만의 개성을 표출하고 싶은 패션 리더들이 선택한 큐트 감성의 헤어스타일!

- 윤기를 머금은 듯 찰랑거리는 스트레이트 흐름이 도시적이고 쿨한 인싱을 주는 트렌디하면서 모던한 이미지를 주는 독특한 개성의 큐트 감성의 헤어스타일입니다.
- 언더에서 미디엄 그러데이션을 커트하여 깨끗한 라인을 연출하고 톱 쪽으로 레이어드를 넣어서 풍성하고 가벼운 질감을 연출합니다.
- 앞머리는 무겁게 내려주고 전체를 틴닝 커트로 가벼운 움직임을 연출합니다.
- 곱슬머리는 원컬 스트레이트 파마를 해 줍니다.
- 헤어 드라이기로 뿌리부터 말리면서 80%를 말린 후 글로스 왁스를 고르게 바르고 손가락 빗질하면서 드라이하여 자연스러운 움직임을 연출합니다.

Woman Short Hair Style Design

S-2021-266-1

S-2021-266-2

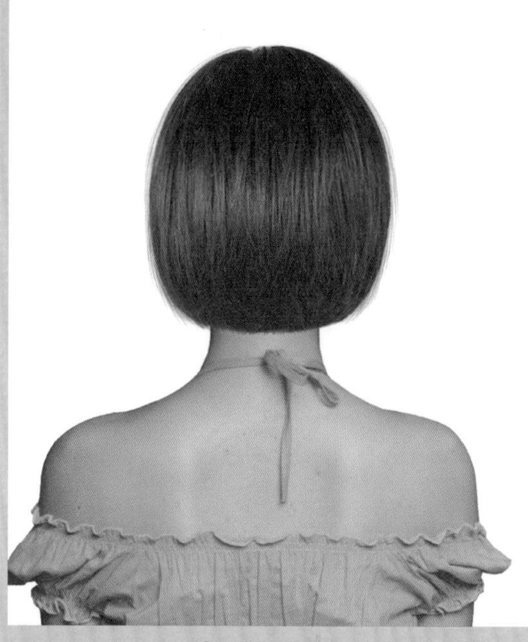

S-2021-266-3

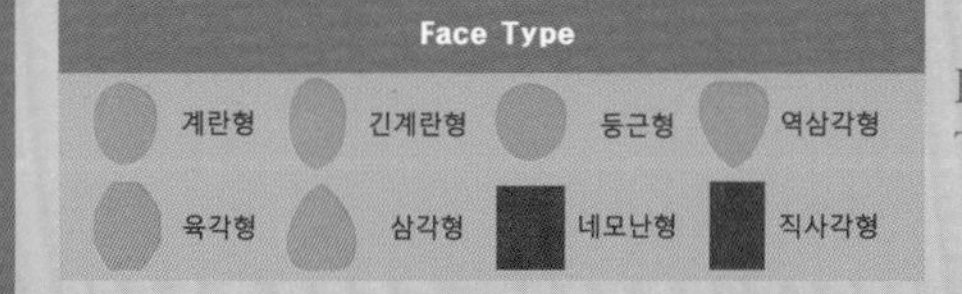

Hair Cut Method-
Technology Manual 131 Page 참고

맑고 청순하면서 말괄량이 뉘앙스가 살아있는 이노센트 감성의 헤어스타일!

- 둥근 라인으로 짧은 느낌의 그러데이션 보브 헤어스타일은 달콤하면서 사랑스러운 트렌디한 개성이 느껴지는 큐트 감각의 헤어스타일입니다.
- 언더에서 미디엄 그러데이션을 커트하여 둥근 라인의 실루엣을 연출하고 톱 쪽으로 레이어드를 넣어서 풍성하고 가벼운 질감을 연출합니다.
- 앞머리는 약간 무겁게 내려주고 전체를 틴닝 커트로 가벼운 움직임을 연출합니다.
- 곱슬머리는 스트레이트 파마를 해 줍니다.
- 헤어 드라이기로 뿌리부터 말리면서 80%를 말린 후 글로스 왁스를 고르게 바르고 손가락 빗질하면서 드라이하여 자연스러운 움직임을 연출합니다.

Woman Short Hair Style Design

S-2021-267-1

S-2021-267-2

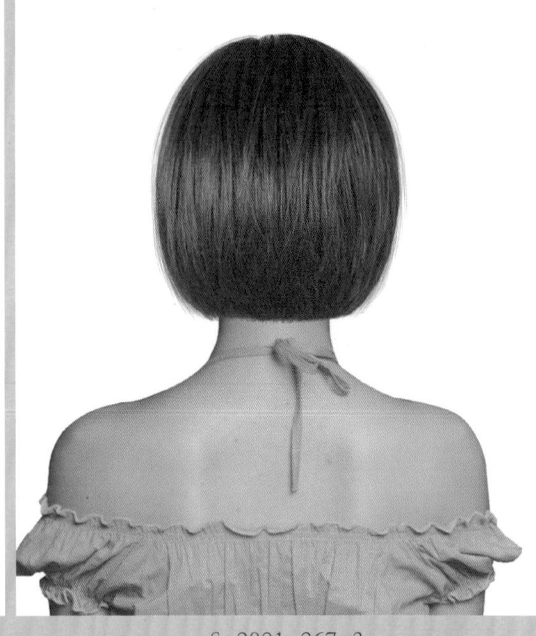
S-2021-267-3

Face Type			
계란형	긴계란형	둥근형	역삼각형
육각형	삼각형	네모난형	직사각형

Hair Cut Method-
Technology Manual 108 Page 참고

맑고 청순하면서 단정한 이미지의 소녀 감성이 느껴지는 이노센트 감성의 헤어스타일!

- 짧은 그러데이션 보브 헤어스타일로 부드럽고 가벼운 흐름의 실루엣이 청순하면서 발랄하고 소녀 감성이 느껴지는 아름다운 헤어스타일입니다.
- 언더에서 미디엄 그러데이션을 커트하여 깨끗한 라인을 연출하고 톱 쪽으로 레이어드를 넣어서 풍성하고 가벼운 질감을 연출합니다.
- 앞머리는 약간 무겁게 내려주고 전체를 틴닝 커트로 가벼운 움직임을 연출합니다.
- 곱슬머리는 스트레이트 파마를 해 줍니다.
- 헤어 드라이기로 뿌리부터 말리면서 80%를 말린 후 글로스 왁스를 고르게 바르고 손가락 빗질하면서 드라이하여 자연스러운 움직임을 연출합니다.

Woman Short Hair Style Design

S-2021-268-1

S-2021-268-2

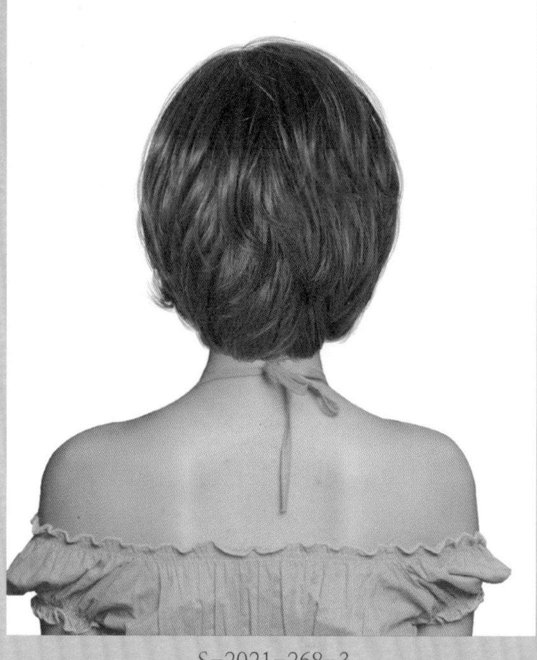

S-2021-268-3

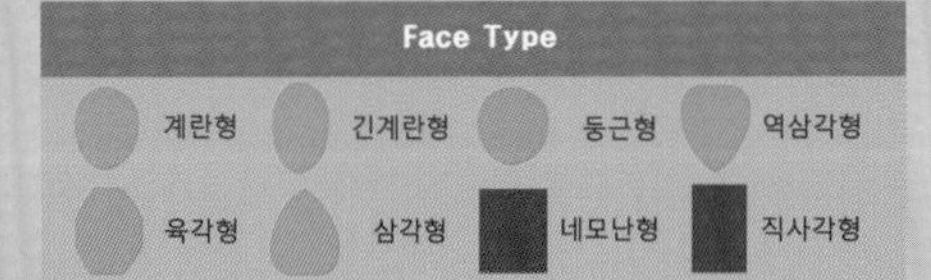

Hair Cut Method-
Technology Manual 108 Page 참고

차분하면서 단정하고 지적인 아름다움을 주는 헤어스타일!

- 얼굴을 감싸는 듯 안말음 되는 웨이브 컬의 헤어스타일은 각진 턱을 부드럽게 해주고 얼굴을 작아 보이게 하는 효과가 있는 헤어스타일입니다.
- 언더에서 미디엄 그러데이션을 커트하여 목선을 부드럽고 가벼운 느낌을 연출하고 톱 쪽으로 레이어드를 넣어서 풍성하고 가벼운 율동감 있는 질감을 연출합니다.
- 앞머리는 가볍게 내려주고 사이드에서 길이를 조절하여 가늘어지고 가벼운 층을 만들고, 틴닝과 슬라이딩 커트로 가늘어지는 가벼운 움직임을 연출합니다.
- 굵은 롤로 1.5~1.8컬의 파마를 해 줍니다.
- 헤어 드라이기로 뿌리부터 말리면서 70%를 말린 후 글로스 왁스를 고르게 바르고 손가락 빗질하면서 드라이하여 자연스러운 웨이브 컬의 움직임을 연출합니다.

Woman Short Hair Style Design

S-2021-269-1

S-2021-269-2

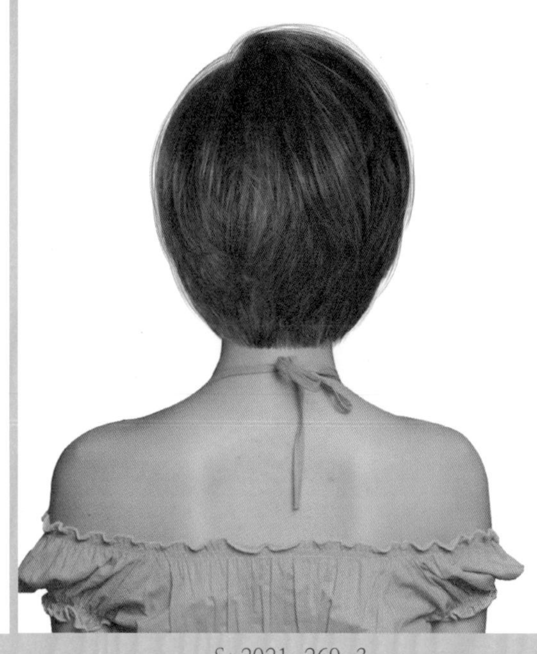

S-2021-269-3

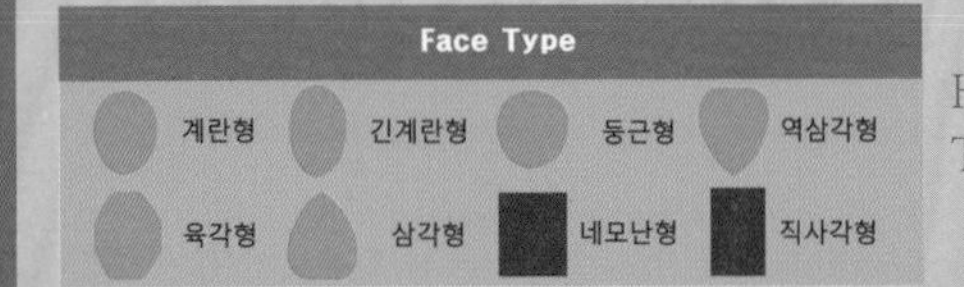

Hair Cut Method-
Technology Manual 093 Page 참고

풍성하고 부드러운 웨이브컬이 율동하는 흐름이 여성스럽고 섹시한 감성의 언밸런스 헤어스타일!

- 턱선을 감싸는 듯 안말음 되는 웨이브 컬이 각진 턱선을 부드럽게 하고 얼굴을 갸름하게 느끼게 하는 비대칭 헤어스타일로 여성스럽고 환상적인 느낌을 주는 헤어스타일입니다.
- 언더에서 미디엄 그러데이션을 커트하여 목선을 부드럽고 가벼운 비대칭 라인을 연출하고 톱 쪽으로 레이어드를 넣어서 풍성하고 가벼운 율동감 있는 질감을 연출합니다.
- 앞머리는 가볍게 내려주고 사이드에서 길이를 조절하여 가늘어지고 가벼운 층을 만들고, 틴닝과 슬라이딩 커트로 가늘어지는 가벼운 움직임을 연출합니다.
- 굵은 롤로 1.5~1.8컬의 파마를 해 줍니다.
- 헤어 드라이기로 뿌리부터 말리면서 70%를 말린 후 글로스 왁스를 고르게 바르고 손가락 빗질하면서 드라이하여 자연스러운 웨이브 컬의 움직임을 연출합니다.

Woman Short Hair Style Design

S-2021-270-1

S-2021-270-2

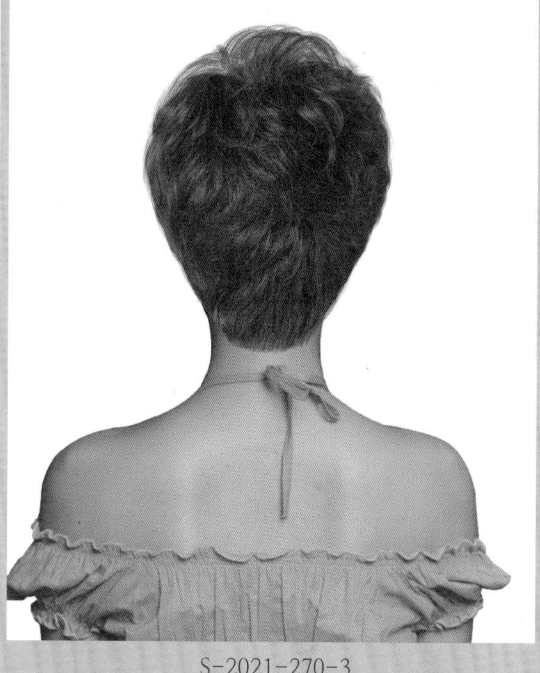

S-2021-270-3

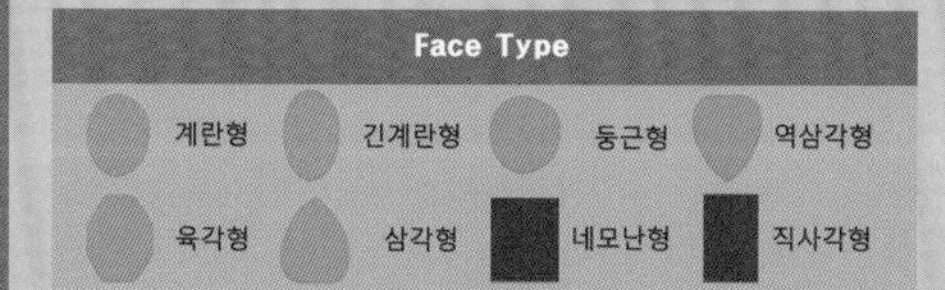

Hair Cut Method-
Technology Manual 093 Page 참고

손질하지 않은 듯 풍성하고 자유롭게 움직이는 흐름이 사랑스러운 큐트 감성의 헤어스타일!

- 숏 헤어스타일이지만 가볍고 가늘어지는 율동하는 웨이브 컬이 활동적이면서 귀엽고 사랑스러운 트렌디함을 느끼게 하는 큐트 감성의 헤어스타일입니다.
- 언더에서 하이 그러데이션을 커트하여 목선을 부드럽게 연출하고 톱 쪽으로 레이어드를 넣어서 풍성하고 율동감 있는 실루엣을 연출합니다.
- 앞머리는 가볍고 움직임 있게 내려주고 사이드에서 길이를 조절하여 귀를 가리는 길이로 층을 만들고, 틴닝과 슬라이딩 커트로 가늘어지는 가벼운 움직임을 연출합니다.
- 굵은 롤로 1.5~1.8컬의 파마를 해 줍니다.
- 헤어 드라이기로 뿌리부터 말리면서 70%를 말린 후 글로스 왁스를 고르게 바르고 손가락 빗질하면서 드라이하여 자연스러운 웨이브 컬의 움직임을 연출합니다.

최신 모발학

장병수, 이귀영 공저
46배판 / 384쪽 / 정가 : 30,000원 / 컬러
ISBN : 978-89-7093-608-6

기초 헤어커트 실습서

최은정, 강갑연 공저
국배판 / 104쪽 / 정가 : 14,000원
ISBN : 978-89-7093-829-5

남성 기초커트(생활편)

한국우리머리연구소 채선숙, 윤아람, 전혜민 공저
46배판 / 152쪽 / 정가 : 19,000원
ISBN : 978-89-7093-818-9

반영구 뷰티 메이크업 이론 및 실습

변채영, 신채원, 이화순 공저
국배판 / 208쪽 / 정가 : 25,000원
ISBN : 978-89-7093-399-3

NCS 기반 베이직 헤어커트

최은정, 김동분 공저
국배판 / 176쪽 / 정가 : 24,000원
ISBN : 978-89-7093-913-1

두피 모발 관리학

강갑연, 석유나, 이명화, 임순녀 공저
46배판 / 256쪽 / 정가 : 20,000원
ISBN : 978-89-7093-856-1

토털 반영구화장

김도연 저
국배판 / 224쪽 / 정가 : 25,000원
ISBN : 978-89-7093-445-7

실전 남성커트 & 이용사 실기 실습서

최은정, 진영모 공저
국배판 / 128쪽 / 정가 : 19,000원
ISBN : 978-89-7093-830-1

NCS 기반 응용 디자인 헤어 커트

최은정, 문금옥 공저
국배판 / 232쪽 / 정가 : 25,000원
ISBN : 978-89-7093-530-0

헤어컷 디자인

오지영, 반효정, 이부형, 배선향, 심은옥 공저
46배판 / 208쪽 / 정가 : 25,000원 / 컬러
ISBN : 978-89-7093-765-6

NCS기반 두피모발관리

전희영, 김모진, 김해영, 이부형, 김동분 공저
46배판 / 152쪽 / 정가 : 20,000원
ISBN : 978-89-7093-840-0

NCS기반 헤어트렌드 분석 및 개발 헤어 캡스톤 디자인

최은정, 맹유진 공저
국배판 / 272쪽/ 정가 : 28,000원
ISBN : 978-89-7093-934-6

블로드라이&업스타일

김혜경, 김신정, 김정현, 권기형, 유선이, 유의경, 이윤주, 송미라, 강영숙, 강은란, 정용성 공저
46배판 / 224쪽 / 정가 : 23,000원
ISBN : 978-89-7093-409-9

최신 업&스타일링

신부섭, 심인섭, 고성현, 강갑연, 이부형, 이영미, 강은란 공저
국배판 / 158쪽 / 정가 : 30,000원
ISBN : 978-89-7093-683-3

Hair mode

임경근 저
국배판 / 143쪽 / 정가 : 35,000원 / 컬러
ISBN : 978-89-7093-272-9

최신 NCS 기반 블로우드라이 & 아이론 헤어스타일링

최은정, 신미주, 하성현, 제갈美, 최옥순 공저
국배판 / 216쪽/ 정가 : 25,000원
ISBN : 978-89-7093-932-2

헤어디자인 창작론

최은정, 노인선, 진영모 지음
국배판 / 256쪽/ 정가 : 27,000원
ISBN : 978-89-7093-881-3

Hair DESIGN & Illustration

임경근 저
국배판 / 207쪽 / 정가 : 38,000원 / 컬러
ISBN 978-89-7093-273-6

업스타일 정석

김환, 장선엽, 이현진 공저
국배판 / 200쪽 / 정가 : 32,000원
ISBN : 978-89-7093-723-6

업스타일링

김지연 , 류은주 , 유명자 공저
국배판 / 134쪽 / 정가 : 24,000원
ISBN : 978-89-7093-718-2

인터랙티브 헤어모드(스타일)

임경근 저
46배판 변형 / 204쪽 / 정가 : 32,000원
ISBN : 978-89-7093-426-6

블로우드라이 & 아이론

정찬이, 김동분, 반세나, 임순녀 공저
국배판 / 176쪽/ 정가 : 27,000원
ISBN : 978-89-7093-938-4

헤어펌 웨이브 디자인

권미윤, 최영희, 이부형, 안영희 공저
46배판 / 200쪽 / 정가 : 22,000원
ISBN : 978-89-7093-797-7

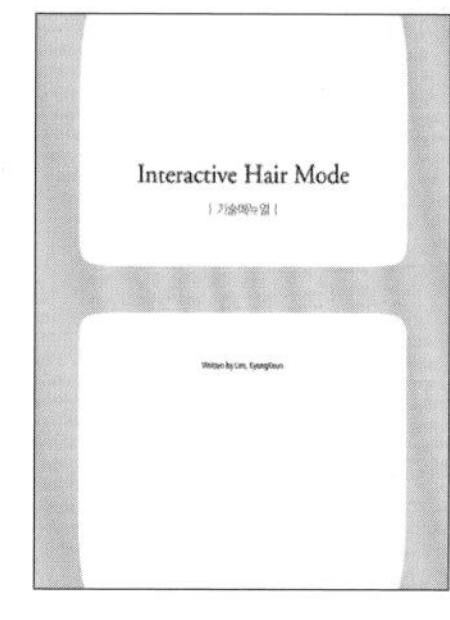

인터랙티브 헤어모드(기술메뉴얼)

임경근 저
46배판 변형 / 243쪽 / 정가 : 27,000원
ISBN : 978-89-7093-427-3

NCS 기반
기초 디자인 헤어커트

최은정, 문금옥, 박명순, 박광희,
이부형 공저
국배판 / 296쪽 / 정가 : 28,000원
ISBN : 978-89-7093-880-6

미용 서비스 관리론

장선엽 지음
46배판 / 185쪽 / 정가 : 24,000원
ISBN : 978-89-7093-773-1

미용경영학&CRM

최영희 , 안현경 , 권미윤, 현경화,
구태규, 이서윤 공저
46배판 / 286쪽 / 정가 : 23,000원
ISBN : 978-89-7093-716-8

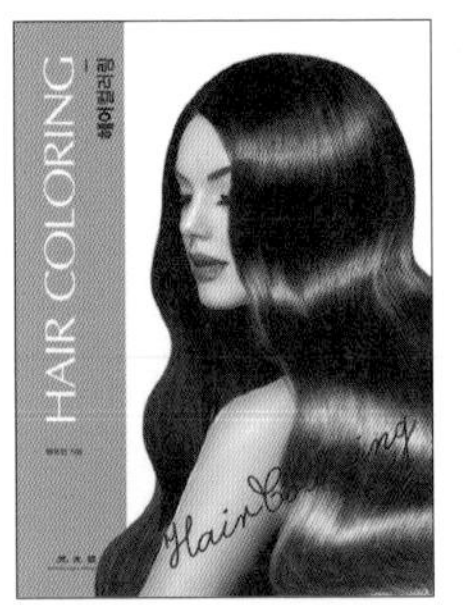

헤어컬러링

맹유진 지음
국배판 / 128쪽 / 정가 : 24,000원
ISBN : 978-89-7093-906-3

고전으로 본 전통머리

조성옥, 강덕녀, 김현미, 김윤선,
이인희 공저
46배판 / 248쪽 / 정가 : 28,000원
ISBN : 978-89-7093-640-2

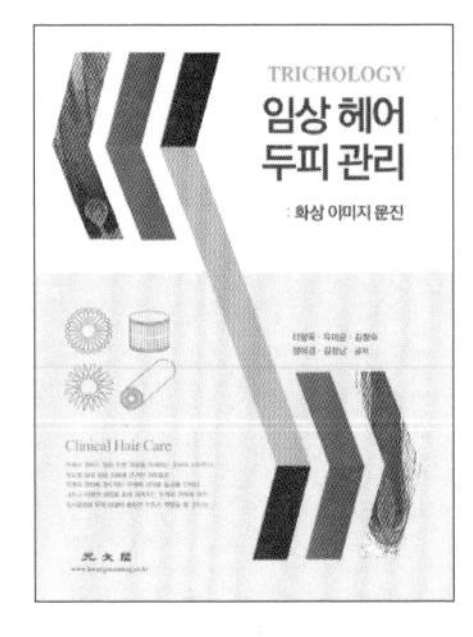

임상헤어 두피관리

이향욱, 유미금, 김정숙, 정미경,
김정남 공저
46배판 / 326쪽 / 정가 : 40,000원
ISBN : 978-89-7093-694-9

NCS 기반
남성헤어커트& 캡스톤 디자인

최은정, 진영모, 김광희 공저
국배판 / 288쪽 / 정가 : 28,000원
ISBN : 978-89-7093-977-3

뷰티 디자인

김진숙, 정영신, 차유림, 류지원,
박은준,이선심, 김나연 공저
46배판 / 314쪽 / 정가 : 22,000원
ISBN : 978-89-7093-770-0

NCS 기반으로 한
뷰티 트렌드 분석 및 개발

이현진, 임선희, 유현아, 하성현,
차현희 공저
국배판 / 120쪽 / 정가 : 15,000원
ISBN : 978-89-7093-914-8

모발&두피관리학

전세열, 조중원, 송미라, 강갑연,
이부형, 윤정순, 유미금 공저
46배판 / 264쪽 / 정가 : 18,000원
ISBN : 978-89-7093-388-7

미용문화사

정현진, 정매자, 이명선, 이점미 공저
신국판 / 216쪽 / 정가 : 20,000원
ISBN : 978-89-7093-789-2

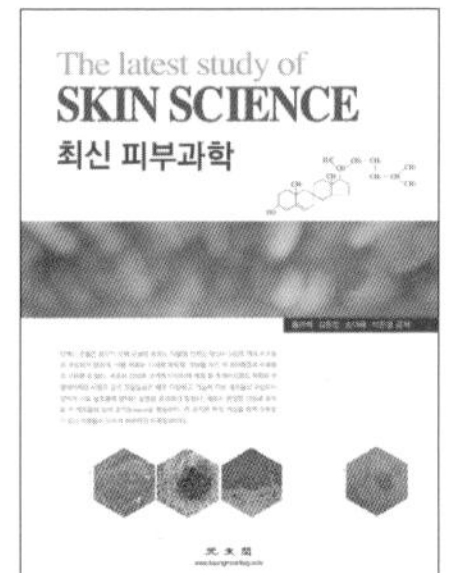

최신 피부과학

홍란희, 김윤정, 송다해, 석은경 공저
46배판 / 200쪽 / 정가 : 22,000원
/ 컬러
ISBN 978-89-7093-703-8

기초 실무 안면피부관리

이연희, 홍승정, 장매화, 김현화, 종서우 공저
46배판 / 128쪽 / 정가 : 17,000원
ISBN : 978-89-7093-667-3

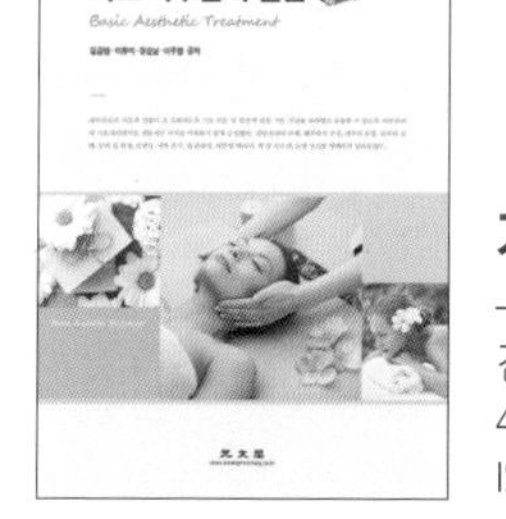

기초 피부관리 실습

김금란, 이유미, 장순남, 이주현 공저
46배판 / 164쪽 / 정가 : 20,000원
ISBN : 978-89-7093-855-4

화장품 위생관리

최화정, 박미란, 정다빈 공저
46배판 / 264쪽 / 정가 : 20,000원
ISBN : 978-89-7093-563-8

키 성장 마사지&체형관리

배정아, 현경화, 김미영 공저
46배판 / 232쪽 / 정가 : 20,000원
ISBN : 978-89-7093-754-0

경락미용과 한방

이덕수, 김문주, 김영순, 차 훈, 김선희, 김 란, 장미경 공저
46배판 / 384쪽 / 정가 : 22,000원
ISBN : 978-89-7093-354-2

화장품 품질관리

최화정, 박미란, 정다빈 공저
46배판 / 324쪽 / 정가 : 22,000원
ISBN : 978-89-7093-559-1

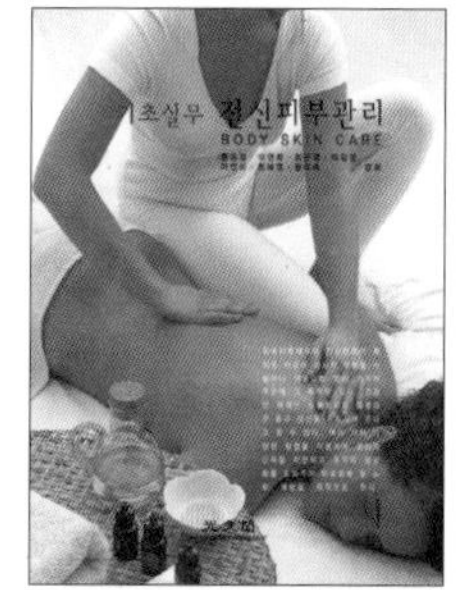

기초 실무 전신피부관리

홍승정, 이연희, 최은영 외 공저
46배판 / 128쪽 / 정가 : 17,000원
ISBN : 978-89-7093-582-9

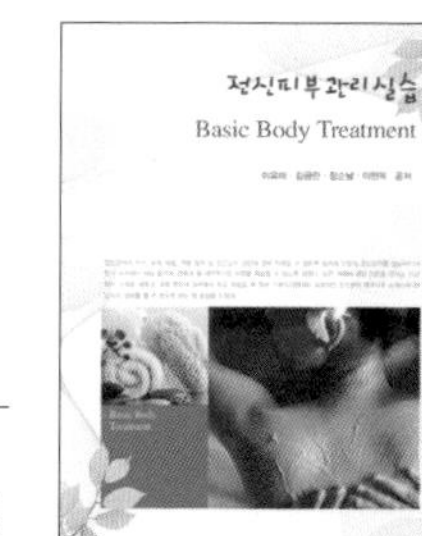

전신피부관리 실습

이유미, 김금란, 장순남, 이인복 공저
46배판 / 168쪽 / 정가 : 20,000원
ISBN : 978-89-7093-638-3

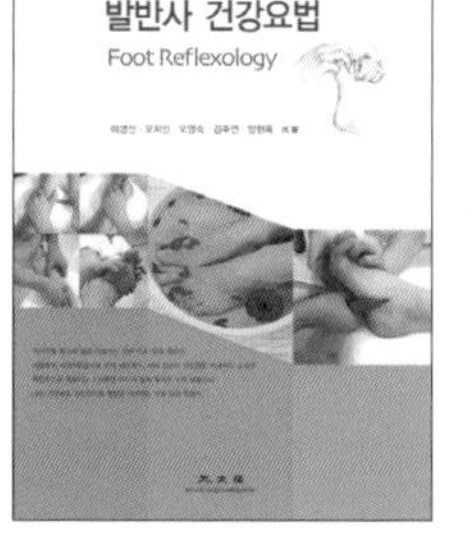

발반사 건강요법

이명선, 오지민, 오영숙, 김주연, 양현옥 공저
46배판 / 172쪽 / 정가 : 22,000원 / 컬러
ISBN : 978-89-7093-631-4

수정괄사요법

한중자연족부괄사건강연구협회, 한국대체요법연구회 저
46배판 / 391쪽 / 정가 : 25,000원
ISBN : 978-89-7093-321-4

Basic Massage Technique (개정판)

김주연, 설현, 홍승정 공저
국배판 / 175쪽 / 정가 : 17,000원
ISBN : 978-89-7093-345-0

미용과 건강을 위한 활용 아로마테라피

이애란, 현경화, 조아랑, 오영숙 공저
46배판 / 320쪽 / 정가 : 28,000원
ISBN : 978-89-7093-778-6

뷰티 일러스트레이션

최영숙, 김양은, 곽지은, 석은 경, 주은경, 이주영 공저
46배판 / 208쪽 / 정가 : 23,000원
ISBN : 978-89-7093-685-7

미용색채

김용선, 노희영, 이경희, 이정민, 권구정 공저
국배판 / 186쪽 / 정가 : 25,000원 / 컬러
ISBN : 978-89-7093-656-7

한권으로 합격하기 미용사 네일 필기시험 (개정판)

이서윤, 이미춘, 조미자, 김은영 공저 | 한국네일미용학회 감수
46배판 / 472쪽 / 정가 : 29,000원
ISBN : 978-89-7093-775-5

실용 메이크업

노희영, 김용선, 이정민 , 홍승욱 공저
46배판 / 180쪽 / 정가 : 24,000원 / 컬러
ISBN : 978-89-7093-503-4

아트메이크업

김양은, 이미희, 송미영, 김은주 공저
46배판 / 128쪽 / 정가 : 20,000원
ISBN : 978-89-7093-502-7

응용 네일아트

이서윤, 이미춘, 김은영, 김나영 공저
46배판 / 224쪽 / 정가 : 26,000원
ISBN : 978-89-7093-740-3

뷰티 일러스트레이션

임여경 저
국배판 / 136쪽 / 정가 : 20,000원 / 컬러
ISBN : 978-89-7093-726-7

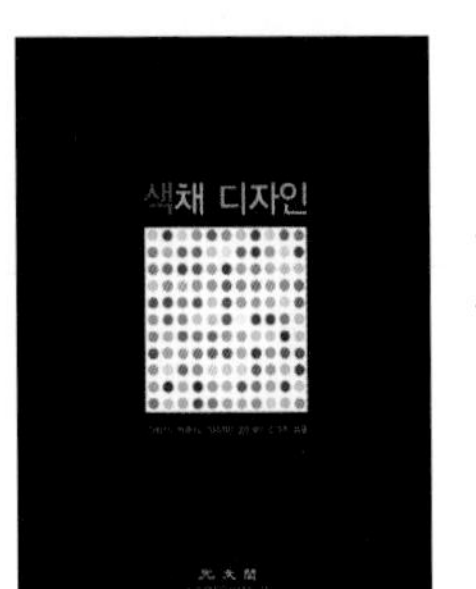

색채디자인

김희선, 박춘심, 양수미, 양진희, 조고미 공저
46배판 변형 / 164쪽 / 정가 : 20,000원 / 컬러
ISBN : 978-89-7093-516-4

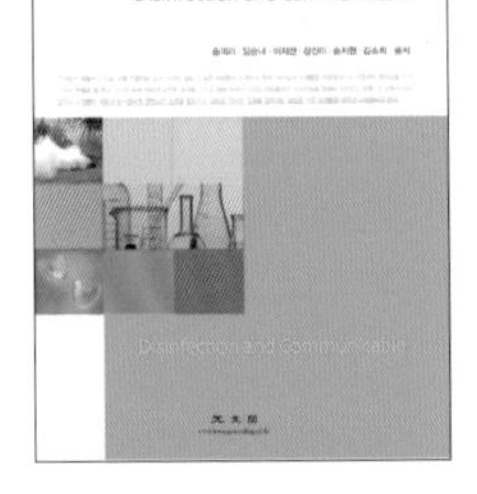

소독 및 전염병학

송미라, 임순녀, 이재란, 장진미, 송지현, 김소희 공저
46배판 / 290쪽 / 정가 : 19,000원
ISBN : 978-89-7093-616-1

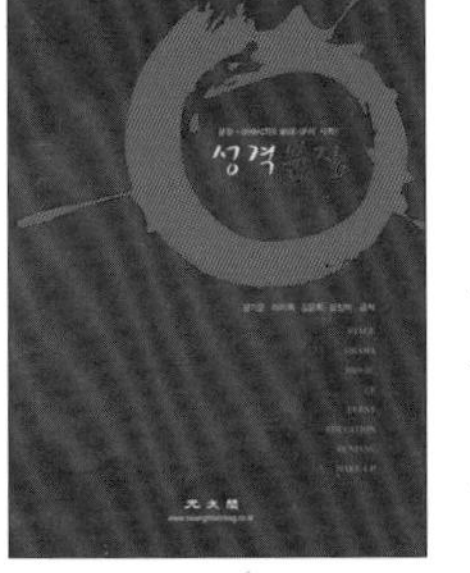

성격분장

정기훈, 이미희, 김은희, 장진미 공저
46배판 /296쪽 / 정가 : 28,000원
ISBN : 978-89-7093-596-6

NCS기반 네일미용학

이미춘, 이서윤, 조미자, 심정희, 김은영, 천지연, 이미희 공저
46배판 / 368쪽 / 정가 : 28,000원 / 컬러
ISBN : 978-89-7093-795-3

화장품 생물 신소재

안봉전, 이진태, 이창언 공저
46배판 / 278쪽 / 정가 : 20,000원
ISBN : 978-89-7093-517-1

Lim Kyung Keun

Creative Hair Style Design 2

Woman Short Hair Style Design

초판 1쇄 발행 2022년 10월 1일
초판 1쇄 발행 2022년 10월 10일

지 은 이 | 임경근
펴 낸 이 | 박정태
편집이사 | 이명수 감수교정 | 정하경
편 집 부 | 김동서, 전상은, 김지희
마 케 팅 | 박명준, 박두리 온라인마케팅 | 박용대
경영지원 | 최윤숙

펴낸곳 주식회사 광문각출판미디어
출판등록 2022. 9. 2 제2022-000102호
주소 파주시 파주출판문화도시 광인사길 161 광문각 B/D 3F
전화 031)955-8787
팩스 031)955-3730
E-mail kwangmk7@hanmail.net
홈페이지 www.kwangmoonkag.co.kr

ISBN 979-11-980059-2-2 14590
979-11-980059-0-8 (세트)
가격 43,000원(제2권)
200,000원(전6권 세트)